“十四五”国家重点出版物
出版规划项目

中国肥料研究与应用全书
Books of Fertilizer Research and Application in China

精准施肥技术与装备

陈立平　赵春江　主编

Precision Fertilization Technology and Equipment

化学工业出版社
·北京·

内容简介

本书聚焦于精准施肥技术与装备，系统阐述了最新研究成果与应用实践，主要包括土壤养分信息快速获取技术装备，作物营养状况遥感诊断技术装备，旱田、水田、设施蔬菜、果树精准施肥技术与装备，养分管理农机农艺融合技术及施肥社会化服务典型模式。一方面，深入剖析了精准施肥的多种技术方法，如土壤养分信息快速获取、作物营养遥感诊断等技术；另一方面，对精准施肥装备的研发与创新进行了全面梳理，从传统施肥设备的升级改造到新型智能施肥装备的研发应用，涵盖了精准施肥装备的工作原理、装备研发、性能验证、应用效果等内容。

本书适用于农业工程、作物栽培学与耕作学、农业资源与环境等专业师生，以及从事土壤、肥料、植物营养、作物、环境、生态等领域的科技工作者、管理人员、推广人员及生产人员。

图书在版编目（CIP）数据

精准施肥技术与装备 / 陈立平，赵春江主编.
北京 ： 化学工业出版社，2025. 9. --（中国肥料研究与应用全书）. -- ISBN 978-7-122-48424-6

Ⅰ. S147.35

中国国家版本馆CIP数据核字第20251TT829号

责任编辑：刘　军　陈思逸　冉海滢　孙高洁
责任校对：刘曦阳
装帧设计：王晓宇

出版发行：化学工业出版社
（北京市东城区青年湖南街 13 号　邮政编码 100011）
印　　装：北京建宏印刷有限公司
787mm×1092mm　1/16　印张 19¼　字数 444 千字
2025 年 11 月北京第 1 版第 1 次印刷

购书咨询：010-64518888　　售后服务：010-64518899
网　　址：http://www.cip.com.cn
凡购买本书，如有缺损质量问题，本社销售中心负责调换。

定　　价：168.00元

《中国肥料研究与应用全书》编辑委员会

本书编写人员名单

主　　编：陈立平　赵春江

编写人员：（按姓名汉语拼音排序）

安晓飞　陈立平　董大明　郭文忠　李民赞　李银坤
李友丽　吕　阳　孟志军　米国华　宋晓宇　汤智辉
王　秀　武广伟　向赛男　徐　凡　徐丽明　杨贵军
尹彦鑫　袁会敏　曾　山　张瑞瑞　赵春江　赵　倩
郑文刚

序言

肥料是粮食的“粮食”，是保障国家粮食安全、人类营养健康和生态环境安全的重要的战略物资。肥料产业是关乎“粮食－资源－能源－环境”乃至经济社会绿色可持续发展的巨大产业。

进入新时代，绿色低碳发展成为高质量发展的主旋律。国家在“十二五”至“十四五”期间不断出台政策来优化肥料产业结构，其中2015年工业和信息化部下发了《推进化肥行业转型发展的指导意见》，农业部出台《到2020年化肥使用量零增长行动方案》，从肥料生产端和消费端同时推动肥料产业升级以及产品结构调整，加之不断优化的肥料施用技术以及不断改进的农化服务技术体系实现了我国化肥消费总量在2015年达到峰值后连续10年持续下降。

当前，我国提出了2030年实现“碳达峰”、2060年实现“碳中和”的战略目标，在环境保护的高压态势下，新的肥料产品标准不断出台，肥料行业准入条件和环保标准不断提升，肥料产品质量逐渐提高，推动着肥料产业结构向着绿色低碳转型。因此，系统梳理中国肥料工业进步、分析肥料产业结构演变、了解行业技术现状等情况，对推动行业转型升级、提升国际竞争力、保障国家粮食安全、促进农业绿色发展以及提供国家政策制定依据都具有重要意义。基于此，受化学工业出版社的委托，我们组织了国内肥料领域的一线专家学者，编写了这套《中国肥料研究与应用全书》(以下简称《全书》)。

《全书》由十一个分卷组成，在强调历史性、阶段性、创新性的前提下，全面系统介绍了近年来我国肥料研究与应用领域，包括肥料创制、肥料产业、各大类肥料生产与加工、有机肥料制造、肥料生态环境效应、肥料精准科学施用技术等领域所取得的成果，充分反映了当前国内外肥料创新、生产与精准科学施用技术的最新进展。《全书》还通过成功案例分享和经验总结，结合国际前沿研究，细致分析了国家“十四五”

“十五五”肥料领域的研究现状、趋势和对策，针对农业可持续发展和行业绿色低碳转型的需要，对中国肥料发展方向和产品创新做了深入思考，提出了建议。

《全书》以独特的论述体系、编排方法和新颖丰富的内容，进一步开阔相关专业师生和肥料产业领域研发、管理人员的视野，提高科研工作者的系统思维和创新能力，创新绿色、清洁、可持续发展的肥料生产工艺，有助于高效率地发挥现有肥料品种的特长，提高现有肥料的应用效率，对我国新肥料的创制与科学施用具有重要的参考价值。

《全书》已顺利入选“十四五”国家重点出版物出版规划项目，这是对本书系的最大肯定与鼓励。

《全书》的编写得到了全国农业技术推广服务中心、中国氮肥工业协会、中国磷复肥工业协会、中国无机盐工业协会、中国化肥信息中心、中国农业科学院农业资源与农业区划研究所、中国科学院南京土壤研究所、北京市农林科学院、中国农业大学、南京农业大学、四川大学、西南大学、华东理工大学等单位的鼎力支持，这里表示衷心的感谢。

张福锁

2025 年 1 月

前言

随着农业现代化进程的加速，传统粗放式施肥带来的资源浪费、环境污染以及农产品品质下降等问题日益凸显。一方面，过量施肥导致肥料利用率低下，大量未被吸收的养分流失到环境中，造成土壤板结、水体富营养化等生态问题。另一方面，施肥不足或不均衡又难以满足作物生长需求，影响作物产量与品质。

在此背景下，精准施肥技术应运而生。借助先进的信息技术、传感器技术以及地理信息系统等，依据土壤肥力状况、作物生长需求等变量，实现精准、按需施肥。精准施肥技术装备作为实施精准施肥的关键载体，其研发与应用对于提升农业生产效率、保障农产品质量安全以及推动农业可持续发展具有重要意义。然而，目前市场上缺乏一本系统全面介绍精准施肥技术与装备的专业书籍，为满足农业科研人员、技术推广人员对精准施肥知识的迫切需求，特编写《精准施肥技术与装备》。

本书特点为：内容系统性——全面涵盖精准施肥技术与装备的各个方面，从土壤养分信息获取、作物营养诊断，到不同种植场景下的精准施肥技术与装备，构建了完整的知识体系；技术前沿性——深入阐述了最新的研究成果与应用实践，如高光谱遥感技术在作物营养状况监测中的应用、智能化精准施肥装备的研发等，反映了行业最新动态；实践导向性——大量结合实际案例，详细介绍了精准施肥技术与装备的操作流程、性能验证以及应用效果，便于读者将理论知识应用于实际生产；针对性强——针对农业工程、作物栽培、资源与环境等专业人员以及相关从业者，内容深度与广度契合其专业需求，为精准施肥领域的学术研究提供了系统的知识参考，有助于科研人员深入了解该领域的研究现状与发展趋势，推动学科进一步发展。

本书主编陈立平研究员、赵春江院士，负责全书的整体策划、框架设计以及内容审核，确保书籍的系统性与专业性。编写团队由来自不同科研机构和高校的专家学者组成。陈立平、安晓飞负责撰写第 1 章概述，李民赞、董大明、袁会敏、米国华负责撰写第 2 章土壤养分信息快速获取技术与装备，杨贵军、宋晓宇负责撰写第 3 章作物营养状况遥感诊断技术与装备，陈立平、安晓飞、汤智辉、郑文刚、王秀负责撰写第 4 章旱田精准施肥技术与装备，孟志军、武广伟、曾山、张瑞瑞负责撰写第 5 章水田精准施肥技术与装备，郭文忠、李银坤、李友丽、向赛男、徐凡、赵倩负责撰写第 6 章设施蔬菜精准施肥技术与装备，王秀、徐丽明、吕阳负责撰写第 7 章果树精准施肥技术与装备，米国华负责撰写第 8 章养分管理农机农艺融合技术，尹彦鑫、安晓飞、杨贵军负责撰写第 9 章施肥社会化服务典型模式。编写团队成员依据各自专业优势，对相关内容进行深入研究与撰写，保证了各章节的专业性与准确性。

本书的编写离不开众多单位和个人的大力支持与帮助。在此，我们衷心感谢参与编写的每一位作者，他们不辞辛劳，凭借深厚的专业知识和丰富的实践经验，为本书贡献了高质量的内容。感谢在本书编写过程中给予指导和建议的专家学者，他们的宝贵意见使本书内容更加完善。最后，感谢出版社的编辑团队，他们严谨细致的工作确保了本书的顺利出版。

编者

2024 年 12 月

目录

中国肥料研究与应用全书

Books of Fertilizer Research and Application in China

FERTILIZER

第 1 章

概述

1.1 精准施肥的概念

精准施肥是将农田土壤进行空间网格单元划分，因不同地块单元的土壤特性、作物生长状况及田间环境等因素都有很大不同，结合这些地块单元因素以及历年产量等相关信息，形成资料齐全的土壤养分信息化管理系统，并决策生成作物施肥作业的变量处方图，利用装有田间计算机、定位信息接收器、电子变量控制器的农业机械设备，根据处方图中的信息在田间有针对性地、定时定量地进行精准施肥作业。精准施肥技术体系主要由土壤数据与作物养分信息检测采集技术、施肥处方图生成与实时传感器技术、精准变量施肥控制技术 3 部分组成。

1.2 国外精准施肥技术与装备发展现状与趋势

当前世界范围内，化肥施用是主要农作物生产过程中一个重要的作业环节，直接影响农作物的产量。许多农业生产者不断追求作物的高产，在农业生产中大量使用化肥，作物产量大幅度提高的同时，环境污染问题却日益严重，化肥的过量使用问题已经越来越得到各国的重视。精准农业是现代农业发展的前沿，随着精准农业技术的应用发展，精准施肥技术开始在农业生产中得到应用，成为解决农作物化肥过量使用的一个重要技术手段。精准施肥控制主要有 2 种方式：基于处方图数据变量作业和基于传感器数据变量作业。基于处方图数据变量作业是基于作物的土壤养分分布信息、土壤墒情、历史产量分布等信息生成变量施肥处方图，变量施肥机在行进过程中可实时进行定位和速度检测，根据处方图实现变量施肥作业。基于传感器数据变量作业是将农田的基本数据信息通过传感器进行实时检测，将检测到的数据信息实时传送至控制系统进行变量实时作业，但目前传感器只能实时检测出少量的土壤养分含量与作物信息。

在欧美等国外发达国家农业生产中，针对不同作物施肥环节已经完全实现全程机械化作业，极大提高了施肥作业的工作效率，并且随着精准农业的快速发展，施肥装备已经开始向智能化方向发展。美国 Agro-Chem 仪器装备公司生产的“SOILECTION”施肥系统可进行固态或液态肥料的撒施，可以根据施肥处方图，分别对磷肥、钾肥和石灰的施用量进行调整。欧洲的 RDS 公司、Hydro Agri 公司等，美洲的 Agtron 公司、AgLeader 公司、Micro-Trak 公司、Mid-Tech 公司、Trimble 公司等先后推出了相应的施肥装备。目前，国外围绕精准施肥农田信息采集、变量施肥分析决策、精准施肥智能化作业装备等方面开展了系统化研究，针对小麦、玉米、水稻等主要作物规模化生产过程中基肥、种肥和追肥等不同施肥阶段研发了配套的商品化的精准施肥技术装备，在农业生产中已经得到广泛的应用。

1.3　国内精准施肥技术与装备发展现状与问题

近年来，我国农业机械化取得了长足的进步，但是，我国的农业机械化水平和农业装备的技术水平同发达国家还有很大的差距，尤其在小麦、玉米、水稻、马铃薯等主要农作物施肥环节装备水平较差，施肥设备种类少，智能化程度低。在一些地区，小麦基肥、玉米追肥、水稻追肥等作业过程仍然采用人工施肥，造成过量使用化肥现象严重、化肥利用率明显偏低、作业效率低等一系列问题。20 世纪 90 年代以来，随着精准农业技术装备研究应用的不断发展，国内的一些高校和科研院所相继在农田信息采集、变量施肥分析决策、精准施肥智能化作业装备等变量施肥技术方面开展了研究。

在精准施肥智能化作业装备方面，国内科研院所在小麦、玉米、水稻等作物基肥变量深施、种肥同步变量条施以及追肥变量施肥技术方面开展了研究工作和试验，并取得了一些成果。北京市农林科学院信息技术研究中心研制了 2F-VRTl 变量施肥机、1G-VRTl 变量施肥机，利用设置施肥量或上位控制计算机处方施肥量，实时接收 GPS 位置信号及作业行走速度信号，自动调整排肥驱动系统的转速，实现变量施肥。吉林大学设计了以 AT89C52 为中心的“精准农业自动变量施肥机控制系统”“手控变量施肥机”等。上海交通大学设计了“智能变量处方、人工自适应变量处方以及施肥量数字设定”3 种模式下的变量施肥作业系统。黑龙江八一农垦大学对基于 PID 算法的变量施肥控制系统的设计进行了研究。北京市农林科学院智能装备技术研究中心研制了 2F-4000 型作物冠层信息在线测定变量施肥装备，能够实现基于作物冠层信息的精准变量施肥作业。

尽管我国在精准施肥农田信息采集、变量施肥分析决策、精准施肥智能化作业装备等方面的部分研究结果已处于国际领先水平，也开发了一批适用于我国国情的精准施肥作业装备，但是整体技术水平同国外发达国家还有较大的差距。

目前我国机械施肥方式仅占 30%，不同区域农业生产存在较大差异。小麦、玉米等主要农作物施肥各有特点，单一的技术装备无法满足某一作物不同环节精准施肥的农艺需求；精准施肥技术装备自动化和智能化程度低，所采用的配套传感器技术无法实时准确获取分析土壤及作物信息，作业性能和指标有待进一步提高；综合作业成本高，影响精准施肥技术进一步推广应用。

参考文献

[1] 李民赞，崔笛，张漫，等. 变量施肥技术发展与展望 [J]. 农业机械学报，2019, 50(10): 1-13.
[2] 何进，李洪文，王庆杰，等. 中国精准农业技术与装备发展现状及展望 [J]. 农业机械学报，2017, 48(12): 1-17.
[3] 张漫，李寒，李民赞，等. 精准农业变量作业技术发展与展望 [J]. 农业机械学报，2020, 51(1): 1-18.
[4] 汪小旵，丁为民，丁启朔，等. 农业物联网与智能农机装备技术发展趋势 [J]. 农业机械学报，2018, 49(1): 1-14.
[5] 赵春江，郭新宇，王纪华，等. 智慧农业关键技术与发展趋势 [J]. 农业机械学报，2019, 50(1): 1-14.
[6] 郭文川，王秀，陈立平，等. 基于高光谱图像技术的作物营养诊断与精准施肥研究进展 [J]. 农业机械学报，2018, 49(9): 1-13.

中国肥料研究与应用全书

Books of Fertilizer Research and Application in China

FERTILIZER

第2章

土壤养分信息快速获取技术与装备

土壤养分信息快速获取技术是实现基肥精准施用的关键前提。借助该技术，如近红外光谱分析、激光诱导击穿光谱技术等，能快速准确测定土壤中氮、磷、钾等养分含量及分布。精准施肥则依据这些获取的详细土壤养分信息，精确计算不同地块作物所需肥料的种类、数量与施用时间，通过智能化精准施肥技术装备，实现按需变量作业。

2.1 基于化学检测方法的土壤养分快速获取

2.1.1 实验室内土壤养分快速获取

传统的土壤养分测定方法大多采用化学试剂进行提取，以下为几种典型的测定方法：

（1）络酸氧还滴定法测定有机质含量　即在一定温度加热的条件下，用一定量的重铬酸钾-硫酸溶液，在磷酸浴加热条件下，使土壤中的有机碳氧化，剩余的重铬酸钾用硫酸亚铁标准溶液滴定，在用二氧化硅为添加物作试剂空白测定的前提下，根据氧化反应前后重铬酸钾用量的差值，乘以氧化校正系数，计算土壤有机碳量，再乘以换算系数 1.724，即为土壤有机质含量。

（2）半微量开氏法测全氮　将试样送入干净的消煮管，加高锰酸钾溶液、硫酸溶液，滴入辛醇，将样品中的亚硝态氮氧化为硝态氮后，再加入还原铁粉使全部硝态氮还原，转化为铵态氮。在加速剂的参与下，用浓硫酸消煮，使各种含氮有机化合物转化为铵态氮，碱化后蒸馏出来的氨用硼酸吸收，用盐酸标准溶液滴定，根据所用酸标准溶液的体积求出土壤全氮含量。

（3）靛酚蓝比色法测铵态氮　取土样于三角瓶中，加入氯化钠溶液，经过滤、振荡、浸提，在浸出液中加入酚溶液、次氯酸钠碱性溶液以及掩蔽剂，定容显色后，用分光光度计进行测定。

（4）校正因数法测硝态氮　为同时可测定铵态氮，可选用氯化钠溶液作为浸提剂，制备好待测液。酸化后的待测液用分光光度计在 210nm 和 275nm 处测读吸光度，再结合校正因数，求得硝酸根的吸光度，结合校正曲线，测得硝态氮含量。现在实验室常规分析测试土壤硝态氮多采用 $CaCl_2$ 溶液浸提-连续流动分析仪。

（5）钼锑抗比色法测全磷　通过浓硫酸和高氯酸联合消煮土壤样品，经定容过滤后的滤出液，加入二硝基酚和氢氧化钠，以 1/2 硫酸褪色后，用钼锑抗试剂显色，最后用分光光度计比色测定。

（6）Olsen 法测有效磷　在土样中加入碳酸氢钠溶液并在往复式振荡机上振荡，以浸提土壤。经活性炭脱色、无磷滤纸过滤后得到的滤液，加入钼锑抗显色剂，最后通过分光光度计测定吸光度，并根据标准曲线计算有效磷含量。

（7）乙酸铵浸提-火焰光度法测速效钾　土壤速效钾包括交换性钾和水溶性钾，以乙酸铵溶液浸提土壤，干滤纸过滤，滤液直接用火焰光度计测定钾浓度。

（8）硝酸钠浸提-四苯硼钠比浊法测定速效钾　称土样于三角瓶中，加入硝酸钠浸提剂，经振荡、过滤，加入甲醛-EDTA 掩蔽剂，摇匀。然后，沿瓶壁加入四苯硼钠溶液，立即摇匀，用便携式分光光度计比浊法测定速效钾含量。

2.1.2　田间现场土壤养分快速获取

相较于在实验室中的土壤养分测试，田间原位的土壤养分测试受场地限制，缺少常规大型仪器，不适用上述土壤测试方法，而且因为推荐施肥等应用的需要，对测试速度也有一定要求。因此，需要发展便携、快速、适合田间的土壤养分检测技术。

我国便携式土壤速测技术研究和应用起步较早，20 世纪 70 年代末已有文献介绍用于土壤硝态氮快速测定的方法，如试纸比色法、反射仪快速测定法和硝酸盐电极法。当时，以目视比色为主的土壤养分田间快速测定技术得到了很大的发展。通过酒精燃烧法测定土壤含水量；采用重铬酸钾硫酸氧化比色法，利用硫酸稀释热测定土壤有机质；硝态氮用硝酸试粉或二苯胺比色法；铵态氮用纳氏试剂比色法；有效磷用磷钼蓝比色法；速效钾采用亚硝酸钴钠或四苯硼钠比浊法；土壤 pH 值用比色法。采用土壤养分速测比色法并以此制作土壤速测比色卡，结合比色色阶、养分分级标准应用于施肥推荐中。

随着光电比色技术的发展，以光电比色为主要分析方法的田间土壤养分快速测定技术开始出现。采用光电比色原理，土壤养分测定速度更快捷、成本更低廉、测试设备更简便，而且测试精度更能满足测土配方施肥的要求。其测试的方法与目视比色的方法基本相同，适当简化常规方法，应用部分成品试剂药品，提高测试速度。如美国 HACH 公司生产研发的一套用于土壤氮磷钾养分速测的速测箱（NPK-Kit）。它采用常规的浸提方法，研制了用于硝态氮和有效磷定量的硝酸盐试粉和圆盘连续色阶，通过常规方法浸提—试剂显色—圆盘连续色阶目测比色—读数等操作步骤，完成土壤硝态氮和有效磷含量的测定，而钾的定量则是采用简化的比浊法，定量精度比早期的简单目测比色法高，可满足一般田间土壤养分测定的要求，在美国家庭农场中普遍应用。我国多家科研单位也都研究开发过土壤速测仪，如河南农业大学机电技术开发中心研制了 YN 型集成式土壤肥料养分速测仪，北京强盛分析仪器制造中心生产了 TFC 型土壤化肥速测仪等。这些仪器设备便携易操作、测试速度快，其应用与化验室分析形成了互补，推进了高效施肥技术的推广应用。

张书华等通过比较常规分析与比色卡分析结果，计算换算系数，制作了土壤含水量、pH 值、有机质、铵态氮、硝态氮、速效磷、速效钾 7 个项目的土壤速测比色卡，制定了速测法土壤有机质、速效磷、速效钾、pH 值等项目的含量分级指标，并根据土壤速测法的测试值、目标产量需肥量等因素，确定施肥品种及数量，建立了玉米 N、P、K 肥施用推荐表。运用养分分级指标及 N、P、K 肥施用推荐表，指导 8 个同田对比试验，试验结果表明产量提高 18.4%，N、P_2O_5 利用率分别提高 10.0% 和 10.3%。崔振岭等以土壤硝态氮速测箱作为田间快速法和实验室常规法进行比较，测定土壤剖面硝态氮含量，相关性分析结果表明，无论是表土层还是底土层，2 种测试方法均达到极显著相关，相关系数分别为 0.926 和 0.918。李志宏等引进 N-kit 土壤硝态氮速测箱，该方法采用连续比色盘，通过目视比色法来确定土壤硝态氮浓度。精度研究表明，应用土壤速测箱测定结果和应用流动分析仪测定结果的相关性达到极显著水平，相关系数为0.8101，说明该方法满足田间条件下的测定要求，可以用来作为推荐施肥的工具。同时，该方法对北京地区小麦产量的预测精度为75%。王朋成等将土壤养分速测仪应用在蔬菜育苗基质上，为测定育苗基质水解性氮、有效磷、速效钾提供理论支持。

2.2 基于近 / 中红外光谱技术的土壤养分快速获取

2.2.1 基于傅里叶变换红外光谱的土壤养分快速检测技术

精准施肥可以提高资源利用效率，减少环境污染，是实现农业绿色发展的重要保障。而土壤养分快速、准确获取是精准施肥的必要前提和基础。然而，传统的土壤养分测定方法虽然准确，但是对大量的土壤样品进行处理和化学分析，成本高、过程烦琐、费时费力，并且污染环境，无法满足农业绿色发展快速、高效、无损、绿色的需求。红外光谱法样品制备简单，测量仅需几十秒，可以从一条光谱对土壤的各种物理、化学和生物学特性进行预测和评估，因此具有简便、快速、高效、无污染等优点。

近年来，随着光谱技术的快速发展，土壤光谱技术日趋成熟，并愈来愈多地被用于土壤信息的快速获取。相较于常规的土壤养分测定分析方法，红外光谱技术不涉及化学试剂的消煮、浸提等过程，样品前处理只需要干燥和粉碎，即可进行上机测定，测定过程仅需几十秒，并可以从一条扫描的光谱估计多个土壤属性，提供了高通量的分析方法。建立好模型后的光谱法每天可测定样品两三百个，大大降低了土壤属性测定的时间成本，减少了测定所需的财力和物力，也减少了化学试剂对环境的污染。因此，相对于土壤性质的传统测定方法，土壤光谱法大大提高了样品的测定速度，并且高效、经济、环保。

Du 和 Zhou 总结了光声光谱在土壤分析中的应用，包括土壤分类、土壤性质的预测等，并指出光声光谱可以对土壤的 C、N、P、K、有机质等进行很好的预测。Soriano-Disla 等对可见-近红外、近红外、中红外光谱对土壤物理、化学、生物学性质预测的表现进行了总结。红外光谱可以对土壤水、质地、阳离子交换量、交换性钙和镁、全氮、重金属、微生物大小和活性进行成功的预测。并且总的来说，中红外的预测效果优于可见近红外。在使用反射光谱预测土壤特性时，必须考虑被预测变量的性质、参考实验室方法的质量和一致性，以及校准集对未知因素的充分代表性。Barra 等综述了中、近红外技术结合除了预处理转换和变量选择策略的化学计量学、机器学习等诊断土壤理化性质的最新进展，且这两种光谱技术都被证明能为特定的土壤性质提供准确预测。研究指出，中红外光谱在估计肥料推荐使用的大多数指标方面优于近红外光谱。

（1）红外光谱原理　红外光谱技术（IR）是利用物质在该光谱区域存在特征吸收，并且吸收强度、位置、数目与该物质的分子结构及浓度存在对应关系，根据对应关系可对物质进行定性和定量分析的技术。红外光谱技术是土壤理化性质和内在结构的数字化表征，因此不同土壤光谱特性可作为一种新的土壤属性指标，这为实现土壤快速鉴定和属性预测提供新的可能途径。因其具有经济、无损等优点，近年来，红外光谱技术已逐步成为快速获取农田土壤信息的重要手段之一，在土壤养分快速监测中具有十分重要的意义。IR 主要响应极性分子振动，主要使用的波段包括近红外（NIR）和中红外（MIR）两个波段。NIR 光谱区域是指波长在 780 ～ 2500nm 范围内的电磁波，是人们发现最早的处于可见光和中红外光之间的非可见光谱区域，其光谱信息来源于分子内部振动的倍频与合频，主要反映分子中含氢基团（C—H、N—H、O—H、S—H 等）的倍频与合频振动吸收。许多有机物在该光谱区域有特征性吸收，并且不同波段的吸收强度与该物质的分子结构及浓度存在对应关系。利用 NIR 光谱法已成功地测定了土壤水分、有机质、总碳、有机碳、总氮、pH 值、CEC 等含量以及进行土壤分类。目前对土壤成分含量与光谱之间相关性的研究大多采用 NIR 光谱。

中红外光谱（middle infrared spectroscopy，MIR）是指近红外光谱区（near infrared spectroscopy，NIR）到远红外光谱区（far infrared spectroscopy，FIR）之间的电磁波，其波长范围是 2500 ～ 25000nm（4000 ～ 400cm^{-1}）。物质在此范围的吸收峰为基频吸收，具有分子结构的特征性。MIR 与 NIR 光谱的区别在于，NIR 是物质分子内部振动的倍频与合频的吸收，不同组分和官能团的谱带较易重叠且信息强度较弱，导致谱图解析相对困难，所建模型易受外界因素的影响，稳定性差；而 MIR 是分子内部振动的基频吸收，其信息强度较强，信息提取相对容易。利用 MIR 光谱对土壤含量预测日渐成熟，许多研究取得较 NIR 光谱更好的定量结果。MIR 光谱技术受土壤粒度影响较大，因此在土壤养分田间检测领域，应用相关近红外光谱仪器采集 NIR 光谱较多。中红外光谱反映的是分子中原子间的伸缩和变形振动，基本的分子振动在此区域会出现很多强烈的吸收峰，物质含量符合朗伯-比尔定律。分子光谱指的是分子从一种能态跃迁到另一种能态时的吸收或发射光谱，分子光谱与分子绕轴的转动、分子中原子在平衡位置的振动和分子内电子的跃迁相对应，反映的是分子键的振动，主要表现为结构组成特征。因此，土壤分子光谱往往携带土壤的分子组成信息。在测量土壤样品的 MIR 光谱时，MIR 辐射到样品上，当光与固体颗粒发生相互作用，会发生吸收、全反射、漫反射等多种情况，从而引起土壤中有机和无机分子的基本振动。当分子振动伴随着偶极矩的变化时，偶极子的振动会产生电磁波，当与入射电磁波发生相互作用时会发生吸收，所吸收的光的频率即为分子的振动频率，故偶极矩的变化越大，相关的红外吸收谱带越强。例如，土壤有机质（SOM）在 MIR 波段的光谱吸收特征主要来源于 C—H、C—O、C═O、N—H 等基团强烈基本分子振动。土壤有机碳（SOC）在中红外光谱区域内的重要波段为：746 ～ 663、1047 ～ 1041、1139 ～ 1105、1274 ～ 1265、1573 ～ 1560、1820 ～ 1781、2547 ～ 2524、2624 ～ 2611、2985 ～ 2923、3370 ～ 3353、3683 ～ 3666、3783 ～ 3733cm^{-1}。Janik 等较早的应用中红外漫反射光谱（MID-DRF）结合偏最小二乘法（PLSR）对土壤有机碳（SOC）进行了分析，表明烷基、羧基和酰胺类物质在 PLSR 的载荷中峰强明显，并且和土壤全氮（TN）浓度表现出很强的相关性。而碳酸盐在 MIR 区域的 2910、2850、1796、2506、1415、871 和 721cm^{-1} 处有强烈的吸收特征峰。

近年来，随着光谱仪器性能的提高、化学计量学方法的进步和相关软件的开发，土壤光谱已逐步成为快速获取农田土壤信息的重要手段之一。尤其是便携式、手持式仪器的发展，为土壤的田间原位测定提供了可能性。我国土壤类型多样，目前基于实验室土壤属性的光谱研究已做了大量工作且获得了广泛认可。因此，光谱法为土壤普查中土壤属性的快速检测提供了潜在有力的技术手段。然而，如何在全国范围内采用标准的土壤制备规程和实验室测试方法，以及如何解决不同仪器之间的模型转移，以便实现土壤测试数据的共享仍需进一步探索。

（2）模型评价　应用红外光谱进行土壤性质定量分析的基本步骤为：选取一定数量的样品，采用标准化学方法测量出其组分含量的化学值，同时使用红外光谱仪测量出它们的光谱信息；再将样品分为校正集和预测集，将校正集的光谱信息与组分浓度通过各种定量方法建立校正模型；进一步通过预测集的光谱信息与已建立的校正模型得出组分含量预测值来检验校正模型，误差在允许范围内即可输出模型；当用建立好的模型对样品进行预测时，先测定未知样品光谱，再调用模型，即可得出预测结果。

对于建立好的模型可通过交叉验证均方根误差（root mean square error of cross validation，RMSECV）、校正均方根误差（root mean square error of calibration，RMSEC）、预测均方根误差（root mean square error of prediction，RMSEP）、绝对系数（R^2）以及相对分析误差（residual predictive deviation，RPD）等参数来评估模型的性能。模型的 R^2 越接近 1，表明回归的拟合效果越好，一般认为超过 0.80 的模型拟合优势度较高。RMSE 用来衡量模型的精度及稳定性，值越小说明精度和稳定性越高。RPD 已被证明是判断 PLSR 模型的预测准确性的有用指标。在土壤科学中，若 RPD ≥ 2 则认为该模型有出色的预测能力，若 1.5 ≤ RPD ＜ 2 则认为该模型有良好的预测能力，若 RPD ＜ 1.5 则认为该模型是无法被接受的。广泛应用的三个模型质量类别为：R^2 ＞ 0.75、RPD ＞ 2：良好的模型，具有好的预测能力；0.65 ＜ R^2 ＜ 0.75、1.4 ＜ RPD ＜ 2：模型仅可进行粗略估测；R^2 ＜ 0.65、RPD ＜ 1.4：不可靠的模型，无法进行预测。

（3）国内外研究概况　土壤光谱学是当前国际相关领域研究的前沿和热点。目前国外一些国家已经建立起了国家乃至全球尺度的土壤中红外光谱库，并进行了土壤性质、土壤健康指标等方面的相关研究，且卓有成效。美国、法国、丹麦、捷克和巴西等国已构建了国家土壤红外光谱库。美国已将中红外光谱法应用到美国土壤性质测定、土壤健康指标的预测，以及美国的土壤普查中。并且，研究者们利用美国现存的土壤光谱库，对中红外光谱进行不同模型的研究并预测土壤性质。研究发现，中红外（MIR）光谱可以较好地预测土壤性质总碳、无机碳、有机碳、总氮、总硫，其次是阳离子交换量、酸碱度、黏粒、粉粒、砂粒；对土壤磷和钾的预测效果较差。两种模型相比较而言，人工神经网络（ANN）模型一般优于偏最小二乘回归（PLSR）模型，除了在预测土壤质地黏粒、砂粒和粉粒方面。Demattê 等人对巴西土壤光谱库的基本概况、应用以及挑战进行了综述。研究表明随着土壤光谱库的建立，光谱学分析是一种强有力的技术，可以提供国家和地区层面的信息，并指出土壤光谱学因其快速、简单、准确、无损，与湿法分析相结合，可作为支持土壤可持续管理的一种分析检测方法。Haghi 等利用来自苏格兰国家土壤光谱库的 650 个土壤样品，采用漫反射（diffuse reflectance spectroscopy）近红外和衰减全反射傅里叶变换（attenuated total reflection fourier transform infrared spectroscopy, ATR-FTIR）中红外光谱，结合四种化学计量学方法，建立了土壤总碳、全氮、容重、黏粒、砂粒、粉粒、pH 值、交换性镁和交换性钾的预测模型。科学家们还建立起了洲际规模的土壤光谱库，结果表明在所预测的土壤性质中，中红外光谱优于近红外光谱。欧洲光谱库 LUCAS 土壤监测网从欧洲各地收集了约 20000 个表层土壤样本（0 ～ 20cm），并用光谱很好地预测了 13 个土壤属性。联合国粮农组织（FAO）和欧洲委员会联合研究中心极力推动使用光谱仪在实验室和田间监测土壤状况。

我国也利用土壤光谱技术进行了多项研究。利用不同中红外反射光谱预测南京地区水稻土中 pH 值、SOM、TN、AP 的含量，结果发现：ATR 光谱对 pH 值的预测显示出良好的性能，DRF 光谱预测 SOM 和 TN 显示出最大的准确性，但三种光谱都对 AP 的预测表现得不好。Xu 等利用四种不同预测土壤性质的光谱仪器对中国长江三角洲地区土壤性质进行预测，结果表明：①四种光谱仪器对这些土壤性质的预测能力为中红外（MIR）光谱仪＞可见-近红外（Vis-NIR）光谱仪＞激光诱导击穿光谱仪（LIBS）＞便携式 X 光荧光分析仪（pXRF）；②用四种光谱仪获得的光谱的融合对土壤有机质、总氮、速效氮和速效磷的预测略有改善，而对 pH 值和速效钾的预测结果表现一般或甚至更差。总之，可见-近红外、中红外和激光诱导击穿光谱仪是可以稳定可靠地替代传统的土壤性质预测方法。蒋璐璐等通过近红外和中红外光谱技术对红壤和青紫泥的 N、P、K 进行了预测，结果表明中红外光谱技术对 P 和 K 的预测效果更好，对 N 的预测效果两者相差不大，偏最小二乘-支持向量机模型预测能力优于偏最小二乘-人工神经网络。利用中红外光谱技术对中国科学院封丘生态实验站长期定位实验地的潮土进行预测，预测结果表明预测效果最好的是有机质，其次是速效氮和速效磷，最后是速效钾。在我国，对利用中红外光谱技术测定土样性质也有一些研究。但是目前此类研究仅局限于少数土壤类型，主要集中在江苏南京、江苏溧水、浙江富阳、浙江慈溪等地的水稻土。虽然有的研究涉及了几种土壤类型，但研究所涉及的采样范围和样品数量有限。

（4）中红外光谱技术在土壤成分定量分析中的化学计量学方法　由于干扰较强，红外光谱在土壤分析中的应用主要依赖光谱预处理和化学计量学方法，更多的数学工具模型将有利于优化模型预测性能。因此，化学计量学方法对中红外光谱技术在土壤成分检测领域的应用和发展具有重要作用。红外光谱数据定量分析一般涉及以下步骤：①光谱预处理；②特征选择；③多光谱融合；④模型转移；⑤田间原位。

① 光谱预处理　光谱除含有样品自身的化学信息外，还包含其他无关信息。在测量过程中，由于样品粒度、仪器背景和其他因素的影响，光谱会出现基线漂移、光散射和随机噪声等干扰信号。这些信号会干扰或者覆盖待测组分的有效信息，进而对模型的建立及成分预测的准确性造成影响。光谱预处理可以实现对干扰信息的校正和对模型的优化，因此需要在建模前通过光谱预处理方法来消除与光谱数据无关的信息和噪声。预处理通常包括基线校正、散射校正、去噪、缩放。常用的光谱预处理方法有标准化、归一化、导数、平滑、多元散射校正（MSC）、标准正态变量变换（SNV）等。此外，小波变换、正交信号校正和净分析信号等一些新方法正在得到发展和应用。

② 特征选择　土壤是成分复杂的混合物，包含烃类、醇类、酚类、脂类、酮类、胺类及芳香类等有机化合物，也包含碳酸根、硫酸根、硝酸根、磷酸根等无机化合物。这些物质在特定的红外光谱区域会产生明显的红外吸收，为红外光谱的特征选择提供了理论基础和便

利。但是，在光谱数据采集过程中由于测试环境、取样装样均匀性以及测量参数设定等因素的影响，采集的 MIR 光谱数据可能存在随机噪声、基线漂移、光散射等干扰信息，这些干扰信息的存在会对模型预测效果产生一定的影响。现行的消除干扰提升模型稳健性的方法主要有两方面：特征选择和波长选择。特征选择可以筛选出与土壤待测成分相关性强的光谱区域，剔除与待测成分不相关或干扰待测成分的光谱区域，从而有效提升模型性能。波长选择旨在选取与待测组分相关性较强的波长点或波长区间建立模型，以达到简化模型、减少模型计算量和提高预测精度的目的。常用的波长选择算法有：变量投影重要性（VIP）、无信息变量消除（UVE）、竞争性自适应重加权采样（CARS）、遗传算法（GA）、模拟退火算法（SA）、连续投影算法（SPA）、区间偏最小二乘法（iPLS）等。波长选择的有效性已经在各种近红外光谱应用体系中得到了广泛验证。

③ 多光谱融合　土壤是一种复杂的基质，单一的传感技术往往不能准确测量多重土壤属性。因此，多传感器数据融合的概念出现，即多个传感器互相补充，并对更多的土壤属性提供更可靠和准确的估计。研究证明通过 Vis-NIR、XRF、MIR 等多光谱之间的数据融合可以提高对土壤属性的预测精度。Liu 等单独使用 Vis-NIR、pXRF 或者二者联合使用，并结合三种数据融合方法（连结、模型融合和模型平均）来预测土壤肥力特征 SOC、有效氮、全磷、有效磷、全钾、速效钾。基于 Vis-NIR 和 XRF 光谱融合，Javadi 等应用三种数据融合的方法来提高磷等土壤属性的预测精度，研究结果建议基于融合应用 CNN 来预测土壤肥力属性，以便做出正确的决策。

④ 模型转移　中红外（MIR）光谱模型被发展用于对土壤进行快速评估，但由于实验室条件和传感器设置的不同，这些模型往往具有土壤和仪器的特定性。模型转移是将发展于主仪器的光谱模型应用到通过副仪器测定的光谱数据库，且具有统计上保留的准确性和精确度。有三种转化方法：直接标准化（direct standardization, DS）、分段直接标准化（piecewise direct standardization, PDS）、光谱空间转化（spectral space transfer, SST）。研究结果表明，通过 SST 和 PDS 模型转移，可以利用光谱副仪器来预测土壤性质。

⑤ 田间原位　在野外环境下进行土壤红外光谱测量，会受到水分、土壤表面粗糙度、测试环境等因素的影响。在这些影响因素中，土壤水分对光谱的影响最受关注。已有研究者通过便携式可见近红外、中红外光谱仪在田间条件下对土壤属性进行了预测。如 Minasny 等采用额外参数正交化（external parameter orthogonalisation，EPO）方法去除野外原位光谱中土壤水分影响，经 EPO 算法处理后的光谱可以用基于室内测量的土壤光谱库进行土壤有机碳的预测。也有不少学者将模型转移的方法用于去除水分影响，如 Ji 等通过便携式 Vis-NIR 光谱仪采集田间条件下的水稻土湿光谱，并通过直接标准化去除水分等环境条件的影响，并将其转化为实验室条件下的干光谱，同时应用中国土壤光谱库（chinese soil spectral library，CSSL）结合局部加权回归（locally weighted regression, LWR）建立了土壤 SOM、TN 和 pH 值的预测模型，且模型均在可接受水平。这就意味着可以使用 Vis-NIR 在田间条件下对土壤性质进行预测。为了提高红外光谱技术在土壤性质方面的预测性能，研究者们还尝试开发了一个智能系统，利用红外便携式传感器提供的光谱数据，预测土壤总碳、总氮、总碳、黏土含量、淤泥和可交换性钠。将不同模型［高斯过程回归（gaussian process regression，GPR）、随机森林法（random forest，RF）、M5 规则（M5 rules）、打包（bagging，BAG）、决策树（decision trees，DT）〕与传统的偏最小二乘回归（PLSR）进行比较和评估，以找到红外光谱技术预测土壤性质的最佳模型。其中高斯过程回归（GPR）获得了最佳、最稳定、最可靠的结果。

2.2.2　基于近红外光谱的便携式土壤养分测定仪

基于近红外光谱学原理的便携式土壤全氮含量检测仪，要求体积小、成本低、便于携带和能够进行田间远程采集。光谱辐射仪能够测量土壤的连续吸光度光谱曲线，通过光谱分析实现全氮含量的检测，但是光谱辐射仪属于精密仪器，价格昂贵、操作要求高，不适用于农田现场的快速测量。Sudduth 和 Hummel 在 1993 年开发了一种便携式土壤实时传感器，主要用于测量土壤有机质含量，也可测量土壤水分等参数。该仪器不仅具有较好的测定精度，其设计思想也影响了以后类似设备的开发。图 2-1 是该传感器的结构示意图。整个仪器可以分为 3 个部分：光源部分、分光部分和测量部分。光源由灯泡和聚焦透镜组成，其中灯泡是可以稳定提供 Vis-NIR 光线的碘钨灯，功率为 50W，需 12V 电源供电。分光部分主要部件由入射狭缝、聚焦镜、滤光片圆盘 / 斩光器、角度传感器和光纤入射端等组成，其中最关键的部件是滤光片圆盘，可在驱动电机带动下旋转，可以连续产生 1650 ～ 2600nm 的近红外光，光学频带宽度在 55nm 以下。测量部分主要由光纤出射端、石英板、试样盒和传感器组成，传感器由 PbS 材料制成，可以在可见光和近红外的广泛区域产生稳定的光电响应。

工作时将实时采集的土样放置在试样盒内，然后将试样盒连接在测量部分的下端，石英片的作用一方面隔开测光室和试样盒，另一方面通过石英板与土样的紧密接触可以尽量获得较均一、平整的测光面，石英材料比起其他介质对通过自身的光线的影响最小。开动电机，滤光片圆盘开始旋转，连续变化的近红外光线经过光纤传到土样表面，土样表面反射的光被传感器检测到，再经过后续的放大、A/D 转换、记录和通信电路将测量结果存储在合适的介质内。该仪器工作可靠，是一个较理想的现场测试设备。但是仪器需要配备 12V 电源，还有电机及其电机控制装置驱动滤光片圆盘，从便携的角度考虑还达不到“足够便利”。

安晓飞等又开发了便携式土壤氮素含量测定仪。该测定仪采用图 2-1 所示的基本结构，但是由于土壤氮素模型的原因，光源由单一波长增加为 7 个波长，分别是 1550、1450、1300、1200、1100、1050 和 940nm。图 2-2 是测定仪原理图。当测定仪开始工作时，首先将测定仪探头放置在标准白板上测得输出电压信号，然后将探头插入土壤中，测得输出电压信号，依次测得土壤在波长 1550、1450、1300、1200、1100、1050 和 940nm 的土壤反射率或土壤吸光度，再根据理论分析得到的土壤氮素预测模型，就可获得土壤全氮含量。稳定性试验结果表明测定仪工作稳定，土壤全氮测定实验结果显示校正和与预测相关系数分别达到 0.81 和 0.80，精度满足测土配方施肥的需求。

以 OEM 光谱仪模块为核心开发的土壤养分快速检测仪也能达到土壤光谱吸光度快速测量的目的，但便携性和田间适用性还有待进一步提高。图 2-2 所示的便携式土壤氮素含量测定仪虽然达到了便携式检测的目的，但该仪器采用 LED 作为主动光源，波段无法调整，光强信号较弱，仪器信噪比难以提高。为了克服以上不足，李民赞等设计开发了一款新的便携式土壤全氮含量检测仪，仪器主要包括传感器、服务器数据库和移动终端，传感器包括光学单元（图 2-3）和控制电路单元。

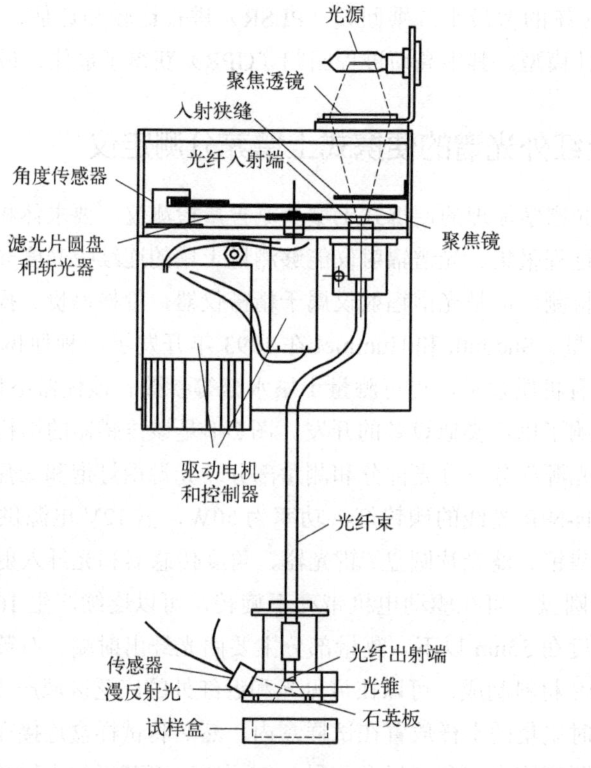

图 2-1　便携式土壤实时传感器结构示意图

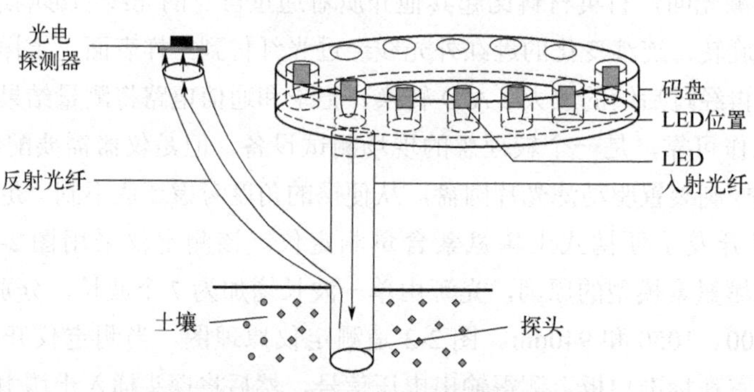

图 2-2　便携式土壤氮素含量测定仪原理图

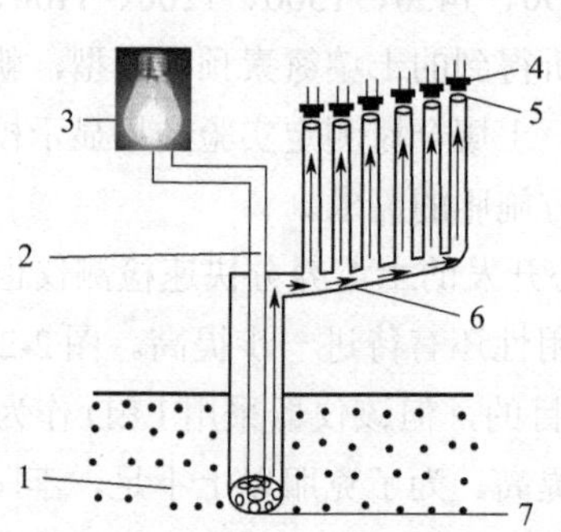

图 2-3　便携式土壤全氮含量检测仪光学单元结构示意图

1—被测土壤；2—入射光纤；3—卤钨灯光源；4—光电探测器；5—滤光片；6—反射光纤；7—一分六光纤

光学单元主要由光源、光传输光纤、不同波段滤光片及光电探测器组成。控制电路单元由多通道选择电路、I/U 转换电路、放大电路、滤波电路、A/D 转换电路、STM32 单片机、ZigBee 终端节点、GPS 模块、ZigBee 主协调器和 4G 模块等组成。

高功率卤钨灯光源发出的光信号通过入射光纤照射到耕层深度 5 ～ 30cm 的土壤表面，一部分光信号被土壤吸收，一部分光信号进入土层后经过透射、散射又从土层射出作为漫反射光进入反射光纤。反射光通过一分六反射光纤传输至 6 个不同波段的滤光片，不同波长的光再由光电探测器进行光电转换生成电信号。

检测仪的总体结构如图 2-4 所示，在机箱内集成了卤钨灯光源、百叶窗、一分六光纤、主控芯片、ZigBee 终端节点、USB 模块、三层机械结构。百叶窗设计可以保证卤钨灯光源产生的热量充分散发，避免长时间工作高温影响到其他元器件工作的稳定性。USB 模块可以进行程序的修改。三层机械结构设计可以改善光信号在传输过程中光信号的损耗。

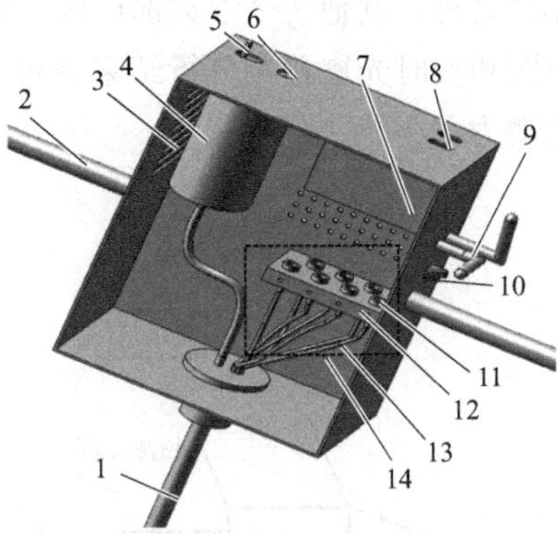

图 2-4　便携式土壤全氮含量检测仪总体机械结构示意图

1—分叉型对地光纤；2—手把；3—百叶窗；4—高功率卤钨灯光源；5—卤钨灯电源开关；6—卤钨灯光源供电电池；7—主控芯片和 ZigBee 终端节点；8—USB 模块；9—开发板天线；10—内部电源开关；11—光电探测器；12—滤光片；13—一分六光纤；14—三层机械结构

采用开发的便携式土壤全氮含量检测仪进行了 60 个采样点的土壤全氮含量检测。检测时，将检测仪探头插入到 30cm 深的土壤中，打开开关进行土壤全氮含量的检测，移动端进行土壤全氮含量的显示和存储。用保鲜袋进行土壤采样点土壤样本的采样保存，在实验室内用凯氏定氮仪进行每个土壤样本的全氮含量检测。便携式检测仪与凯氏定氮仪所测得的全氮含量的相关分析表明，相关系数（r）为 0.8280，作为田间实时检测仪测量精度较高，能够满足施肥指导的目的。

2.2.3　基于近红外光谱的车载式土壤养分测定仪

农业精准管理的基本目标是提高作物生产的效益，提高产品质量，保护环境。在决策过程中，有关不同土壤属性变异性的信息是必不可少的。快速、方便、廉价地获得土壤特性仍然是精细农业的最大挑战之一。许多研究人员和制造商都试图开发一种可以车载、在线测量土壤物理和化学性质的传感器，以实现快速、方便、廉价地获取土壤参数的目标。

Shonk 在 20 世纪 90 年代早期开发了第一台基于光谱原理的车载式土壤有机质含量测定装置。该装置采用铧式犁结构，由拖拉机牵引行走。工作时，测定装置在拖拉机牵引下刮削地面，和地表之间形成密闭空间。采用单一波长 LED 作为光源，光源波长为 660nm 红光，带宽 40nm。实验室试验和田间试验都取得了较好的效果。该结构成为后续车载式测试仪器开发的样板，但是受到当时电子技术、计算机技术和算法的限制，该仪器的精度和实用性受到了限制。

Mouazen 和 Christy 分别开发了功能、原理类似的用于农田土壤特性参数实时分析的光谱传感系统。图 2-5 是 Mouazen 等开发的土壤在线分析光谱传感装置，该传感器包括土壤开沟部分（深松犁），深松犁经过改造后安装了光源和光学探头，可保证将光线照射到沟底表面并收集反射光；采用的 Vis-NIR 分光光度计（Zeiss Corona 45 visnir fibre, Germany）的光谱范围为 306.5 ～ 1710.9nm。该土壤传感器被用于分析土壤碳素含量、水分、pH 值和磷素含量等 4 个参数。实验室光谱分析试验获得了较好的结果，在线测量结果显示，除了水分的测量精度与实验室测量精度相当之外，其他 3 个参数都还达不到实验室的水平，但是比较后 3 个参数的化学分析结果分布图和实时光谱预测分析结果分布图，2 组图的变化趋势基本一致，显示了土壤在线传感器的潜力。

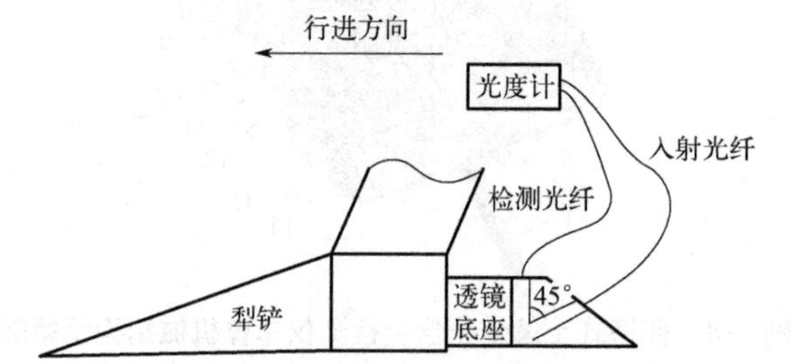

图 2-5　Mouazen 等开发的土壤在线分析光谱传感装置

图 2-6 是 Christy 等开发的土壤在线分析光谱传感装置。该传感器也是选择一个分光光度计作为核心部件，光谱范围为 920 ～ 1718nm，光谱分辨率为 6.35nm，分光光度计安装在一个铧犁式装置的支架上，在拖拉机牵引下工作。传感器底部安装了蓝宝石材料制成的光学窗口，不仅透光率高（可通过 90% 以上的近红外线），而且结实耐用，足以承受与土壤表面的摩擦磨损。光源采用卤素钨灯，观测平面约比地表面低 7cm，前进速度约 6km/h，每秒约测得 20 条光谱。田间试验主要分析了在线传感器与土壤有机质含量的相关性，预测模型的 R^2=0.67，均方根误差（RMSE）为 0.52%，这一结果表明该款在线传感器可用于土壤有机质含量空间变异分布的在线测量。

日本 Shibusawa 团队从 21 世纪初开始研制了多功能田间在线土壤光谱仪，并随着电子技术和自动控制技术的发展，设备质量和精度不断提高，已经成为商品出售。图 2-7 是在线土壤光谱仪的实物图和传感器机构示意图。光源采用 150W 的卤素灯，可以提供 400 ～ 2400nm 的入射光。光谱仪为光电二极管线性阵列，包括 256 个通道的可见光（400 ～ 900nm）和 128 个通道的近红外（900 ～ 1700nm）。由于该系统采用了较精密的光谱仪作为分光单元，因此可以在田间实时获得高分辨率的土壤反射光谱。利用获得的光谱对土壤水分、有机质含量、硝态氮含量、电导率以及 pH 值进行了预测，都获得了较高的预测精度。

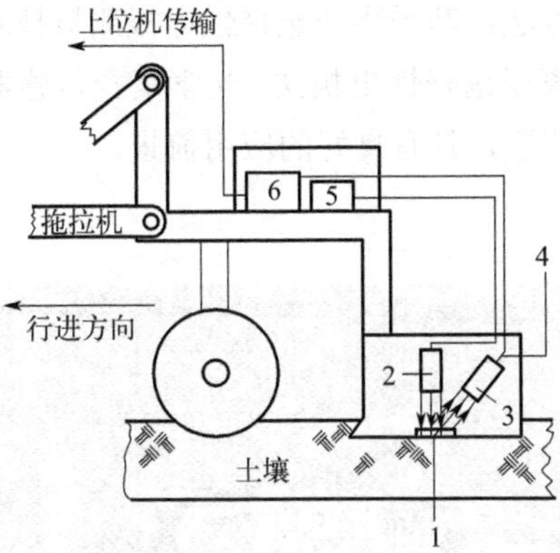

图 2-6　Christy 等开发的土壤在线分析光谱传感装置

1—光学窗口；2—卤素灯；3—集光器件；4—光纤；5—分光光度计；6—电源

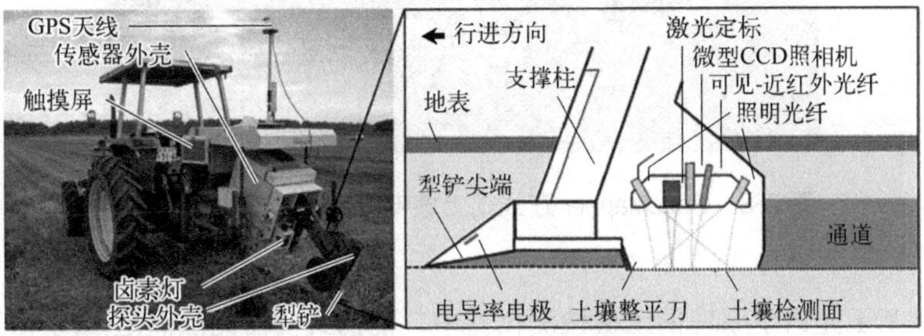

(a) 实物图　　(b) 传感器机构示意图

图 2-7　Shibusawa 团队开发的多功能田间在线土壤光谱仪

图 2-7 所示的在线土壤光谱仪，在犁铲部分安装了土壤电导率传感器，增加了传感器系统整体的功能。但由于受到结构和空间的限制，该系统的土壤电导率测量还只是辅助功能。如何把 2 个以上的传感系统有机结合在一起，既增加测量系统的整体功能，又可根据其中的一个测量结果对其他传感装置的数据进行修正和补偿，以提高整体的测量精度，则成为车载式测量系统下一步的发展目标。

美国 Veris 公司是世界范围内很活跃的土壤传感器公司，面向精细农业设计、制造和销售土壤传感器和软件。Veris 创始人 Lund E D 从 20 世纪 90 年代开始，一直从事土壤电导率在线检测系统的研究开发，其开发的 Veris 系列土壤电导率测试系统，已经成为现代精细农业实践中土壤信息获取的主要工具。进入 21 世纪以来，Lund 等在市售产品 Veris3000 系列土壤电导率测试系统的基础上，组合土壤光学传感器，研究开发了土壤电导率 / 光学在线传感系统（OpticMapper，图 2-8）。光学传感器的波长测量范围为 660 ～ 940nm，采用光学传感器和电导率（EC）传感器的组合方式在线分析 SOM 含量和阳离子交换能力（CEC）2 个土壤特性参数。实验结果显示，利用土壤 EC 传感器和光学传感器相结合的方式，可以实现土壤 SOM 和 CEC 的高精度预测分析，是快速实时获取农田信息的有效手段。复合式传感器是土壤在线测量的主要发展方向。除了土壤电导率 / 光学复合传感器之外，开发其他不同类传感器的复合式测量系统也具有良好应用前景。离子选择性电极测量技术被认为是测量土壤硝态氮、钾素含量的有效方法，基于离子选择性电极测量技术的车载式测量系统已经完成了样机开发。未来开发土壤离子选择性电极法 / 光学复合传感器，可以兼顾离子性土壤成分和化合物性土壤成分的复合测量，具有良好的应用前景。

图 2-8　OpticMapper 在线式土壤电导率 / 光学复合传感器

以上几款基于光谱学原理的土壤检测仪器中，便携式仪器无法满足田间生产实时原位测量的需要，车载式仪器或者价格过于昂贵只适用于科学研究，或者其测量的参数和精度还不能满足精细农业生产需求。因此，需要开发一款新型基于近红外漫反射测量的车载式土壤参数原位检测仪，能够以较低的成本提供高密度、快速原位的大范围农田土壤全覆盖测量，实现对大田土壤全氮、含水率的快速原位高精度检测，并为农业的精细化管理决策提供信息支持。

图 2-9 是周鹏等开发的车载式土壤全氮检测仪总体方案。根据实验室前期的试验研究和便携式土壤全氮检测仪开发经验，确定用于检测土壤全氮含量和含水率的 7 个近红外敏感波长（1070nm、1130nm、1245nm、1375nm、1450nm、1550nm、1680nm）。

光学系统是车载式土壤全氮含量检测仪的核心，包括地上部分和地下部分（图 2-10）。地上部分主要由光源、光源转接法兰和近红外导光光纤组成。光源通过近红外导光光纤传输到地下的检测土壤表面，由地下部分的检测总成实现光谱反射率的测量。检测总成主要由入射光出口端、InGaAS 光电探测器及 7 个敏感波长的滤光片、蓝宝石玻璃等组成。

检测光源对检测精度有着直接影响，根据对各种光源特性的分析，采用了光照稳定性更好的卤钨光源（300 ～ 2500nm）。近红外导光光纤与卤钨光源及检测端都设计了光源转接法兰，保证检测光在传输过程中不受损耗。检测总成底平面安装了蓝宝石玻璃板，它可以保护 InGaAS 光电探测器和滤光片等不被检测土壤污染，保证检测仪的正常工作，同时对入射光和反射光的损耗最小。

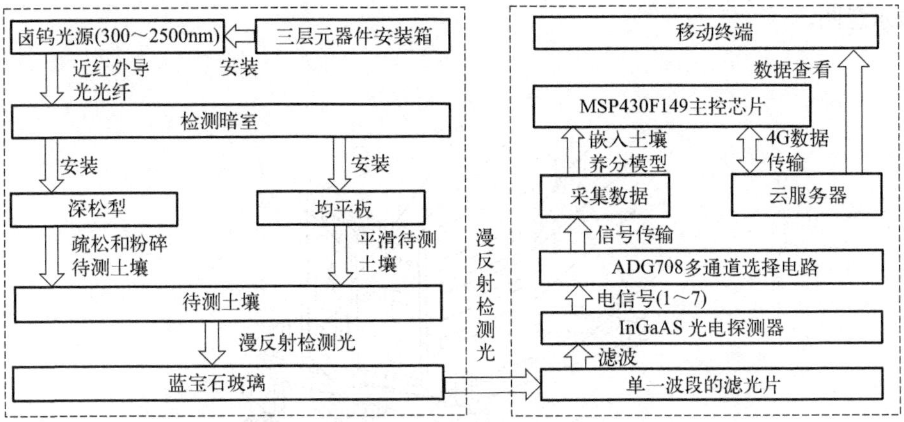

图 2-9　车载式土壤全氮含量检测仪总体方案

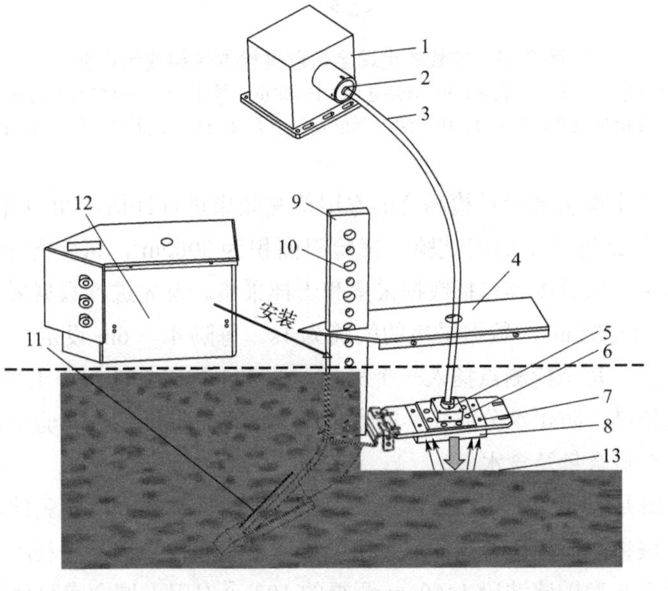

图 2-10　车载式土壤全氮含量检测仪光学系统示意图

1—卤钨光源发射端；2—发射端光源转接法兰；3—近红外导光光纤；4—遮光防尘罩；5—入射端光源转接法兰；6—电子元件安装孔；7—电子元件保护罩；8—蓝宝石保护玻璃；9—犁柱；10—深松犁位置调节孔；11—深松犁；12—检测暗室；13—检测土壤

为了保证检测仪能在农田正常工作，除了核心光学系统外，还包括辅助机械系统和电子控制系统。辅助机械系统为整个检测仪提供平台支撑，主要由三点悬挂结构（连接拖拉机）、电子元器件安装箱、载重支撑平台、深松犁等组成。整个检测总成固定在一台深松犁上。深松犁通过开沟作业，为地下检测总成提供测量所需的空间和待检测土壤平面。电子控制系统实现对检测土壤近红外漫反射测量信号的采集及处理，控制部分主要由 MSP430F149 主控芯片模块、电路处理模块、GPS 模块等组成。主控芯片模块将电路处理模块传送的检测信息输入土壤养分预测模型，从而计算得到土壤参数检测值。图 2-11 是车载式土壤全氮含量检测仪组成示意图。

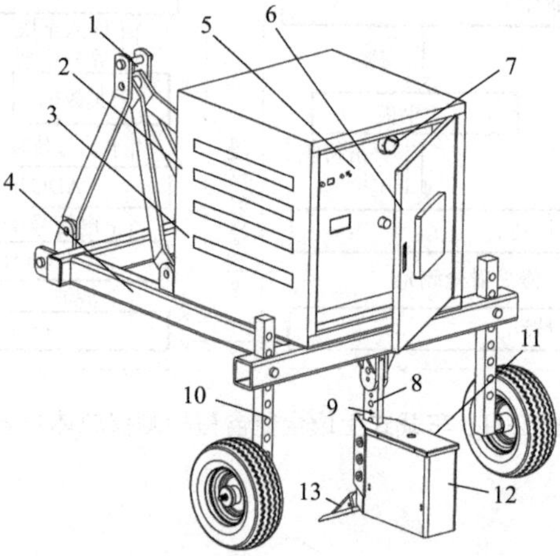

图 2-11　车载式土壤全氮含量检测仪组成示意图

1—三点悬挂结构；2—电子元器件安装箱；3—散热通道；4—载重支撑平台；5—控制面板；6—安装箱前门；7—卤钨光源；8—犁柱；9—深松犁位置调节孔 1；10—深松犁位置调节孔 2；11—遮光防尘罩；12—检测暗室；13—深松犁

为了对车载式土壤全氮含量检测仪的农田检测效果进行评估，2019 年 5 月 16 日在中国农业大学通州实验站进行了田间试验。试验田面积为 $3000m^2$，每年冬小麦、夏玉米轮作，土壤质地为砂壤土。试验内容包括数据采集和土样采集。首先进行数据采集。车载式检测仪的检测速度设定为 0.88m/s，数据采集的间隔为 1s。每隔 4 ～ 6m 设定一个检测点，总共选择了 103 个检测点，每个检测点插入一个标杆，便于土样采集。每个土壤样本采集 2kg，用双层牛皮袋封装样品，防止水分散失，样本采集完成后，立即送往实验室，用实验室方法测定采集土壤样本全氮含量及含水率。

土壤含水率既是重要的土壤参数，又与光谱数据之间存在高度相关性，因此，利用开发的车载式原位土壤参数检测仪首先开展了田间土壤含水率检测试验。利用车载式原位土壤参数检测仪在土壤含水率敏感波段 1450nm 测得的 103 个农田土壤含水率值及烘干法测得的标准土壤含水率值，建立了土壤含水率线性回归模型。农田土壤含水率检测值均匀地分布在回归线两侧，只有个别检测值距离回归线较远，相关性分析结果相关系数为 0.9602，结果表明，车载式原位土壤参数检测仪的农田土壤含水率检测精度达到了较高的水平。

车载式土壤全氮含量检测仪嵌入的土壤全氮预测模型为极限学习机模型。极限学习机模型在模型设置和网络训练过程中，只需设置隐层节点数，并且在网络训练过程中不需要调整网络的输入权值以及隐元的设置，因此具有学习速度快、泛化性能好的优点。利用嵌入极限学习机模型的车载式原位土壤参数检测仪测得的 103 个大田土壤全氮值及凯氏定氮仪测得的标准土壤全氮值，建立了土壤全氮凯氏定氮仪检测极限学习机模型。凯氏定氮仪采用瑞典 FOSS 公司的 Kjeltec™ 2300 全自动凯氏定氮仪。大田土壤全氮检测值均匀地分布在回归线两侧，相关性分析结果相关系数为 0.9182。结果表明，车载式原位土壤参数检测仪大田土壤全氮检测精度达到了较高的水平，满足农田参数实时原位测量的需要。

2.3 基于电化学原理的土壤养分快速获取

2.3.1 离子选择电极基本原理

根据国际纯粹与应用化学联合会（IUPAC）推荐定义，离子选择电极是一种响应电势与溶液中特定离子活度的对数呈线性关系的电化学传感器。单个离子选择电极的电势无法直接测量，需与电势保持恒定的参比电极共同放入待测溶液中，组成一个二电极体系（电化学电池），如图 2-12 所示。

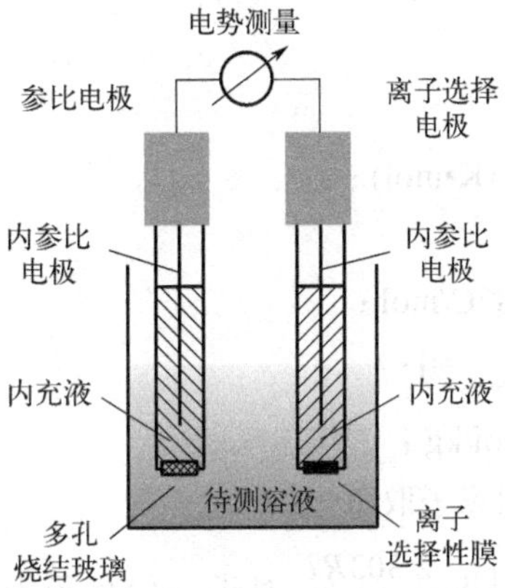

图 2-12 离子选择电极检测原理图

离子选择性膜是离子选择电极的关键部分，由于存在离子活度（浓度）差异，离子选择性膜的两侧表面会发生离子交换，形成浓差膜电势。膜电势是指不同两相接触，带电粒子的转移达到平衡时，两相间产生的电势差，其形成原理如图 2-13 所示。

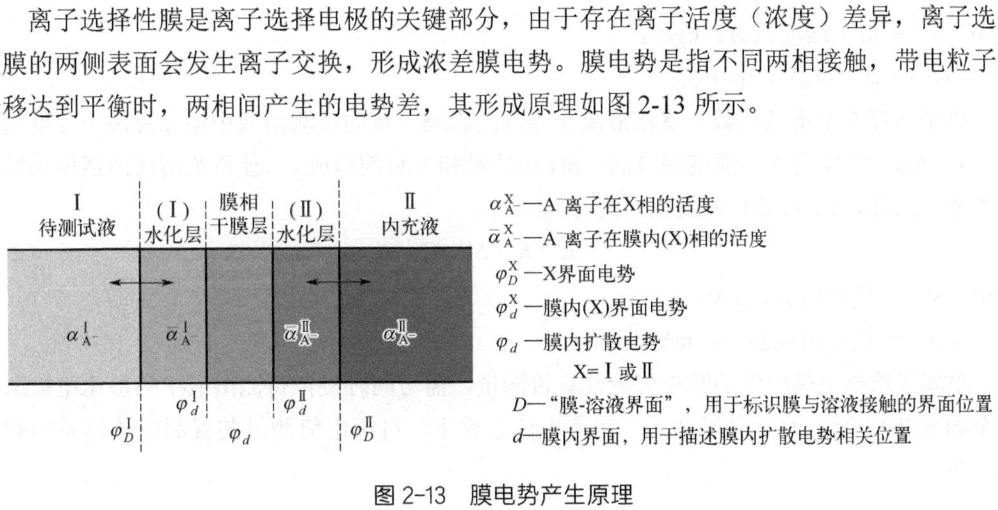

图 2-13 膜电势产生原理

膜电势由两部分组成：

（1）膜内扩散电势 由于离子选择性膜的对称性 $\varphi_d^{II} - \varphi_d^{I} \approx 0$，因此，一般情况下，膜内

扩散电势 φ_d 很小，可近似为零；

（2）膜与电解质溶液形成的界面电势　界面电势是内外界面电势的代数差，它产生的机理是当膜与溶液接触时，膜相水化层中可活动离子与待测溶液中的特定离子发生有选择的相互交换，引起两相界面电荷的不均匀分布，产生双电层，从而形成界面电势差。

因此，膜电势（E）值近似等于两相界面电势之差，如式（2-1）所示：

$$E = \varphi_D^{\mathrm{II}} - \varphi_D^{\mathrm{I}} \tag{2-1}$$

Nernst 方程可描述浓差膜电势与待测溶液中的特定离子活度间的关系，简化方程如式（2-2）所示：

$$E = E_0 \pm \frac{2.303RT}{zF}\log\alpha \tag{2-2}$$

式中　E——膜电势，mV；

E_0——标准电势，mV；

R——气体常数，8.314J/(K•mol)；

T——绝对温度，K；

F——法拉第常数，96487C/mol；

z——离子电荷数，如 $z_{NO_3^-}=1$；

α——待测离子活度，mol/kg；

±——阳离子取正号，阴离子取负号。

在 25℃时，电极的理论斜率 $\frac{2.303RT}{zF}$ 对于一价离子为 59.16mV/decade，二价离子为 29.58mV/decade。离子活度与浓度之间可通过离子活度系数来进行转化，如式（2-3）所示：

$$\alpha = \gamma C \tag{2-3}$$

式中　γ——离子活度系数，kg/L；

C——离子浓度，mol/L。

离子活度系数不是常数，受溶液离子强度的影响，可向待测溶液中添加总离子强度调节剂（TISAB，主要由离子强度调节剂、pH 缓冲剂和掩蔽剂组成），使待测溶液的活度系数保持不变。因此，式（2-2）可简化为式（2-4）：

$$E = K + S\log C \tag{2-4}$$

式中　K——截距电势，mV；

S——电势响应斜率，mV/decade。

单离子选择电极产生的膜电势无法直接测量，需与同时浸在待测溶液中的参比电极组成一个如图 2-12 所示的二电极体系。在零电流条件下，可用电势测量装置测出该体系的响应电动势。

2.3.2　基于离子选择电极的土壤肥力检测平台

提高离子选择电极检测过程的自动化、仪器化水平，是关乎离子选择电极在土壤硝态氮快速检测领域应用可行性的关键问题之一。利用微机电系统（MEMS）和流动注射分析技术（FIA）对离子选择电极的检测过程进行自动化控制，可实现对待测浸提溶液的自动化传输和检测信号的快速采集和分析，从而避免人为及环境干扰，提高检测效率和准确性。基于微流控技术和流动注射技术，研究溶液操作过程自动化技术，设计用于离子选择电极阵列和化学修饰微电极阵列检测溶液离子浓度的流通池，再结合自动控制技术研究土壤样本前处理和土壤浸提溶液检测操作过程半自动化、自动化技术。基于田间采集、样本前处理和浸提溶液检测的自动化技术研究，提出面向分析实验室测试和检测现场的土壤测试过程半自动化、自动化的系统集成解决方法。

（1）土壤样本采集自动化技术　基于田间采样的规范要求，设计一个拖拉机机载的自动取样装置（图 2-14）。通过四个螺孔将自动取样装置固定在拖拉机平台上，当拖拉机到达指定位置，控制液压驱动机构下移三个导柱，推动取样器垂直钻入土壤表层 20cm 深处后，提起取样器，再利用顶样器推出取样器中的土壤，用土壤样本袋接取，即可获得土壤样本。根据采样量的要求，确定取样器的尺寸。土壤取样过程通过微处理器系统对液压驱动机构进行智能控制，可实现取样操作过程自动化。

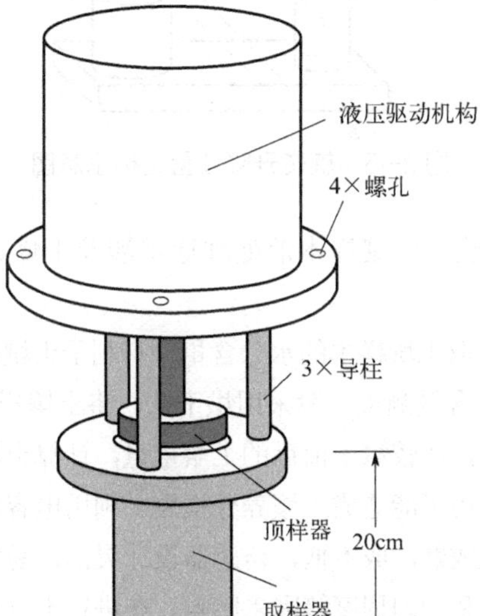

图 2-14　自动取样装置结构示意图

对土壤样本进行现场检测时，将土壤测试结果输入便携式 GPS 接收系统，可自动融合土壤测试结果与 GPS 定位信息，通过 GIS 或其他相关软件处理，可获得土壤养分状况分布图。对土壤样本进行实验室检测时，需将采集的土壤样本与 GPS 定位信息建立对应关系，并进行编号保存。为了便于土壤样本采集，设计一个旋转升降装置（图 2-15），将其与自动取样装置安装在同一个平台上。将已编号的样本袋置于旋转升降装置上，取样时使其置于水平位置（实线位置），不会妨碍取样。在顶样之前，将平台旋转 90℃ 至垂直位置（虚线位置），使样本袋口处于取样器的正下方，从取样器中推出土壤样本，即可保存在样本袋中。将样本袋编号输入 GPS 接收系统，即可自动建立采集的土壤样本与其 GPS 定位信息之间的对应关系。旋转升降装置的往返旋转操作和上下升降均可通过电机来实现智能控制。此外，也可在样本袋上贴上 RFID 标签，并将 RFID 检测单元集成在 GPS 接收系统中，可以提供一种自动记录样本袋编号的方法。

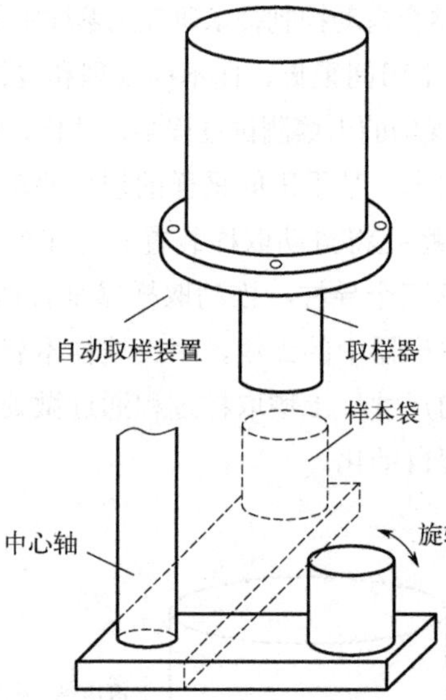

图 2-15　旋转升降装置结构示意图

（2）土壤样本前处理方法　土壤样本前处理通常涉及干燥、研磨、量样和浸提等步骤，最终形成土壤浸提溶液。

干燥处理的主要目的是获取土壤样本的水分含量，有利于土壤研磨。常规的干燥方法主要有风干、烘干和燃烧。土壤水分含量测量一般采用烘干法，将土壤样本置于 105 ～ 110℃的烘箱中烘干至恒重，使土壤水分蒸发，比较烘干前后的土壤重量，计算土壤样本的水分含量。常规土壤水分含量测量方法效率较低，还可能造成土壤养分损失。利用电容法检测土壤水分可以进行土壤水分含量快速测量，检测机理成熟，成本低，传感器设计灵活，易实现便携式仪器开发，但测量精度受土壤颗粒的性质、尺寸和均匀程度等因素影响。在进行土壤样本前处理时，需要对土壤样本进行研磨，若土壤样本比较均匀，采用电容法测量精度较好。由于土壤研磨可采用机械粉碎，土壤样本的研磨难度可以忽略，因此，可利用电容法测量土壤水分含量代替土壤样本的干燥处理。

研磨处理有利于土壤样本的充分混匀并促进其与浸提剂充分反应。常规的研磨方法有“木棍滚压 + 过筛”和“机械粉碎 + 过筛”。通常采用锤片式土壤粉碎机进行土壤粉碎处理，利用高速旋转的锤片循环猛烈打击土壤颗粒，再进行过筛（1mm 分析筛），可以得到比较均匀的土壤粉粒。这种研磨方法不仅不会破坏土壤的矿物质结构，而且具有较高的工作效率，但该粉碎机存在一些局限性，如功率大、体积大以及不适用于现场处理。因此，改进传统的大型土壤粉碎机，研制一种小型土壤粉碎机。其便于携带，而且易于系统集成，在粉碎机的出料口安装一个由电机驱动高速旋转的土壤分析筛进行筛选处理。

量样是量取固定体积或重量的土壤样本。传统量样采用重量法，利用电子秤或天平称取一定重量的土壤样本，重现性好，但效率低。现在常采用体积法进行量样，利用土壤量样器量取一定体积的土壤样本，量样速度快，用于土壤氮磷钾养分测定多采用 2.5mL 的土壤量样器。综合考虑土壤水分含量检测，设计一种圆筒形电容式传感器，可以同时满足水分测量和量样的要求。

采用 Olsen 浸提剂和 $CaCl_2$ 浸提剂为土壤 NPK 养分浸提剂，可用于研究多种 NPK 离子浓度同时检测技术。土壤浸提过程涉及的溶液操作通常由人工或利用加液器辅助完成。加液器是依据单向阀对液体的单向导通能力控制加液，如图 2-16 所示。当压杆下移时，注射器产生负压，此时单向阀的上节门关闭，下节门导通，液体由进液口导入注射器。当压杆下移至底时，一定量的液体进入注射器。停止压杆时，压杆在弹簧的作用下上移，此时单向阀上节门导通，下节门关闭，液体由出液口流出。加液量是由注射器的体积决定的，加液量只能小于注射器的标称容量，改变液点位置可以调节加液量。这种溶液操作可以实现半自动化，但仍需手动操作，而利用微流控技术和流动注射技术可以实现土壤浸提过程中溶液操作自动化。

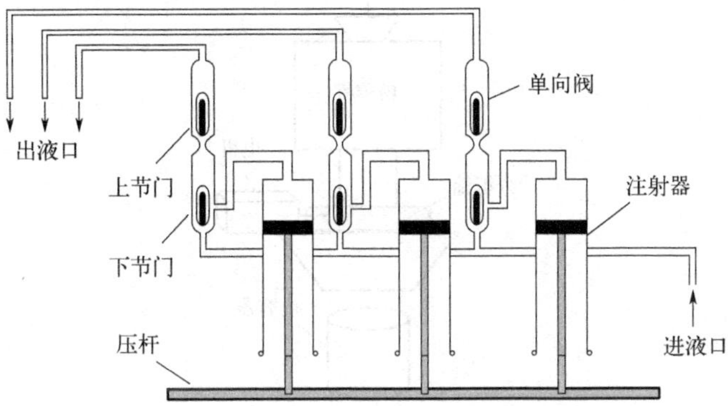

图 2-16　加液器结构示意图

土壤浸提过程还要对土壤样本与浸提剂的混合胶体溶液进行定时搅拌或振荡。常规方法是将胶体溶液密封后固定在振荡机上进行定时振荡，步骤烦琐，效率较低。磁力搅拌器是利用电机驱动磁钢，通过改变磁力线方向带动容器中的磁性搅拌子转动，对混合液进行搅拌，如图 2-17 所示。

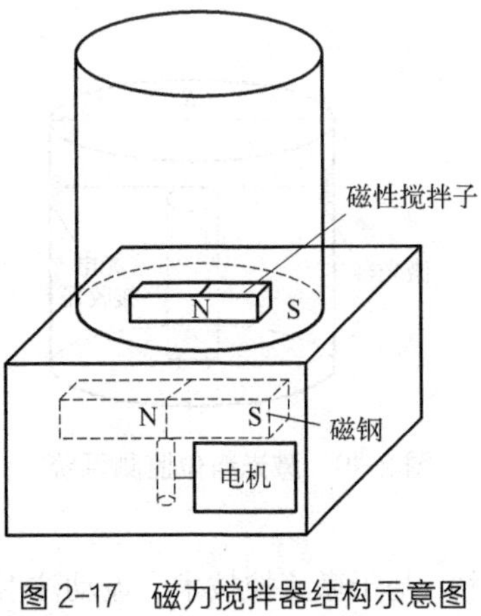

图 2-17　磁力搅拌器结构示意图

在常规实验室前处理方法中，使用一些专用设备，可以实现部分处理过程半自动化，但是大部分环节之间仍无法实现自动衔接，影响了土壤样本前处理效率。因此，在土壤样本前处理方法研究的基础上，探讨了一种土壤样本前处理自动化技术，主要解决两个关键问题：定量获取土壤研磨样本和自动浸提土壤养分。

（3）土壤研磨样本定量获取技术　基于土壤水分电容检测方法和激光料位监测技术，建立一种自动获取固定体积土壤研磨样本的方法，如图2-18所示。利用微处理器系统分别控制粉碎机和电机进行土壤粉碎和筛选处理；基于电容式传感器，利用激光料位监测系统控制土壤样本容量，并利用电容法测量土壤水分含量。当电容器中的土壤样本达到指定体积时，激光料位监测系统发送信号给微处理器进行反馈控制粉碎机和分析筛，可以得到固定体积的土壤样本。

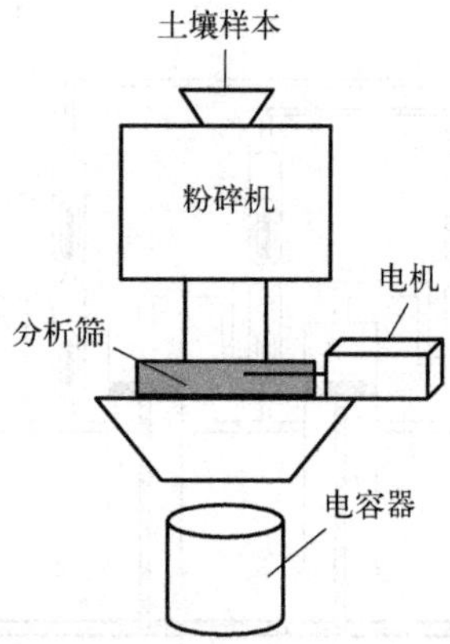

图2-18　土壤研磨样本自动获取系统结构示意图

激光料位监测系统以圆筒形电容式传感器为土壤量样器，利用激光技术监测土壤样本量，如图2-19所示。利用半导体激光器为光源，以光电二极管为光电接收器，采用遮断法判断容器中的土壤样本体积是否达到指定要求，当土壤样本达到指定要求时，土壤阻断激光传输路径，使激光信号无法传送到光电接收器。由于激光具有良好的方向性和较强的穿透能力，因此，将激光器和光电接收器置于同一个水平高度时，可以获得较好的精度。

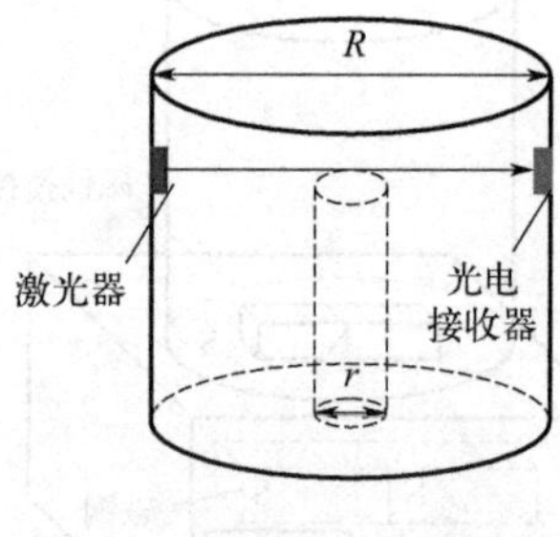

图2-19　激光料位监测系统

（4）土壤养分自动浸提技术　基于微流控技术、流动注射技术和机械搅拌方法，建立一种土壤养分浸提自动化方法，通过微处理器系统进行智能控制，如图 2-20 所示。通过机械传输方式将电容器中的土壤粉粒输送到浸提池中，根据电容法测量的土壤水分含量计算需加入的浸提剂体积，再由微型泵定量抽取浸提剂至浸提池中。利用机械搅拌装置对土壤胶体溶液进行定时搅拌后，控制安装在浸提池底部的阀，使浸提溶液依靠重力流过过滤器进行定性过滤，可以得到澄清的土壤浸提溶液。

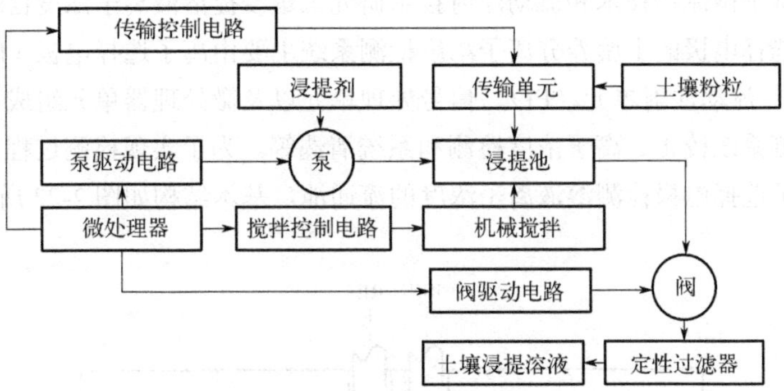

图 2-20　土壤养分自动浸提系统示意图

土壤养分浸提是在浸提池中完成，为了实现浸提过程的自动化，设计了一个具有搅拌功能的浸提池，如图 2-21 所示。采用电机驱动搅拌子对土壤胶体溶液进行搅拌，搅拌时间由微处理器系统控制。为了防止土壤粉粒进入管道而造成堵塞，在浸提池底部安装一个过滤网。搅拌前，有极少量浸提剂进入管道中，不会影响浸提结果。因此，搅拌后，先控制阀使

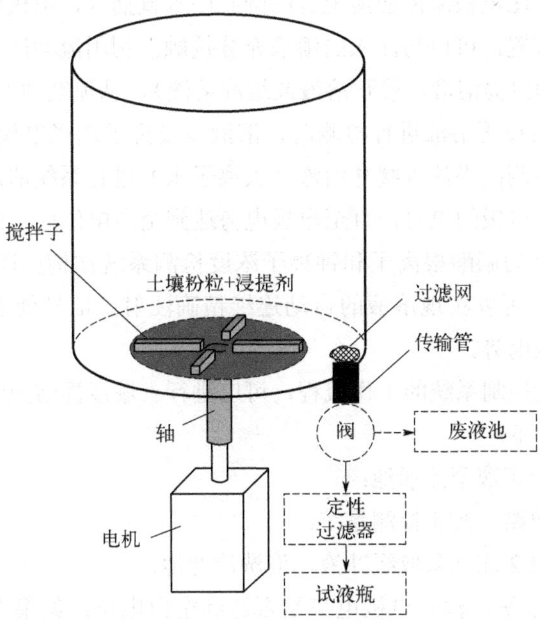

图 2-21　浸提池结构示意图

液体流向废液池，将浸提剂排到废液池，再控制阀使液体流向过滤器，土壤胶体溶液依靠重力进行定性过滤至试液瓶中，即可得到澄清的土壤浸提溶液。

（5）基于离子选择电极阵列的土壤检测自动化技术　通过田间采样和土壤样本前处理，可得到澄清的土壤浸提溶液，进行土壤养分离子浓度检测。土壤浸提溶液快速检测的关键是提高检测系统的自动化水平，主要问题在于土壤浸提溶液与传感器检测设备的自动化衔接。根据离子选择电极（阵列）和化学修饰微电极阵列的实际情况，设计用于土壤浸提溶液检测的流通池，并基于微流控技术和流动注射技术研究土壤浸提溶液离子浓度自动化检测系统。

基于离子选择电极的土壤养分离子浓度检测系统主要由离子选择电极（ISE）、参比电极（RE）、流通池、流动注射单元（FI）、信号处理单元以及微处理器单元组成。检测过程涉及溶液操作、检测系统校正、离子浓度检测和系统清洗等。为了实现检测过程操作自动化，设计一个用于离子选择电极检测溶液离子浓度的流通池，基本结构如图 2-22 所示。

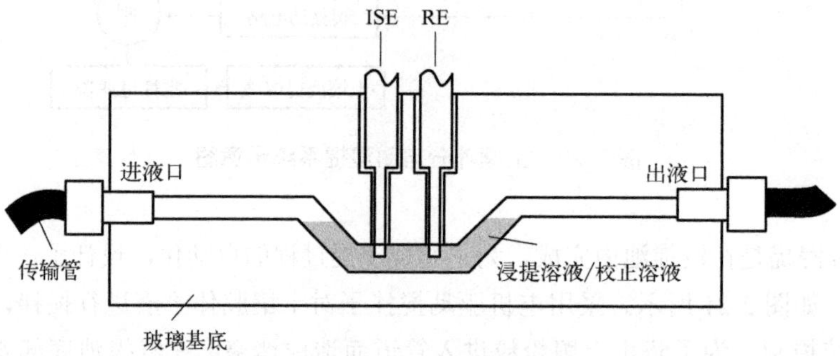

图 2-22　用于离子选择电极检测溶液离子浓度的流通池结构示意图

离子选择电极和参比电极从流通池上方的圆孔中垂直插入，电极底部（膜）处于流通池的检测通道中央偏上位置，可以与注入的溶液充分接触。利用流动注射单元从流通池左侧的进液口注入溶液（土壤浸提溶液、校正溶液或缓冲溶液），从流通池右侧的出液口排出废液。当注入土壤浸提溶液或校正溶液进行检测时，溶液浸没离子选择电极和参比电极的底部后，停止注射溶液，开始检测；当注入缓冲溶液（去离子水）进行系统清洗时，连续注射缓冲溶液并间隔检测离子选择电极的电势，直至电极电势达到空白电位后，停止注射溶液。

基于离子选择电极的硝酸根离子和钾离子浓度检测系统结构如图 2-23 所示，流动注射单元采用微型泵和阀，可以实现溶液的自动连续精确注射；信号处理单元采用电势测定系统，可以实时测量电极电势。

微处理器单元智能控制系统的工作流程，可以进行土壤浸提溶液中硝酸根离子和钾离子浓度测定，具体步骤如下：

① 利用泵 3 抽取校正液至流通池；

② 启动电势测定电路，校正检测系统；

③ 控制阀，利用泵 2 连续泵取缓冲液，清洗流通池；

④ 启动电势测定系统，检查电极电势是否达到空白电位；如果电极电势未达到空白电位，重复步骤③；

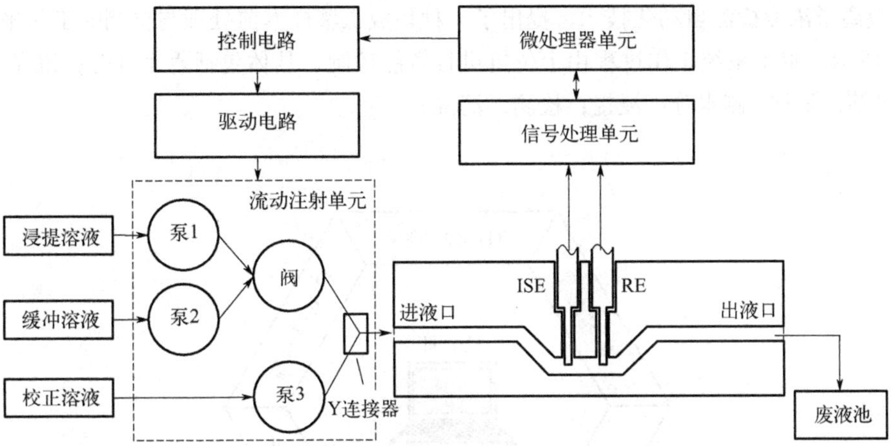

图 2-23　基于离子选择电极的土壤浸提溶液离子浓度检测系统结构示意图

⑤ 控制阀，利用泵 1 定时连续泵取土壤浸提溶液将流通池中的残留溶液推至废液池；

⑥ 启动电势测定系统，检测溶液中的待测离子浓度；

⑦ 重复步骤③和④；

⑧ 重复步骤⑤～⑦，进行下一个样本检测。

通过改进流通池，研究设计用于离子选择电极阵列检测浸提溶液离子浓度的流通池，如图 2-24 所示，可实现 n 种不同离子浓度的同时检测。

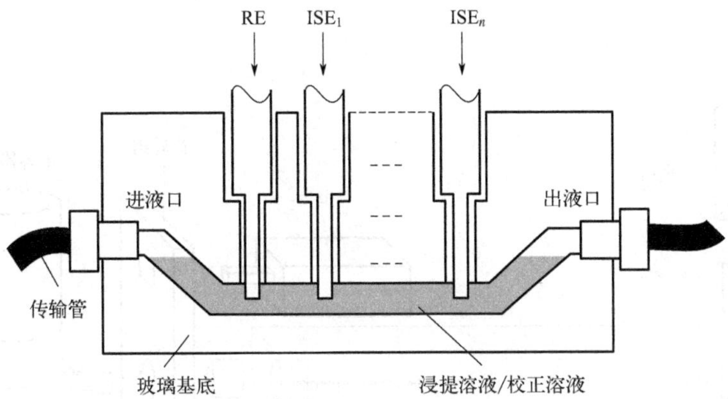

图 2-24　用于离子选择电极阵列检测浸提溶液不同离子浓度的流通池结构示意图

（6）土壤测试应用系统的集成解决方案　目前，土壤测试主要有两种应用模式：“田间采样 + 土壤样本前处理 + 实验室检测”和“田间采样 + 土壤样本前处理 + 现场检测”。以下内容是在土壤样本前处理和土壤浸提溶液离子浓度检测自动化技术研究的基础上，分别研究设计面向分析实验室使用和面向检测现场使用的土壤养分检测系统集成解决方案。

① 面向分析实验室使用的土壤养分检测系统集成方案　面向分析实验室使用的检测系统要求精度较好、检测速度较快和自动化水平较高。基于土壤样本前处理自动化技术和土壤

浸提溶液离子浓度检测自动化技术，提出了一种集成土壤样本前处理与检测的工作平台，如图 2-25 所示，整个系统工作过程由上位机进行智能控制，具体包括六个部分：准备 / 进样；粉碎 / 过筛；量样 / 测水分；浸提；检测；清洗。

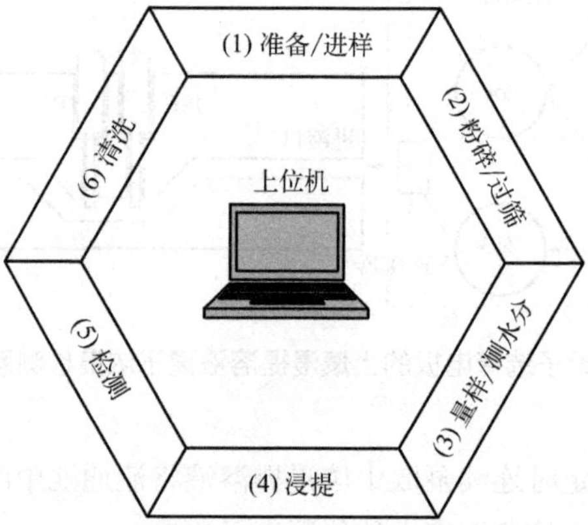

图 2-25　面向分析实验室使用的土壤养分检测工作平台

实现系统工作过程自动化的关键是解决系统各部分之间的自动化可靠连接问题。研究人员研究设计了一个自动传输系统（图 2-26），将电容器中的土壤研磨样本自动传送至浸提池中。

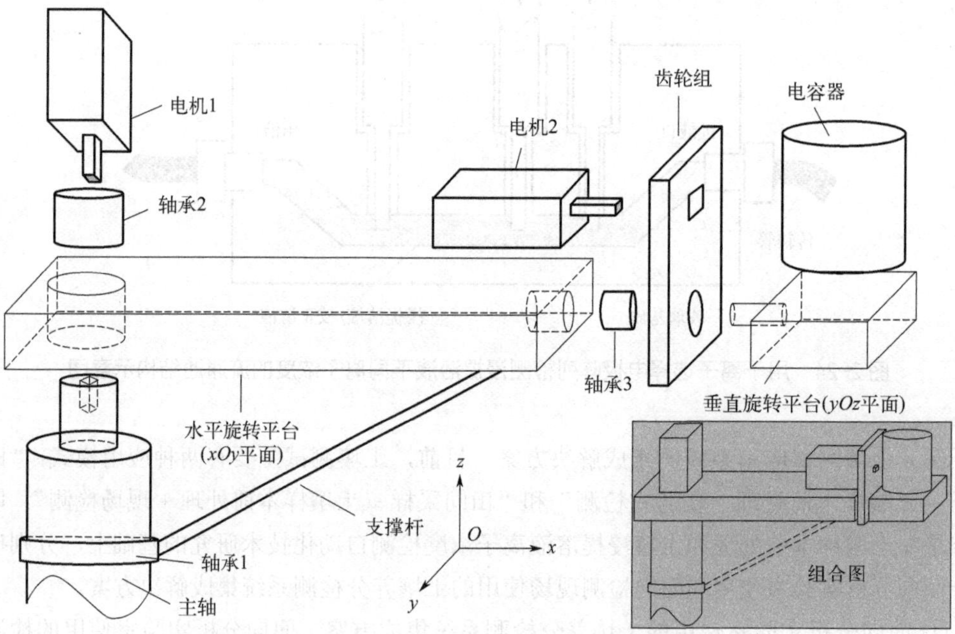

图 2-26　自动传输系统结构示意图

② 面向检测现场使用的土壤养分检测系统集成方案　现场检测的主要目标是快速检测，要求设备便于携带，对土壤样本前处理和检测的精度要求可适当放宽，部分操作可由人工操作即可快速完成。因此，土壤养分现场快速检测的关键问题是土壤养分浸提过程和浸提溶液离子浓度检测过程的操作自动化。基于土壤浸提自动化技术和土壤浸提溶液离子浓度检测自动化技术，提出了一种用于土壤样本现场快速检测的系统集成方法。

土壤样本采集可以采用人工采集方法，也可采用机载自动采集系统完成；土壤样本的研磨处理可采用便携式的微型土壤粉碎机和过1mm分析筛来实现；土壤水分含量测量和固定体积的土壤粉粒样本量取可以采用基于圆筒形电容式传感器的、低价的便携式土壤水分测量系统来实现；土壤养分浸提采用上述的土壤养分自动浸提系统完成，同时集成浸提溶液离子浓度自动化检测系统。

2.4　基于激光诱导击穿光谱技术的土壤养分快速获取

2.4.1　激光诱导击穿光谱概述

激光诱导击穿光谱（laser-induced breakdown spectroscopy，LIBS）是一种有效的元素快速分析手段。借助高能量激光在样品表面击穿并形成等离子体羽，可以快速得到来自样品中各种元素的发射光谱，从而实现元素的定性和定量化测量。由于使用方式灵活、测量快速、对样品的破坏小等优势，LIBS被越来越多地应用于各种现场检测中，比如在生物样品、钢铁、果蔬农药残留、医学样品、煤炭和矿物化工样品等物质中元素含量的检测。而且，LIBS不仅可以对固态样品进行测量，对液体、气体和气溶胶也具有检测能力。这些优势使得LIBS的应用范围不断扩展。特别是美国Los Alamos实验室将LIBS装置搭载于“好奇号”火星车，并成功地完成了对火星表面土壤和岩石成分的分析。这项出色的技术引起了全世界科研人员的兴趣和关注。

LIBS技术的工作原理简单地来说是采用一束高能量的激光脉冲聚焦到样品表面，样品表面被激光烧蚀瞬间被击穿、电离和蒸发并形成等离子体云团，通过获取等离子体云团在能量落回过程中的发射光谱获得其中的原子和离子特征。因此，依据LIBS激发产生的光谱信号可以实现待测物质的快速定性和定量分析。

LIBS应用于物质组成元素的分析具有独特的技术优势和极大的应用潜力，这些优势体现在以下几个方面：①从样品处理角度，LIBS几乎无需任何样品前处理或者仅需要简单的样品预处理；②从检测对象角度，LIBS的检测对象无论是固体、液体、气体或者是气溶胶均不受限制；③从检测元素类型角度，LIBS可以同时检测多种元素；④从样品损伤角度，LIBS激光烧蚀样品量在微克级别，对样品损伤极小；⑤从测量方式角度，LIBS的检测方式为非接触式的测量，且通过光纤采集和传输光谱信号，可以实现远程的探测；⑥从测量时间角度，LIBS 检测只需要几秒的时间，检测速度很快；⑦从绿色检测角度，LIBS 检测样品不需要任何的化学试剂，不会存在二次污染的风险，安全健康。

2.4.2 LIBS 用于土壤养分测量的主要进展

（1）土壤主要养分元素检测　由于养分是植物生产必不可少的元素，特别是 C、N、K 和 P 在土壤管理、农业生产和气候变化等方面的重要性，近些年来，人们对土壤中养分的 LIBS 分析做了大量的工作。

首先是土壤中 C 的 LIBS 分析。2002 年，Martin 团队先后提出了土壤全氮和全碳的 LIBS 检测和监控方法，并提出使用 Si 作为内标元素，通过内标法得到碳的拟合系数 R^2 为 0.962。后来的研究中，Silva 等人使用手持式的 LIBS 仪器检测了土壤中的 C 含量，经过数据分析得到的结果相关系数高于 0.91。同样，Glumac 等用低功率激光 LIBS 分析了 6 份有机碳含量在 0.5% ～ 3% 范围内的土壤样品。2011 年，Bricklemyer 等在实验室中首次尝试通过 LIBS 区分总 C（TC）、有机 C（OC）和无机 C（IC）。实验中使用 227 个样本建模，79 个样本预测，对比了 PLS1 和 PLS2 定量检测的效果，结果显示 PLS2 得到了更好的结果，对于 IC、TC 和 OC 的预测 R^2 分别为 0.66、0.63 和 0.22。实验结果表明，LIBS 对于 TC 和 IC 只能达到半定量的预测精度，而对土壤中 OC 的预测能力很低。对于 C 的检测，有的研究者研究了不同 C 的谱线对土壤 C 的定量化能力。例如 Nguyen 等比较了使用 193nm 和 247.8nm 的 C Ⅰ线在 3 种不同物理和化学性质的颗粒状土壤样品中测量 C 浓度的效率，其中使用了 5 种经过认证的 C 浓度的参考土壤来校准 LIBS 光谱。两条 C Ⅰ线都适合预测土壤中的 C 含量，但在 193nm 处得出的结果更准确，尤其是对于低 C 含量的土壤而言。

由于 N 在大气环境中也是存在的，因此对于土壤 N 的检测必须排除大气 N 的干扰。针对这个问题，董大明等采用惰性气体（在他们的研究中为氩气）去除大气 N 的影响，通过 LIBS 技术检测分析了土壤中 N 含量，并且研究了激光能量对光谱特征和光谱时间演化的影响。实验结果表明土壤 N 含量与光谱强度的线性拟合度极好，R^2 为 0.966。鲁翠萍等通过 LIBS 技术测量土壤中的总 N 和总 P 时，与合适的校准模型相结合，对 10 个土壤样品的总 N 含量和 7 个土壤样品的总 P 含量进行了测定。实验结果显示，通过 LIBS 测量的光谱数据与标准化学分析方法测定的总 N 和总 P 的含量呈较好的线性相关，其中总 N 的 R^2 为 0.98，总 P 的 R^2 为 0.868。在近期的研究中，Yan 等研发了一种移动式 LIBS 系统（波长为 1064nm，激光能量为 25mJ）用于评估火星及地球上土壤中 N 的含量，并将 N 在 746.83nm 处的发射谱线的光谱强度与总 N 含量进行定量拟合，分析结果显示 N 的光谱强度与离子色谱分析法检测的 N 含量具有较好的相关性，R^2 为 0.94。

而对于土壤中 K 和 P 的检测研究报道相对要少一些。在 2007 年，Hussain 等通过 LIBS 分析了温室土壤中养分的浓度和分布，使用 LIBS 定量分析得到 K 和 P 的含量，通过校准曲线预测了土壤中重要营养元素的浓度，如 Ca、K、P、Mg、Fe、S、Ni 和 Ba。结果表明，LIBS 实现了土壤养分的快速、有效测定。针对农田土壤中 K 含量的检测，董大明等运用 1064nm 的激光器作为光源，结合高分辨的光谱仪分析了土壤中的 K 元素（浓度在 8.7 ～ 34.56g/kg 范围内）。随后，孟德硕等采用 LIBS 分析了土壤中的 K 含量。此外，张俊宁等设计了一套 LIBS 在线监测装置用于分析土壤养分，并在验证实验中利用土壤钾元素的敏感特征波长 766.49nm 和 769.90nm 对土壤钾元素含量进行建模分析。

（2）土壤微量养分检测　微量元素作为调节植物生长所必需的一部分也是十分重要的，影响着植物的光合作用、呼吸作用和新陈代谢等过程。因此，针对土壤中的微量元素的检测也是十分必要的，研究者们经过许多的研究证实了 LIBS 用于分析土壤微量元素是可行的。

在早期的研究中，Jantzi 和 Almirall 等首次报道了以 266nm 的激光器作为光源的 LIBS 在法医土壤中的应用，测定了 Ba、Ca、Cr、Cu、Fe、Li、Mg、Mn、Pb、Sr、Ti、V 等主要、次要和微量元素的浓度。Diaz 等先后通过 LIBS 技术在实验室控制条件下对土壤中总元素浓度、两种商用肥料和四种不同浓度的土壤和肥料混合物进行在线、实时定量的潜力和缺陷评估。其中 Ca、Mg、P、Fe 和 Na 元素的光谱强度与参考浓度拟合得到的校准曲线的 R^2 值都大于 0.85，因此他们建议为了获得更好的定量效果，使用化学计量学方法对光谱数据进行预处理是必要的。江永成等通过 LIBS 分析了几种压片土壤样品中的 Mn 和 Mg 元素，并对比了线性和非线性多元回归模型对 LIBS 测量的光谱数据的定量分析性能。为了在微观尺度上评估基质和土壤异质性的影响，Ruhlmann 等在使用 LIBS 测量土壤 Ca 的研究中，比较了光谱数据的单变量和多变量处理对定量分析性能的影响。此外，余克强等通过 LIBS 检测了土壤中的 Na、K、Ca 和 Al 等元素，并在研究中对比了自由定标的方法、PLSR 的方法对定标效果的影响。段发阶等人通过 LIBS 检测不同土壤样品中 Cu、Ba、Cr、Mg、Ca 的浓度时，将区间最小二乘法和改进的迭代预测加权方法相结合，验证了该方法的有效性。

2.4.3　基于 LIBS 的土壤养分传感器

图 2-27 为典型的基于 LIBS 的土壤养分传感器原理图和实物图。该传感器采用了以半导体为泵浦源的固体激光器，放弃了传统的灯泵的固体激光器。半导体泵浦固体激光器的优点是寿命长、能量转化率高，同时体积小、稳定性好，非常适合用于便携式 LIBS 系统。研究

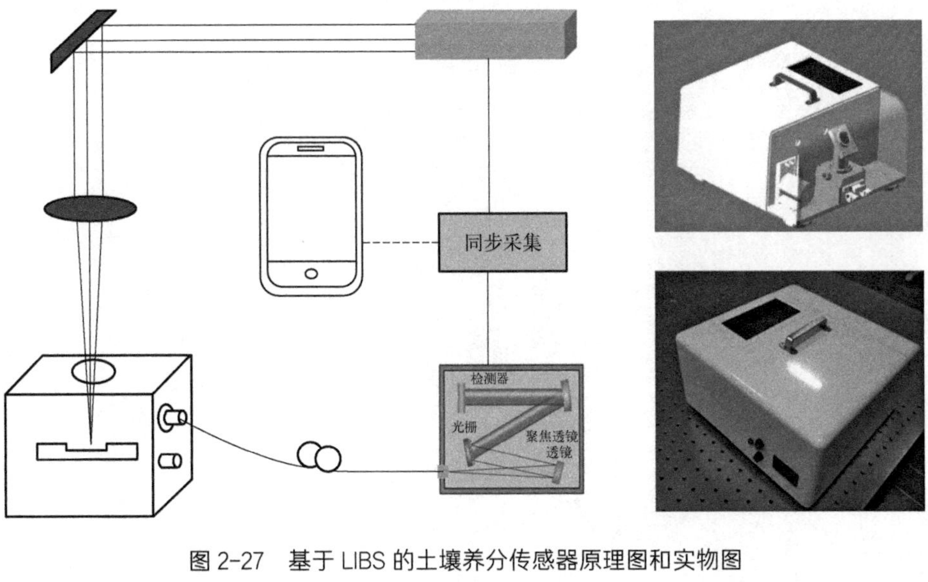

图 2-27　基于 LIBS 的土壤养分传感器原理图和实物图

人员在现有技术的基础上，对激光器的硬件进行了改进和完善，升级了系统的风冷装置，增大了激光器单脉冲的输出能量，为激光器在土壤氮素检测方面的应用奠定了很好的基础。

不同的土壤粗糙度和温湿度都有一定差别。在传感器中，为了更好地对土壤氮素进行检测，同时为了尽量减少空气对检测结果的影响，研究并设计了一款能够进行抽真空的密闭样品室，设计样品室的好处主要是：防止激发土壤的粉末溅射到主要的光学器件上，影响整个系统的性能；样品室内的样品台可对土壤样品进行压制，保证每次对土壤分析时，土壤样品表面处于聚焦透镜的焦点位置；样品室设计有气孔，在必要的时候可以实现对样品室进行冲氩气，实现在氩气环境下的土壤氮素检测。

参考文献

[1] 李民赞，郑立华，张漫，等．基于近红外光谱技术的土壤参数快速检测方法 [J]. 农业机械学报，2007, 38(10): 100-103.

[2] 张漫，李寒，李民赞，等．基于多源信息融合的土壤养分参数检测与精准施肥决策 [J]. 农业机械学报，2020, 51(1): 19-28.

[3] 刘刚，李民赞，郑立华，等．基于 BP 神经网络的土壤水分近红外光谱检测 [J]. 农业机械学报，2008, 39(2): 121-124.

[4] 任文涛，汪春，朱凯，等．土壤紧实度检测技术与装备发展现状与趋势 [J]. 农业机械学报，2016, 47(11): 1-10.

[5] 何东健，张闻博，宋怀波，等．基于高光谱成像的土壤有机质含量检测方法 [J]. 农业机械学报，2017, 48(5): 204-210.

[6] 丁启朔，汪小昆，丁为民，等．基于可见 / 近红外光谱的土壤养分快速检测技术 [J]. 农业机械学报，2012, 43(12): 156-161.

[7] 赵春江，郭新宇，王纪华，等．土壤养分快速检测技术研究进展 [J]. 农业机械学报，2009, 40 (10): 151-156.

[8] 黄玉祥，郭康权，朱瑞祥，等．基于图像处理的土壤颗粒分析方法 [J]. 农业机械学报，2006, 37(7): 94-97.

[9] 陈立平，赵春江，王秀，等．农田土壤养分空间变异特征及精准施肥技术研究 [J]. 农业机械学报，2004, 35(5): 151-154.

[10] 李洪文，何进，王庆杰，等．免耕播种机土壤工作部件研究进展 [J]. 农业机械学报，2014, 45(12): 1-10.

[11] 汪春，任文涛，李宝筏，等．基于介电特性的土壤含水率传感器研究 [J]. 农业机械学报，2005, 36(11): 77-80.

[12] 宋正河，毛恩荣，朱忠祥，等．基于机器视觉的土壤表面三维重构 [J]. 农业机械学报，2009, 40(5): 147-151.

[13] 王秀，陈立平，赵春江，等．基于 GIS 的土壤养分管理与精准施肥决策系统 [J]. 农业机械学报，2003, 34(4): 105-108.

[14] 谢春庆，刘刚，李民赞，等．基于近红外光谱的土壤参数预测模型优化 [J]. 光谱学与光谱分析，2010, 30(6): 1535-1539.

[15] 袁会珠，薛新宇，孔德洋，等．农药在土壤中的环境行为及生态风险评估研究进展 [J]. 生态学报，2017, 37(24): 8197-8206.

中国肥料研究与应用全书

Books of Fertilizer Research and Application in China

FERTILIZER

第3章

作物营养状况遥感诊断技术与装备

在作物追肥环节，作物营养状况遥感诊断与精准施肥紧密相连。遥感诊断通过卫星、无人机等搭载的光谱传感器，实时监测作物生长状态，快速获取作物营养信息，精准判断各区域作物营养的缺失或过剩情况。根据遥感诊断结果，精确调整追肥的种类、用量和位置，通过精准施肥装备，实现按需变量追肥。

3.1 作物养分光谱响应与遥感监测机理

氮被称为“生命元素”，是作物体内氨基酸、蛋白质及核酸等的组成元素，也是叶绿素、植物激素及维生素的主要成分。作物氮素状况是指导氮肥施用的重要评价指标。当氮肥供应适量时，作物叶片大而鲜绿，叶片功能期延长，营养体健壮，产量高。传统的氮素营养诊断基于常规的室内生化分析方法，耗时费工，成本昂贵，主要缺点在于点状取样，无法应用于空间大面积决策。遥感技术作为能够在大范围内实现快速瞬时获取空间连续地表信息的手段，对于发展高产高效和环境友好型现代农业的重要性已被普遍认可。

3.1.1 作物氮素光谱响应生理机制

美国农业部（USDA）研究人员分析了干叶光谱，获得在 400 ～ 2400nm 光谱范围内大约 42 处对应一定生物化学成分的吸收特征。相对于新鲜叶片和冠层来说，由于多次散射、水分吸收和相互干扰，大多数吸收特征都会比捣碎干叶情形下变宽，且大部分吸收特征将会被水分、色素等强吸收特征所掩盖。由于氮素含量的吸收特征比较弱，且 6 处敏感吸收波段主要分布在近红外和短波红外区域，被水汽吸收特征所掩盖，所以基于这 6 处敏感吸收波段的吸收特征进行氮素遥感反演比较困难。

氮含量与叶绿素含量呈显著的线性相关已经被很多学者所证明。因此，国内外许多研究都是基于氮素与叶绿素间存在的高度关联性，利用叶绿素在可见光区的特征吸收波段来设计氮素遥感光谱指数。

典型绿色叶片的光谱反射率特性如图 3-1 所示。400 ～ 700nm（可见光）是植物叶片的强吸收波段，反射和透射都很低。由于植物色素吸收，特别是叶绿素 a、叶绿素 b 的强吸收，在可见光波段形成两个吸收谷（450nm 蓝光和 660nm 红光附近）和一个反射峰（550nm 的绿光处），呈现出其独特的光谱特征，即“蓝边”“绿峰”“黄边”“红谷”等区别于土壤、岩石、水体的独特光谱特征。700 ～ 780nm 波段是叶绿素在红波段的强吸收到近红外波段多次散射形成的高反射平台的过渡波段，又称为植被反射率红边。红边是植被营养、长势、水分、叶面积等的指示性特征。当植被生物量大、色素含量高、生长旺盛时，红边会向长波方向移动（红移）；而当病虫害、污染、叶片老化等因素发生时，红边则会向短波方向移动（蓝移）。780 ～ 1350nm 是跟叶片内部结构有关的光谱波段，该波段能解释叶片结构光谱反射率特性。由于色素和纤维素在该波段的吸收小于 10%，且叶片含水量也只是在 970nm、1200nm 附近有两个微弱的吸收特征，所以光线在叶片内部的多次散射的结果便是近 50% 的光线被反射，近 50% 被透射。该波段反射率平台的光谱反射率强度取决于叶片内部结构，特别是叶肉与细胞间空隙的相对厚度。1350 ～ 2500nm 是叶片水分吸收主导的波段。由于水分在 1450nm 及 1940nm 的强吸收特征，在这个波段形成 2 个主要反射峰，位于 1650nm 和 2200nm 附近。

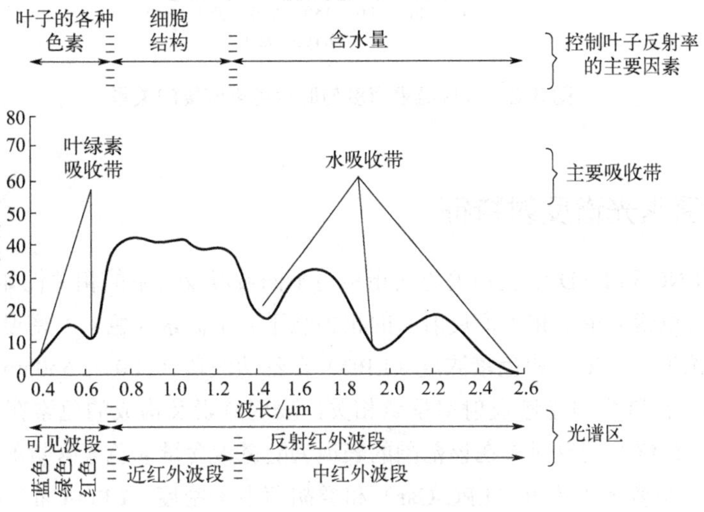

图 3-1　典型绿色叶片的光谱反射率特性

以 2013 年小麦开花期所获取的鲜叶氮素与叶片色素数据分析两者之间的相关性。

叶片中各类色素与叶片氮素之间的相关性如表 3-1 与图 3-2 所示。结果表明，叶片氮素含量（LNC）与叶片氮素密度（LND）分别与各类色素指标之间存在较好的相关性，特别是 LNC 与色素浓度之间的相关性以及 LND 与各类色素密度的相关性较高。总体而言，LND 与叶片色素密度（LPD）的相关性要高于 LNC 与叶片色素含量（LPC）的相关性。因此，在氮素遥感监测以及基于叶绿素辐射传输模型构建氮素组分的辐射传输模型时，可以考虑通过 LND 与 LPD 的高度相关性进行转换。通过 2015 年的数据进行验证发现，LND 与 LPD 之间的相关性较好，两者之间的决定系数达到 0.79。

表3-1　叶片氮素与各类色素指标的相关性分析

评价指标		LPC /(mg/g)				LPD /(μg/cm^2)			
		Chla	Chlb	Chla+b	Car	Chla	Chlb	Chla+b	Car
LNC /(mg/g)	R^2	0.60	0.54	0.59	0.55	0.48	0.41	0.46	0.44
	RMSE	1.29	1.39	1.31	1.37	1.48	1.57	1.50	1.52
LND /(μg/cm^2)	R^2	0.47	0.50	0.48	0.40	0.74	0.70	0.73	0.72
	RMSE	33.27	32.24	32.85	35.29	23.40	24.93	23.63	24.34

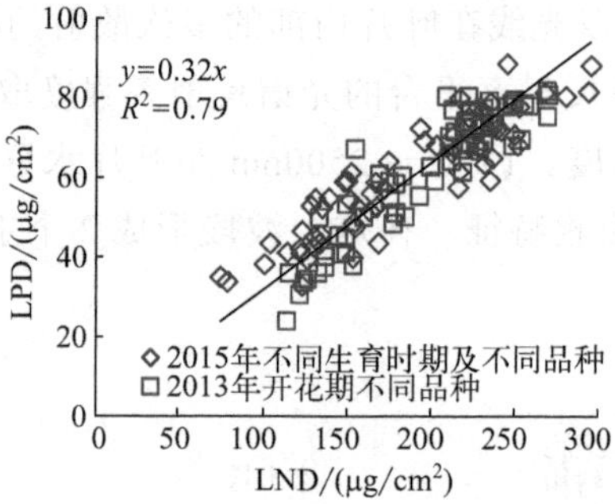

图 3-2 叶片氮素密度与叶片色素密度的关系

3.1.2 叶片氮素光谱反射特征

叶片尺度 LNC 和 LND 以及相关色素指标与不同波段反射率的相关性如图 3-3 所示。结果表明，氮素（色素）浓度和光谱反射率的相关性不同于氮素（色素）密度与光谱反射率的相关性。氮素浓度（LNC）和色素浓度（LPD）在红边波段（500 ～ 650nm）以及红边位置（700 ～ 730nm）范围内与光谱反射率呈负相关，表明氮素及构成的色素在该光谱范围内具有强吸收特征，最终光谱反射率在该范围的表现为随氮素含量或色素含量的增加而波谷深度增大。另外，类胡萝卜素浓度（LPC-Car）和类胡萝卜素密度（LPD-Car）相关指标在近红外（750 ～ 1400nm 和 1550 ～ 1850nm）区域内表现为正相关。叶片氮素密度（LND）和叶片色素密度（LPD）在光谱范围 400 ～ 430nm 以及 750 ～ 1400nm 内表现为正相关，同时在 500 ～ 650nm 以及 700 ～ 730nm 范围内表现为极显著的负相关。

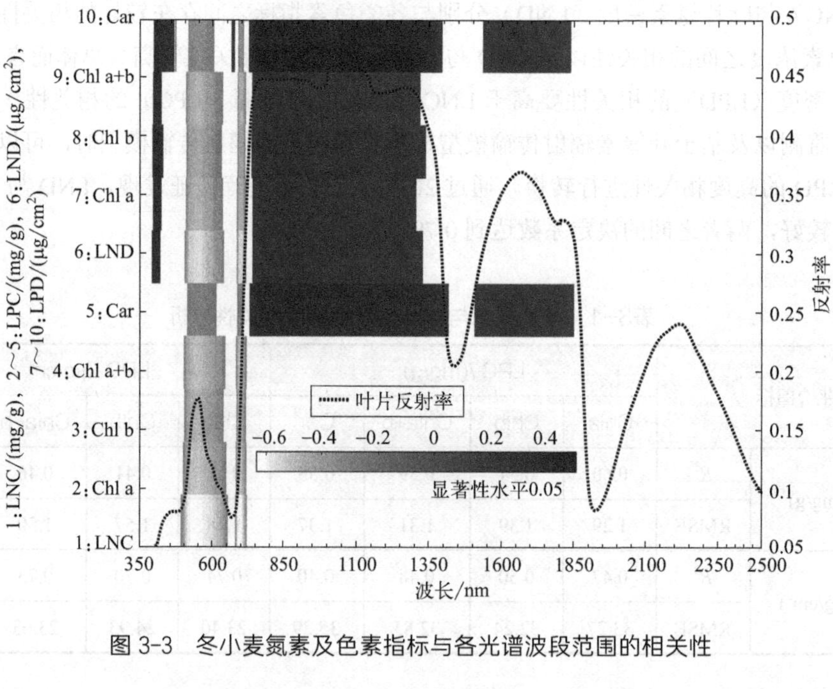

图 3-3 冬小麦氮素及色素指标与各光谱波段范围的相关性

进一步分析叶片氮素含量（LNC）在不同生育时期与光谱特征的相关性。冬小麦LNC与光谱反射率在不同生育时期的趋势一致。低于500nm、1350～1450nm以及高于1850nm波段由于受到传感器信号采集不稳定以及水汽等各方面影响，光谱反射率噪声较大；400～730nm范围内呈负相关；730～1400nm范围内呈正相关；1400～2500nm范围内呈一定程度的负相关。但是，LNC与光谱反射率的相关性在不同生育时期又表现为一定的差异性。400～730nm，从拔节期开始至灌浆期，其负相关性逐渐增加（r值变小）；730～1250nm，随着生育期的推进，又表现为逐渐增强。以灌浆期的LNC与光谱反射率相关性最好，主要原因是灌浆期植株大部分为2片叶片，基本上无遮挡，光谱所反映的信息与LNC一致；而前期由于受到冠层垂直及氮素垂直分布规律的影响，下层氮素信息受到上层氮素信息的遮挡，光谱反射率仅仅表现为上层氮素信息。

3.1.3　冠层氮素光谱反射特征

以2015年冬小麦不同生育时期数据，分析叶片氮素密度（LND）和植株氮素密度（PND）两个冠层氮素指标分别与冠层反射光谱的相关性。研究发现，LND和PND之间存在较高的相关性，如表3-2所示。在拔节期、挑旗期和开花期的相关性达到0.98及以上，在灌浆期由于叶片衰老以及叶片氮素向籽粒中运转，其相关性有所降低，但其相关性仍然达到0.89。因此，其氮素指标分别与光谱波段的相关性也具有较好的一致性。低于500nm、1350～1450nm以及高于1850nm波段由于受到传感器信号采集不稳定以及水汽等各方面影响，光谱反射率噪声较大；可见光波段（500～680nm）内，LND或PND与其反射率信息成反比，其相关系数（r）在不同生育时期内一致，其均值为−0.75左右；红边区域（680～750nm）其反射率与氮素信息的相关性由负相关转为正相关；近红外区域（800～1250nm）其反射率与氮素信息呈较好的正相关，并且在不同生育时期其相关系数有差异，主要是因为LND与PND均为氮素累积量指标，是氮素浓度信息与群体生物量的综合，而近红外区域与群体指标（如生物量）高度相关，在不同生育时期内，其LND或PND受群体生长影响，相关性有差异。

表3-2　叶片氮素密度与植株氮素密度在不同生育时期的相关性（n=48）

相关系数	拔节期	挑旗期	开花期	灌浆期
r	0.99	0.98	0.98	0.89

3.2　作物养分盈亏遥感诊断模型

氮营养指数（nitrogen nutrition index，NNI）是指作物地上部植株实际的氮浓度与临界氮浓度的比值，该指数合理地综合了植株氮浓度和生物量这两个个体和群体特征，可用于相对准确地判定作物体内氮营养状况。氮营养指数具体定义：NNI = N% / Nct（N%为地上部氮含量，Nct 为临界氮浓度）。若 NNI = 1，表明作物氮素营养水平处于最佳状态；高于 1 为氮营养过剩；低于 1 则氮营养不足。因此，氮营养指数可以很好用于作物氮素盈亏诊断。

3.2.1 基于经验回归的 NNI 估算模型及与其他氮指标比较

王仁红等以不同品种、施氮水平的田间试验为基础，分析了多种光谱指数与叶片氮素含量（N%）、冠层氮密度（CND）、氮营养指数（NNI）的关系。

小麦生育中后期，各生育时期间时间间隔较短，受田间小气候、播期、品种类型等因素的影响，区域甚至田块内生育进程有差异，为提高估测精度，应优选受生育期影响较小的参数。对比发现，分析的光谱参数与氮素各指标均表现较好的相关性，比较而言，线性内插法红边位置 REP_{LI}、修正红边单比指数 mSR705、比值指数 RI-1dB、简单比值色素指数 SRPI、红边指数 VOG 等 5 个参数表现相对更好（$r > 0.85$）。在各个生育时期内 REP_{LI}、mSR705、RI-1dB、SRPI、VOG 等参数与各氮素指标参数均呈极显著相关关系，且汇总各生育时期数据进行相关分析时相关系数并未明显下降，即不受生育期显著影响。

对相关分析筛选的 5 个参数与氮素各指标进行回归建模分析。为了考察模型的可靠性和普适性，利用独立试验数据对所建立的小麦氮素营养监测方程进行了测试与检验。结果表明，小麦叶片全氮含量（N%）光谱回归模型均为线性模型，说明针对作物个体氮素状况的监测受生育期影响较小。

在 CND 估测方面，优选的植被指数除 mSR705 外，小麦 CND 回归方程多表现为指数函数关系，受生育期影响（主要是LAI饱和）。当CND氮素营养水平较高时，呈现饱和现象，影响函数的预测效果。

在 NNI 估测方面，小麦 NNI 的光谱回归模型均为线性模型，作物 NNI 的监测受生育期影响较小。各参数在与 NNI 的回归分析中，红边参数表现较好，较其他几个参数，REP_{LI} 表现出明显的优势，所建立的回归估算方程具有较高的决定系数，拟合效果最好。

总的来说，NNI 在氮素营养状况的定性定量诊断方面有一定的优势，且通过筛选与 N%、CND 相关性较好的光谱参数发现，光谱参数，尤其是红边位置参数，与 NNI 的经验模型有较高的模型拟合度和稳定性，通过高光谱反演氮营养指数进行氮素营养状态的定性定量诊断有一定的可行性。尽管 NNI 在定量定性诊断氮素营养诊断方面有其一定的优势，但其本身的确定需要生物量和植株氮浓度两个参数，遥感监测的多是冠层尺度，与植株氮浓度没有直接的关系，这给 NNI 的遥感定量反演带来一定的困难，为提高模型的精度和适用性，构建具有农学基础的 NNI 估算模型很有必要。

3.2.2 结合农学基础与回归分析的 NNI 光谱估算模型及比较

鉴于经验模型直接反演 NNI 的方法（direct NNI, NNI_d）缺乏机理性，间接反演的 NNI 模型（indirect NNI，NNI_{id}）经历了多次反演造成累积误差增大而降低估算精度。王建雯提出了一种具有农学基础的修正累积误差的遥感估测 NNI 的方法。首先，分析了利用 ASD 高光谱数据构建的潜在预测植株地上部生物量（aboveground biomass, AGB）和植株氮浓度

（plant nitrogen concentration, PNC）的 15 个光谱指数；其次，通过光谱指数直接替代用于构建 NNI 的农学参数生物量和植株氮浓度，建立了基于光谱指数的关键氮浓度稀释曲线模型（remote sensing N_C, N_{C_RS}）；然后，根据 NNI 的定义，将替代 PNC 的光谱指数与该稀释曲线模型进行比值处理获得遥感 NNI（remote sensing NNI, NNI_{RS}），并将 NNI_{RS} 与实测 NNI 进行比较分析，筛选出最优光谱指数组合的 NNI_{RS} 模型；最后，将 NNI_{RS} 模型与 NNI_d 和 NNI_{id} 模型结果进行对比，以验证提出的 NNI_{RS} 模型对于精确诊断作物氮素营养状况的优势和有效性。

为了评价检验 NNI_{RS} 模型的精度，将 NNI_{RS} 模型结果与实际 NNI 数据和 NNI_d 和 NNI_{id} 模型的估算结果进行了对比分析。结果表明，NNI_{RS} 模型的反演结果精度是三种方法中最高的，NNI_d 模型结果次之，NNI_{id} 模型的精度最差。对比来看，NNI_{id} 模型涉及理化参数多，反演过程复杂，且多次反演导致累积误差较大，但该模型涵盖的理化信息全面，模型具有很强的解释能力。NNI_d 模型是经验模型，反演过程涉及参数少，反演过程十分简单，只需建立光谱指数和实测 NNI 的统计模型即可，但该模型缺乏机理性，模型解释能力较基于农学基础的模型差。相比之下，NNI_{RS} 模型通过直接利用光谱指数建立指数临界氮稀释模型，然后得到 NNI 值，简化了反演过程，从而一定程度上消除了误差的累积，又在一定程度上兼顾了农学基础，具有较强的模型解释能力。因此，三种方法都可以用来估测 NNI，其中 NNI_{RS} 结果最好。

3.3 便携式作物养分田间速测仪

3.3.1 研发背景

传统植被生理生态信息调查手段采用田间样本获取、实验室仪器测量、使用纸和笔记录测量结果的方式，不仅效率低、成本高，而且采集样本的生理信息被不同程度地破坏，导致调查结果不准确。同时，由于调查对象为植被，其生长状态信息变化速度较快，传统调查手段的效率低势必会造成调查结果的时间跨度大，从而导致调查结果的误差较大。但国内外能够实现多种植被生理生态指标同时获取的微型便携式测量仪较少，特别是能够实现数据实时处理、集成手持便携式测量和固定式监测为一体的测量仪器鲜见报道。目前，美国、英国及法国推出的几款监测仪均采用手持便携式监测方法实时获取归一化植被指数和叶绿素含量数据，但监测指标不够丰富，难以全面反映植被的生理生态状态，且价格昂贵。另外，国内一些大型仪器制造厂商生产的植被生理生态指数测定仪可实现不同类别指数监测，但都采用单通道或双通道光谱信息监测方式，未实现作物氮素监测及诊断，难以满足作物肥水管理实际需求。

目前，对植被生理生态指标诊断分析已从传统的单一指标转变成多种指标融合分析，而且为了保证获取的数据时间差异更小，快速实时在线监测植被生理生态指数信息监测手段成为迫切需求。微型便携式植被生理生态监测仪体积和质量小，监测指数丰富，加上监测的数据信息实时在线处理，不仅大大提高了工作效率，而且降低了测量时间跨度大造成测量误差大的风险。国家农业信息化工程技术研究中心基于近20年积累的作物养分精准遥感监测诊断研究成果，成功研制了基于双通道高通量光谱信号的作物长势参量速测诊断仪——CropSense。仪器内嵌了利用长时序数据建立的稳定模型，适用于小麦、玉米、水稻等主要粮食作物，并针对作物的不同生育时期进行分时段科学建模；同时仪器还充分考虑物候信息，克服了传统光谱测量仪器单时间点测量的不足，能够快速测得归一化植被指数（NDVI）、叶面积指数（LAI）、植被覆盖度（FVC）、叶绿素含量（Cab）、产量（yield）以及推荐氮肥施用量（Nc），同时设备可自动获取定位信息及高清数码影像信息。

3.3.2 硬件模块

采用特定的三种不同波长光谱作为监测植被生理生态信息的光谱通道，采用小型化和轻型化设计方案。仪器由两部分组成，分别为光谱探测器和数据分析处理器。光谱探测器与数据分析处理器之间通过无线进行数据传输。

系统的具体工作过程如图3-4所示。

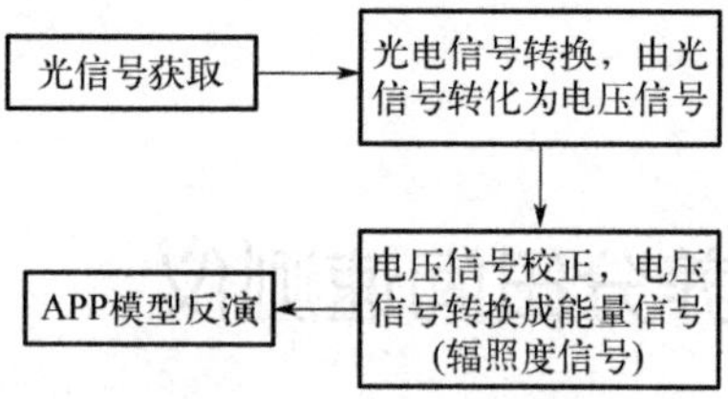

图3-4 系统工作流程图

（1）光谱探测装置 光谱探测装置设计为扁平结构，由主体和4个探测器组成。其中，4个探测器包括2个向上探测器和2个向下探测器。探测器由光电探测器和滤光片组成。

图3-5展示了向上探测器和向下探测器的结构示意图。向上探测器位于主体的上部，接收太阳光在红光波段和近红外波段处的光谱能量值；向下探测器探测视场为36°，位于主体的下部，接收太阳光照射作物反射后在红光波段和近红外波段处的光谱能量值。其中，红光波段为640～660nm，近红外波段为800～820nm。

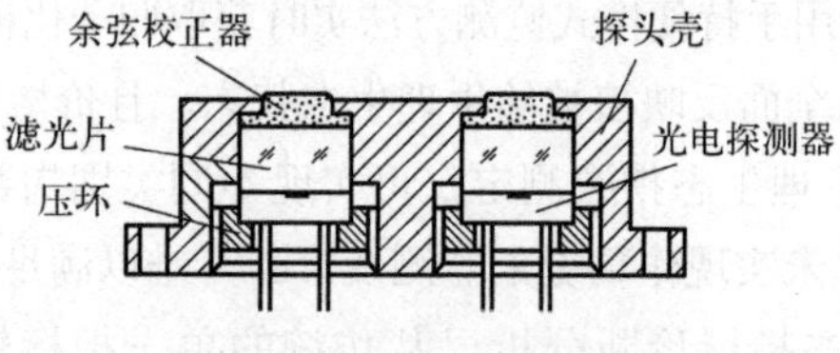

图3-5 探测器结构示意图

在测量过程中，光谱探测装置垂直于植物，向上探测器采集来自天空光的下行光谱能量值，即2个向上探测器采集一个红光谱波段和一个近红外光谱波段的天空下行太阳光谱能量值。向下探测器采集天空下行辐射经过地表农作物反射后的光谱能量值，同理也是采集一个红光谱波段和一个近红外光谱波段的经过地表农作物反射后的光谱能量值。采集的光谱能量值经过光电转换，再经过辐射定标后通过无线传输至数据分析处理器。该装置具有以下特点：①光谱探测装置为被动式，且直接接收光谱能量值并转换为相应的电信号；②采集波段为：红光波段为 640 ～ 660nm，近红外波段为 800 ～ 820nm；③向下探测器探测视场 36°。

（2）数据分析处理器　数据分析处理器包括硬件处理器和移动终端 APP。可以实现以下几个功能：①可手动或自动采集样点数据，并自动记录位置信息；②根据不同作物不同生育期存储多种作物模型，且可以无线进行模型更新；③结果可无线上传或分享。其中移动终端 APP 的农业模型可以是来自产品生产商自行建立的大数据库，也可以是用户自行建立的数据库，移动终端 APP 可以通过 APP 的更新按钮自动更新到最新农业模型，并且计算结果可无线上传至数据库，也可通过微信等软件进行分享。

3.3.3　测试指标及数据处理

CropSense 可同时获取归一化植被指数（NDVI）、叶面积指数（LAI）、叶绿素含量（Cab）、植被覆盖度（FVC）、预测产量（yield）、推荐氮肥施用量（Nc）、冠层温度、植被株高（Dis）、GPS 位置信息等多种信息。数据测量与处理过程如下：

（1）作物类型和作物生育期选择　手动选择作物类型和作物生育期，数据分析处理器会自动选择适合的农业模型进行计算。

（2）中间结果计算　数据分析处理器接收光谱探测器采集的光谱辐射值，根据公式计算出各通道的反射比：$f=R/r$。其中，R 为光谱探测器采集的红波段或近红外波段天空下行辐射；r 为经过地表作物反射后的红波段或近红外波段。进而通过反射比 f 和农业模型，计算 NDVI，公式如下：

$$\text{NDVI}=(f_{近红外}-f_{红外})/(f_{近红外}+f_{红外}) \tag{3-1}$$

除计算 NDVI 之外，还可以计算其他指标，其中包括比值植被指数 RVI= $f_{近红外}/f_{红外}$，差值环境植被指数 DVI= $f_{近红外}-f_{红外}$等。

（3）最终结果计算　在得到的 NDVI 等指标后，再次经过函数关系模型的计算，可以得到植被覆盖度（FVC）、预测产量（yield）、推荐氮肥施用量（Nc）、叶绿素含量等最终结果。

（4）结果呈现　最终结果显示在数据分析处理器页面上，可以无线传输至数据库，也可以通过 QQ、微信等方式传送至其他用户移动终端。

3.4　作物养分无人机成像高光谱监测设备

高光谱遥感技术在精准农业监测上的优势已经通过大量实验得到证明。但现有卫星、航空等高光谱遥感技术存在重访周期长、空间分辨率低、难以同步获取高分辨率光谱和三维结构信息等不足，而无人机载成像高光谱能提供更丰富的光谱和结构“图-谱”信息。如UHD185凝视成像高光谱仪可以获得连续二维空间光谱数据，避免了线阵推扫带来的几何畸变问题，非常适合非稳定运动的无人机遥感平台，为作物氮素垂直分布表征监测提供了有效的解决方案。加之其机动灵活、维护成本低的特点，迅速成为农业领域研究与应用的热点。虽然凝视成像高光谱摆脱了线扫光谱几何校正难题，但仍难同时兼顾高光谱与高空间分辨率，通常牺牲空间分辨率以保证光谱分辨率，其空间分辨率较常规多光谱低一个数量级以上。为此，国家农业信息化工程技术研究中心近年来围绕无人机载微型成像高光谱仪及数据处理进行了研究，初步建立了基于无人机成像高光谱的作物长势及养分监测系统。

3.4.1 无人机平台及成像高光谱传感器

针对复杂农田环境条件，考虑到对无人机起降要求较高，故选择多旋翼无人机平台搭载成像光谱。为此，借鉴国内外主流多旋翼机型，集成开发了大载荷的多旋翼无人机（图3-6）。此外，还研发了集成阻尼减震的三轴自由度云台，满足了微型成像光谱仪高质量数据获取需求。无人机飞行过程采用地面站进行航线自动规划，起飞、飞行及降落过程可实现全自动化。多旋翼无人机主要性能参数：飞行高度15～1000m，续航时间20min，最大载荷5kg。可用于搭载成像高光谱、热红外及多光谱等传感器进行LAI、生物量、氮素、长势、病虫害及冠层温度解析。

图3-6 多旋翼无人机平台

研发的全反射式微型成像高光谱仪主要包括机械结构、分光系统以及数据采集系统三部分。其中光谱仪机械结构采用密度和质量都较小的铝板作为主体结构材料，集成供电接口和数据输出接口于一体，主要包括镜头、狭缝组件、平面反射镜、前置球面反射镜、光栅、后置球面反射镜、电荷耦合元件CCD相机等组件，其内部结构及外形尺寸如图3-7所示。微型成像光谱仪主要性能参数如下：光谱覆盖范围450～950nm，重量950g，光谱分辨率2nm@ 550nm，谱段平均信噪比达到80dB，数据量化阶数16bit。

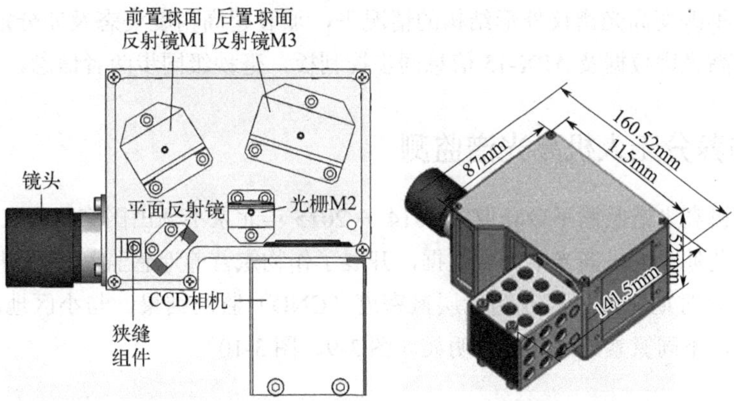

(a) 内部结构设计示意图　　(b) 仪器外形尺寸

图 3-7　全反射式微型成像高光谱仪内部结构设计与外形尺寸

利用全反射式光栅分光性能高的特点，设计了紧凑性强的光学结构，大大减小光谱仪的体积。

为了降低振动干扰对数据采集及数据质量的影响，在光谱仪镜头前面加装棱镜降噪。即在光谱仪镜头前面增加扫描振镜模块，通过振镜匀速转动来获取地面数据。扫描振镜系统主要由平面镜、转轴及控制系统组成，控制系统与数据采集系统连接在一起，实现协同控制，保证数据采集的速度与振镜转动速度相匹配。为了避免给光谱仪增加过多的重量，缩短影像机载平台飞行时间，采取轻量化设计，控制扫描振镜结构质量在 300g 以内。

数据采集控制系统基于 Windows 操作系统研发，系统通过小型平板电脑与成像光谱仪、高精度 POS 传感器（position and orientation system，采集包括经纬度、高程、翻滚角、俯仰角、偏航角等信息）连接（图 3-8），实现传感器的同步控制与数据采集。软件采用多线程监听的工作模式，能够自定义设置光谱仪采集频率及曝光时间等参数进行光谱数据自动采集，并实现传感器曝光同时触发 POS 系统测量传感器姿态和位置信息，将采集的高光谱信息和 POS 信息按照指定的数据格式同步存储。线阵光谱数据与 POS 信息能够一一对应，用于后续线阵扫描图像几何校正。

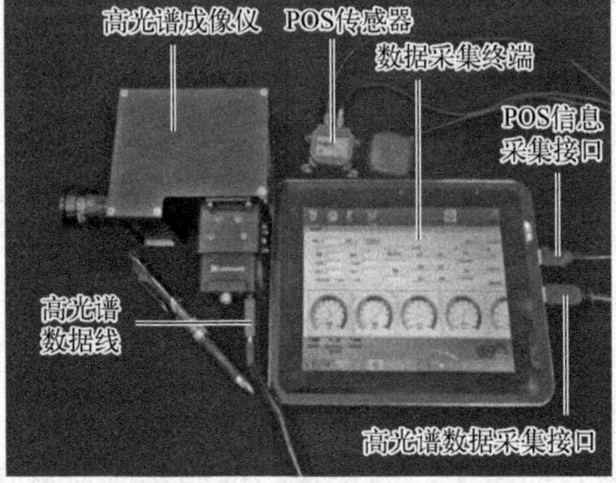

图 3-8　集成微型成像高光谱系统

此外，在不改变高光谱仪外形结构的情况下，加装超高精度姿态及差分定位模块 APX-15，同时研发高光谱数据及 APX-15 信息同步控制板，毫秒级同步两者信息。

3.4.2 作物养分无人机高光谱监测

基于无人机高光谱监测平台获取了 2014 ～ 2015 年北京小汤山国家精准农业示范基地小麦挑旗期和开花期无人机高光谱影像数据，开展了作物氮营养遥感监测，得到了不同氮素处理下、不同生育时期无人机高光谱冠层氮密度（CND）监测结果，与小区地面调查和试验方案基本相符，不同氮素处理间差异明显（图 3-9、图 3-10）。

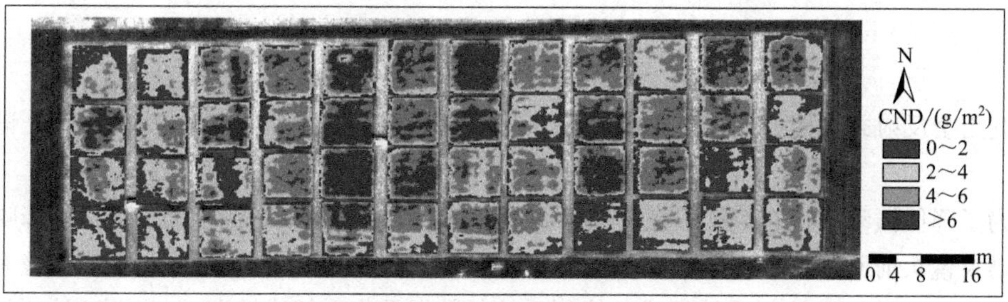

图 3-9　无人机高光谱数据获取挑旗期冠层氮密度（CND）

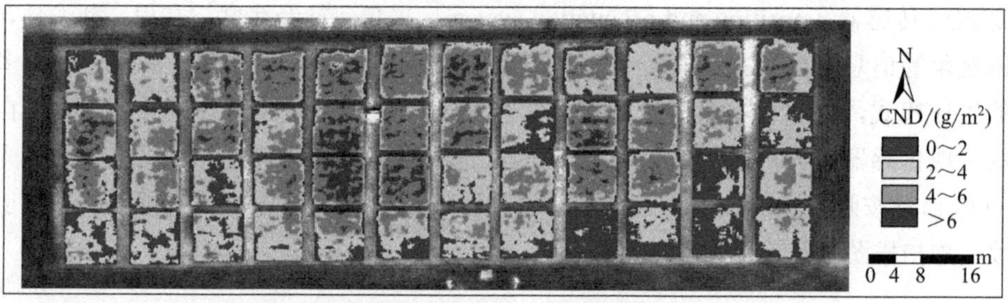

图 3-10　无人机高光谱数据获取开花期冠层氮密度（CND）

基于无人机高光谱数据进一步开展了叶片 NNI 及植株 NNI 遥感估测，并进行比较。基于“遥感信息-叶片参数-氮营养指数”估测的叶片 NNI 与实际 NNI 之间的决定系数为 0.77，基于“遥感信息-植株参数-氮营养指数”估测的植株 NNI 与实测 NNI 之间的决定系数为 0.83，研究表明建立的植株 NNI 诊断模型精度高于叶片 NNI 诊断模型。基于无人机高光谱影像提取的植株 NNI 结果与小区试验方案基本相符。研究结果表明，基于无人机高光谱平台进行“遥感信息-植株氮含量（生物量）-氮营养指数”监测是可行的，能够得到与实际吻合的结果，为快速、准确实时监测作物氮素状况提供了科学依据。

参考文献

[1] 刘帅兵，杨贵军，景海涛，等. 基于无人机数码影像的冬小麦氮含量反演 [J]. 农业工程学报，2019, 35(11): 75-85.
[2] 陶惠林，冯海宽，杨贵军，等. 基于无人机数码影像和高光谱数据的冬小麦产量估算对比 [J]. 农业工程学报，2019, 35(23): 111-118.
[3] 王琦，宋晓宇，杨贵军，等. 区域冬小麦籽粒蛋白含量遥感预测研究 [J]. 中国农业信息，2018, 30(6): 35-52.
[4] 刘帅兵，杨贵军，周成全，等. 基于无人机遥感影像的玉米苗期株数信息提取 [J]. 农业工程学报，2018, 34(22): 69-77.
[5] 杨贵军，李长春，于海洋，等. 农用无人机多传感器遥感辅助小麦育种信息获取 [J]. 农业工程学报，2015, 31(21): 184-190.
[6] 付元元，杨贵军，段丹丹，等 .AVIRIS 高光谱数据空-谱特征在植被分类中的对比分析 [J]. 智慧农业 (中英文)，2020, 2(1): 68-76.

中国肥料研究与应用全书

Books of Fertilizer Research and Application in China

FERTILIZER

第4章 旱田精准施肥技术与装备

4.1 冬小麦宽苗带撒播与基肥分层精量施用技术与装备

冬小麦的播种和基肥施用是小麦生产作业管理过程中一个重要环节。我国黄淮海地区目前广泛采用传统的基肥撒施 + 条播的种植农艺模式，这种方式存在麦苗行间裸露，苗行株间拥挤，麦苗争水、争肥严重等缺点，基肥施用方法仍然沿用地表撒施 + 深翻或旋耕的深施或全层施用技术模式，容易造成化肥过量使用和利用率低的问题。农艺专家提出了小麦宽苗带种植和肥料分层施用的管理方式，相较传统条播技术，在增加小麦单位面积产量和提升植株群体生理特性方面，表现出了一定的优势。目前能满足冬小麦宽苗带撒播 + 基肥分层施用农艺要求的机具相对较少。

本节按照农机农艺深度融合的原则，对小麦播种与基肥分层施用联合作业过程中所涉及的关键技术进行总结，介绍了冬小麦宽苗带撒播与基肥分层精量施用联合作业机具，为我国黄淮海地区冬小麦宽苗带撒播、基肥分层精量施用提供了技术装备支撑。

4.1.1 适用种植模式与工作原理

4.1.1.1 种植农艺要求

结合中国黄淮海地区的冬小麦宽幅播种和分层施肥农艺特点，研究发现小麦宽幅撒播苗带宽度在 120mm，两个苗带之间宽度在 150mm，浅层肥料施用于小麦种子下方 50mm 左右，深层肥料施用于种子下侧 130mm 左右，属于较好的播种和施肥深度，其种子和基肥分层施用农艺要求，如图 4-1 所示。

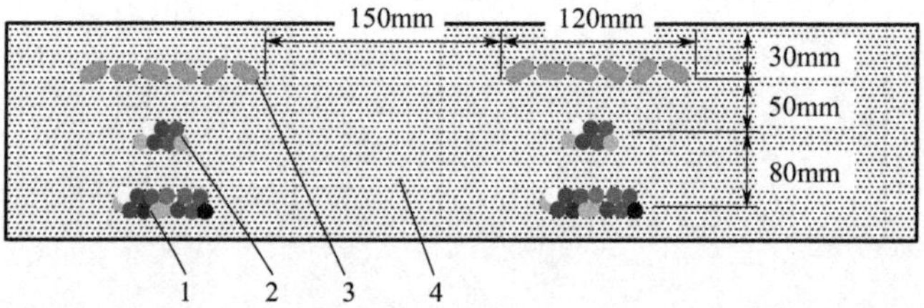

图 4-1 冬小麦宽幅播种及基肥分层施用农艺要求

1—深层肥料；2—浅层肥料；3—小麦种子；4—土壤

4.1.1.2 机具总体结构

该机具总体架构如图 4-2 所示，主要由机架、旋耕机构、种肥分层投送机构、精量排肥/排种控制系统、深层肥箱、浅层肥箱、种箱、外槽轮凹槽有效工作长度调节机构、镇压机构、限深机构、三点悬挂机构等组成。

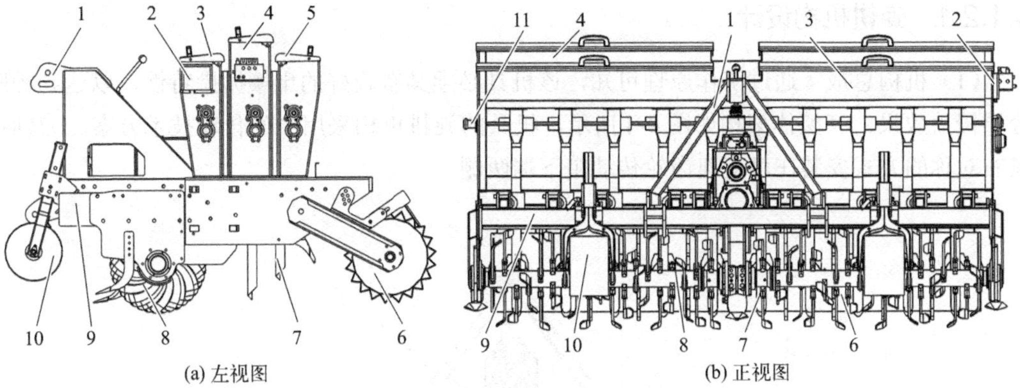

图 4-2　机具的总体架构示意图

1—三点悬挂机构；2—精量排肥 / 排种控制系统；3—深层肥箱；4—浅层肥箱；5—种箱；6—镇压机构；7—种肥分层投送机构；8—旋耕机构；9—机架；10—限深机构；11—外槽轮凹槽有效工作长度调节机构

4.1.1.3　机具工作原理

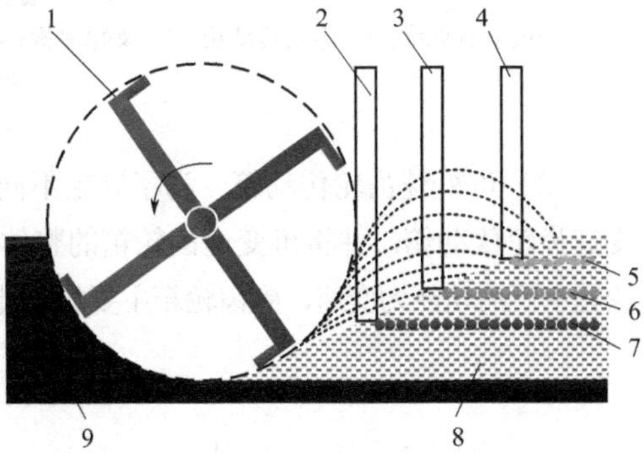

图 4-3　联合作业机具的种肥分层投送工作原理及技术效果

1—旋耕机构；2—深层肥料输送管；3—浅层肥料输送管；4—种子输送管；5—种子条带；6—浅层肥料条带；7—深层肥料条带；8—已耕土壤；9—未耕土壤

机具将种子宽苗带播种、肥料分层施用过程与传统的旋耕作业相结合，可以一次完成冬小麦的宽幅撒播、基肥分层精准定位投送。机具旋耕机构可以完成切垡、碎土和抛土作业，被旋耕刀切下的土垡依次向旋耕机构后侧抛撒；旋耕机构后侧安装固定种肥分层投送机构，种肥分层投送机构在随旋耕机构做直线运动的同时，会持续排出深层肥料、浅层肥料和小麦种子，种子和肥料会被回落到旋耕沟底的土垡覆盖，由于空间位置不同，作业机具会达到深层肥料、浅层肥料和小麦种子层叠分布的技术效果，工作原理及最终技术效果如图 4-3 所示。

该机具利用基于电液控制技术的精量排肥 / 排种控制系统进行排种、排肥作业，解决传统地轮驱动排种量、排肥量不易调节和精度差的问题。通过车载控制终端设定目标排种量和排肥量，三个液压马达独立控制深层肥箱、浅层肥箱和种箱的排量，采用拖拉机行驶速度与液压马达转速实时匹配的施肥控制方法，利用 GPS 数据计算得到拖拉机行进速度，采用作业状态传感器感知拖拉机工作状态，根据作业速度，实时控制排种和排肥量，以达到精确控制深层肥料、浅层肥料和小麦种子排量的要求。

4.1.2　关键部件设计

由总体架构和工作原理可知，在完成种肥精准分层投送过程中，旋耕机构、宽苗带撒播器、种肥分层投送机构是机具的核心组成部分，本小节重点对这些关键组件进行参数分析和设计。

4.1.2.1 旋耕机构设计

（1）机构总成　通过工作原理可知，该机具必须具有较好的土壤抛撒特性，以达到种肥分层覆盖效果。其整体架构如图 4-4 所示，机具的旋耕机构采用中间传动技术方案，刀轴按左右对称的方式安装在可变速齿轮传动箱下端两侧。

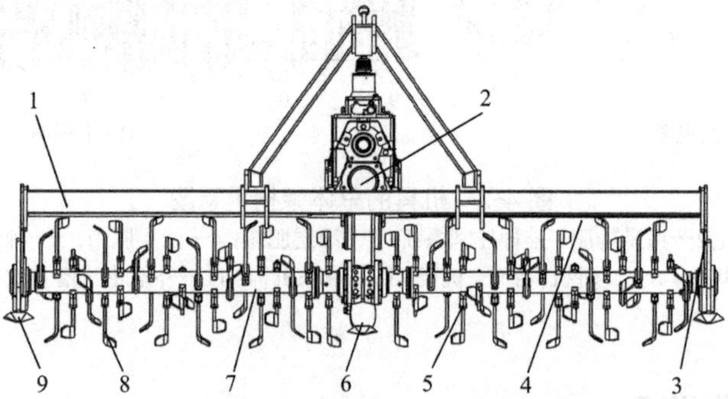

图 4-4　旋耕机构的结构示意图

1—机架前纵梁；2—齿轮传动箱；3—支撑侧板；4—罩壳；5—刀座；6—窜垡型犁刀；7—刀轴；8—旋耕刀；9—破茬小铲

（2）可变速齿轮传动箱　为了满足不同工况下旋耕刀高、中、低转速需求，机具采用了可变速齿轮传动箱，并将可变速齿轮箱的整体结构划分为主齿轮箱和副齿轮箱两部分，其中主齿轮箱主要的功能为变速，副齿轮箱主要的功能为动力传输，其可变速动力传输方案如图 4-5 所示。

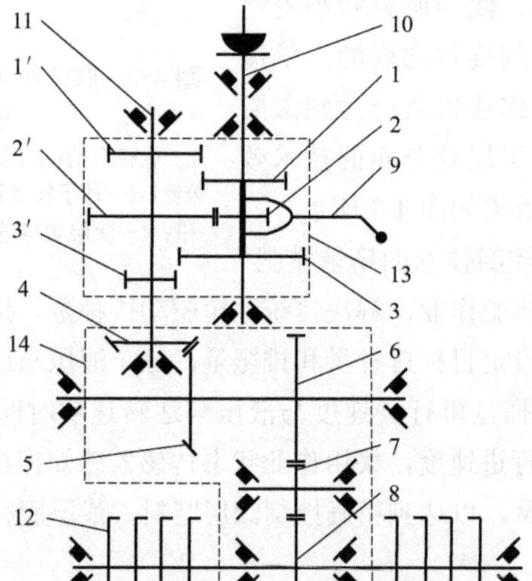

图 4-5　可变速动力传输方案示意图

1、2、3—主动齿轮组；1′、2′、3′—从动齿轮组；4—小锥齿轮；5—大锥齿轮；6—三轴平齿轮；7—四轴平齿轮；8—刀辊齿轮；9—挡位拨叉；10—一轴；11—二轴；12—旋耕刀；13—主齿轮箱；14—副齿轮箱

（3）旋耕刀选型及其布置方案　本机具选用国标 IT245 型号弯刀作为旋耕机构的旋耕刀，该型号旋耕刀的关键结构参数如图 4-6 所示，刀具的作业幅宽为 50mm，安装在旋耕机构刀轴上的回转作业半径为 245mm，已知该型号弯刀的最大理论作业深度为 205mm。为了提高旋耕机构的碎土率，相邻旋耕刀的纵向安装间距为 61mm。

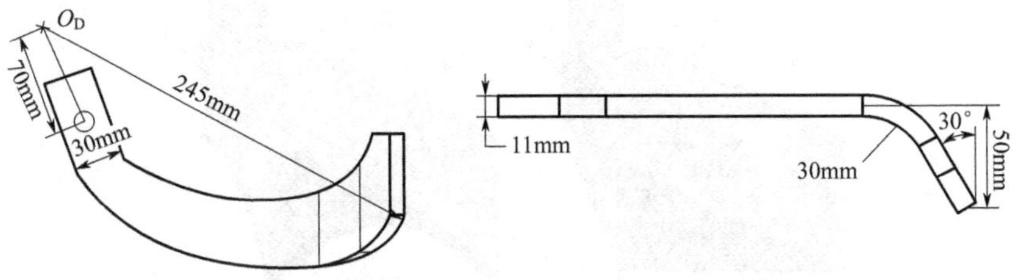

(a) 正视图　　(b) 俯视图

图 4-6　国标 IT245 型号弯刀部分关键结构参数

旋耕刀在刀轴上的安装排列方法如图 4-7 所示。

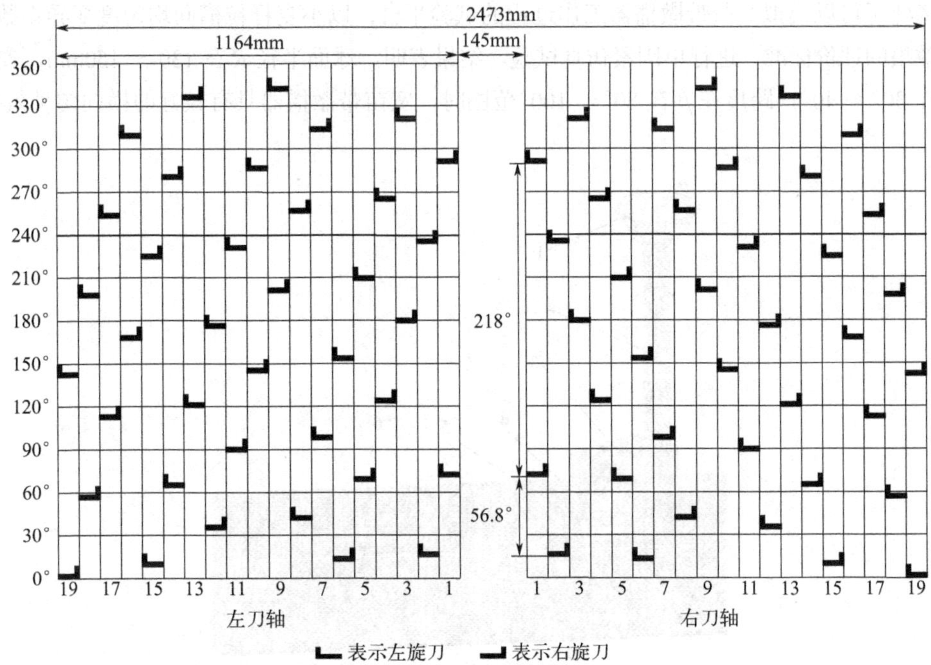

图 4-7　旋耕刀排列方式

4.1.2.2　宽苗带撒播器结构设计

宽苗带撒播器是小麦机械化宽苗带撒播种植的关键部件，其中鸭掌型宽苗带撒播器的结构如图 4-8 所示。为了满足宽苗带撒播农艺要求，撒种口的宽度为 120mm。为了提高撒播均匀性将弹籽板的结构由平面替换为球面，如图 4-8（b）所示。

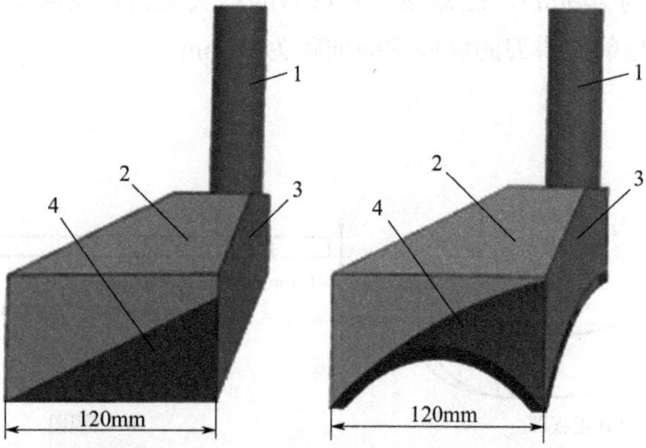

(a) 传统型　　(b) 改进型

图 4-8　鸭掌型宽苗带撒播器结构示意图

1—种管；2—护种盖板；3—支撑侧板；4—弹籽板

应用 Creo 软件构建完整的宽苗带撒播器仿真工作模型如图 4-9 所示，然后利用 EDEM 仿真软件搭建了可以模拟宽苗带撒播器工作过程的试验平台，以小麦籽粒横向均匀度变异系数作为作业效果的评价标准，进行单因素仿真试验。结果表明，球面半径 R 在 130 ～ 150mm，安装倾角 α 在 30° ～ 40°，跨度在 β 在 80° ～ 100°范围时，宽苗带撒播器具有较好的横向匀种效果。

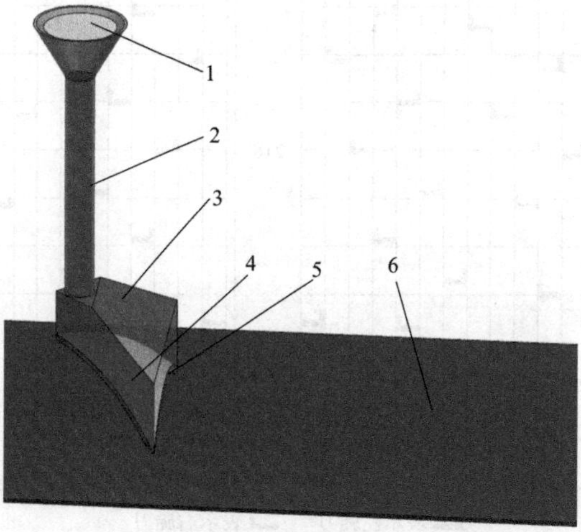

图 4-9　宽苗带撒播器仿真工作模型

1—颗粒生成工厂；2—输种管；3—护种盖板；4—支撑侧板；5—匀种板；6—种床

4.1.2.3　种肥分层投送机构

被旋耕刀切下的土块，首先会随旋耕刀向后运动，并在某一瞬间脱离旋耕刀的约束，实际的旋耕机后侧配备刮土拖板，脱离旋耕刀约束的土块与刮土拖板碰撞后，最终回落到旋耕沟底。

深层肥料输送管、浅层肥料输送管和种子输送管的固定安装位置应满足图 4-10 所示位置关系，其结构如图 4-11 所示。机构主要由深层肥料输送管、浅层肥料输送管、种子输送管、纵向支架、套筒、定位螺栓、U 型螺栓等组成。深层、浅层肥料输送管和种子输送管通过套筒和 U 型螺栓固定，方便调节种肥投送深度和排料口与刀轴旋转中心的水平距离。

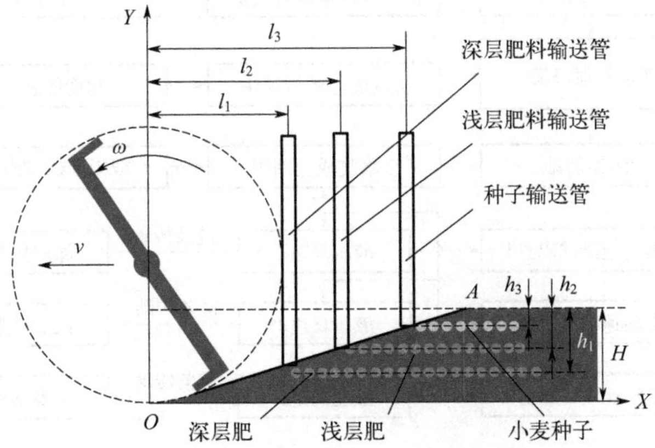

图 4-10　物料排出口的空间位置关系

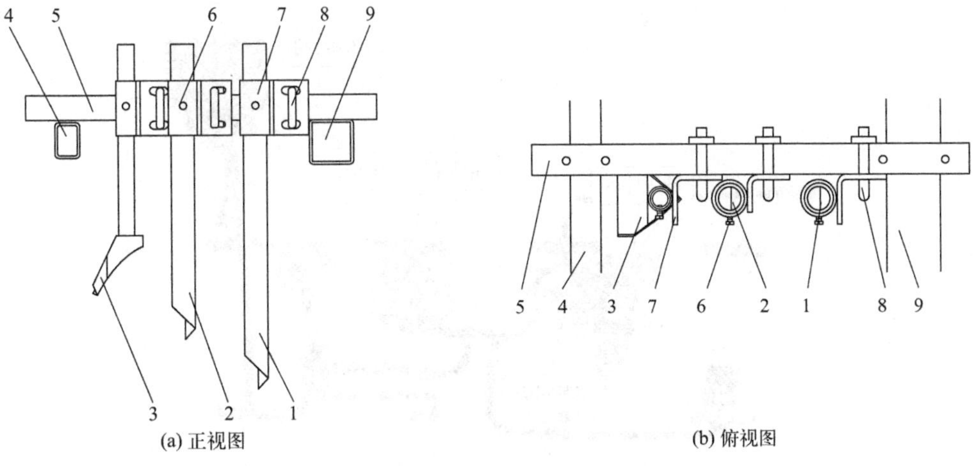

图 4-11　种肥分层投送机构示意图

1—深层肥料输送管；2—浅层肥料输送管；3—种子输送管；4—机架后梁；5—纵向支架；6—定位螺栓；7—套筒；8—U 型螺栓；9—机架中部横梁

4.1.3　精量排肥 / 排种控制系统设计

4.1.3.1　控制系统总体架构

为了提高联合作业机具的智能化程度，同时提高联合作业机具的排肥 / 排种控制精度，开发了多路精量排肥/排种控制系统。该控制系统主要由车载控制终端、PID控制器、电液比例阀、光电编码器、机具姿态解析模块、深层排肥器驱动液压马达、浅层排肥器驱动液压马达、排种器驱动液压马达、机具位置与速度解析模块等组成。系统的总体架构如图4-12所示，控制系统实物如图4-13所示。

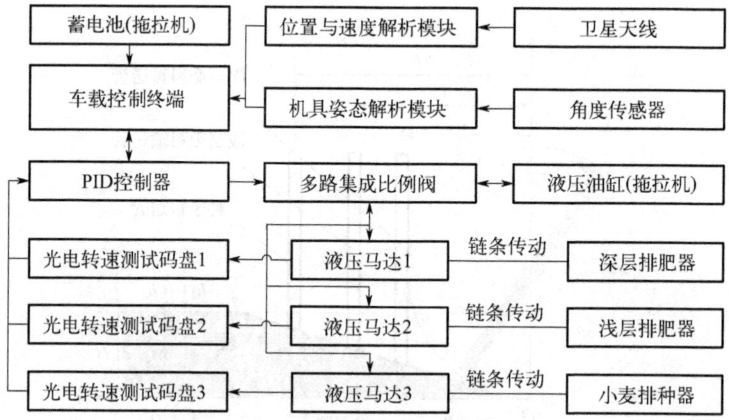

图4-12 控制系统总体架构

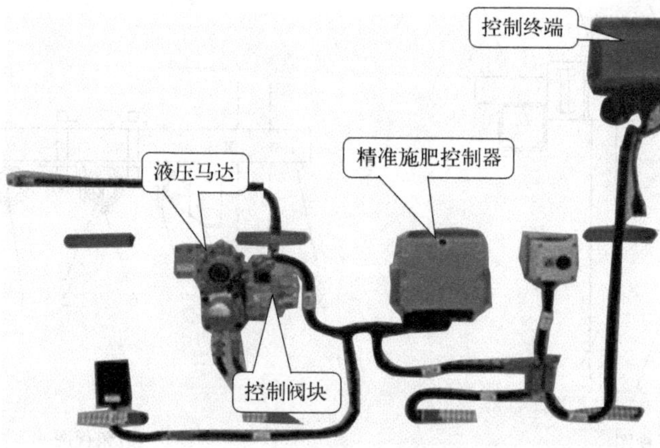

图4-13 单路控制系统实物图

4.1.3.2 控制系统硬件设计

（1）车载终端选型 车载控制终端是智能农业装备和控制系统的核心硬件，其主要任务是控制和协调各模块的稳定运行。根据精量排肥/排种控制系统的总体结构和工作原理可知，其任务和功能包括配置深层肥料的目标排量、浅层肥料的目标排量、小麦种子的目标播量，联合作业机具的物理参数，获取和处理机具的作业姿态信息，获取和分析机具的位置信息，通过CAN总线向下位机控制器进行通信和发送指令，并接收来自下位机的反馈信息。因此，车载控制终端选型需满足上述功能和任务，同时可为精量排肥 / 排种控制系统的交互界面软件的运行提供良好平台。

（2）液压马达电控驱动模块　控制系统要求必须能够同时控制 3 路液压马达，并且 3 路之间应该相互独立，其工作原理如图 4-14 所示。系统的液压油源来自拖拉机的液压泵，摆线液压马达通过联轴器与外槽轮排肥 / 排种轴连接，其中 PID 控制器是整个电控系统的核心，其主要功能是接收上位机（车载控制终端）下传的马达目标转速信号，然后与光电编码器实时监测反馈的马达转速进行比较，调节电液比例阀的开度，改变液压油回路的流量，达到控制液压马达转速的效果，同时将实时监测的液压马达转速信号上传至车载控制终端。

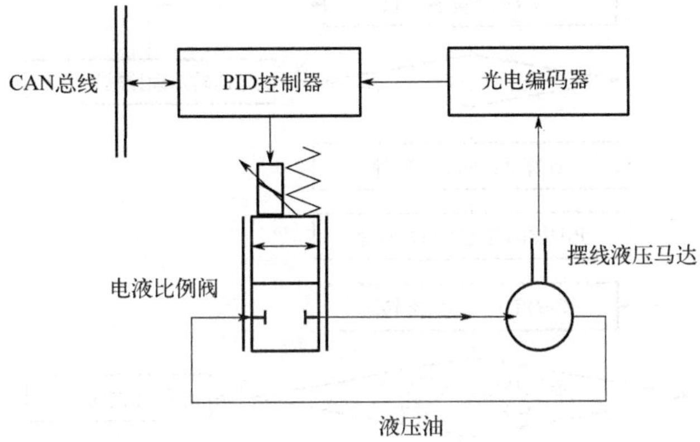

图 4-14　液压马达电控系统工作原理图

4.1.3.3　控制系统软件设计

（1）功能需求分析　精量排肥 / 排种控制系统软件是整个控制系统的核心，该软件所包含的算法可以对排肥、排种、机具作业姿态等模块进行协调控制运行，联合作业机具精量排肥 / 排种控制系统的功能需求主要包括：①联合作业机具基本配置参数录入；②机具定位数据信息的采集、处理和分析；③机具作业姿态监测传感器的数据信息采集、处理和分析；④车载控制终端与 PID 控制器之间的数据通信与接口处理；⑤实时获取 3 路液压马达转速的数据信号；⑥实时计算深层肥料、浅层肥料和种子的排出量；⑦排肥 / 排种静态标定功能。

（2）控制算法设计　根据精量排肥 / 排种控制系统的功能需求，对系统的控制算法流程进行设计，如图 4-15 所示。控制系统启动后，需要输入联合作业机具的配置参数、深层肥料目标施用量、浅层肥料目标施用量、小麦目标播种量等信息，其中机具的配置参数主要包括机具的作业幅宽、播种施肥行数等。然后，建立控制终端与 GNSS 接收模块、角度传感器、PID 控制器的连接关系，控制系统通过获取机具的空间位置信息，解析机具的作业速度，通过获取角度传感器的数据信息，判别机具是否处于工作姿态。

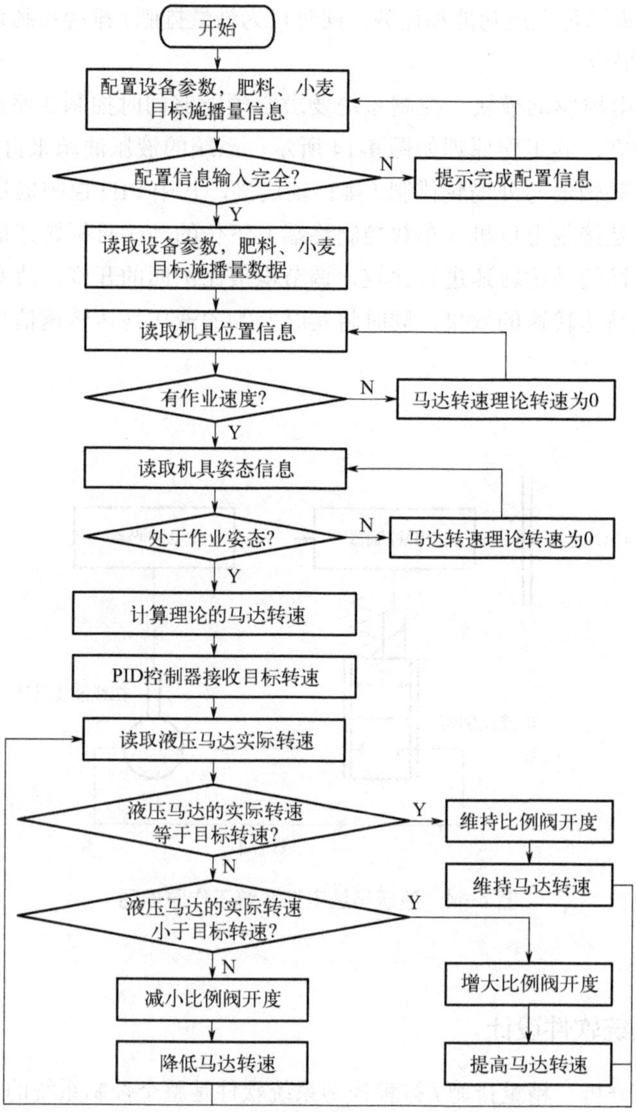

图 4-15　控制系统算法流程图

结合前期输入的参数信息，分别计算深层肥料、浅层肥料和小麦种子的目标排出量，并将该排出量转化成液压马达的转速信号通过 CAN 总线传递给 PID 控制器，PID 控制器通过控制电液比例阀的液压油流量，达到控制液压马达转速的目的，并通过光电编码器对转速进行实时监测，将实时转速数据反馈到 PID 控制器，使 PID 控制器对液压马达的转速进行微调和校正，构成一个闭环的控制系统。

（3）控制终端软件设计　应用 Visual Studio 2008 MFC 集成开发环境，进行人机交互系统软件设计。软件的主界面可以实时显示机具的作业速度、经纬度、机具作业姿态、设备参数、肥料和种子目标和实际施播量、通信状态等信息。通过点击主页面的系统设置按钮，使用者可以根据实际作业需求对设备参数、系统标定、化肥信息、施肥配置及施肥处方图进行管理设置。

4.1.4　联合作业机性能验证与田间应用效果

委托西安亚澳农机股份有限公司对冬小麦宽苗带精量撒播及基肥分层施用联合作业样机的机械部分进行加工试制，试验机具配套约翰迪尔1204中型拖拉机，试验设备如图4-16所示。

图4-16　田间试验机具

联合作业样机的排施对象为小麦种子和其生长所需要的基肥，小麦选用京冬22号种子，为了便于观察联合作业样机的分层效果，基肥采用蓝精灵复合肥（中化山东肥业有限公司）和艳阳天复合肥（山东红日化工股份有限公司），其中蓝精灵复合肥作为浅层肥料，艳阳天复合肥作为深层肥料。

联合作业样机的工作性能田间试验选址为北京市昌平区小汤山镇的国家精准农业研究示范基地。

（1）分层施肥作业效果　根据样机分层施肥作业性能评价方法，对小麦种子、浅层肥料、深层肥料的投送深度数据进行整理，小麦种子、浅层肥料和深层肥料的投送深度合格率分别为83.33%、86.67%和90%；小麦种子与浅层肥料的分层距离平均为38.9mm，浅层肥料与深层肥料的分层距离平均为69.4mm，满足性能指标要求。

（2）精量排肥/排种控制性能分析　排肥/排种轴的转速与小麦种子、浅层肥料和深层肥料的一次线性回归模型的拟合度系数较好，这说明外槽轮的转速与肥料/种子排出量之间呈线性关系，可以根据转速与排量之间的一次线性关系对肥料和种子进行精准控制；对比小麦种子、浅层肥料和深层肥料的拟合度可知，小麦种子的拟合度要小于深层肥料和浅层肥料，出现这种状况的原因应该与小麦种子和肥料的物理特性差异有关，小麦种子外轮廓近似椭球形，浅层肥料和深层肥料外轮廓近似球形，相较于椭球形的小麦种子，球形率更高的肥料颗粒具有更好的排出均匀性。

动态试验结果表明，精量排肥/排种控制系统的运行稳定性较高，能够满足样机对肥料和种子精量排施的作业技术要求。另外，相较于传统的精量排肥/排种控制系统，该系统的自动化程度较高，不仅可以根据样机的工作速度自动调节排肥/排种轴的转速，还可以对机具的作业姿态进行实时监测，根据监测结果进行自动化地调节比例阀的开合，减少人工操作流程。

4.2 种肥 / 苗肥对行施用技术与装备

4.2.1 电力驱动玉米中耕变量施肥技术与装备

4.2.1.1 玉米中耕变量追肥机

（1）总体方案设计　自动变量施肥机要达到根据不同地块需求施肥的目标，控制系统的任务就是根据输入信号计算得到步进电机工作所需的控制脉冲或者直线电机所需的电流，然后输出控制电机转速。

在进行变量施肥控制系统设计时，采用 GPS 测速传感器测量拖拉机运行速度，输出信号为频率信号；采用施肥轴驱动电机自带的测速编码器测量电机的实际转速作为反馈。由于在变量施肥过程中，拖拉机速度发生变化，如果保证设定区域内的施肥量保持不变，就必须根据拖拉机车速变化相应地调整施肥驱动电机的转速。具体实现原理如图 4-17 所示。

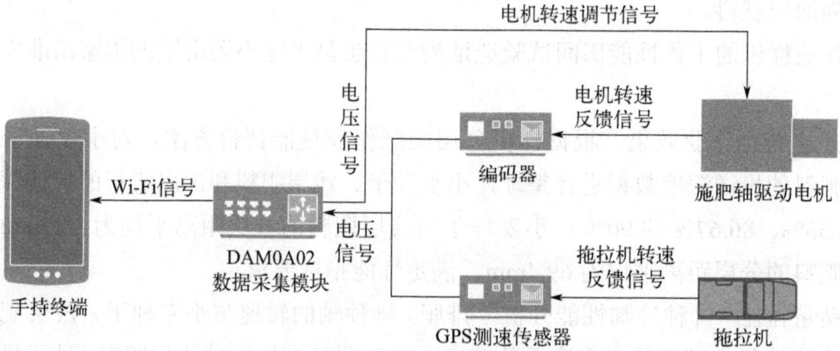

图 4-17　变量施肥控制系统原理图

针对华北地区玉米智能化变量施肥机进行试制，通过电力排肥，达到了肥料精准施用的目的，变量施肥机如图 4-18 所示。

（2）手持终端界面设计　针对变量施肥控制方案，开发了第一代变量施肥控制装置。界面可以根据不同作业，对作业幅宽、施肥量进行设置，并可以根据拖拉机速度变化对施肥量进行控制，保证总施肥量满足要求，实现了每个施肥单体的独立排肥控制、施肥量的数字式调节。

图 4-18　电力驱动玉米中耕变量施肥机第一代样机

玉米中耕变量施肥机，可设定每亩（1 亩 ≈667m^2）施肥量，每亩施肥量设定值确定后，中耕变量施肥机的实际排肥量与作业机具的行进速度值和作业幅宽值有关，由于单位时间的作业面积与施肥量设定值的乘积即为单位时间所需排肥量，单位时间的排肥量与排肥口的大小及排肥轴的转速有关，排肥口越大，排肥轴转速越高，单位时间内的排肥量越大。

（3）双变量排肥结构设计　颗粒施肥可通过控制槽轮的转速和槽轮有效工作长度进行双调节施肥，其安装在肥箱的下部，排肥驱动齿轮与排肥轴连接，排肥轴通过链条与直流电机连接，排肥时动力由直流电机传送给排肥驱动齿轮，排肥驱动齿轮为锥形结构，通过锥形齿轮与排肥盒内部的槽轮连接，当直流电机转动时带动槽轮转动，槽轮转动时将肥料通过槽沟带出，进行排肥。双变量排肥装置如图 4-19 所示。

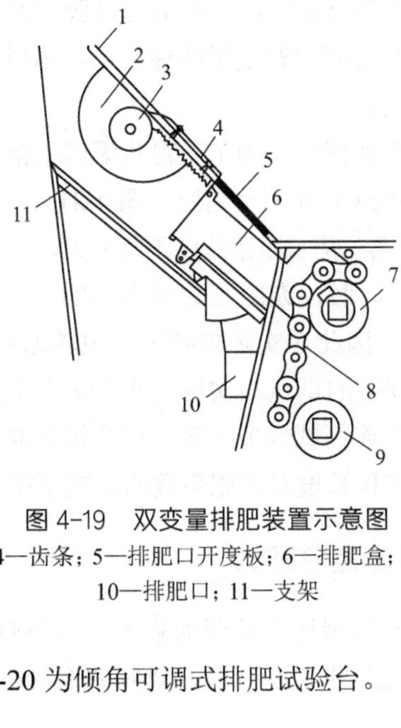

图 4-19　双变量排肥装置示意图

1—肥箱；2—伺服电机；3—齿轮；4—齿条；5—排肥口开度板；6—排肥盒；7—排肥轴；8—链条；9—直流电机；10—排肥口；11—支架

（4）充肥性能分析　图 4-20 为倾角可调式排肥试验台。

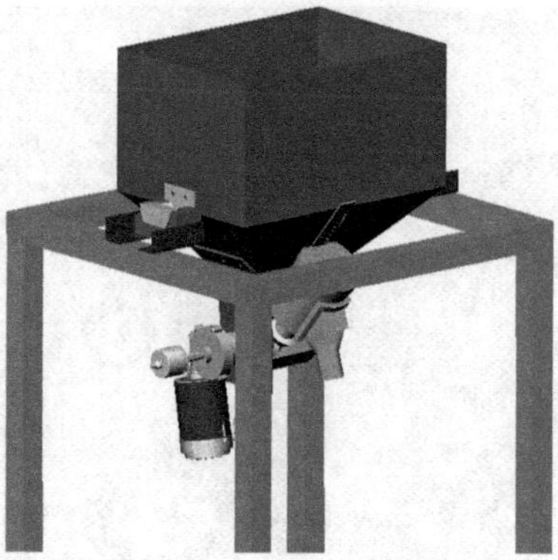

图 4-20 倾角可调式排肥试验台

施肥过程中，可以改变排肥转速或者排肥口开度调节排肥速率。因此，理论上存在多组不同的转速和开度组合，以满足该目标施肥量调节要求。而施肥量的调节要求在任意开度下通过调节转速，或者在任意转速条件下，调节排肥口开度都能达到预定的排肥量。但实际的排肥量并不是按照排肥口开度或者转速的线性关系，如果要达到预定排肥量，应明确排肥口开度、转速对排肥量的影响。

研究结果显示，在同一转速、排肥口开度条件下，随着排肥轮倾角的增大，排肥量呈逐渐减小的趋势。为了避免排肥轮倾角带来的不利影响，应选择排肥轮倾角接近肥料的自然休止角。

在一定转速和排肥轮倾角条件下，当排肥口开度较小时，排肥量并未随着排肥口开度的增大线性增长。转速越高，排肥量随着排肥口开度的增加变化越明显。同理，在排肥口开度较小时，随着转速升高，排肥量并未显著增加。

在一定排肥轮倾角和排肥口开度条件下，随着转速的升高，排肥量呈线性增长，但在排肥口开度为 30mm 条件下，转速增加到 50r/min 时，排肥量与转速变为非线性关系。在 40r/min 的转速下，排肥口开度小于 25mm 时，排肥量与排肥口开度没有呈线性关系，当排肥口开度增加到 25mm 后，排肥量与排肥口开度呈线性关系。由以上分析可知，转速过大或者排肥口过小将会影响排肥的线性关系。

（5）基于高速摄影的排肥性能评价　为了获得从滚筒上落下的肥料颗粒的图像，在施肥器中安装了高速摄像机（GIgaView）和两个光源（图 4-21）。

肥料以一定的初速度自由下落，随着下落速度不断增大，逐渐由聚集状态转变为离散状态。

结果表明，在转速为 40r/min 时，充肥系数受到影响，当转速达到 50r/min 时，实际称重得到的充肥系数降低为 94%，因此在实际排肥过程中转速不应超过 40r/min。同时在转速为 50r/min 时，由图像计数法测得的重量与实际称重的差值最大。这是由于在高速排肥时，肥料颗粒数明显增多，形成的粘连区域较多，部分重叠较多的粘连颗粒无法进行分割，影响了准确性。同一工作转速下，工作长度对充肥系数的影响不明显。

4.2.1.2 玉米分层深施风送变量追肥机

机械化追肥能够有效降低玉米追肥作业劳动强度，提高施肥效率，提升综合经济效益。目前，国内玉米追肥机械研究还处于起步阶段，研制的追肥机械以重力直排技术施肥为主，成熟产品较少。为了改善我国玉米追肥机械缺少的现状以及提高我国玉米机械化追肥作业效率，研究人员通过借鉴国内外相关先进技术，采用集中排肥和气流输肥的方式，设计了一种玉米分层深施风送变量追肥机，实现多行宽幅分层快速施肥作业，为以后玉米追肥机械设计研发提供技术支撑。

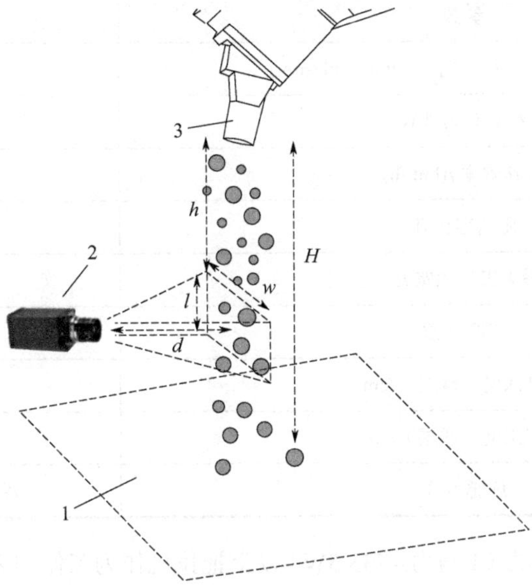

图 4-21 基于图像的肥料检测示意图

1—地面；2—高速摄像机；3—排肥盒

（1）分层深施风送变量追肥机结构设计及工作原理 玉米分层深施风送变量追肥机结构示意图如图 4-22 所示，该追肥机主要由排肥箱 a 和 b、排肥风机 a 和 b、施肥控制系统、分

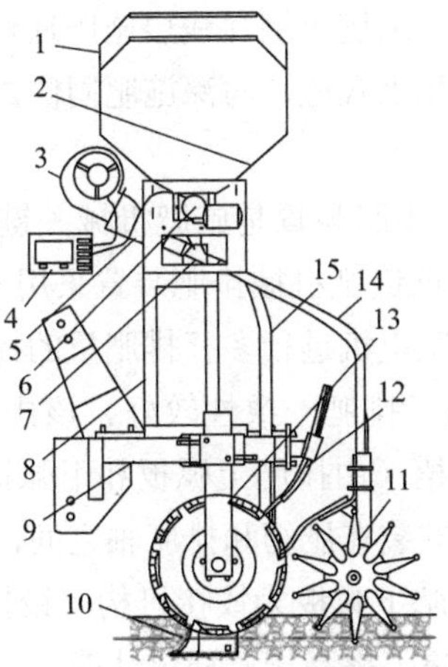

图 4-22 玉米分层深施风送变量追肥样机结构示意图

1—排肥箱 a；2—排肥箱 b；3—排肥风机 b；4—施肥控制系统；5—分流器；6—排肥装置 b；7—供料器；8—施肥固定架；9—机架；10—深层施肥铲；11—浅层施肥铲；12—仿形机构；13—行走轮；14—浅层输肥管；15—深层输肥管

流器 a 和 b、排肥装置 a 和 b、供料器、施肥固定架、机架、深层施肥铲、浅层施肥铲、仿形机构、行走轮、浅层输肥管和深层输肥管等部件组成，其中深浅层施肥分别由施肥原理相同的施肥装置 a 和 b 来单独控制。表 4-1 为风送变量追肥机主要技术参数。

表4-1 风送变量追肥机主要技术参数

参数	数值
外形尺寸（长 × 宽 × 高）/(mm×mm×mm)	1155×3740×1970
配套动力 /kW	≥ 43.8
工作效率 /(hm^2/h)	0.8 ～ 3.24
肥箱容积 /L	520×2
最大工作幅宽 /m	3.6
施肥行数	6
施肥深度（深层）/cm	10 ～ 12
施肥深度（浅层）/cm	6 ～ 8
施肥方式	深层条施 / 浅层穴施

该追肥机采用 60 马力（1 马力 ≈735.5W）以上拖拉机作为工作动力，运用电动多行集排、气流输送方式进行施肥作业。施肥工作开始前，开启施肥控制系统，根据作业要求设定作业幅宽、目标追肥量、深浅层肥量比等相关参数，打开风机使输肥系统产生稳定的气流，保证落入文丘里管内的肥料能够被顺畅输送至施肥机构。施肥工作开始时，排肥电机驱动排肥轮进行排肥，排肥电机转速可自适应机械工作速度变化，实时进行排肥量的调节，排出的肥料落入文丘里输肥器落肥口处，文丘里输肥器进料口在气流作用下产生稳定的负压，能够使排出的肥料顺利吸入输肥管道内，肥料在输肥管道压差作用下随气流运动输送至施肥机构处，落入施肥沟槽内，完成追肥作业。追肥机械深浅层施肥通过两套施肥装置完成，深层追肥作业为开沟条施，浅层追肥作业为扎土穴施，与深施肥同侧。

（2）关键部件设计

① 多行集中排肥装置设计。排肥装置是施肥机械关键部件之一，排肥性能好坏决定了追肥机械施肥的质量和实用性。该追肥机械排肥装置采用多行排肥轮集中排肥的结构形式，结构集成度较高，可采用一个排肥电机进行多行排肥量的控制，每个施肥铲的施肥量分别来自对应排肥轮所排出肥料的肥量，排肥一致性较好。该排肥装置工作原理与结构如图 4-23 所示，主要包括排肥壳体、排肥槽（由排肥上弧板和下弧板构成）、排肥轮、排肥轴、排肥间隔套、排肥电机等，肥料隔板安装在肥箱和排肥轴之间，能够有效减少肥料对排肥轴的下压力，降低排肥电机的功耗，排肥下弧板为铰接机构（铰接点 O），能够有效降低排肥过程中排肥轮与排肥槽产生的卡肥现象，提高排肥稳定性能。

排肥轮是排肥机构中主要工作部件，目前常用的排肥轮结构形式较多，其中直齿外槽式排肥轮结构简单，排肥量可控度高，工作性能稳定，故采用直齿外槽式排肥轮进行排肥。

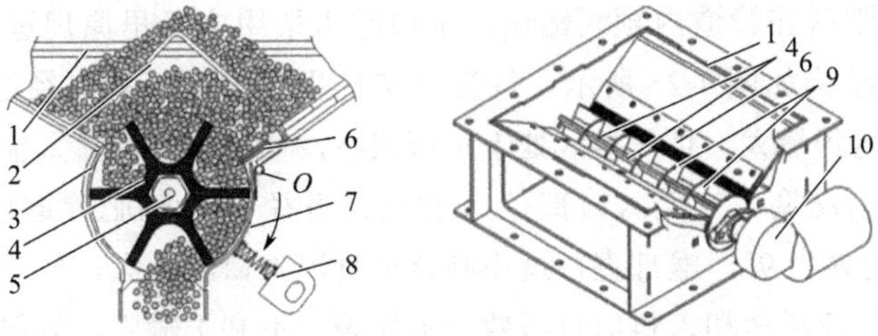

(a) 排肥原理　　(b) 排肥结构

图 4-23　排肥装置工作原理与结构示意图

1—排肥壳体；2—肥料隔板；3—排肥上弧板；4—排肥轮；5—排肥轴；6—毛刷；7—排肥下弧板；8—张紧机构；9—排肥间隔套；10—排肥电机

根据化肥颗粒尺寸以及追肥农艺要求，结合排肥装置结构设计，确定排肥轮结构参数为：排肥轮外径 68mm，一周凹槽数 6 个，槽轮有效排肥长度 14mm，槽深 21.5mm，外槽沿槽厚 4mm，凹槽半径 8.5mm。

② 气力输肥装置设计。气力输送是利用一定速度和压力的气流进行物料远距离输送，其动力来源为具有一定能量的气流，可以实现柔性结构布局，简化了施肥机械复杂的结构布置。气流输肥工作原理如图 4-24 所示。风机运转后能够产生稳定的高压气流，气流的运动会在文丘里输肥管进料口处产生负压，促进肥料顺利进入输肥管道，气流在管道内作为肥料的载体，快速输送肥料至施肥位置。

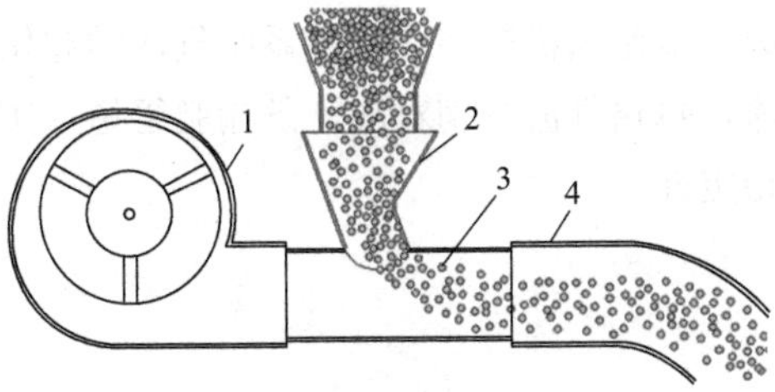

图 4-24　气流输肥工作原理图

1—输肥风机；2—文丘里输肥管；3—肥料颗粒；4—输肥管道

气流速度是气力输送系统的关键参数，其数值大小影响肥料颗粒在管道中的运动状态，决定肥料能否正常施入土壤中。气流速度较小时，肥料颗粒则渐渐停滞在水平输肥管的管底，产生输肥管道堵塞现象；气流速度较大时，肥料能够在管道内均匀散开、顺利输送，若速度过高会浪费能量，还会造成施肥口处肥料颗粒速度过大，影响肥料在田间施肥过程中的分布效果。

气流输送浓度（也称料气比）为单位时间内输送肥料的质量与通过管道气流质量的比值。输送浓度越大，所需空气质量将会减少，输送所需功率也会降低，但易造成肥料输送堵塞；输送浓度过低时，输肥效率将会大大降低，影响施肥工作效率。

因此，应根据实际施肥种类、设备参数等，确定合适的气流速度和气流输送浓度。

③ 供料器设计。供料器是气力输送系统中关键部件之一，它的作用是把肥料喂入输肥

管道，并能够确保肥料在管道内顺利输送。本追肥机采用文丘里原理进行供料器的结构设计，文丘里供料器结构如图4-25所示。气流从文丘里管进口流入，经过收缩区进行加速，流至喉管区时速度达到最大，且入料区处于负压状态，使肥料顺利落入输肥管道并快速输送至扩散区，避免肥料堵塞。气流入口直径 d_1 和出口直径 d_3 为输肥管道尺寸32.8mm，收缩角 α 为22°，扩散角 β 为9°。喉部直径过小则要求气流入口压力大，气流输送阻力增加，喉部直径太大，喉部气流增速和入料口负压效果不显著，不利于输肥，为保证肥料在管喉部有足够空间，取喉部直径 d_2 为23mm。

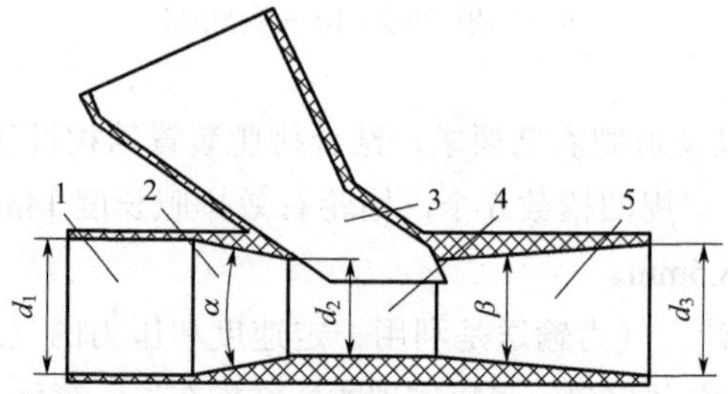

图4-25 文丘里供料器结构示意图

1—气流入口区；2—收缩区；3—入料区；4—喉管区；5—气流出口区

④ 风送输肥装置设计。利用气流正压输送技术设计了两套6行风送输肥装置（图4-26），分别用于深浅层施肥。该风送输肥装置主要由输肥风机、分流器、过渡连接管、文丘里管、输肥软管和施肥固定架组成。输肥风机安装在输肥系统气流的起始端，风机产生的气体经过分流器后均匀分成6路气流，每路气流分别对应一条输肥管道，实现各路施肥和输肥互不干扰，确保输肥的一致性和稳定性。

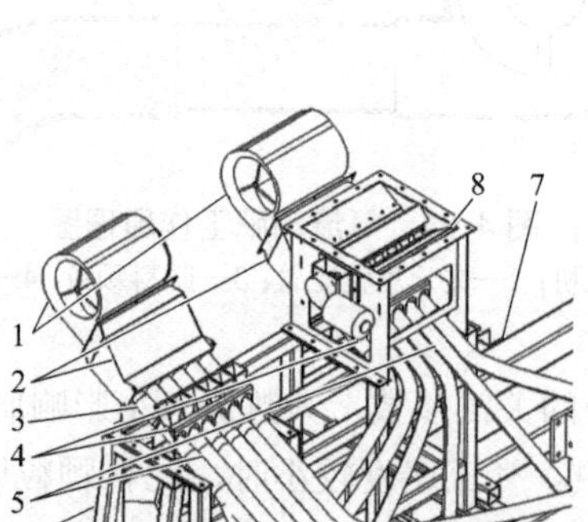

图4-26 风送输肥装置结构示意图

1—输肥风机；2—分流器；3—过渡连接管；4—文丘里管；5—输肥软管；6—施肥固定架；7—施肥装置机架；8—排肥机构

（3）追肥机施肥控制系统设计

① 控制系统总体设计。控制系统主要是用于施肥作业状态的控制以及施肥作业肥量变化的自动调节。控制系统主要包括GPS车速模块、风机、深浅层施肥排肥电机、深浅层排

肥电机驱动器、电子控制单元（ECU）和人机交互单元，并根据作业信息的传输与处理等划分为信息输入（包括风机转速、排肥电机转速和机具行走速度）、信息处理（包括控制单元和人机交互单元）和信息输出（包括风机转速、排肥电机转速和物联网传输），该追肥机施肥控制系统框图如图 4-27 所示。该控制系统以 TTC32 为控制核心，利用 CODESYS 进行程序开发，通过 CAN 总线进行信息传输，实现硬件之间的运行与融合。

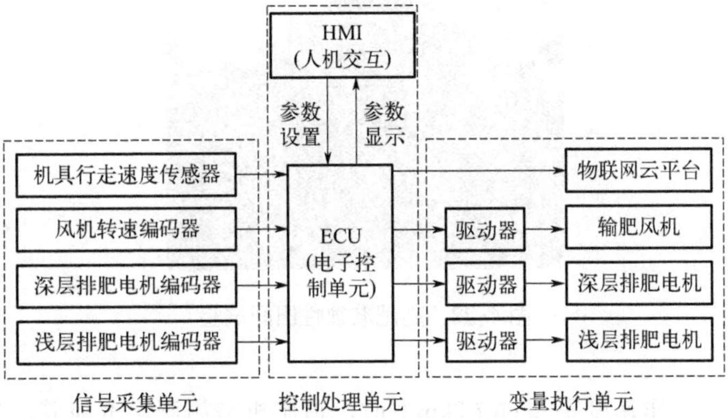

图 4-27 追肥机控制系统总体结构框图

施肥作业时，GPS 车速模块能够实时获取当前车速；TTC 控制器根据协议读取当前车速和排肥电机实际转速，基于控制器内部设定程序计算出排肥电机目标转速，进行排肥电机实际转速与目标转速差值比较与处理，利用经典 PID 方法对电机实际转速进行调控，确保排肥电机转速调节的快速稳定，实现排肥电机转速的实时控制。

② 车载控制端软件设计。基于 VS2012 软件开发平台，采用 Visual C++ 语言设计了车载电脑人机交互界面，包括串口通信参数设置、施肥参数的设置和作业状态信息的监测，车载电脑通过串口 USB/CAN 转换器连接至 CAN 网络，与控制单元（TTC32）进行施肥现场作业数据信息交换。该界面能够根据不同施肥作业要求对施肥作业参数进行更改，参数更改简便，并能够实时有效地读取机具当前作业状态信息（深浅层施肥量、当前车速、地块位置等），增加了施肥机具作业的灵活性和适应性。

（4）施肥样机性能分析　为了检验追肥样机施肥性能，对风送追肥机进行室内和田间试验。

① 排肥量一致性试验。设计的风送追肥机为同时进行多行施肥，各行之间排肥一致性的测量能够反映出各行之间排肥量的差异性，间接反映出田间施肥的均匀性，为减少各施肥口排肥量的差异引起施肥不均的问题，进行排肥机构排肥一致性试验。排肥一致性试验为室内试验，采用速度模拟器进行车速设置，实现排肥速度为低速、中速和高速三个等级状态，每个速度下进行 3 次重复试验，试验时间为 1min，试验中把 6 个施肥口从左到右进行编号并进行肥量称重统计，并依据公式进行排肥一致性计算。

结果表明，相同转速下，深、浅层之间排肥量差异较小，各行之间施肥口排肥量一致性较好，排肥量比较恒定。随着转速的增加，各行之间排肥量变异系数有所降低，最大变异系数不超过 2.64%，排肥量比较均匀。

② 施肥量准确性试验。施肥量准确性能够反映出追肥机械田间追肥作业的稳定性能，是田间追肥作业各区域追肥一致性的保证。追肥样机田间作业试验如图 4-28 所示。试验过程中追肥样机在施肥口进行套袋测肥，追肥作业在低、中和高三种速度下进行，每种速度下试验前进 100m 测量一组数据，并进行 3 次重复试验，对施肥量准确性进行计算。

图 4-28 施肥准确性田间试验

结果表明，在工作速度不超过 7.2km/h 时，追肥机械施肥精度随着前进速度增加而减小，施肥精度最小为 94.42%，追肥机械施肥精度都能够满足标准要求；在同一工作速度下，深、浅层排肥装置施肥精度差别很小，排肥装置分层施肥性能比较稳定。

③ 施肥深度准确性试验。施肥深度能够较好地反映追肥状态以及肥力效果，按照施肥均匀性试验的田间试验安排，在低速、中速和高速三种前进工作速度下，进行田间追肥施肥深度检测试验，任意选取一个施肥行，沿施肥方向每隔 100cm 进行一次深度值测量，共进行 20 次测量，施肥深度田间试验如图 4-29 所示。

(a) 田间追肥试验　(b) 深浅层施肥器　(c) 深浅层施肥效果

图 4-29 施肥深度田间试验

结果表明，在追肥作业速度不超过 7.2km/h 时，深、浅层施肥深度均能够满足施肥设定要求，深层开沟施肥深度受速度影响较小，平均深度为 11.12cm，深度变异系数均不超过 4.35%；浅层扎穴施肥深度平均值随着作业速度的增加而减小，最小施肥深度平均值为 6.9cm，变异系数最大为 9.36%。

4.2.2 宽行距作物秋季分层施肥春季对行播种技术与装备

施用肥料是提高棉花产量的重要手段，当前农民为了提高棉花单产，施用化肥过程中存在盲目性与过度性，施肥方式不科学、不合理，导致肥料利用率低，造成肥料的浪费与土壤的污染。目前在棉花作物生产过程中，机械化施肥主要以秋季撒施基肥、播种施种肥和苗期追肥为主。秋季撒施基肥是将肥料撒施在地表，通过犁耕作业将肥料翻入土壤中，作业过程中，肥料容易落入犁底层，并且容易产生肥料堆积现象，导致土壤中肥料分布不合理；播种施种肥主要是在播种作业过程中同时进行施肥作业，但是施用的种肥只能满足作物生长初期需求，而且容易产生烧苗现象；苗期追肥是在幼苗时期进行中耕追肥，由于当前棉花种植普遍采用地膜覆盖技术，不利于中耕追肥作业。当前棉花机械化施肥还存在施肥方式不科学、不合理等问题，施肥方式与肥料利用率亟须改善。为了将肥料减施和增效，且与棉花机械化施肥相结合，提出了一种基于北斗导航技术的棉花基肥机械化对行分层深施方式，设计了一种棉花基肥对行分层深施机，以期为棉花种植过程中科学合理的施肥方式提供依据。

4.2.2.1 秋季分层施肥春季对行播种模式

（1）精准对行分层施肥种植模式　针对西北干旱平作区宽行距作物种植模式，利用北斗导航技术实现播种与施肥作业轨迹路线数据重复共享，根据棉花、玉米等宽行距作物根系分布情况，提出“对行分层施肥、精准拟合播种、种肥精确同行、充分发挥肥效”的施肥技术，在作物种行的正下方精准分层施基肥，达到减少肥料施用量，提高肥料利用率的目的。对行分层施肥模式如图 4-30 所示。在新疆地区棉花和玉米普遍采用宽窄行交错种植。其中，棉花种植模式为窄行行距为 10cm，宽行行距为 66cm；玉米种植模式为窄行行距为 40cm，宽行行距为 60cm。根据行距宽度和作物根系分布情况，因棉花窄行间距较近，棉花对行分层施肥采用在窄行处，两行种子对应一行肥料的模式，玉米对行分层施肥采用每行种子对应一行肥料的模式，第一层施肥深度在 10 ～ 13cm，第二层施肥深度在 18 ～ 20cm，上下两层肥料施用比例为 4∶6。首先秋季在窄行处进行对行分层施肥，通过冬季的雪水冻融，肥料充分融化在棉花窄行相对处的土壤中；在春季播种时，利用导航技术将棉种施播在秋季施肥的肥行正上方，达到肥行与种行的对行作业，减少了肥料的施用量，使棉花在不同生长时期均有肥料利用。在对行技术方面，采用北斗导航拖拉机自动驾驶技术，其对行误差范围在 2cm 以内，满足对行作业要求。

(a) 棉花对行分层施肥　(b) 玉米对行分层施肥

图 4-30　种植及施肥模式

1—作物植株；2—肥料

拖拉机导航自动驾驶系统如图4-31所示，工作前需将导航终端各部分准确安装在拖拉机上，工作过程中首先在控制器部分设定好施肥的行走路线，设置导航模式。通过接收RTK基站发出的差分数据，实现高精度的卫星定位，并实时将定位信息和从角度传感器传来的车轮运动信息发送至控制器。导航控制器通过定位系统的坐标及车轮的转动信息实时地向液压控制系统发送指令，以控制液压油的流量和方向，从而控制拖拉机的行驶，实现拖拉机按照设定路线行驶，达到高精度导航施肥的目的。

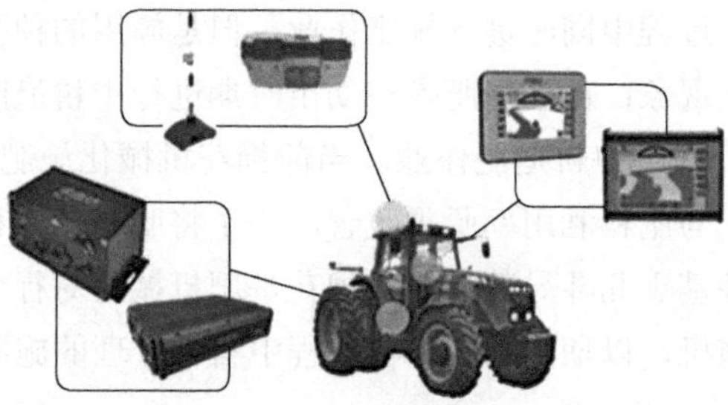

图4-31　拖拉机导航自动驾驶系统示意图

（2）精准对行分层施肥机整机结构及工作原理　施肥机主要由限深行走轮、机架、肥箱、开沟分层施肥器、覆土装置和镇压辊构成，结构如图4-32所示。其限深装置采用双排

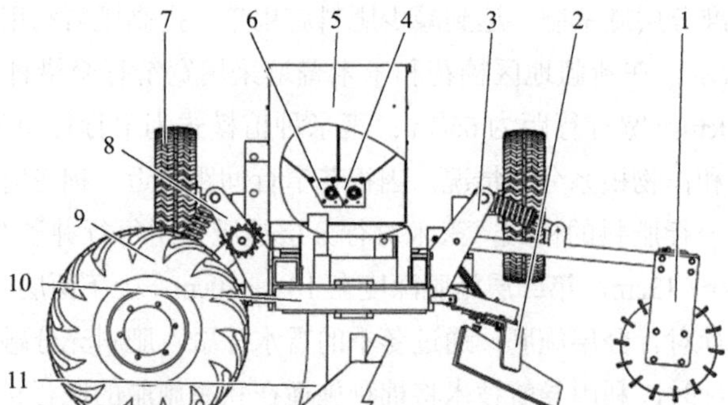

(a) 整机结构示意图

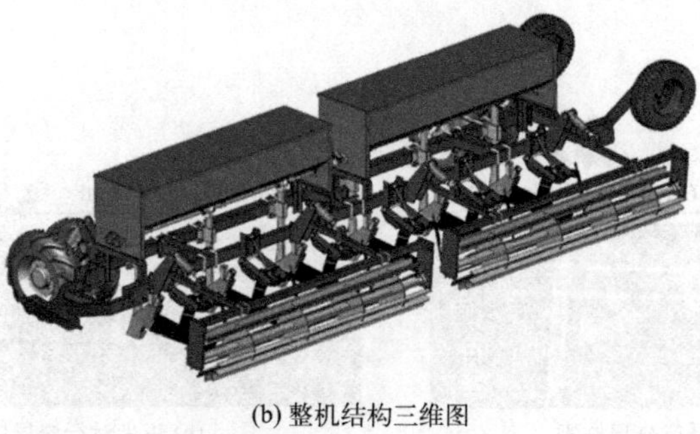

(b) 整机结构三维图

图4-32　棉花精准对行分层施肥机整机结构图（a）和三维图（b）

1—镇压碎土辊；2—刮土板；3—碎土装置仿形机构；4—上层施肥箱；5—施肥箱；6—下层施肥箱；7—牵引地轮；8—地轮仿形机构；9—双排地轮；10—牵引架；11—开沟施肥器总成

限深行走轮并设置在机具前端，有效地避免了施肥覆土后对地表的碾压，同时防止土质疏松导致的陷落，连接部位采用仿形结构，确保地轮传动的效率，适应不同土壤条件作业；开沟施肥器总成，通过仿生铲尖和分肥器焊接而成，仿生铲尖可以有效地减少阻力和土壤中棉秆的拥堵；分肥器上下层施肥采用单独肥管进行排肥，更好地保证上下分层效果；肥箱总成包括肥箱、外槽轮排肥盒和排肥轴，肥箱设计为大容量肥箱，减少添肥的时间间隔，提高作业效率，同时中间采用隔板隔离，便于上下层肥料的分开管理；碎土辊装置采用仿形连接，确保作业后地表平整。其中开沟施肥器和覆土装置在作业幅宽方向设有 6 组，作业行距可根据实际要求调节。

该机具集成了农作物施肥自动化作业监控系统，该系统由控制器（FX3U PLC）、对射式光电传感器、霍尔传感器、报警器、无线传输单元、人机交互界面等单元集成。作业过程中，实时监测施肥作业的面积、位置、剩余施肥量、漏施、堵塞以及施肥面积等作业信息，根据预设施肥参数及时做出相应的控制动作和报警，实现施肥参数化作业。表 4-2 为棉花精准对行分层施肥机性能参数。

表4-2　棉花精准对行分层施肥机性能参数

项目	指标值
外形尺寸（长 × 宽 × 高）/m×m×m	5×1.9×1.5
整机质量 /kg	800
配套动力 /kW	50 ～ 70
作业幅宽 /m	4.56
作业速度 /(km/h)	5 ～ 8
浅层施肥深度 /cm	10 ～ 13
深层施肥深度 /cm	18 ～ 20
施肥深度稳定性 /%	≥ 90

机具作业前需挂接至安装有自动导航系统的拖拉机上，利用拖拉机导航自动驾驶技术实现作业路径的规划、对行，并将作业路径数据存储。机具作业时，通过拖拉机后三点悬挂装置与机架相连，作业前调节限深行走轮与开沟分层施肥器的高度差，使其达到要求的施肥深度。作业时由拖拉机提供动力，排肥盒通过电机控制实时转速，将肥箱肥料排至分层施肥器，肥料被分层施肥器分为上下两层施入土壤中，覆土装置将开沟后的扰动土壤进行平整。

同时在分层施肥器和肥箱上安装有肥料监测传感器，在施肥作业过程中，对肥箱装载肥量以及排肥的顺畅性进行检测，当肥料出现堵塞时会产生报警，及时提示农机手。

4.2.2.2　关键部件结构设计及参数配置

（1）开沟分层施肥器　开沟分层施肥器是施肥作业的入土部件，包括开沟铲部件和分层施肥器部件。按照肥箱肥料分流情况，分层施肥器分为单体式和分置式。

杆齿式分层施肥器包括开沟铲和分层施肥器两部分，如图 4-33 所示。开沟铲部分包括开沟铲柄、前刃板和铲尖组成，其中开沟铲采用轻型深松铲柄的结构，铲尖采用槽型深松铲。分层施肥器部分包括导肥管、底板、横向调节板、竖向调节板和底层挡土板，部件 2 和 3 在分层施肥器上组成了深浅分层排肥口，其中底板构成的肥料通道与水平方向呈一定夹角。

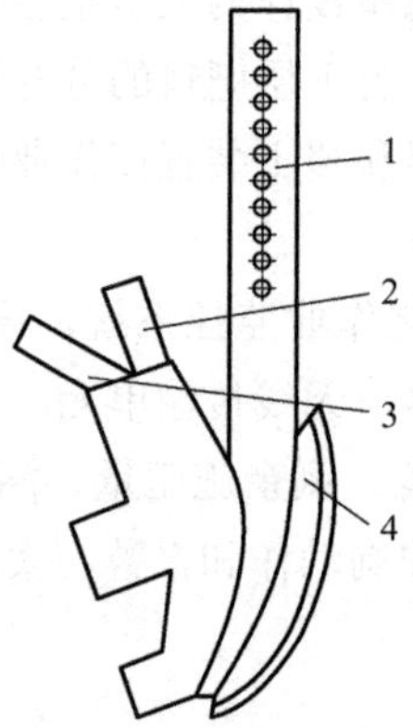

图 4-33 杆齿式分层施肥器结构示意图

1—施肥铲柄；2—下层施肥管；3—上层施肥管；4—仿生施肥铲

前刃是分层施肥装置的主要部分之一，在分层施肥作业过程中主要起破碎土壤和滑切土层中残留秸秆的作用。结合农田的实际情况，在设计前刃时应该具备以下要求：一具有良好的破土性能；二对土壤中的秸秆实现滑切破碎，或者可以进入秸秆沟底，保证开沟施肥的顺利进行；三实现较小的土壤扰动，避免土壤回流时干湿土壤置换，减少土壤的水分流失。

根据机械行业标准 JB/T 9788—2020《深松铲和深松铲柄》，以及农田土质特点，铲柄选用扁钢 70mm×20mm 规格，刃的楔角 α 为 60°，分肥器侧板与铲柄侧面的夹角 β 为 6.8°，工作深度 h 为 30cm 和铲柄的宽度 d 为 20cm。

（2）覆土装置　为了将开沟铲对土壤扰动作用产生的沟渠进行填埋，以及对地表进行平整，在开沟分层施肥器后方设置覆土装置，包括刮土板、连接臂、安装座和仿形弹簧等部件。其中刮土板与安装座之间设置为随动仿形，左右刮土板呈八字状，左右刮土板间距与夹角可进行调节，如图 4-34 所示。

根据肥料分层覆盖的作业要求，以及耕作土壤的实际情况，调整刮土板的结构与安装尺寸，来满足作业要求。刮土板参数初步设定为：S_4=500mm，S_5=150mm，S_6=120mm，α_s 和 α_{s1} 范围分别为 50°～90°，0°～45°。

（3）碎土镇压装置　由于分层施肥后地表不平整，不利于播种作业，因此在机具最后加装碎土镇压装置，结构如图 4-35 所示。碎土镇压装置采用锯齿形结构，主要包括齿条、支撑板、连接板、支撑轴等零件。作业时碎土镇压辊将地表较大的土块压碎，并且将地表进行平整镇压，为后续播种作业提供良好的土壤条件。

表层土壤加工通常在 3～5cm，为了便于后续机械化播种，表层细碎应该适当加深，此处选择碎土辊刀齿土壤加工深度为 5cm。材料为 45 号钢，锯齿形齿条与碎土辊焊接。碎土辊齿条呈螺旋状，螺旋角约为 25.71°，在圆周方向总共均布 14 条。

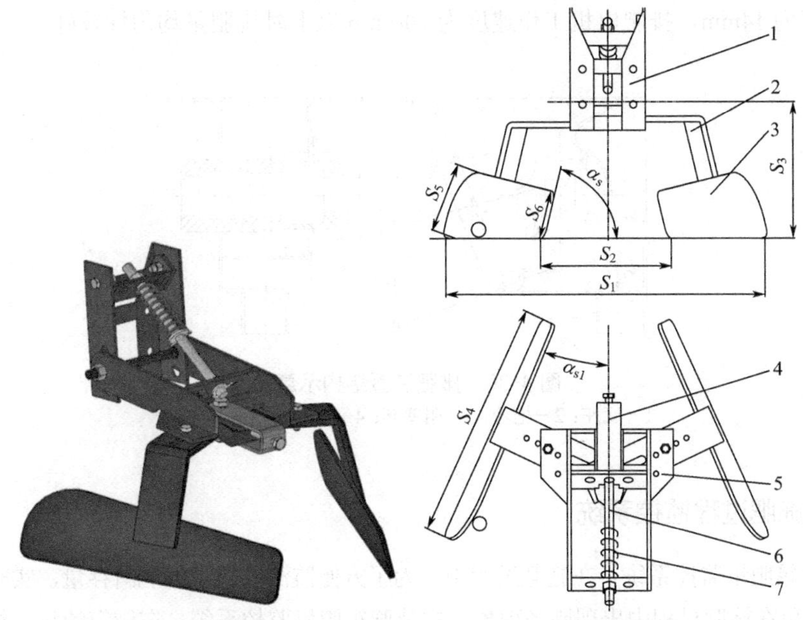

(a) 三维模型　　(b) 结构图

图 4-34　覆土装置三维模型（a）和结构图（b）

1—安装座；2—连接板；3—刮土板；4—角度调节座；5—连接臂；6—弹簧杆；7—仿形弹簧

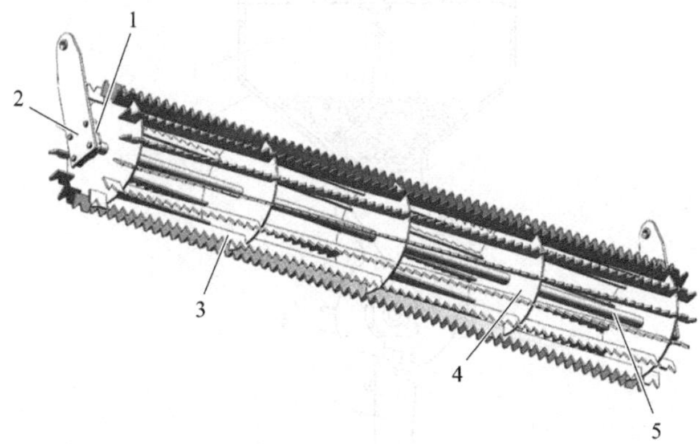

图 4-35　碎土镇压辊结构示意图

1—轴承座；2—连接板；3—齿条；4—支撑板；5—支撑轴

碎土辊刀齿在刀辊上排列密度很大，刀辊直径设计时可考虑适当增大碎土辊直径，以提高碎土刀齿的排列密度。

（4）肥箱及排肥装置　排肥装置采用外槽轮排肥器，主要由排肥槽轮、阻塞套和排肥舌组成，排肥量的大小主要由槽轮有效工作长度、槽轮转速和排肥舌角度决定，其中槽轮有效工作长度范围为 0 ～ 45mm，槽轮外径 D 为 50mm，排肥轴直径为 15mm 的方轴，阻塞套外径为 35mm，结构如图 4-36 所示。

影响排肥量的结构参数有两个，分别为槽轮凹槽截面积和槽轮工作长度，二者与排肥量皆呈正相关关系。此外，工作参数中排肥轮转速也与排肥量呈正相关关系。经研究发现排肥器工作长度为 14mm，排肥电机工作速度为 10r/min 以上时排肥量均匀性较好。

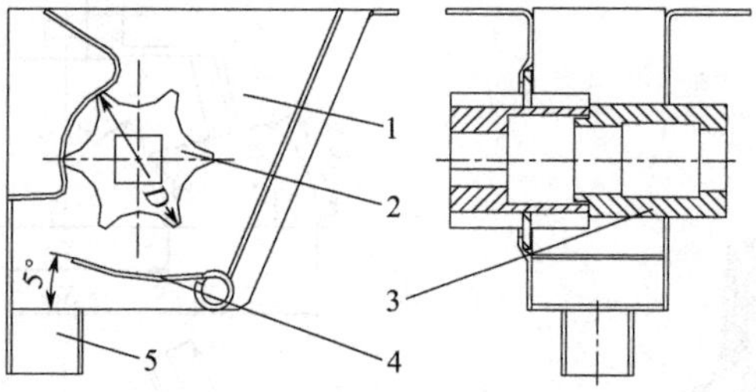

图 4-36　排肥装置结构示意图

1—底座；2—槽轮；3—阻塞套；4—排肥舌；5—排肥口

4.2.2.3　施肥过程监控系统

（1）肥箱肥量监控系统　在施肥过程中，为了方便监测肥箱中的肥料存量，实时提醒农机手加肥，避免在施肥过程中出现断条现象，安装肥箱肥量监控系统。在肥箱的每一组排肥口正上方安装传感器，监测肥量的高度，当测定的高度达到预设报警高度时，系统将报警，提醒农机手往肥箱里加肥。监测原理如图 4-37 所示。肥箱肥量实时监测系统组成如图 4-38 所示。

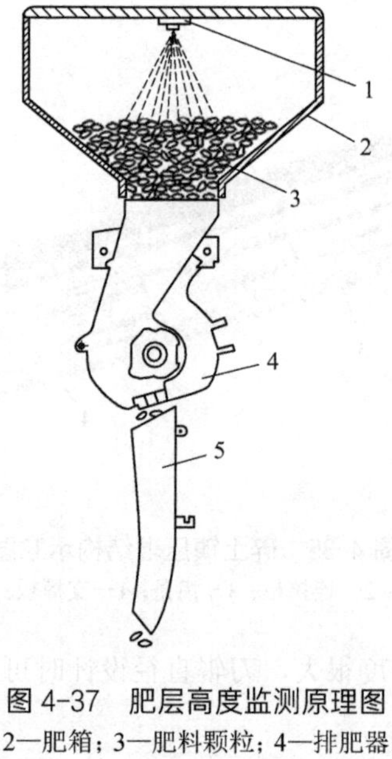

图 4-37　肥层高度监测原理图

1—传感器；2—肥箱；3—肥料颗粒；4—排肥器；5—排肥管

（2）施肥监控系统　该系统控制程序编写多采用 PLC 梯形图命令的软继电器（M），由触摸屏虚拟控制按钮进行通信控制，控制器与 HMI 的通信通过 LoRa 无线扩频技术进行数据的交换。控制器 FX3U PLC 通过将各路光电传感器分别接入 X0 ～ X5 输入端口，并将其设定为高速计数器模式，通过高速计数器实现排肥管内颗粒肥料流动的动态监测，同时将速度传感器接入输入端口 X6。通过单位时间内采集的脉冲数进行车速的计算。同时为了减少

HMI 参与数据计算量，保障监控状态的通信速率和稳定性，系统所需相关数据转换和计算均在控制器中运行。图 4-39 为系统结构组成。

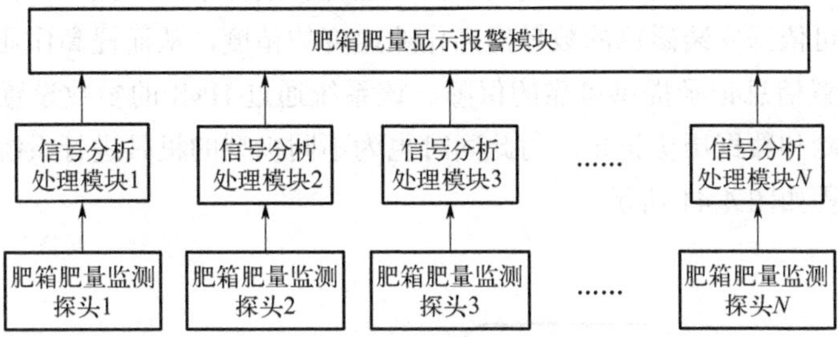

图 4-38　肥箱肥量实时监测系统组成

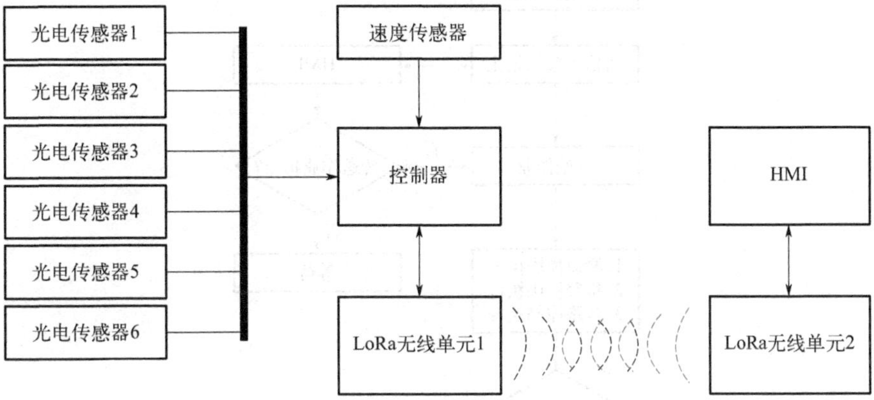

图 4-39　施肥监控系统结构组成

该监测系统通过对射式光电传感器监测施肥情况，并将情况及时显示在交互界面（图 4-40），便于驾驶员及时发现问题，同时将作业速度、作业面积等基础作业信息反馈驾驶室，便于驾驶员及时掌握信息。

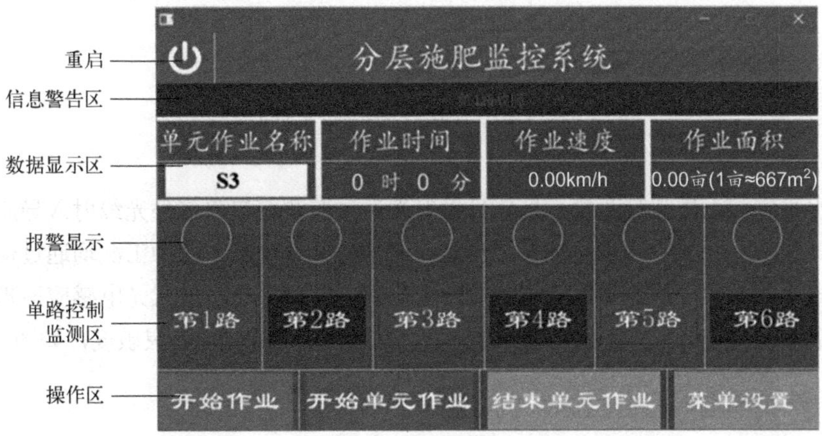

图 4-40　交互界面

施肥监控系统的实现为传统施肥机无法实时检测机具作业状态和可视化操作提供了技术支撑。通过在施肥管安装排肥检测传感器，实时检测施肥流动状态，并且可以通过脉冲参数调节实现不同故障报警灵敏度，可以实现不同精量施肥条件下的监控。在机具地轮驱动处安装霍尔传感器并可依据安装磁钢的数量提高作业速度的精度，从而提高作业面积的数据准确性，也为故障位置信息记录提供可靠的保障。该系统通过 HMI 的参数设置可以提高同一机具的作业质量检测和数据历史记录，与此同时也为不同机型的机具进行系统的移植提供了方便。控制系统流程如图 4-41 所示。

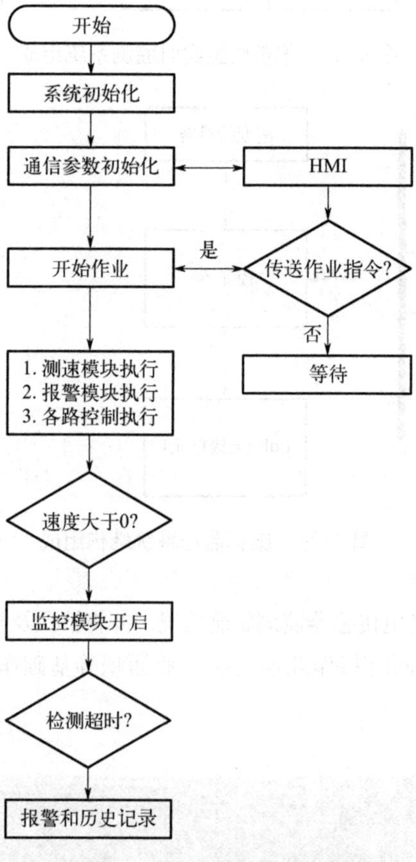

图 4-41 施肥控制系统流程图

探头水平安装于导肥管两侧，光信号发射端通过监测窗口将红外光线射入导肥管，若无肥粒遮挡，光线将由接收端直接捕获；反之，则形成光线中断。两种工况均通过信号采集电路转换为电脉冲信号，从而实现施肥作业断续监测。监测采用对射式光电感应原理，特点是采用高功率红外发射元件，可有效削弱农田尘土黏附影响，保证系统灵敏度，如图 4-42 所示。

4.2.2.4 棉花精准对行分层施肥机试验

（1）台架试验　通过搭建简易试验台架，选用新疆锦江化工厂生产的小颗粒尿素作为试验用肥料，在室内进行试验测试。

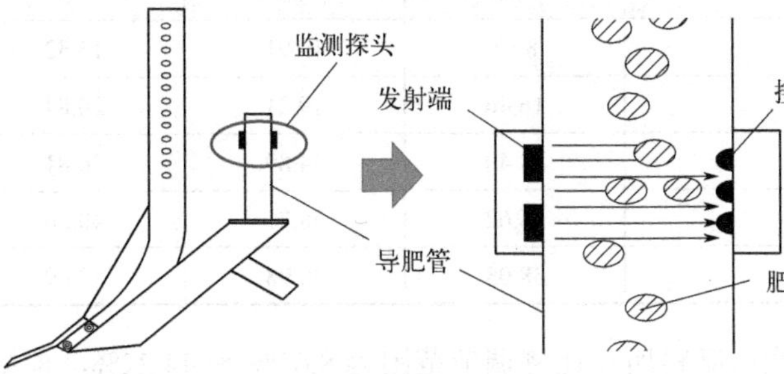

图 4-42　监测探头安装

① 槽轮排肥量试验。该机构排肥量主要采用控制电机转速的方式实现，因此主要测试转速与排肥量的关系。本试验转速分别设置为 35、40、45、50、55、60r/min，在每个转速下重复试验 5 组，每组试验测试时间为 1min，得到每分钟槽轮的排肥量 Q，g/min，试验结果如表 4-3 所示。

表4-3　槽轮排肥量试验

槽轮转速 /(r/min)	槽轮有效工作长度 /mm					
	5	10	15	20	25	30
35	439	496	797	876	970	1206
40	456	573	819	910	1080	1264
45	455	606	856	997	1227	1284
50	470	691	931	1089	1304	1392
55	471	714	976	1138	1369	1454
60	488	738	1014	1173	1417	1501

通过分析排肥量的稳定性发现，当槽轮工作长度为 20mm 时，排肥量变异系数最小且趋于稳定。

因此在控制策略选择时，选定槽轮工作长度为 20mm，此时排肥量与转速之间近似线性关系。

② 分层施肥器分层比例试验。为了试验测试分层施肥器的分层效果，竖向开口尺寸 h_a 设置为 5、10、15、20mm，横向开口尺寸 h_b 设置为 0、5、10、15、20mm，在每个有效开口尺寸下重复试验 5 组，每组试验测试时间为 1min，分别收集浅层排肥口排出的肥料和深层排肥口排出的肥料并称重，计算得到浅层排肥口排肥量所占百分比，试验结果如表 4-4 所示。

表4-4 台架试验浅层排肥口肥料所占比例 单位：%

横向开口尺寸 (h_b)/mm	竖向开口尺寸 (h_a)/mm			
	5	10	15	20
0	8.63	13.91	13.32	17.56
5	16.46	19.21	20.84	28.63
10	33.40	34.89	36.81	39.16
15	36.62	38.71	40.56	41.99
20	38.05	40.98	42.69	44.22

试验结果表明，浅层肥料所占比例调节范围为 8.63% ～ 44.22%，根据当前棉花种植农艺要求，将浅层肥料所占比例设置为 40%，试验参数最接近的状态为 h_a=15mm，h_b=15mm。此时分层比例的变异系数为 6.3%，分层效果比较稳定。

③ 分层施肥装置减阻性能试验。土槽试验中用于牵引分层施肥装置的土槽车为黑龙江省农业机械工程科学研究院研制的 TCC 电力四驱土槽试验台车，如图 4-43 所示。土槽试验车主要由主体机架、后悬挂、驱动系统、动力输出系统、液压系统、土壤恢复喷淋系统、电气控制系统及制动系统等部分组成。其主要参数见表 4-5。

图 4-43 土槽试验施肥设备

表4-5 土槽试验车相关参数

土槽试验车	参数
土槽参数	轨距 3.4m（土槽长 L = 60m，宽 B = 2.95m）
试验车自重	4t
试验车总功率	70kW
最大牵引力	P_{max} = 1.5t（行驶速度 4km/h）
行驶速度	0.3 ～ 10km/h 无级调速
动力输出轴转速	0 ～ 1200r/min 无级调节
试验车具备气力辅助制动	最大制动距离小于 5m

实验室土槽内所用的土壤为石河子砂壤土，其具有较好流动性，每次试验完成后容易整平恢复。

土槽试验结果显示，采用雄性蜣螂角突优化的钝角分层施肥装置和未进行优化的分层施肥装置相比，优化的钝角分层施肥装置具有更好的减阻效果。但评价一个分层施肥装置的好坏还有其他指标，如分层效果和分肥准确性，为了对分层施肥装置的分层效果和分肥准确性进行研究，开展分层施肥装置田间试验。

（2）田间试验

① 机具性能试验。田间试验主要测试施肥性能的稳定性，如图 4-44 所示。

(a) 大田试验　(b) 施肥均匀性　(c) 肥料分层效果

图 4-44　田间试验效果

试验结果显示，实际每亩施肥量平均值为 21.4kg，变异系数为 4.0%，施肥量比较稳定。在施肥深度方面，深层肥料的深度比较稳定，平均深度为 19.8cm，而浅层肥料深度稳定性偏低。

在覆土性能方面，刮土板可以有效地将扰动堆积的土壤推平填埋至沟渠中，未出现肥料裸露于地表的现象。

② 棉花精准对行分层施肥试验。当采用分两层施肥时，在肥行的垂直方向上挖开断面层，施肥层分布效果如图 4-45 所示。

图 4-45　分层施肥作业效果

可以看出，施播后的肥料呈现了两层，每层的肥料分布具有一定的宽度和高度，上层分布的肥料比下层分布的肥料少，达到了预期的效果。同时，对施肥方式影响棉花生长情况进行分析。

根据产量与肥料投入情况，处理比对照平均增产 14.35 公斤，平均增产率 4.8%，投入产出比 1∶4.27。图 4-46、图 4-47、图 4-48 分别为两种施肥方式下棉花长势、初花期植株长势与植株根系测定对比图。

(a) 分层施肥棉花长势　　(b) 传统施肥棉花长势

图 4-46　棉花长势对比

(a) 分层施肥模式　　(b) 传统撒施肥

图 4-47　初花期植株长势对比

(a) 分层施肥模式　　(b) 传统撒施肥

图 4-48　棉花植株根系测定

试验结果表明，分层施肥机具有较好的分层效果。精准对行分层施肥技术较传统撒施的作业方式，具备一定的增产效果，产生的经济效益也较为突出。

③ 玉米精准对行分层施肥试验。施肥过程顺畅，施肥铲未出现拥堵现象。排肥性能良好，能满足施肥要求。在 7 月中旬籽粒成型期，测量玉米根系发育情况。试验结果显示，分层施肥条件下的玉米植株，主根和须根均发育良好；常规施肥条件下主根发育良好，须根发育一般。图 4-49 为玉米根系发育对比效果图。

(a) 常规施肥　　(b) 分层施肥

图 4-49　玉米根系发育对比效果

通过调查玉米植株性状得出，对行分层深施肥单株重较传统撒施肥单株重多 3%，单产增加 8.74%。开沟分层深施肥铲的作业效果稳定，玉米作物对行分层深施肥技术和传统撒施肥相比，具有增产效果，产生的经济效益也较为突出。

4.3　基于作物冠层信息的变量撒肥技术与装备

面向颗粒肥料，针对华北小麦 / 玉米轮作区地势平坦、降雨量少以及作物和作业方式等特点，采用土壤追肥作业方式，突破传统施肥方法时效性差的技术难题，设计了一种基于冠层信息的链送式变量撒肥机。

4.3.1　工作原理与结构设计

4.3.1.1　撒肥机整体结构与工作原理

基于冠层信息的链送式变量撒肥机整机结构如图 4-50 所示，主要包括抛肥装置、链式送肥装置、肥箱、变量施肥控制终端、GPS天线、电动升降架、作物冠层信息采集传感器。作物冠层信息采集传感器通过电动升降架安装在拖拉机前方，撒肥装置通过三点悬挂机构安装在拖拉机的后方。

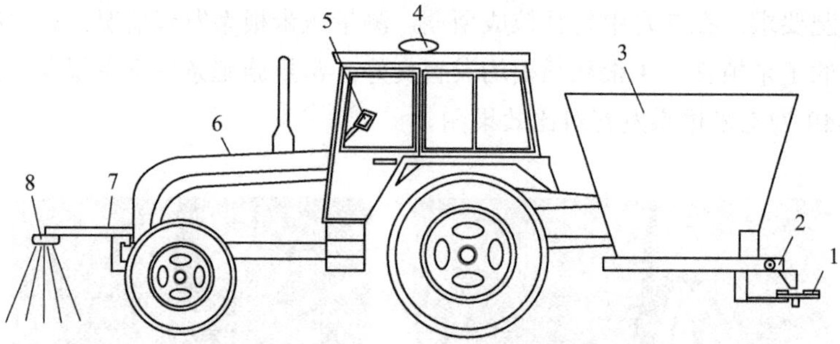

图 4-50　基于冠层信息的链送式变量撒肥机整机结构示意图

1—抛肥装置；2—链式送肥装置；3—肥箱；4—GPS 天线；5—变量施肥控制终端；6—拖拉机；7—电动升降架；8—作物冠层信息采集传感器

图4-51为基于冠层信息的链送式变量撒肥机系统框图。油路系统的回油管和供油管与拖拉机的出油口和回油口相连。撒肥机依靠拖拉机液压系统提供的液压动力输出，通过液压比例阀控制液压马达的转速。而液压比例阀则是根据预先设定的施肥量，机具通过GPS定位，当施肥控制系统接收到所处位置的作物长势的施肥量信息后，通过安装在排肥链轴上的测速传感器测得排肥链条转速，结合速度传感器测得的机具作业速度，通过调整控制器输出的PWM脉冲信号占空比来控制输入液压马达的油量，从而达到控制液压马达转速的目的。液压马达通过齿轮和链条带动中间转轴转动，中间转轴通过链条驱动肥箱上固定的排肥转轴，进而实现了基于冠层信息的变量撒肥作业。

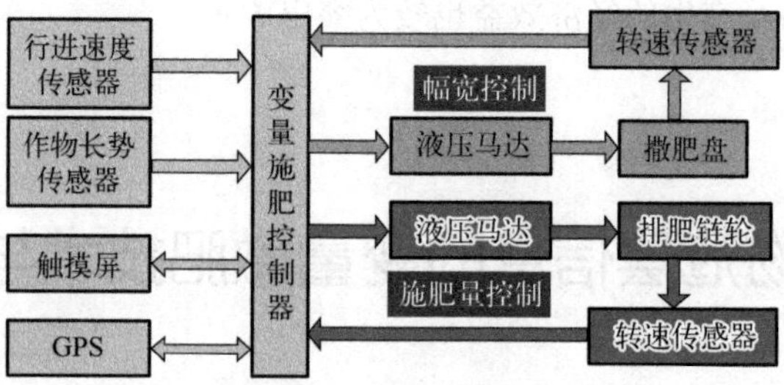

图 4-51　基于冠层信息的链送式变量撒肥机系统框图

4.3.1.2　液压动力系统设计

在撒肥作业中，根据撒肥作业需求，链送式变量撒肥机工作转速一般比较低。通过对直流电机驱动、步进电机驱动和液压马达驱动方案进行比较分析，选择液压马达驱动方式，因液压马达具有体积小、调速范围大、可有级变速、低速稳定性好、工作可靠、耐冲击性高、寿命长等一系列优点。液压动力系统采用闭式系统，在闭式系统液压工作装置中设有补油溢流阀和补油单向阀。补油溢流阀限制最高补油压力，补油单向阀根据两侧管路液压油压力的高低，选择补油方向，向主油路低压侧补油，以补偿由于泵、马达容积损失所泄漏的流量；主泵的两侧设有两个高压溢流阀，斜盘快速摆动时出现的压力峰值及最大压力由高压溢流阀保护，防止泵和马达超载；另外，在补油泵出口处还设有过滤器，对液压系统工作介质进行过滤，提高了液压油的清洁度。实际操作中利用拖拉机自身携带的液压油提供动力，无需另外配备专门输送液压油的装备。目前闭式系统变量泵均为集成式结构，补油泵及补油、溢流控制等功能阀组都集成于液压泵上，使管路连接变得简单，不仅缩小了安装空间，而且减少了由管路连接造成的泄漏和管道振动，提高了系统的可靠性，简化了操作过程。

图 4-52 为液压动力系统油路结构。工作时，拖拉机的后液压动力输出口为系统提供液压油，液压油首先进入液压流量调节阀，液压流量调节阀在控制器的控制下对输向液压马达的供油量进行控制调节，经过液压流量调节阀的液压油首先进入液压马达的进油口，多余的液压油则经过液压流量调节阀的回油口流回拖拉机回油管，流向液压马达的液压油则驱动液压马达转动，进而带动肥箱下排肥轴转动，实现变量施肥。

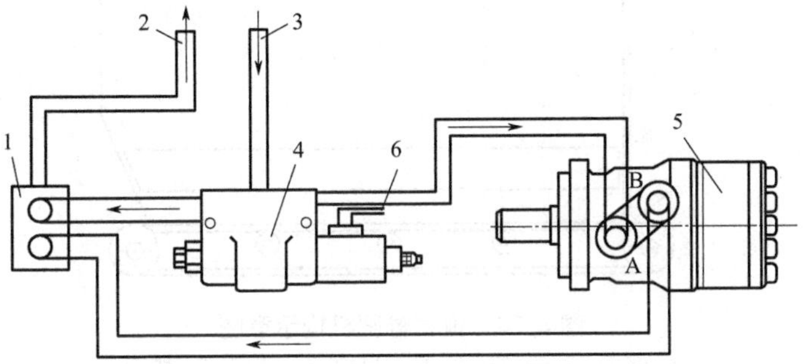

图 4-52　液压动力系统油路结构示意图

1—阀块；2—回油口；3—进油口；4—液压流量调节阀；5—液压马达；6—液压流量调节阀控制接口

4.3.1.3　链送式变量撒肥机关键部件设计

链送式变量撒肥机机械结构部分主要实现对肥料的承载和定量排出，排出肥料量的准确度和排放的均匀度要求误差控制在 5% 以内。撒肥机整体结构如图 4-53 所示。撒肥机性能参数如表 4-6 所示。

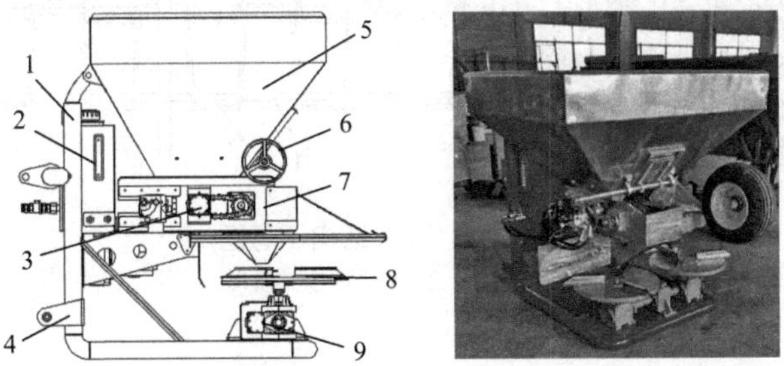

(a) 结构示意图　　(b) 实物图

图 4-53　链送式变量撒肥机整机结构示意图（a）和实物图（b）

1—机架；2—液压油箱；3—液压马达；4—三点悬挂架；5—肥箱；6—肥门调节装置；7—链条；8—甩肥盘；9—液压马达

表4-6　链送式变量撒肥机性能参数

性能参数	参数水平
外形尺寸（长×宽×高）/（mm×mm×mm）	1585×1465×1510
最大作业幅宽 /m	16
作业速度 /（km/h）	3～9
配套动力 / 马力	≥ 50

图 4-54 为链条输肥机构。输送肥料机构的动力由液压马达提供，液压马达通过柔性联轴器与链轮轴连接。

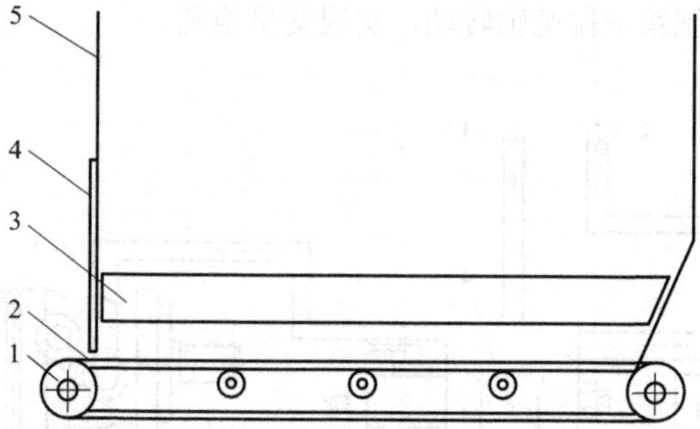

图 4-54　链条输肥机构示意图

1—链轮；2—链条；3—撑肥机构；4—肥门；5—肥箱

综合考虑肥料颗粒尺寸、负荷、加工工艺以及设计，输送链条采用不锈钢片折压而成。为使肥料颗粒均匀定量地输出到排肥口，肥料输送链条采用了图 4-55 所示链条结构。由扁金属片和圆金属销组成，通过彼此相扣形成排式的网格结构。

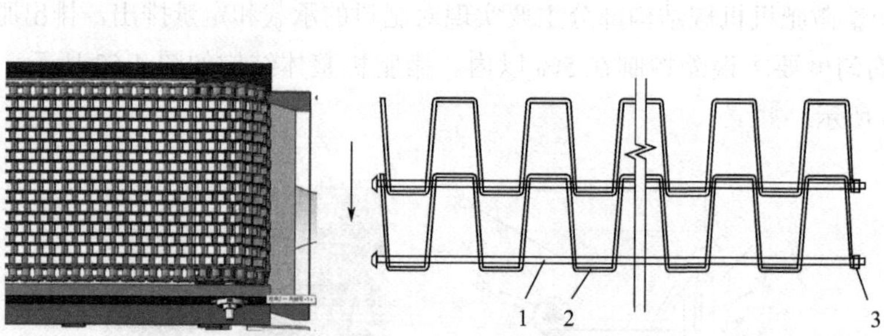

图 4-55　链条结构示意图

1—穿销；2—链节；3—锁母

影响施肥机施肥效果的因素分为三个方面：一是抛撒模型的机械结构参数；二是肥料自身特性；三是环境因素。施肥机机械结构的不同参数对最终的施肥效果的影响主要是改变了肥料颗粒在圆盘上运动的初始条件，以及造成了肥料颗粒在圆盘上的运动发生相应的改变，影响最终的施肥效果。肥料颗粒离开圆盘时的速度与肥料落入圆盘初始半径、圆盘旋转速度、肥料颗粒与圆盘之间的摩擦力以及圆盘直径有着直接的关系。

4.3.2 变量撒肥控制系统设计

根据撒肥作业要求，基于PID控制技术、物联网技术、传感器技术和CAN总线技术开发了基于作物冠层信息的精准变量撒肥控制系统，如图4-56所示。该系统主控单元采用高集成度的ECU（electronic control unit），它可以同时支持电流信号、电压信号、频率信号的输入与输出，并支持CAN总线通信，可以大大增加设备的扩展性。开发环境采用CODESYS编程开发环境，方便用户进行程序开发和升级。该系统可以实现对撒肥控制液压马达和撒肥幅宽控制液压马达的控制，实现对撒肥量和撒肥幅宽的精确控制。用户交互界面采用工控屏，可以实现施肥参数设定、车速和施肥系数的自校核、施肥作业信息的监测等功能。同时，该工控屏支持串口和CAN总线通信，可实现与NDVI传感器和ECU的实时通信。物联网监测平台可以把撒肥作业轨迹、撒肥量信息远程传输给服务器和手机，实现撒肥作业的实时监控。

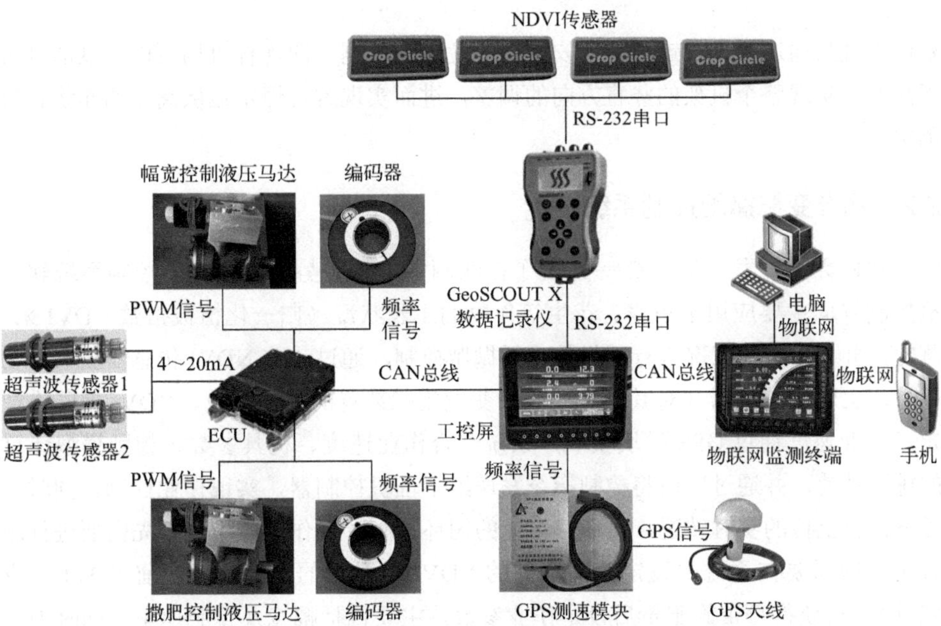

图4-56 精准变量撒肥控制系统原理图

4.3.2.1 NDVI传感器数据采集系统设计

为了获取小麦田作物冠层信息，使用了Holland Scientific公司生产的NDVI传感器。该传感器可以实时获取作物长势信息，并通过串口传输给GeoSCOUT X数据记录仪。每个GeoSCOUT X数据记录仪可以连接4个NDVI传感器，内置GPS定位模块，可以把不同

GPS 坐标点的 NDVI 数据进行实时存储。同时，还可以通过传感器传输到其他设备。

由于传感器设置幅宽有限，导致取样的局限性，且传感器辐射面积有重叠，重复数据较多，不具有代表性。因此设计了电动升降架，如图 4-57 所示。电动升降架的基本框架结构采用新型碳纤维材料，该材料具有轻便、耐腐蚀、承载负荷能力强等优点，两侧折叠翼由两侧电动推杆推平。折叠架的设置大大增加了采样的幅宽，得到更加丰富的作物光学信息，以便处理得出更准确的作物长势数据，为后期的精准施肥提供支持。

图 4-57　电动升降架

整体折叠架通过两个四连杆机构安装在拖拉机头两侧，四连杆机构可以通过油缸带动调节上下高度，实现整个机架的竖直方向的调整，进而实现维持恒定冠层高度的作物长势的传感器测定。

4.3.2.2　精准变量撒肥控制系统设计

（1）软件界面开发　基于 C++ 开发了在线测定作物长势的变量施肥控制系统软件。该上位机控制界面主要应用于小麦、花生等作物的生长状况（归一化植被指数 NDVI 来表征）实时测定，并根据生长状况进行肥料的变量抛撒控制，通过 4 个 NDVI 传感器获取作物生长状况信息，上传到控制器并对其进行处理。变量施肥装置的工作参数、NDVI 施肥模型可进行设定，作业速度通过 GPS 模块获取，系统结合作业速度、机具参数、施肥模型计算当前实时的排肥转速，并通过串口将控制指令发送给下位机控制器，实现作业控制。同时，系统可接受下位机上传的实时转速，实现对转速的闭环控制。工作过程中，首先需要进行施肥模型的设定，即需要在系统中设定获取不同的 NDVI 值对应的施肥量（当前 NDVI 对应的每亩施肥量），在获得每亩施肥量后设定作业参数，主要包括幅宽及排肥速率。同时为了达到反馈控制的鲁棒性，可以设定对不同机型控制的 PID 控制参数。点击施肥模型即可设定施肥模型、PID 参数、作业幅宽、施肥速率。通信参数设置模块主要用于通信参数设置，包括 NDVI 传感器通信、控制系统与下位机控制器通信的串口号、波特率、是否十六进制显示、是否自动发送等功能的控制。

（2）变量施肥控制系统开发　在进行变量施肥控制算法设计时，根据撒肥机行进速度值和作业幅宽值，计算出单位时间的作业面积，乘以施肥量设定值获得单位时间所需排肥量，除以排肥轴每转的排肥量，最后得出单位时间的排肥轴转速值，即排肥轴所需转速等于液压马达输出转速。

根据上述变量施肥原理进行撒肥量控制算法设计，实现对撒肥机撒肥量的控制。同时，为了便于用户使用，基于工控机开发了精准变量施肥控制界面，可以实现对马达转速标定、施肥参数设置和控制模式选择等功能，方便在不同作业环境下使用。

（3）远程物联网监测平台开发　为了实现对撒肥作业环节进行智能化物联网监测，开发了农机精准撒肥物联网监测平台，如图 4-58 所示。在撒肥作业过程中，该物联网监测平台可以实现对车辆作业轨迹、撒肥量、撒肥机运行状况的监测，并可以通过 PC 端和手机对整个作业数据进行实时查询，方便用户使用。

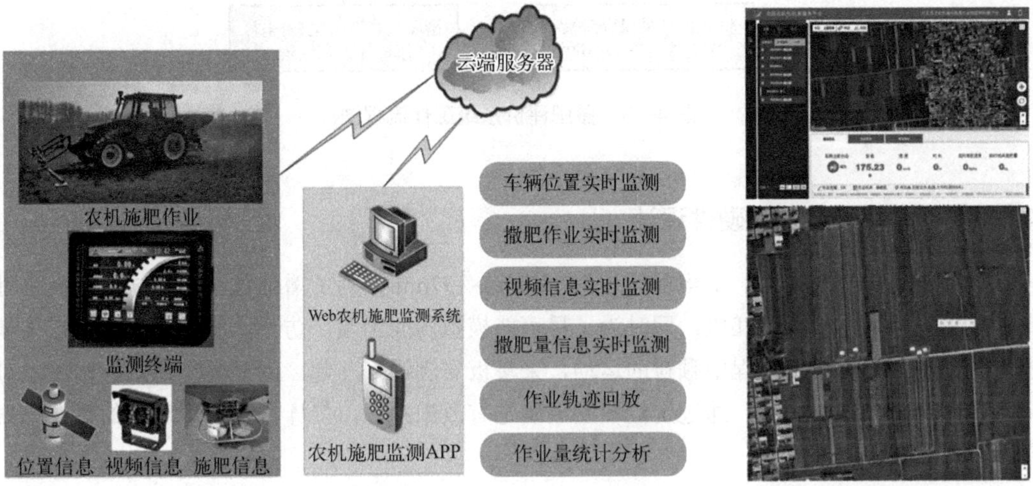

图 4-58　撒肥作业物联网监测平台

4.3.3　颗粒肥料抛撒均匀性评价系统开发

4.3.3.1　评价系统结构与工作原理

撒肥评价系统工作主要包括两个过程：采集板布置过程、快速识别过程。技术流程图如图 4-59 所示。采集板布置过程中，首先采用汉印二维码打印机（HPRT-D31 系列）打印不干胶标签，贴于采集板上，不干胶标签包含采集板的编号 ID 信息，将不干胶标签贴于采集板上，采集板平铺到与其大小一致的定位托板上并布置于地块。手持式二维码扫描枪及 GPS 定位仪通过串口与笔记本电脑通信，二维码扫描枪扫描采集板标签获取 ID 信息，通过串口上传到电脑，保存在数据库文件的表 A 中，手持 GPS 定位仪获取采集板坐标信息，保存在表 A 与 ID 信息对应行。

快速识别过程中，由地块收回的采集板放入测量系统，通过操作系统开始识别测量，一方面，安装在系统内部的固定式二维码扫描枪识别硅胶板的二维码 ID 信息；另一方面，摄像头获取采集板图像，系统自动识别颗粒分布信息，并根据采集板 ID 信息将对应的颗粒分布信息保存到数据库文件表 B 对应列中。

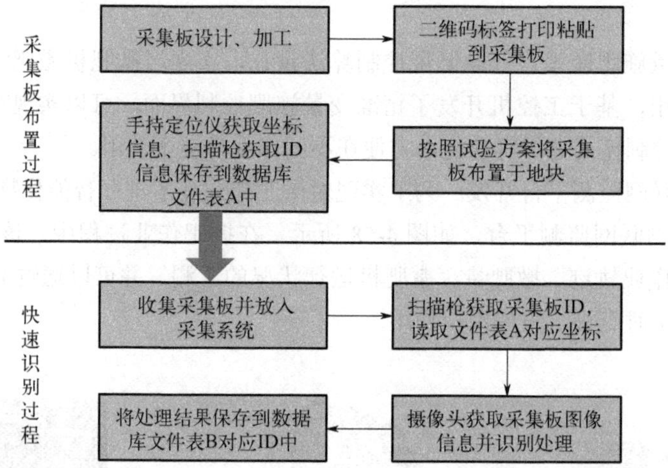

图 4-59 撒肥评价系统工作流程图

4.3.3.2 撒肥评价系统硬件设计

（1）肥料采集板设计　采集板尺寸为297mm×197mm，为了增强颗粒肥料与采集板的对比度，采集板颜色采用品红色。同时为了尽可能模拟田间土壤，防止落肥过程中肥料在采集板上弹跳及收集采集板过程中颗粒的运动，采集板布满锥形凸起。为了提高识别的精度，对采集板进行定位识别设计，通过定位识别区确定有效识别区，仅计算有效识别区的颗粒分布情况，如图 4-60 所示。

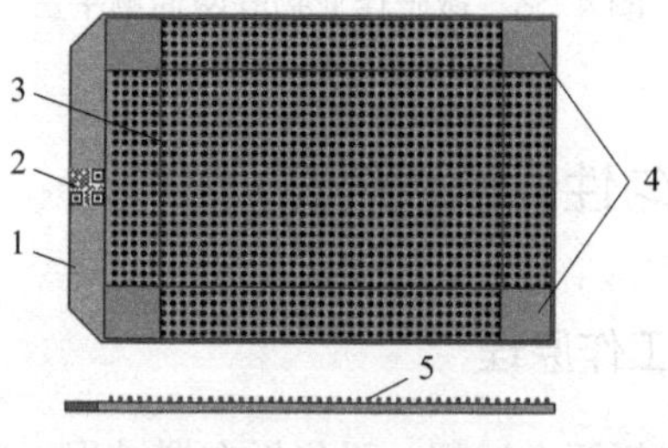

图 4-60　采集板设计

1—采集板；2—二维码；3—有效识别区；4—定位识别区；5—锥形凸起

（2）肥料采集图像设计　基于图像技术开发了颗粒肥料抛撒均匀性评价系统，如图 4-61 所示。该系统克服了传统评价方式只能进行施肥量采集的缺陷，通过记录每个撒肥收集器内肥料分布图像，并通过图像处理算法可快速计算出肥料重量和分布均匀性。系统主要包括机体、信息采集模块、肥料采集模块。机体主要由机壳、推拉机构、接口组成，机壳形成一个封闭空间，作为相机采集图像的暗箱，避免外界光线的干扰。肥料采集模块主要包括采集板、定位托板，通过定位托板上的定位凸台将采集板卡住，一起放到推拉平台达到定位的目的。进行系统评价时，将推拉机构向里推入，采集板正好位于相机的视场范围内，即四个视场角正好位于四个定位识别区内。信息采集模块主要包括二维码扫描枪、相机（大恒水星系列 MER-131-210U3C）、光源。相机通过相机支架安装在机壳内侧顶部，通过相机接口与计算机连接，光源由左右两侧光源组成，通过角度调节板安装在机壳左右内侧板上。固定式二维码扫描枪通过扫描枪固定板安装在机壳内侧，扫描枪扫描口朝下，采集板随着推拉平台推入时，二维码扫描枪获取二维码信息，并通过二维码扫描枪的 USB 接口传送至计算机。

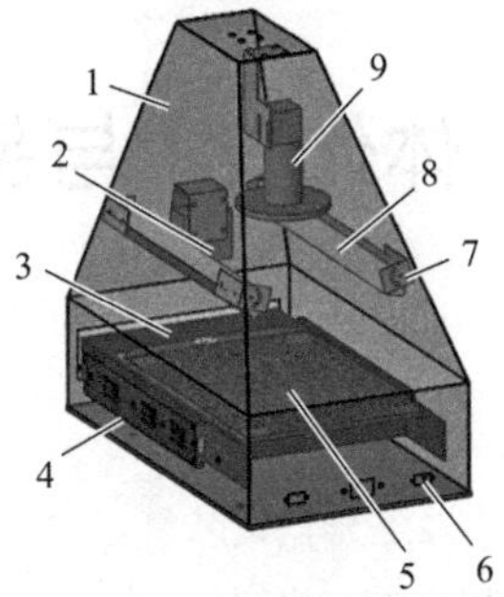

图 4-61　采集系统硬件结构组成

1—机壳；2—固定式二维码扫描枪；3—推拉机构；4—导轨；5—采集板；6—接口；7—角度可调固定板；8—条形光源；9—相机

4.3.4　田间撒肥评价试验

利用上述评价系统开展了田间撒肥均匀性评价试验，如图 4-62 所示。

图 4-62　撒肥评价试验现场

通过试验分析发现，撒肥评价系统肥料收集盘定位识别准确性较高、颗粒肥个数识别准确率较好。相较于人工测量粒径，图像分析法计算的粒径总体偏小，主要受识别过程多个阈值的影响，同时较大颗粒识别不稳定，主要受到其形状不规则的影响。经过试验统计，平均每个采集板颗粒肥料质量和分布均匀性计算的耗时为31s，满足实际生产的需要。

4.4 大田微灌水肥一体化技术与装备

4.4.1 水肥一体化技术载体

微灌是利用微灌设备组装成微灌系统，将有压水均匀地输送分配到田间，通过灌水器以微小的流量湿润作物根部附近土壤的一种局部灌水技术。微灌作为一种新型的、精细高效的节水灌溉方式，目前已成为世界范围内应用最为广泛的灌溉方式之一，是水肥一体化技术载体。

4.4.1.1 微灌系统的组成、分类及应用技术

（1）微灌系统的组成　与常规灌溉相比较，微灌技术在减少土壤水的深层渗透方面具有良好的效果，且可根据作物自身特性，适时地改善土壤水热气环境，形成有利于作物生长的生态农田环境，因而实现高产稳产，提高产品质量。

微灌系统主要由水源工程、首部枢纽、输配水管网和灌水器以及流量、压力控制部件和量测仪表等组成。水源工程中，凡是江河、渠道、湖泊、水库、井、泉等符合微灌水质要求的水源，均可作为微灌水源。首部枢纽包括水泵、动力机、肥料和化学药品注入设备、过滤设备、控制阀、进排气阀、压力流量测量仪表等，通过这些设备将水源水经过增压、处理后输送到微灌系统。其中潜水泵、深井泵、离心泵等可作为微灌常用的水泵；动力机可以是柴油机、电动机等。输配水管网的作用是将首部枢纽处理过的水源水按照要求输送分配到每个灌水单元和灌水器中。一般由干、支、毛管等三到四级管道组成，其中，干、支管道起着输水和配水的作用，在田间一般埋于地下；毛管则是微灌系统的最末一级管道，其上安装或连接灌水器。灌水器作为微灌系统的执行部件，通过消减压力，使水流经滴灌、微喷灌、小管出流灌、渗灌或脉冲式微灌等不同的方式，均匀而稳定地灌溉到植物根系附近的土壤中。图4-63为微灌系统示意图。

（2）微灌系统的分类　微灌系统根据配水管道是否移动及毛管在田间的布置方式可分为地面固定式微灌系统、地下固定式微灌系统、移动式微灌系统等；按照所用灌水器的结构及出流方式的不同可分为滴灌、微喷灌、小管出流灌（或涌泉灌）、渗灌等多种形式。本节着重按照灌水器的分类进行介绍。

① 滴灌。滴灌就是滴水灌溉技术，它是利用低压管道系统，使滴灌水和作物所需的营养成分点滴地、缓慢地、均匀而又定量地浸润作物根系最发达的区域，使作物主要根系活动

区的土壤始终保持在最优含水状态，是目前干旱缺水地区最有效的一种节水灌溉方式，水的利用效率高达95%。滴灌滴水流量小，水滴缓慢入土，因而在滴灌条件下除紧靠滴头下面的土壤水分处于饱和状态外，其他部位的土壤水分均处于非饱和状态，土壤水分主要借助毛管张力的作用进行渗透和扩散。与常规灌溉相比，滴灌用水量仅为地面灌溉水量的1/5～1/4。滴灌主要被应用于棉花、玉米、小麦、果树、蔬菜灌溉以及坡地和沙漠造林灌水。目前滴灌技术已在东北、华北、西南、华南等地区广泛推广应用。

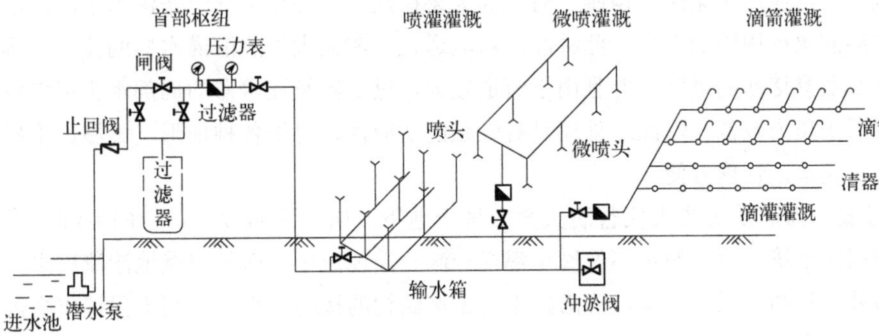

图4-63　微灌系统示意图

滴灌按照其铺设位置的不同分为地表滴灌和地下滴灌，前者是将毛管和灌水器安装在地面上方，后者是将全部滴灌管道和灌水器埋入地表以下的一种灌水形式。

地表滴灌是将滴灌带直接铺设在土壤表面的一种滴灌方式。使用地表滴灌可以有效控制植物的发病率，且灌溉均匀、水分深层渗漏损失较小，安装维修简便、便于回收，容易被农民掌握使用。但由于滴灌带裸露于地表，水分蒸发较为严重，受人畜干扰较大，经太阳光照射后易老化破损，从而影响滴灌效果。

地下滴灌是在滴灌基础上形成的高效节水的新型灌溉技术，即通过铺设在耕层中的滴灌管网系统将水和液体肥料以小流量、长时间、高频率直接灌入作物根区，供作物生长发育利用，达到节水、节肥、增产等目的。地下滴灌系统能有效减少深层渗漏和土壤蒸发，提高水分利用效率，同时节省劳动力并提高运行管理效率，节水增产效益明显。尽管地下滴灌具有诸多优点，但同其他灌水技术一样，也存在一些不足，例如灌水均匀度不易控制，运行管理要求较高，地下土壤微小颗粒以及根系导致滴水孔堵塞等。不同的气候条件、土壤性质、田间耕作方式以及作物种类决定着滴灌带的埋深与间距，多位于地下20～70cm，大田作物一般埋于20～40cm较为合适。小麦、苜蓿等密植作物以及砂质土壤适于较小的滴灌带间距，玉米等稀植作物以及气候湿润地区可以使用较大的滴灌带间距。

不同的滴灌方式存在着不同的优势与局限性，因此，因地制宜地选择适宜的滴灌布置方式以确保农业收益的最大化则显得十分重要。

② 微喷灌。微喷灌是以滴灌和喷灌为基础，利用喷水装置将较大水流喷射到空中，水流被粉碎成小水滴落在地面或作物表面的一种灌溉方式。微喷灌的灌水形式主要分为微型喷头或直接打孔形成的微喷带两种形式。微喷灌工作压力较低，流量小，既可以定时定量地增

加土壤的水分，还能提高空气湿度，能够对田间的小气候起到调节作用，且对土壤地形具有较强的适应性，可根据不同田地的要求选用不同的灌水器。使用微喷灌也存在着一些局限性，如投资一般高于地面灌溉；出水口易被水中的矿物质或有机物堵塞，影响灌水分布均匀，严重时会使整个系统无法正常工作；微喷灌管道一般铺设在地面，使用中会影响田间管理，增加了田间维护投入。

③ 小管出流灌。小管出流灌又被称为涌泉灌，通常是利用 $\phi 4$ 的小塑料管与毛管连接作为灌水器，以细流（射流）状局部湿润作物附近土壤，小管灌水器的流量为 40 ～ 250L/h。小管出流灌广泛应用于果园、苗圃，对于高大果树通常围绕树干修一条渗水小沟，以分散水流，均匀湿润果树周围的土壤。此种灌水器流道直径明显大于滴灌灌水器的流道，解决了滴灌系统灌水器易堵塞的难题；并且由于流道较大，过滤器及灌水器的局部水头损失较小，运行过程中所需压力较低。除此之外还具有较强的适应性，对于各种地形、土壤、果树等均可适用，操作简单，管理方便。

④ 渗灌。渗灌是用渗头代替滴头全部埋于地下，压力水通过管壁上的毛细孔以渗流的形式湿润周围土壤，渗头的水不像滴头那样一滴一滴地流出，而是慢慢地渗流出来，这样渗头不容易被土粒和根系所堵塞。渗灌技术对土壤结构的扰动较小，有利于保持作物根层疏松通透的环境条件，并可减少土面蒸发损失，具有明显的节水增产效益。田间输水系统埋于地下有利于农田耕作和作物栽培管理，且地埋后管材抗老化性能增强，不易丢失或被人为破坏。我国渗灌技术还只是在少部分地区推广使用，主要制约因素为国内渗灌技术还不是很成熟，存在不同地区土壤环境不同、施工复杂、管理维修较为困难等问题，理论研究与实地使用方面都需要继续完善。

（3）微灌的典型应用技术　进入 21 世纪以来，我国高效节水灌溉，特别是微灌技术得到了快速的发展。全国微灌面积占全国高效节水灌溉面积的 29%。微灌在水资源紧缺、生态脆弱、灌溉依赖程度高的地区明显快速发展。滴灌技术由原来仅用于果树、设施农业等高附加值作物推广到大田作物。据统计分析，大田作物滴灌面积约占整个微灌面积的 80%。

其中，膜下滴灌作为滴灌技术的一种典型应用模式，最早在新疆棉花上使用（图 4-64）。膜下滴灌有抑制棵间蒸发、增温保墒的效果，且作物根系浅层土壤含水量高于深层土壤含水

(a) 覆膜滴灌

(b) 浅埋滴灌

图 4-64　滴灌技术典型应用模式

量，根系浅层土壤干、湿间隔，有利于土壤气体交换，可节约灌溉水50%左右，增产20%左右。通过覆膜减少了表土蒸发，适用于降雨较少的干旱与半干旱地区。新疆地区已有200万公顷的耕地使用膜下滴灌技术，大幅度提高了田间水肥利用效率。

但膜下滴灌应用中，由于残膜回收不及时或回收成本高等原因，出现“白色污染”问题。行业内科技工作者尝试推广一种具有“浅埋和不覆膜”明显特征的不覆膜滴灌技术，即露地浅埋滴灌技术，旨在减少膜污染问题的同时，实现接近膜下滴灌的节水节肥效益。该技术特点是在地表铺设滴灌带时，在滴灌带上覆盖2～5cm的土层，并作为一项微灌典型应用新技术快速推广。表4-7为各微灌技术特点。

表4-7　各微灌技术特点

技术类型	技术原理	优点	缺点	应用场景	未来发展方向
滴灌	利用专用的灌水器（滴头或滴灌带）使水流以水滴形式进入作物根区湿润土壤	省水节能、灌水均匀、土壤和地形的适应性强、增加产量、提高品质、省工省肥	投资较高、管道和滴头易堵塞、对水质要求较高	大田经济作物、花卉、果树等	降低滴灌技术成本，加强滴灌材料适合度的选择，结合不同作物类型展开研究以加强滴灌技术的运行管理
微喷灌	将水增压经过输水管和微喷带送到田间，通过微喷带上的出水孔，在重力和空气阻力的作用下，形成细雨般的喷洒效果	节水、灌水质量高、增产效果好、对土壤地形和作物的适应性强、防堵塞性能好、能充分利用水源、节能省耗	受风的影响降低灌水均匀度、限制作物根系的发展、水质处理要求较高	果树、花卉、部分露地蔬菜等经济作物	进一步提高喷头喷洒的均匀度，降低水流速度从而减少耗水量和生产成本
小管出流灌（涌泉灌）	以细流（射流）状局部湿润作物根区附近土壤	不易堵塞、施肥方便、对地形土壤的适应性较强	配套技术设施还不完善	果树、绿化园林等	开展不同气候类型区、不同种植作物的小管出流灌溉制度研究
渗灌（地下灌溉）	将灌溉水引入地下，湿润根区土壤的灌溉	不破坏土壤结构、均匀输送水分和养分、增产效果显著、减少病虫草害的发生	投资高、施工复杂、对水质要求较高、易堵塞、维修管理困难	农田、行道树灌溉	应致力于研究开发少损耗、低成本、高利用率、实用性强的渗灌设备；降低设备材料成本，规范栽培使用技术

4.4.1.2　微灌系统主要装备

微灌系统一般由过滤器、灌水器、管道及管件等部分组成，主要适用于蔬菜、葡萄、谷物、果树、花卉、茶园、绿地及各类大田农作物。

（1）过滤器　过滤器是初步拦截灌溉水中物理污染物及有机质的设备，通常安装在减压阀、定水位阀等设备进口端。过滤器能够有效去除可能堵塞微灌系统的固体悬浮物，保障滴灌系统正常运行，延长滴灌器使用寿命，是微灌系统的重要组成部分。常见过滤器有离心过滤器、筛网过滤器、叠片式过滤器、砂石过滤器等。不同过滤器的技术、原理、优缺点等见表4-8。

表4-8　不同过滤器对比

过滤器种类	技术类型	原理	优缺点	限制	未来方向
离心过滤器	初级过滤器/分离砂石颗粒	水流进入过滤器内部后产生旋转，基于水流的环流离心力和颗粒重力作用，加速固相颗粒沉降和强化分离，分离比重较大的砂粒	优点：常用于含砂量较大的水源，可连续过滤高含砂量的灌溉水，体积小，易安装，节省空间。 缺点：可滤除杂质颗粒较单一，易腐蚀生锈	流量变化较大、水头损失小于 3.5m 或大于 7.5m 时不宜使用，需要与水泵协同工作。需要与筛网过滤器或叠片式过滤器组合使用	改进过滤器材料，降低生锈概率
筛网过滤器	机械筛分/截留悬浮物/一维平面过滤	水流经过尼龙筛网或不锈钢筛网等滤料的孔隙，基于机械筛分作用，截留灌溉水中的泥沙、胶体、悬浮物等杂质	优点：常用于含有粉粒、沙和水垢的灌溉水，过滤流量大，滞留杂质的效果好，造价便宜，使用广泛。 缺点：无法过滤有机物含量较高的灌溉水	灌溉水中的有机物含量稍高、压力较大时不宜使用，当水质不是很洁净的情况下它不能作为主过滤器，易发生堵塞或变形	改进过滤器结构与工艺，提升过滤效率，延长使用寿命
叠片式过滤器	介质过滤器/初级或终极过滤器/截留有机杂质	水流经过由大量环状带沟槽的金属或塑料片叠加而成的圆筒状滤芯，沟槽状流道截留较小的杂质颗粒	优点：常用于含有团粒悬浮物的灌溉水，过滤规格精度高，寿命长，便于维护，具有自清洗功能。 缺点：水质较差时易堵塞	过滤量受水质、水中有机物含量和允许压差等因素的影响	提高叠片强度、改进结构，提高自动反冲洗效果
砂石过滤器	介质过滤器/截留有机杂质和无机杂质	水流经过石英砂或花岗岩沙粒等滤料颗粒形成的曲折流道和立体孔隙，阻拦大直径杂质，滤除有机杂质以及泥沙	优点：对有机杂质和无机杂质的过滤和截留能力较强，过滤能力强，可处理流量大，结构简单，阻力小，耐酸碱性强，抗污染性好，具有自清洗功能。 缺点：体积较大，造价较高	流量较大时需要多罐并联使用。需要在下游安装筛网过滤器或叠片式过滤器	提升防腐防锈能力，创新结构，提升水力和抗堵塞性能

（2）灌水器　灌水器是微灌系统中的核心部分，直接影响微灌系统的使用寿命和灌溉质量。它的工作原理是将末级管道（毛管）内的水，均匀稳定地注入植物根部附近的土壤，以满足植物生长对水分的要求。一般情况下，灌水器要满足以下几点要求：制造偏差系数控制在 0.07 以下；水量小而稳定，受水头变化的影响较小；结构简单，便于制造、安装和清洗；坚固耐用，费用低廉。根据灌水器的结构和流出形式，灌水器可以分为滴头、微喷头、小管灌水器。

① 滴头。将毛管内的压力水转变为滴水或流过通道或孔口的细流的装置称为滴头。滴灌系统中的水流经过滴头的效能减压，稳定并均匀地分配到植物根系周围。滴头一般具备流量小、抗堵塞、精度较高、结构简单、坚固耐用、造价低廉等特点。按照水力学消能方式可分为长流道型滴头、孔口型滴头、涡流型滴头、插杆式滴头、压力补偿式灌水器以及滴灌管（带）。不同技术类型滴头对比见表 4-9。

表4-9　不同技术类型滴头对比

灌水器	技术类型	原理	优缺点	未来方向
滴头	非压力补偿式灌水器	利用滴头内的固定水流流道消能	优点：结构简单，价格便宜，便于布设。 缺点：流量变化频繁	创新灌水器结构，提升水力和抗堵塞性能
	压力补偿式灌水器	紊流流道将高水压消能减压与弹性膜片对出水口截面积变化的相互作用，使得管内水压发生变化但滴头流量不变	优点：不同压力情况下出水均匀，适用于起伏地形，有自清洗功能。 缺点：结构较复杂，价格高于非压力补偿滴头	增加膜片加工工艺等，提高产品调流稳定性
	滴灌管（带）	通过小出流孔口滴头或滴灌带，把水逐滴缓慢滴在作物根部附近的土壤中	优点：可以节水、节肥、省工，有利于保持土壤结构。 缺点：对水质要求较高，需要安装过滤器，成本较高	升级结构，减小地势变化的影响，降低堵塞概率

② 微喷头。微喷头是一种在土壤表面喷淋小水滴的喷射器，可用于大棚灌溉、苗圃育苗、果树灌溉、草坪绿化、无土栽培等，主要特点为喷洒稳定，水量均匀，耐磨性强，安装维护简便，价格低廉，适用于各种硬度的水质，使用寿命长。一般分为喷射式微喷头、折射式微喷头、离心式微喷头和缝隙式微喷头。各式微喷头优缺点如下：

喷射式微喷头有效湿润半径较大，喷水强度较低，水滴细小，但由于有运动部件，加工精度要求较高，并且旋转部件容易磨损，因此使用寿命较短。

折射式微喷头的优点是结构简单，没有运动部件，工作可靠，价格便宜，但是由于水滴太微细，在空气十分干燥、温度高、风大的地区，蒸发漂移损失大。

离心式微喷头具有结构简单、体积小、工作压力低、喷水流量小、射程远、雾化程度高、工作可靠、检修方便等特点，具有广泛的适用性。

缝隙式微喷头的优点是结构简单，易更换，但易损坏，需定期检修。

③ 小管灌水器。小管灌水器是指在支管上打孔安装紊流器以后，在紊流器另一端安装一截毛管，直达作物根部的灌溉方式。主要针对国产微灌系统在使用过程中，灌水器易被堵塞的难题和农业管理水平不高的情况，打破微灌灌水器流通的截面通常尺寸，而采用超大流道，以塑料小管代替微管滴头，并辅以田间渗水沟，形成一套以小管出流灌溉为主体的符合实际要求的微灌系统。小管灌水器（图4-65）操作简单，施肥方便，省水，适应性强，工作压力低，孔大，不易堵塞，特别适合用于果树灌溉。

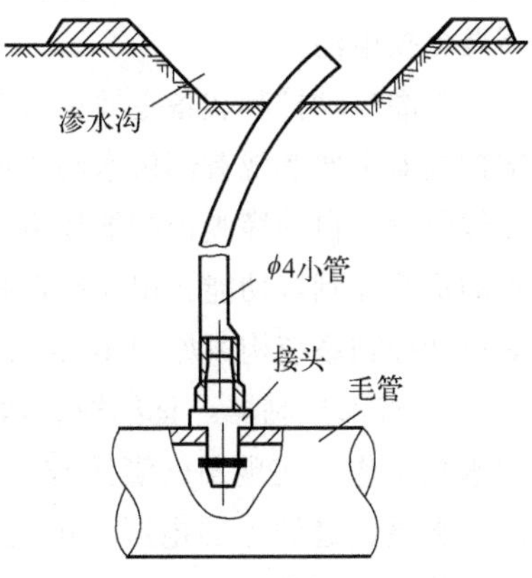

图4-65　小管灌水器

4.4.1.3　微灌自动控制技术与装备

微灌自动控制技术通过对自动化控制技术、无线通信技术、物联网技术的整合应用，为微灌系统提供精准的、无人值守的灌溉控制。在灌溉精细化的模式下，灌溉的水量、灌溉的时间往往要与施肥、耕作等因素相结合，通过合理的灌溉，能够有效地提高肥水的利用率，从而提高产量。相较传统农业以人工为主的灌溉控制方式，自动化灌溉控制能够有效提高灌溉均匀性，促进水分入渗，将灌溉从一个模糊的过程变为一个过程可控、结果可查的透明过程，大大提升了灌溉过程的可操作性。远程的非值守型的操作方式，有效地节省人力，提高农业从业者的工作效率。从节省人力、提高产量上来讲，微灌自动控制技术的应用能够为农业生产带来可观的经济效益。

常见的自动灌溉控制系统从自动控制方式方法上可以分为开环控制系统和闭环控制系统两类。

开环的灌溉控制系统能够按照用户设定的启动时间、灌溉时长、灌水量等信息，自动地控制田间灌溉。这类系统灌溉启停的关键参数由用户设定，控制系统自动执行用户的灌溉计划。开环的灌溉控制系统的优点是成本低，不需要额外的传感器，能够减轻农户的工作量；缺点是灌溉的决策来自农户种植经验，不能最大限度地发挥自动灌溉控制系统节水增产的优势。

闭环的灌溉控制系统的灌溉时机和灌水量均通过农田环境、作物长势等信息的实时监测数据获得，同时通过传感器反馈灌溉的执行效果，实现灌溉的即时响应和自动调整。闭环的灌溉控制系统能够自动执行灌溉，该类自动化灌溉控制系统的优点是灌溉的智能化水平更高，几乎不需要人工干预，摆脱了人的主观判断，更加科学准确；缺点是布设控制系统的同时还需要布设相应的农田环境和作物长势传感器，导致系统成本较高，另外，可使用的灌溉决策方法较少，往往需要根据不同作物品种通过一定时间的实验获得。

从田间阀门的控制方式分，自动灌溉控制系统可以分为有线灌溉控制系统和无线灌溉控制系统。

有线灌溉控制系统田间阀门需要通过线缆连接到控制器上，涉及大量的田间布线。其优点是田间阀门控制的稳定性较高，缺点是设备布设的成本较高，田间布线可能影响机械化作业。

无线灌溉控制系统田间阀门通过无线通信接收灌溉控制器指令实现阀门的开关控制，该类系统无需田间布线，极大降低了布设难度，缺点是无线阀门采用电池供电，每隔 1 ～ 2 年需要更换电池。

微灌自动控制装备主要由首部控制器、自动灌溉控制器和田间阀门控制器组成。其中首部控制器主要实现首部供水与田间灌溉的联动控制，同时实现对首部设备工况和水情信息的在线监测。自动灌溉控制器作为微灌自动控制的核心装备，同时具备信息的汇聚与交互、灌溉的决策控制等功能。田间阀门控制器在接收灌溉控制器的指令后控制田间阀门的开关。微灌自动控制系统构成如图 4-66 所示。

① 首部控制器。首部控制器通常安装在微灌系统首部泵房中，能够通过启停变频器控制水泵工作，实现田间灌溉与水泵的联动控制。首部控制器具有采集功能，能够采集变频器、水泵、过滤器的电压、电流、功耗等工况信息，以及首部压力、流量、水位等水情信息。首部控制器利用泵房中的电源供电，支持移动网络，能够与远程灌溉服务器建立网络连接，上传监测数据，同时接收灌溉服务器指令，实现对灌溉首部的远程控制。首部控制器的结构如图 4-67 所示。目前一些功能强大的灌溉控制器集成首部控制的功能，灌溉控制的同时兼具首部控制的功能。

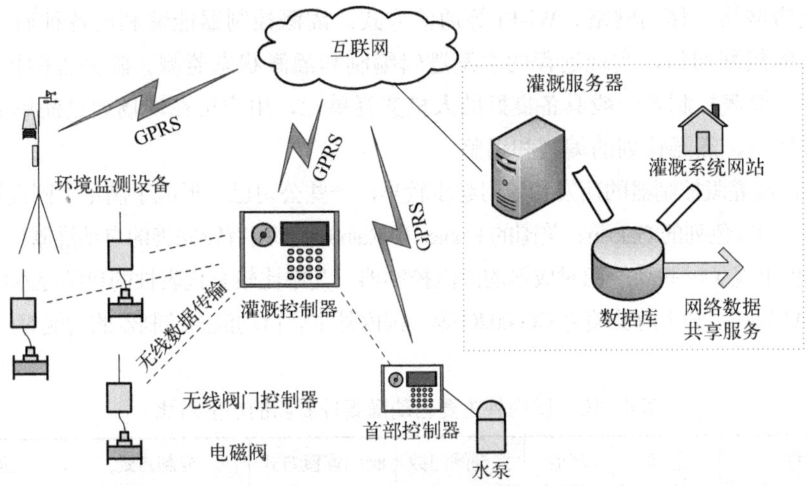

图 4-66　微灌自动控制系统构成

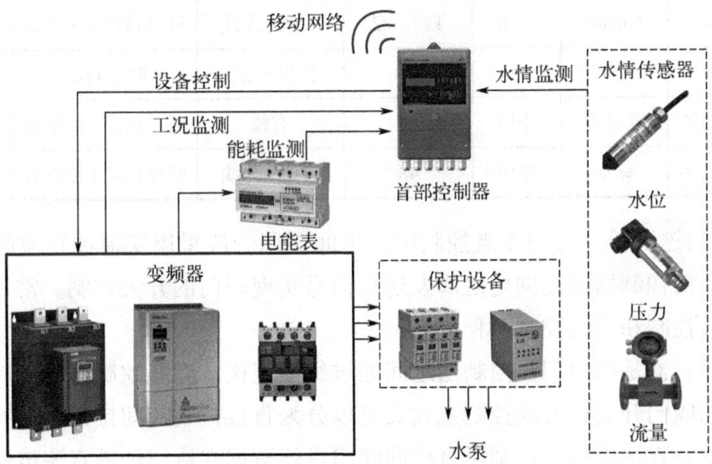

图 4-67　首部控制器的结构示意图

② 自动灌溉控制器。自动灌溉控制器通过对田间电磁阀的控制或控制指令的下达，实现自动化灌溉。为保证灌溉的均匀性，灌溉控制器通常以轮灌组为基本控制单元，将整个灌溉区域分成若干个灌溉分区，每个灌溉分区中的电磁阀分配到一个轮灌组中统一控制，以减少首部压力不足对灌溉均匀性的影响。自动灌溉控制器同时具备间歇控制能力，以间歇开关阀门的方式促进灌溉水的入渗。

自动灌溉控制器能够根据预设的灌溉计划实现以时间为依据的灌溉控制。灌溉控制器同时具有传感器采集功能，通过内置的灌溉决策算法实现反馈控制和智能灌溉。在反馈控制模式中，控制器能够根据特定传感器的采集值，如土壤水分值等自动地实现灌溉的开始和停止。当控制器配备气象传感器或与墒情监测站配合使用时，控制器能够实现灌溉的智能决策，以提高灌溉水的利用率，节约灌溉水资源。

灌溉控制器具有灵活的扩展性，通过自身通信接口和扩展模块能够实现 485、RS232 串口通信、宽带网络、移动网络、Wi-Fi 等通信方式。灌溉控制器能够利用各种通信方式实现与远程主机的组网通信，实现远程的灌溉逻辑编制和灌溉状态监测。除完善的控制、采集、决策功能外，灌溉控制器一般具备良好的人机交互单元，用户可在现场通过简单的操作实现灌溉的实时控制、灌溉计划的编制和调整。

国外对自动灌溉控制器的研发和应用起步较早，一些公司已经形成了满足不同灌溉控制场景的系列产品。如以色列的 Galcon、美国的 Hunter 和 Rainbird 都拥有较完善的自动灌溉控制产品。近年来，国内也出现了一些功能相对成熟的灌溉控制器，其中比较有代表性的包括绿水的 ASE-300、平升电子 DATA-6321 和上海艾美克 GG-002C 等。国内外主要自动灌溉控制器的功能对比见表 4-10。

表4-10 国内外主要自动灌溉控制器的功能对比

产品名称	品牌	产地	控制阀门数	阀门连接方式	控制方式	远程通信
灌溉控制器 ESP-ME	Rainbird	美国	4 ～ 22	有线	时序自动 / 传感器	有线网络
灌溉控制器 Galpor	Galcon	以色列	4 ～ 14	RTU	时序自动	不支持
灌溉控制器 ACC	Hunter	美国	12 ～ 42	有线 / 无线	时序自动 / 传感器	有线网络
灌溉控制器 DATA-6321	平升电子	中国	20	有线 / 无线	时序自动	GPRS
灌溉控制器 GG-002C	艾克美	中国	60	有线	时序自动 / 传感器	GPRS、Wi-Fi
灌溉控制器 ASE-300	绿水	中国	48	有线 / 无线	时序自动 / 传感器	GPRS、有线网络

③ 田间阀门控制器。自动灌溉控制中，田间阀门一般采用交流或直流脉冲信号控制的电磁阀。田间阀门控制器通过向电磁阀发送电信号实现阀门的开关控制。常见的田间阀门控制器可分为有线控制和无线控制两种。

有线阀门控制器是指阀门与控制器之间通过线缆连接，灌溉控制器的控制信号通过线缆传输，实现田间阀门开关。有线控制方式又可以分为直接控制和间接控制两种。直接控制是指电磁阀与控制器直接连接，控制器直接向阀门进行数据交流或传输直流电信号，控制阀门开关。这种控制响应速度较快，稳定性高，但是由于田间需要大量布线，增加了系统的成本，由于需要大量线缆连接控制，安装的难度也相对较高。间接控制是在田间阀门上安装解码器，解码器之间采用总线串接的方式与控制器连接，控制器通过发送数字指令的方式与解码器通信，解码器控制田间电磁阀的开关。该方式极大地减少了田间布线数量和复杂程度，同时具有较好的响应，是目前应用较多的田间阀门控制方式。

无线阀门控制器解决了自动灌溉系统布线困难的缺陷，极大降低自动灌溉控制系统的安装难度，降低系统应用成本，避免田间灌溉设施对大型机械化作业的影响，在近些年的自动灌溉控制系统中得到广泛应用。以比较有代表性的无线阀门控制器绿水 EP-100 为例，其利用无线通信和直流电磁阀控制技术，实现无线的灌溉阀门控制。采用低功耗射频技术、解码技术和直流电磁阀低压驱动技术，实现点对点无线寻呼，在 433MHz 公用频段通信，通信距离可达 700 ～ 800m。无线阀门控制器具有休眠、唤醒、驱动等多态工作模式，在休眠状态下无线阀门控制器能够在极低的功耗下工作。当有控制信号时，阀门控制器被唤醒，并执行阀门控制。实现使用两节内置 AA 干电池供电的情况下，可持续工作超过 2 年。

4.4.2 水肥一体化施肥装置

水肥一体化技术装备灌溉与施肥同时进行，可根据作物需求适时适量地满足作物对水分和养分的需求，实现水肥一体化高效管理利用，可有效提高水资源利用效率并同时节约对应肥料，减少肥料对土壤的淋洗和深层渗漏，从而提升肥料利用效率并控制环境污染，以此提高土壤的保水保肥能力。目前在大田种植领域应用较广的水肥一体化关键设备主要有文丘里施肥器、压差施肥罐、注射泵及施肥机。

（1）文丘里施肥器　文丘里施肥器的工作原理是当流体通过收缩断面时，其流速增加，静压降低，利用大气压差在收缩断面产生负压吸入相应肥液，从而使得肥料与水充分搅拌混合。因此采用文丘里施肥器可以在不使用注入泵的情况下将肥料有效地注入加压管路中。文丘里施肥器通常采用主管路式安装与旁路式安装。当采用主管路式安装时，由于文丘里施肥器产生的压力损失，其仅适用于小流量的灌溉系统中；当采用旁路式安装时，需配置减压阀用于降低管路的流量偏差。

文丘里施肥器具有结构简单、设备成本低、无运动部件、无需外加动力、便于移动、集成与自动化系统等优点。但当压力损失较大时，吸肥量受压力波动的影响变化大，为使系统获得稳压，需配备增压泵。具体安装结构如图 4-68 所示。

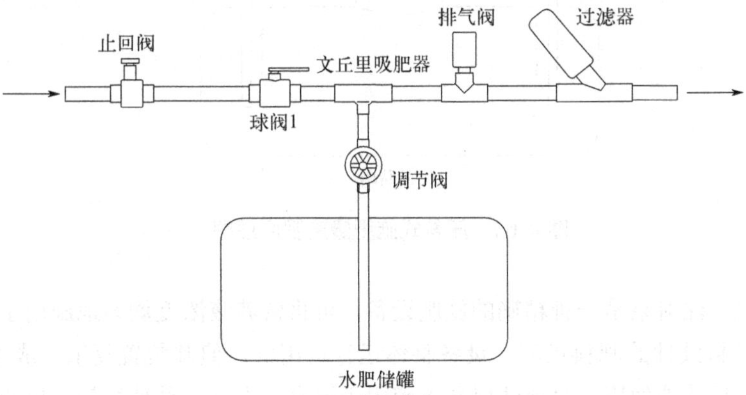

(a) 主管路式

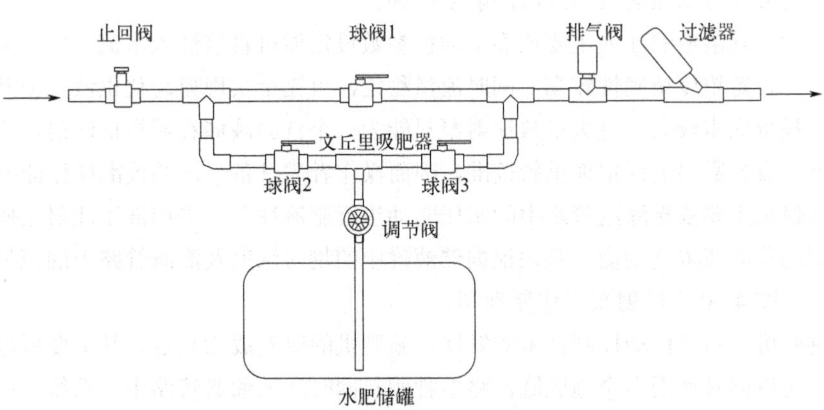

(b) 旁路式

图 4-68　文丘里施肥器安装结构示意图

（2）压差式施肥罐　压差式施肥罐采用两根细管与主供液管道相连接，同时在主供液管道上两根细管接点之间设置一个节制阀，依靠供液水流阻力作用在管道中产生压力差，管道中的压力差促使一部分水流流入施肥罐，通过水流将施肥罐中的肥料溶解后，通过另一根细管由管道产生的压力差压入主供液管道，水溶肥料随主供液管道输送至作物根区进而完成施肥。压差式施肥罐的操作方式比较简单，具体的操作步骤为：首先根据灌溉区域的具体面积或作物株数以及作物的需肥量计算好当次的施肥数量，称好所需要的肥料并装入施肥罐后，然后将两路旁通管与主供液管道相连通，随后启动主供液管道即可完成相应施肥灌溉。

压差式施肥罐的特点是结构简单，组装、操作、维护、移动方便，但存在肥料溶液浓度不恒定、施肥浓度不均一等问题。此外，采用压差式施肥罐灌溉施肥时，每次灌溉作业首先需将施肥罐注满，所以当灌溉周期很短时所需劳动强度较大，存在无法对连续控制给予规范化安排的缺点。目前主要适用于大田种植。其施肥原理如图 4-69 所示。

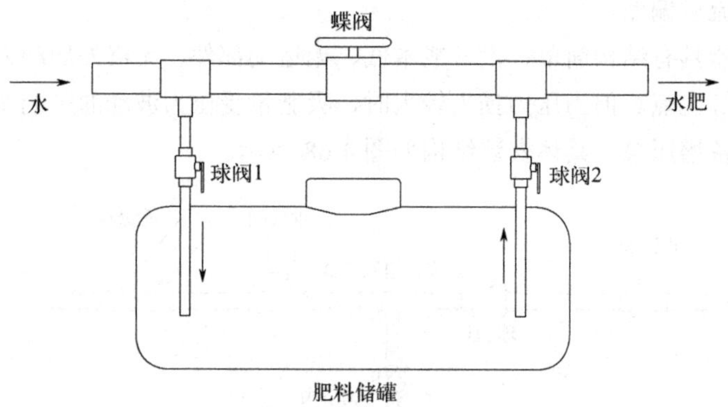

图 4-69　压差式施肥罐施肥原理图

（3）注射泵　注射泵是一种精确的施肥设备，可将营养液浓度均匀地施用于作物上，同时支持自动化和持续性的肥料供应。设备整体运行费用低，但其装置复杂，成本较为昂贵，需要在肥料溶解后才能使用。目前注射泵多应用于温室、大田等种植场景。按照动力方式分类，可将设备分为电动注射泵与液压注射泵两种。

电动注射泵其溶液的注入主要依靠电动机参数设定便可直接注入水流。电动注射泵流量设定范围广，设定浓度精确性较高，同时流量稳定，可完全实现自动化供液。但其需要额外动力供应，投资成本较高。绝大多数注射泵只能为一个营养液储存罐提供注射，为保持注射量的准确性，设备需要进行定期重新校准，因而操作者需具备一定的校准操作能力。

液压注射泵主要依靠灌溉管路中的水压驱动进行肥液注入。采用液压注射泵操作时，为保证配比后的营养液浓度均衡，必须根据储液罐中的物质浓度及灌溉管路中的流量，控制肥液注入时间。图 4-70 为注射泵工作原理图。

（4）施肥机　随着自动控制技术的发展，施肥机的研发成为热点，其主要根据用户设定的 EC/pH，可以同时使用多个施肥罐，将多种肥料同时注入灌溉管路中。系统可根据作物水肥需求的某些参数，自动地将适量水肥供应给对应作物，实现真正的精准施肥。此类施肥机配置了先进的计算机控制系统，能够按照用户的要求精确控制施肥量和灌溉量。首先将水与营养物质在混合器中充分混合，配制成作物生长所需的营养液，然后根据用户设定的灌溉施肥程序，通过灌溉系统适时适量地供给作物，保证作物生长的需要。此外，对于大田灌溉，系统可在 5 ～ 5000 亩的灌溉区域帮助用户轻松完成大量的和多种肥料的配比施肥任务，既能保证作物在各个生长阶段对养分的需求，同时也能充分利用肥料中的有效成分，有助于提高施肥功效和肥料的利用率、节省资源、减少环境污染，具有很好的经济效益和生态效益。

北京市农林科学院智能装备技术研究中心自主研发设计的绿水大田水肥机主要面向传统大田土壤及大型温室水肥一体化种植管理。设备采用液晶显示屏，配置多路施肥通道，同时可支持多灌区灌溉控制扩展。配备 EC、pH、水位等传感器，可根据用户设定的 EC、pH 值进行自动配肥，配液精度可控制在 ±0.3，原液罐体积标配 500L，配备搅拌泵，支持定制扩展，系统默认采用定时定量灌溉。用户可在标配基础上配备物联网气象站、数字流量计，使设备可根据累计光照辐射量启动灌溉或通过建立作物水分蒸发模型，依据作物蒸散量进行自动补偿灌溉。该设备配备物联网可直接通过 APP 进行远程调控操作。图 4-71 为施肥机实物图。

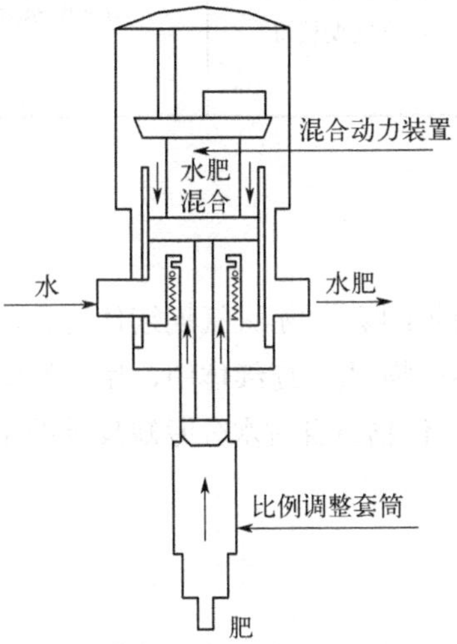

图 4-70 注射泵工作原理图

图 4-71 施肥机实物图

四种水肥一体化施肥装置对比见表 4-11。

表4-11 水肥一体化施肥装置对比

施肥装置	技术原理	优点	缺点	未来方向
文丘里施肥器	当流体通过收缩断面时，其流速增加，静压降低，利用大气压差在收缩断面产生负压吸入相应肥液	灌溉系统价格低廉，技术简单、可靠、要求低、易操作	注入与灌溉流量比例不固定，必须手动调节；注射量受压力影响，需要管路流量压力相对稳定；损失部分管道压力	可应用于不同作物种植系统，配合各类传感器及电磁阀倾向于自动化方向发展

续表

施肥装置	技术原理	优点	缺点	未来方向
压差式施肥罐	利用阀门产生的压力差，促使水流将罐中肥料注入灌溉管路中	成本低、技术要求简单	灌溉施肥前后浓度不均；需要人工添加溶解肥料，工作量大，需要一定管道压力	与脉冲泵及气泵联合使用，从单一施肥向多配方施肥方向发展
注射泵	通过外置动力根据流量比例控制阀门开度，进而注入固定比例的肥料	可实现精准注肥，注肥浓度均衡，可全自动化操作	需外置动力，初期投资成本相对较高；通常支持单一肥料注入；此外，为保证注入比例需定期进行校准	灌溉系统倾向于全自动方向发展，同时支持多路施肥
施肥机	根据用户设定的EC/pH，通过计算机控制管路中的流速压力将多种肥料同时注入灌溉管路中，并通过根据作物水肥实际需求进行自动灌溉	配液精度精准，支持多路营养液同时配置，应用范围广	设备整体成本较为昂贵；操作技术要求高；配置的各类传感器需进行定期校准	设备大型，多配方，配备灌溉决策，全自动种植系统

4.4.3 水肥一体化技术水分高效利用管理

现代农田灌溉管理是以农田水分转化和消耗为中心的土壤-作物-大气连续体理论，即农田水分在三者之间动态循环，形成连续的整体。在土壤-植物-大气连续体中，用于灌溉决策的定量指标主要包括：第一，农田土壤水分状况；第二，作物自身对水分亏缺反馈的生理信号；第三，作物生长的小气候环境。

4.4.3.1 基于土壤水分的大田灌溉决策与管理技术

土壤水分是作物生长的重要介质，当土壤水分亏缺时，土壤毛管传导度降低，引起根系的吸水速率变慢，进而造成作物叶片含水量降低，影响作物需水量。目前基于土壤水分的决策方法主要是通过确定土壤水分上下限阈值作为灌溉决策指标，使土壤水分区间控制在适宜范围内，既要保证作物正常生长（具有较高的光合生产速率），又要保持适当比例棵间土壤蒸发。土壤水分决策指标一般采用土壤含水量（SWC）和土壤基质势（SMP），国内外学者通过多年的田间灌溉试验，初步确定了土壤水分阈值指标体系（表4-12）。

表4-12 基于土壤水分灌溉决策指标体系

指标	作物	作物生育期的土壤决策指标
SWC	黄瓜	75%～100%
	玉米	75%～95%（苗期）、60%～85%（拔节期）、70%～80%（灌浆期）、64%～100%（成熟期）

续表

指标	作物	作物生育期的土壤决策指标
SWC	棉花	60% ~ 65%（苗期）、64% ~ 70%（蕾期）、74% ~ 80%（花铃期）、64% ~ 70%（吐絮期）
	青稞	55% ~ 60%
	甜瓜	55% ~ 65%（开花坐果期）、45% ~ 65%（果实膨大期）
SMP	板栗	-100kPa
	茄子	-15kPa（苗期）、-40kPa（结果期和成熟期）
	辣椒	-59kPa
	木瓜	-25kPa
	甘蔗	-45kPa
	番茄	-30kPa（开花坐果期）、-45kPa（结果成熟期）

随着电子信息技术发展，土壤水分测定方法也成为研究热点，监测技术也不断进步完善（表 4-13）。烘干法操作简单、结果精度高，但存在破坏土层、测量周期长、数据滞后等问题，不适用定点连续土壤水分的动态监测，降低了指导灌溉的决策精度。目前基于传感器监测土壤水分实现灌溉决策已经广泛应用于灌溉管理中，其中基于介电法的土壤水分测量方法利用土壤含水量多少对介电常数影响的显著性进行测定，因其快速、方便和对土壤破坏小等特点应用最为普遍。但总的来说上述方法存在共同的局限性，即均为“点测量”。由于大田区域大，土壤空间变异性大，某一特定位置的测量结果往往不能真实代表区域土壤整体水分亏缺，通过增加监测点可以降低测量的误差，但也会同时造成成本的上升。近些年，基于宇宙射线方法的田块区域尺度土壤水分监测技术逐渐成为研究热点，其是通过监测近地表宇宙射线中子流变化来反演土壤含水量状况，可实时在线获取百米范围的土壤水分含量，填补了传统点测量和遥感大范围监测间的尺度空缺，为指导大田水分管理提供一种新方法。

表4-13　基于土壤水分灌溉决策指标监测技术

方法	原理	优点	局限性
烘干法	选点取样，环刀取土	成本低、测定精度高	工作烦琐，破坏原状土体，时间滞后，难以连续监测
中子法	放射性元素衰变，慢中子云密度与水分含量关系	实时测量，不破坏土壤，可重复性好	垂直分辨率较差、价格高、放射性污染
近红外	土壤水谐振吸收特性	非接触测量	受土壤粗糙度影响较大，测量深度较浅
张力计	土壤基质势（土壤水吸力）与土壤水分含量的关系	结构原理简单，可在线实时测量，湿润土壤结果准确	受土质影响明显，安装磁头和土壤必须形成“水膜”，需建立水分特征曲线换算土壤水分含量
介电特性法	时域反射法、频域反射法、驻波比法	可连续、快速测量，精度高，使用范围广，操作简单	使用前需标定，受土壤孔隙影响明显

4.4.3.2 基于作物生理的大田灌溉决策与管理技术

我国农民自古以来就通过看作物的生长状态确定灌水时期和用量。当作物发生水分亏缺时，会影响植物水势、细胞组织生长、呼吸蒸腾、光合同化等，从而造成植物在形态与生理指标上的变化。该方法将信息监测的主体由土壤转向了作物自身，反映作物体内实际水分亏缺信息，并以此为依据进行灌溉控制，其中植物茎秆变化、叶水势、植株茎流、气孔导度、植物声发射等指标用于判断作物水分亏缺。

（1）植物茎秆变化　其原理是利用作物在水分胁迫和充足情况下的植物茎秆直径变化来标定作物水分情况。由于蒸腾和吸水作用，作物茎秆会产生收缩和膨胀。当水分亏缺时，植物茎秆会在白天蒸腾作用占主导情况下，直径收缩相对较快，而夜晚在吸水作用占主导情况下，直径膨胀相对较慢，最终造成水分充足情况下的植物茎秆直径大于水分胁迫情况下的茎秆直径。该方法在大田果树上应用较多，但其无法区分作物自然生长或受营养、盐分胁迫等造成的直径变化。

（2）植物叶水势　植物体内水势的高低反映水分供求关系，即受水分胁迫的轻重。当植物叶水势减少到足以干扰植物正常功能时，即发生了水分亏缺。最常用的测定水势方法包括压力室法、小液流法、露点湿度计法等，通常以黎明前及中午的叶水势作为灌溉决策依据。叶片选择、测量时间、操作方法以及气象条件对该方法的测量精度均有明显影响，测量方法相对耗时。

（3）植物茎流　是指植物在蒸腾作用下体内产生的上升液流，反映植物的生理状态信息。土壤中的水进入植物的根系后，通过茎秆的传输向上到达冠层，再由气孔的蒸腾转化为气态水进入到大气中。在这一过程中，茎秆中的液体一直处于运动状态，通过精确测量茎流，可以基本确定植株蒸腾失水量。

上述监测方法对监测仪器的精度要求较高，同时以单株或叶片尺度为主，对于监测对象选择的代表性要求也比较高。随着机器视觉、光谱技术等快速发展，对作物进行大面积无损成像并进行水分亏缺监测逐渐成为研究热点，采用 RGB 图像、热红外光谱等技术监测群体作物生长覆盖度、颜色、冠层温度来进行大田水分管理成为主要发展趋势。

4.4.3.3 基于农田环境的大田灌溉决策与管理技术

基于水平衡理论，作物需水量是植株蒸腾量和棵间蒸发量之和，即腾发量（ET）。作物 ET 与需水规律是提高作物水分生产效率和制定节水灌溉制度的重要依据，宏观上对灌溉决策和大田灌区规划具有重要指导意义。自 20 世纪 40 年代后期开始，能量平衡法与水汽扩散理论被应用到 ET 研究中，为理论计算开辟了可行途径。下垫面蒸发蒸腾量化方法包括测定法和估算法两大类，表 4-14 列举了蒸发蒸腾量两类量化方法和各自的优缺点。其中 FAO 推荐的 PM 模型因其具有较高的计算精度与普适性被广泛应用，随着信息化技术的发展，在此基础上开发了系列的商用 ET 灌溉控制器，主要应用模式分为以下三种：

（1）基于公开信息的控制，使用来自公开来源的气象数据，计算该农田地点的 ET 值。然后，将 ET 数据发送到控制器执行灌溉，优点是无需安装气象传感器或者只需一个雨量传感器，降低成本。

（2）基于历史 ET 控制，根据当前地区的历史用水量，使用预先设定的用水曲线，该曲线可以针对温度和太阳辐射进行调整。

（3）现场传感器实时测量控制，这种精度高于上述两种，使用现场安装的多参数一体化农田气象站可以实现实时在线 ET 的输出，来实现智能灌溉的补水。

表4-14　基于农田环境灌溉决策指标监测技术

类别	原理	优点	局限性
测定法	水文-水平衡法	使用范围广，不受天气条件影响，可对其他方法进行校准和检验	不能解释蒸发蒸腾动态变化过程，不能给出短时间内可靠蒸发蒸腾总量
	水分-蒸渗仪法	直接测定动态变化，步长为分钟到小时；测量精度高，0.01 ～ 0.02mm	缺乏普适性，不适用于高大植物，价格昂贵，维修困难
	微气象-波文比能量平衡法	实测参数少，可分析蒸发蒸腾对太阳辐射、大气温湿度等环境因子的响应，揭示不同地带条件下蒸发蒸腾特点	空气温湿度铅直廓线非相似性和感热与潜热湍流交换系数非等同性将导致精度下降；早晚时段、平流作用会导致较大误差
	微气象-涡度相关法	理论假设少，精度高，目前被认为是测定蒸发蒸腾的标准方法，可连续、长期、非破坏定点监测	需要平坦均一下垫面和平流校正；恶劣天气设备易损坏，维护困难费用高；无法解释物理过程和影响机制
	热脉冲法	植物水分生理研究先河，完整的热脉冲理论技术及配套记录仪	专门针对树木液流的方法
估算法	单源 Penman-Monteith 模型（PM 模型）	可清楚了解蒸发蒸腾变化过程及影响机制；计算简单适用于田间尺度估算	是否适合用于稀疏植被存在争议
	双源 Shuttleworth-Wallace 模型（S-W 模型）	独立考虑蒸腾和蒸发，提高了叶面积指数较小时的估算精度	低密度均匀分布作物估算偏差较大，峰值时略有低估
	多源-Clumping 模型（C 模型）	细化冠层覆盖内地表蒸发和裸露地表蒸发，估算效果优于 S-W 模型	随测取参数增加，累积误差会不断增大
	作物系数法（单 / 双作物系数）	FAO 建立了作物系数计算方法及标准状态各类作物系数参考值	受土壤、气候、作物生长状况及栽培管理方式影响，需利用当地试验进行修正

4.4.4　水肥一体化技术管理——养分高效利用

水肥一体化的出现实现了水肥的科学使用，减少了水资源与肥料的无效挥发。在田间实际应用中，要制定合理的施肥措施，提供作物最佳的养分，避免因作物营养不足或过剩造成的减产或毒害，就必须要调节和解决作物需肥、土壤供肥和人为施肥之间的矛盾，有针对性地补充作物所需要的养分，作物缺什么元素就补什么元素，需要多少就补多少，实现养分平衡、高效供应，达到提高肥料利用效率、提高作物产量、改善作物品质的目的。

4.4.4.1 大田水肥一体化施肥决策

如何科学施肥是一项科学性、实用性很强的农业科学技术，其中建立施肥模型或方法是施肥技术的核心内容之一。在农作物推荐施肥研究和实践中，有60多种施肥模型（方法），可分为肥料效应函数法、测土施肥法和营养诊断法三大类。我国科研工作者将国内外施肥模型或方法概括总结为三类六法：第一类是地力分区（级）配方法；第二类是目标产量法，包括养分平衡法和地力差减法；第三类是田间试验法，包括肥料效应函数法、养分丰缺指标法和氮磷钾比例法。各种施肥方法均有其优缺点，在实际应用中常以一种方法为主，并配合其他方法使用。

（1）地力分区（级）配方法　地力分区（级）配方法是综合利用土壤普查、耕地地力调查和当地田间试验资料，把土壤按肥力高低分成若干等级，或划出一个肥力均等的田片作为一个配方区，再应用资料和田间试验成果，结合当地的实践经验，估算出这一配方区内比较适宜的肥料种类及其施用量。这一方法的优点是较为简便，提出的肥料用量和措施接近当地的经验，方法简单，群众易接受。缺点是局限性较大，每种配方只能适用于生产水平差异较小的地区，而且依赖于一般经验较多，对具体田块来说针对性不强，配方准确度差，如若要大面积推广应用，需结合试验示范，扩大科学测试和理论指导所占的比重。

（2）目标产量法　目标产量法是根据作物产量的构成，由土壤本身和施肥两个方面供给养分的原理来计算肥料的用量。先确定目标产量，以及为达到这个产量所需要的养分数量，再计算作物除土壤所供给的养分外，需要补充的养分数量，最后确定施用多少肥料。包括养分平衡法和地力差减法。

① 养分平衡法。养分平衡法是通过测定土壤中养分含量来计算土壤的供肥量，根据作物目标产量下的需肥量与土壤供肥量之差估算目标产量下的施肥量，通过施肥补足土壤供应不足的那部分养分。

通常，通过土壤养分测定可以了解土壤养分的丰缺情况，但土壤“真实”供肥量需要用土壤养分测定值乘以一个校正系数来计算，该系数还需要通过田间试验才能获得。此外，土壤养分校正系数变异大，使土壤供肥量难以估算。

② 地力差减法。地力差减法则是根据作物目标产量与基础产量（不施肥情况下的产量）之差来计算施肥量，其中，基础产量所吸收的养分全部来自于土壤，这部分养分量能够代表土壤提供的养分数量。

地力差减法避免了土壤测试过程，计算简单，但必须要有不施肥条件下的基础产量，但不施肥条件下的产量是诸多因子综合作用的结果，难以反映土壤中营养元素的丰缺情况。

（3）田间试验法　田间试验法是通过简单的单一对比，或应用较复杂的正交、回归等试验设计，进行多点田间试验，从而选出最优处理，确定肥料施用量。

① 肥料效应函数法。采用单因素、双因素或多因素的多水平回归设计进行布点试验，将不同处理得到的产量进行数理统计，求得产量与施肥量之间的肥料效应方程式。根据其函数关系式，可直观地看出不同元素肥料的不同增产效果，以及各种肥料配合施用的效果，确定施肥上限和下限，计算出经济施肥量，作为实际施肥量的依据。这一方法的优点是能客观地反映肥料等因素的单一和综合效果，施肥精确度高，符合实际情况；缺点是地区局限性

强，不同土壤、气候、耕作、品种等需布置多点试验。

② 养分丰缺指标法。利用土壤养分测定值与作物吸收养分之间存在的相关性，对不同作物进行田间试验，根据在不同土壤养分测定值下所得的产量进行分类，把土壤的测定值按一定的级差分等，制成养分丰缺及推荐施肥量对照检索表。在实际应用中，只要测得土壤养分值，就可以从对照检索表中，按级确定肥料施用量。

③ 氮磷钾比例法。通过田间试验，在一定地区的土壤上，取得某一作物不同产量情况下各种养分之间的最佳比例，然后通过对一种养分的定量，按各种养分之间的比例关系，来决定其他养分的肥料用量。该方法在一定程度上减少了工作量，易被掌握，但同样存在地区和时效的局限性，作物吸收养分的比例和应施肥的比例不同，难以反映真实的缺素情况。

4.4.4.2 大田水肥一体化管理技术

“三分种，七分管，十分收成才保险”，田间管理是获得作物优质高产的重要措施。其中，如何让作物“吃好”“喝好”是实现节水、节肥、省工、优质、高效、环保的关键环节。

（1）管网布设 根据地形、水源、作物分布和灌水器类型布设管线。在丘陵山地，干管要沿山脊或等高线进行布置。根据作物种类、种植方式、土壤类型和流量布置毛管和灌水器。条播密植作物的毛管沿作物种植平行方向布置。对于中壤土或黏壤土果园，每行布设一条滴灌管，对于砂壤土果园，每行布设两条滴灌管。对于冠幅和栽植行距较大、栽植不规则或根系稀少的果园，采取环绕式布置滴灌管。安装完灌溉设备系统后，要开展管道水压试验、系统试运行和工程验收，灌水及施肥均匀系数需达到0.8以上。

（2）水分管理 详见本章4.4.3。

（3）养分管理 肥料的水溶性好、杂质少是水肥一体化不同于其他施肥方法对肥料的特殊要求。水肥一体化中要选择溶解性好（溶解度高、溶解速度较快）、对管道设备腐蚀性小且与灌溉水发生化学反应少的肥料。不同肥料之间的搭配使用，应充分考虑肥料品种之间的相容性，避免因相互作用产生沉淀或拮抗作用。混合后会产生沉淀的肥料要单独施用。应用水肥一体化技术，优先施用能满足农作物不同生育时期养分需求的水溶性复合肥料。按照农作物目标产量、需肥规律、土壤养分含量和灌溉特点制定施肥制度。一般按目标产量和单位产量养分吸收量，计算农作物所需氮（N）、磷（P_2O_5）、钾（K_2O）等养分吸收量；根据土壤养分、有机肥养分供应，在水肥一体化技术下肥料利用率计算总施肥量；根据作物不同生育时期需肥规律，确定施肥次数、施肥时间和每次施肥量。

（4）水肥耦合 按照肥随水走、少量多次、分阶段拟合的原则，将作物总灌溉水量和施肥量在不同的生育时期分配，制定灌溉施肥制度，包括基肥与追肥比例、不同生育时期的灌溉施肥的次数、时间、灌水量、施肥量等，满足作物不同生育时期水分和养分需要。充分发挥水肥一体化技术优势，适当增加追肥量和次数，实现少量多次，提高养分利用效率。在生产过程中应根据天气情况、土壤墒情、作物长势等，及时对灌溉施肥制度进行调整，保证水分、养分主要集中在作物主根区。

（5）维护保养 每次施肥时应先滴清水，待压力稳定后再施肥，施肥完成后再滴清水清洗管道。施肥过程中，应定时监测灌水器流出的水溶液浓度，避免肥害。要定期检查、及时维修系统设备，防止漏水。及时清洗过滤器，定期对离心过滤器集沙罐进行排沙。作物生育期第一次灌溉前和最后一次灌溉后应用清水冲洗系统。冬季来临前应进行系统排水，防止结冰爆管，做好易损部件保护。

4.4.4.3 大田水肥一体化微灌系统堵塞调控技术

水肥一体化技术是利用微灌系统将作物所需的水分及养分最低限度地供给，能精量地控制水分、肥料，满足作物生长需要，其中滴灌水肥一体化技术是主要应用模式。但在近些年的推广应用中发现，滴灌施肥系统中灌水器堵塞问题频发，从而造成出流量与施肥均匀度显著降低，缩短系统使用寿命，影响作物正常生长发育。灌水器堵塞已成为制约水肥一体化技术大规模应用中最主要问题。

滴灌灌水器作为滴灌系统最核心部件，其借助内部极狭窄而复杂的流道对灌溉水流进行消能，保证水肥能够均匀精量滴入作物根区。但由于肥料中含有大量化学物质，肥料注入到滴灌系统中容易发生化学离子的重新组合和沉淀，这使得灌水器发生化学堵塞风险也大大增加。肥料在滴灌系统中的交互过程可归纳为水解、分离、氧化与沉淀四种类型（以常见肥料尿素为例，见表4-15），其中水解与分离反应会加速氧化与沉淀反应的发生。

表4-15 尿素在滴灌系统中反应机制

类型	反应过程	水肥交互过程
水解反应	$(NH_2)_2CO+H_2O \rightarrow 2NH_3+CO_2$	尿素与灌溉水结合发生水解反应生成氨与二氧化碳，改变了灌溉水中的离子成分
分离反应	$CO_2+H_2O \rightarrow HCO_3^-+H^+$ $NH_3+H_2O \rightarrow NH_4^++OH^-$	二氧化碳在灌溉水中电离形成弱酸，灌溉水 pH 值降低至 6.4 左右，但氨在灌溉水中电离形成强碱，最终灌溉水 pH 值显著提升至 9.0 以上，改变了灌溉水的盐碱度
氧化反应	$Fe^{3+}+3OH^- \rightarrow Fe(OH)_3\downarrow$	当灌溉水源中富含铁离子时，易于发生氧化反应，生成红色的氢氧化铁沉淀，造成灌水器堵塞
沉淀反应	$Ca^{2+}+2HCO_3^- \rightarrow CaCO_3\downarrow+CO_2+H_2O$	当灌溉水源中富含钙镁离子时，在碱性水源下，易于产生钙镁碳酸盐沉淀，造成灌水器堵塞

微灌系统堵塞调控技术主要是以灌溉水质处理为主要技术手段，以限制滴灌系统中堵塞沉积物质形成和去除堵塞沉积物为核心，建立的微灌系统灌水器堵塞控制方法，其主要借助化学、物理等手段。

（1）化学调控方法　通过向微灌系统注入酸性化学试剂降低灌溉水 pH 值，可以显著防止化学沉淀的产生与累积。从阻止化学沉淀发生的角度出发，通过持续加入酸性化学试剂将灌溉水 pH 值降至稍低于 7.0（常见 6.5 左右），使得微灌系统长期处于偏酸的状态，从而防止化学沉淀的析出，这是国外最常采用的手段之一。常用的酸有硫酸、磷酸等无机酸。确定注入滴灌系统中的加酸量需要结合灌溉水的离子组分、pH 值等因素，一般通过滴定方法。

随着水肥一体化技术的兴起，在水肥系统中注入酸性肥料进行化学调控，在降低灌溉水pH值的同时，还满足了作物对养分元素的需求。酸性肥料有酸性氮肥（硫酸脲）、酸性磷肥（磷酸尿素）、酸性钾肥（硫酸钾）和酸性有机肥。硫酸脲和磷酸尿素具有较低的pH值，在提供氮、磷营养的同时，可以有效降低灌溉水的pH值，有助于减缓灌水器堵塞，并使灌水器免于细菌生长。

（2）物理调控方法　最常见的物理调控方法是对毛管进行冲洗，通过高速水流的冲刷作用，从而去除富集在毛管与灌水器壁面的堵塞物质，其适用于物理、化学堵塞情况，在此基础上将物理冲洗方法与化学加氯加酸方法相结合能够取得更好的堵塞控制效果。随着其他领域技术的发展，逐渐有更多的环保型水质处理技术应用于解决微灌系统堵塞问题。目前有学者研究基于加磁技术的微灌系统控制堵塞技术，通过磁场作用在一定程度上改变溶液的物理化学特性（溶解度、电导率、表面张力和pH等），从而影响垢质晶体形成和生长，并提高溶液对水垢物质的溶解度，达到物理除垢的目的。

4.4.5 大田水肥一体化技术国内外应用

（1）国外典型应用案例　国外的大田水肥一体化（fertigation）技术发展时间早，20世纪初期，美国、德国等发达国家率先将喷灌技术应用于花卉种植、草坪管理等场景。随着西方国家金属冶炼工艺的发展，薄壁金属管道灌溉设备得到广泛应用。20世纪中期，塑料制造产业迅猛发展，便宜、耐用的塑料灌溉设施得到大量的推广与应用，促使了滴灌、喷灌、微灌等技术的快速发展。至此，大田水肥一体化技术具备了快速发展的基础。20世纪60年代起，水肥一体化技术开始在西方国家起步，大田水肥一体化设备快速进步，涌现了以色列的Netafim施肥机、意大利的IRRITEC施肥系统、美国的lindsay多功能喷灌机等典型装备，极大地提升大田种植中的水肥利用效率。20世纪90年代，随着信息化技术的崛起，各国都在探索实现灌溉施肥的自动化控制和决策。众多学者先后从理论与技术层面探索设计了农业灌溉监控系统的自适应优化方案，实现自动控制管理的定位目标。进入21世纪，大田水肥一体化技术受到了各国更多的重视。澳大利亚于2006～2007年间大量拨款，用于开发灌溉设施和水肥一体化技术，建立用于指导灌溉和施肥的土壤水分监测系统。此外，意大利、西班牙、法国、日本、南非等国家的水肥一体化技术也在快速发展。随着传感器与物联网技术的进步，许多学者结合土壤传感器、遥感卫星、无线通信网络、智能决策算法等技术，探索可远程控制、自主决策的大田水肥灌溉系统，在实践中显示出明显的节水效果。

近年来，国外已经开发了较为成熟的水肥一体化解决方案，例如以色列NETAFIM公司开发的水肥管理云平台NetBeat。该平台是一体化数字农业解决方案，结合了监控、决策支持和控制的灌溉和施肥管理系统，从传感器、气象、遥感等多渠道获取数据，通过云服务托管和现场数据实时计算，实现功能多平台可用。平台在马铃薯滴灌水肥一体化种植试验结果表明，使用自动化控制的滴灌系统后，比指针式喷灌省水40%以上，省肥15%以上，减少打药次数2～3次，同时极大地节省了水肥管理用工和系统能耗，增产显著，而且薯型更好。

（2）国内典型应用案例　与发达国家相比，我国的大田水肥一体化技术发展较晚。1974年首次从墨西哥引进滴灌设备，在山西省大寨村、河北省沙石峪村和北京市密云进行果树、蔬菜和粮食作物合计面积 4.3hm^2 的试验研究。1977 年，新疆农业科学院从以色列购买滴灌设备进行蔬菜、水果等园艺作物的滴灌试验。此后，很多项目引进了国外的自动控制系统，但是这些系统是针对国外的生产实际情况设计的，没有考虑到中国的气候条件、土壤条件、作物类型等，不能完全适合中国的生产实际情况。1980 年起，中国自主研发并生产了第一代滴灌成套设备，在引进国外先进生产技术和灌溉设备的基础上，逐步形成规模化生产。到 1985 年，中国的大田滴灌面积已发展到 1.5 万公顷。20 世纪 90 年代中期以来，水肥一体化技术的理论及其应用受到越来越多的关注，截至 2016 年，适用对象从棉花、蔬菜等经济作物扩展到小麦、玉米等粮食作物，我国大田水肥一体化技术应用面积已发展到 7000 多万亩。此外，随着信息技术的发展，通过将传感技术、计算机系统、互联网技术、监测系统、气候控制系统、EC/pH 综合控制和自动排水反冲洗系统等高新技术应用于灌溉与施肥，针对粮食作物、蔬菜作物、果树等大田水肥一体化灌溉应用对象，以“物联网 +”为特征，围绕信息感知、定量决策、智能控制、精准投入和个性化服务，许多学者已经进行了深入的研究与探索。

近年来，国家农业信息化工程技术研究中心结合节水农业迫切需求，开发了农业智慧管控服务平台，该平台基于 4G/5G 蜂窝通信网络和远程设备控制技术，结合多剖面土壤水分监测仪以及分布式低功耗果树灌溉控制器，构建了数据查询、水肥分析、灌溉决策、远程控制、设备管理等功能服务模块，进一步结合人工智能算法、设备边缘侧 AI 智能决策和土壤作物机理模型，开发了墒情预报、田持分析、根深预测等功能模块，配合移动端 APP/ 微信等入口实现便捷应用。

该平台目前已在北京小汤山国家精准农业研究示范基地进行了实地应用，经过冬小麦、夏玉米等不同作物多茬种植验证，结果表明，在多数情况下，通过平台决策实施种植可降低 20% 以上的水肥成本，显著降低人工劳动成本。此外，面向果园应用场景，在北京市昌平区十三陵天汇园果园进行示范应用（图 4-72），周年试验结果表明，平台能够有效降低果园人力成本，提升园区信息化管理水平。

图 4-72　平台示范应用

4.5 有机肥施用技术与装备

4.5.1 国内外有机肥施用装备

有机肥能够有效改善土壤肥力，有助于提高土壤有机质，促进作物生长，提高农作物产量，破除土地板结。随着市场对有机产品的需求日益增加，其在农业生产中的应用也日趋普及。

目前，国外农业较发达国家已有的变量施肥机械几乎都是通过旋转的圆盘实现精准施肥的圆盘式施肥机，而且技术已经比较成熟和完善。圆盘式施肥机，又称离心式撒肥机，其最明显的特点就是工作效率高，一般适合大面积农业生产作业。通常这种施肥机的工作幅宽范围在 10 ～ 30m，其高效的作业效率深受广大农民的喜爱。国外圆盘式施肥机的研究较早，早在 1962 年，Patterson 等就对肥料粒子在圆盘上的运动进行研究，其结论成为当今圆盘式施肥机数学理论模型的基础。时至今日，虽然圆盘式施肥机在国外已经普遍应用，但是其研究工作始终在进行。

20 世纪 90 年代以来，随着变量施肥技术的飞速发展，许多发达国家都研制出各自特色的变量施肥机，如 Case 公司、美国 SWENSON 公司及德国 AMAZON 等公司都进行了大量的研究，而且都生产出各自比较成熟的产品（图 4-73）。

图 4-73 SWENSON 公司的变量施肥机

近年来，国内也有许多生产厂家生产有机肥撒肥机，这些有机肥撒肥机根据不同的生产特点具有不同的结构及肥料抛撒方式。目前国内应用比较普遍的是厩肥撒肥机和颗粒有机肥撒肥机。

厩肥撒肥机按其工作原理有螺旋式和甩链式两种，其中以螺旋式最为常见。螺旋式厩肥撒肥机主要组成部分包括撒肥螺旋、撒肥滚筒、击肥轮、输肥链，该撒肥机一般多为牵引式，这样一方面可以降低购置成本，另一方面是载肥量大。牵引式厩肥撒肥机主要组成部分包括撒肥传动接头、装肥传动接头、换向器、挡板、升降油缸、撒肥装肥器、传动支撑。装肥时，撒肥器位于下方，将肥料上抛，由挡板导入肥箱内。这时，输肥链反转，将肥料运向撒肥机前部，使肥箱逐渐装满。撒肥时，油缸将撒肥器升到靠近肥箱的位置，同时更换传动轴接头，改变转动方向，进行撒肥。而甩链式厩肥撒肥机，多采用圆筒形肥箱，筒内有一根纵轴，轴上交错地固定着若干根端部装有甩锤的甩肥链。工作时，甩链由拖拉机动力输出轴驱动以 200 ～ 300r/min 的转速旋转，破碎厩肥，并将其甩出。图 4-74 为国内生产的牵引式厩肥撒肥机。由于厩肥的特点差异较大，因此各地在抛撒这类有机肥时，实现均匀抛撒即可。

图 4-74　牵引式厩肥撒肥机

颗粒有机肥撒肥机是农业生产中用于播撒颗粒状有机肥料的专用机械。它主要由肥料箱、撒播装置、传动系统和机架等部分组成，可配套拖拉机等动力设备使用。作业时，通过传动系统带动撒播盘旋转，将肥料从肥料箱中均匀抛出，实现定量、均匀撒播。该设备适用于农田、果园、菜园等多种场景，能有效提高有机肥施用效率，减少人工成本，避免传统撒肥不均、效率低下的问题。本章将重点介绍颗粒有机肥撒肥机。

4.5.2　圆盘式撒肥机

肥料抛撒机具有作业效率较高，撒肥均匀等特点，尤其在国内农场、农垦等大面积作业中具有较广阔的应用前景。然而由于针对撒肥机性能的研究试验量大，且较复杂，因此我国相关研究较少。

4.5.2.1　肥料抛撒机构组成

撒肥机构作为抛撒机重要的部件之一，直接影响到抛撒施肥的均匀性。肥料抛撒机构主要由横梁、撒肥机构固定梁、撒肥盘、液压马达、拨肥叶片、圆盘托、落肥装置、支撑梁、输肥轮轴、电动推杆、肥箱等组成，如图 4-75 所示。

在肥料抛撒作业过程中，输肥机构输送肥料到落肥口处后，经落肥装置，把肥料均分成两路，使肥料同时落入两个高速旋转的圆盘。当肥料从落肥口落到旋转的圆盘上时，由于旋转圆盘产生的离心力以及肥料和圆盘间的摩擦力，肥料在圆盘以及沿拨肥叶片上经过滑动或滚动，最终通过拨肥叶片将肥料均匀抛撒到地表。

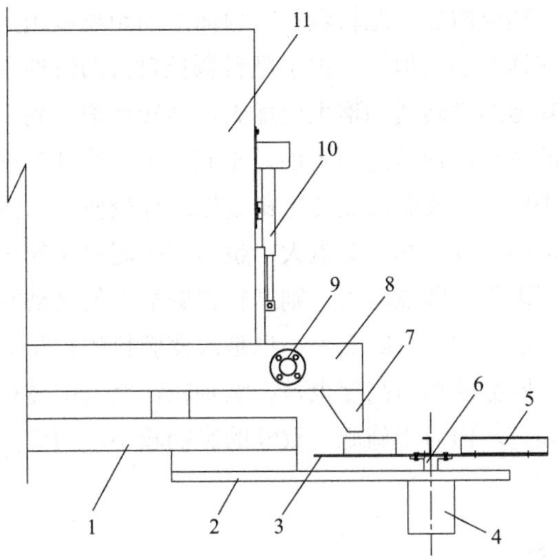

图 4-75 肥料抛撒机构结构简图

1—横梁；2—撒肥机构固定梁；3—撒肥盘；4—液压马达；5—拨肥叶片；6—圆盘托；7—落肥装置；8—支撑梁；9—输肥轮轴；10—电动推杆；11—肥箱

4.5.2.2 机械结构参数

施肥机机械结构的不同参数对最终的施肥效果的影响主要是改变了肥料颗粒在圆盘上运动的初始条件，造成了肥料颗粒在圆盘上的运动这一过程发生相应的改变，影响最终的施肥效果。主要的机械结构参数有以下几个：

（1）落肥口位置　肥料从肥箱中出来由落肥口落到旋转的圆盘上，落肥口的位置就直接决定着肥料在圆盘上的下落点位置。下落点位置不同，则肥料颗粒在圆盘上的运动时间和离开圆盘时的初速度都不相同；同时，不同的落肥口位置还导致肥料颗粒离开圆盘时相对于地面的位置不同。因此，落肥口位置不同可以使肥料颗粒落在地面上的位置发生改变。

（2）叶片倾角　若使用的施肥叶片与圆盘的直径方向存在一个夹角，则这个夹角称为叶片倾角。撒肥盘上一般装有 2 ～ 6 个叶片，它们在转盘上的安装位置可以是径向的，也可以是相对于半径前倾或后倾的；叶片的形状有直的，也有曲线形的。若叶片超前直径方向，则为叶片前倾；叶片落后直径方向，为叶片后倾。叶片倾角可以改变肥料颗粒离开圆盘时的初速度的方向和离开圆盘时的位置，也就改变了肥料颗粒在地面上的位置。前倾的叶片能将流动性好的化肥撒得更远，而后倾的叶片对于吸湿后的化肥则不易黏附。对于单圆盘结构的施肥机，由于单圆盘本身就存在施肥均匀性差的缺点，在施肥过程中，可以采用叶片后倾来弥补这种不足。

（3）落肥口大小　落肥口的形状采用矩形，在抛撒试验过程中，其宽度是恒定不变的。落肥口的肥料流速和落肥口的长度存在线性关系。落肥口开口大小直接影响肥料的流量，是决定施肥量的主要因素，是变量施肥的主要控制环节。

（4）转速的大小和稳定性　从肥料颗粒运动分析可知，转速的大小是肥料离开圆盘时的初速度重要因素：转速越快，肥料受到叶片的瞬时动量就越大，离开圆盘时的初速度就越大，肥料在空中飞行的距离就越远，肥料颗粒在地面上的距离就越大，同时施肥机的工作幅宽就越大；反之，则相应地减小。但是，由于肥料颗粒自身的特性和空气阻力的存在，肥料颗粒的初速度并不会一味地随着转速的增大而增大，当转速增加到一定程度时，肥料颗粒的落地位置将不会有明显的变化。而转速稳定性是施肥机工作原理方程的一个要求，因此在抛撒模型设计成型后，首先应该对施肥圆盘转速稳定性进行校核，以保证试验的准确性。

（5）圆盘大小　由运动方程可知，圆盘大小也是影响肥料颗粒在圆盘上的运动时间和离开圆盘时的初速度的重要因素：圆盘越大，则肥料在圆盘上的运动时间越长，离开圆盘时的初速度越大；反之，则变小。因此，圆盘大小也是改变肥料颗粒在地面上位置的重要因素。

除前面影响因素外，圆盘的离地高度也是影响颗粒在空气中飞行时间和飞行距离的重要因素，直接影响着施肥幅宽，但对于施肥一致性的影响较小。因此，抛撒模型试验主要集中在上述 5 个方面。

4.5.2.3　抛撒影响因素

影响肥料在空气中运动的主要因素为肥料自身特性，其中主要是肥料颗粒的大小和密度，而肥料的摩擦系数则主要影响肥料颗粒在圆盘上的运动。此外，环境因素也影响着圆盘式撒肥机施肥效果。

（1）肥料颗粒的大小及密度　肥料的大小对颗粒的运动的影响主要表现在肥料颗粒穿过空气落到地面的这一过程。肥料颗粒的大小是影响肥料颗粒空气阻力系数的直接因素，不同大小的肥料颗粒可以决定其空气阻力系数的不同，最终导致肥料颗粒在空气中运动时的受力发生变化，影响施肥效果。在农业施肥中所播撒的肥料并不是大小一致的，是在一定范围内几种大小肥料的混合。

同时，肥料密度同样影响肥料的空气阻力系数，不同肥料的肥料密度不一样，决定着不同肥料的空气阻力系数有可能不同。

（2）肥料的摩擦系数　摩擦力在圆盘式施肥机中起着很重要的作用，摩擦力不同将直接导致肥料颗粒的受力发生变化。摩擦系数对施肥过程的影响表现在肥料颗粒在圆盘上运动的这段时间。肥料颗粒的摩擦系数能够改变肥料颗粒在圆盘上的停留时间，从而影响肥料颗粒离开圆盘时的速度和角度位移，导致肥料颗粒的最终落地点发生变化。

（3）风速和风向　在试验过程中，在肥料颗粒离开圆盘从空气中落到地面的过程中，若受到了风力的影响，肥料颗粒将会偏离原来的运动轨迹，改变其原来的施肥类型。施肥类型改变明显程度，随着风力和施肥方向与风向的夹角 δ（$0° \leqslant \delta \leqslant 90°$）的大小而改变。风力越大，施肥类型改变得越明显，尤其是在施肥方向与风向有一定夹角时。因此，在施肥过程中要求在施肥场地中离地高度 2.5m 处的风速要小于 10m/h，并且尽量为了减小风力在幅宽方向上对施肥类型的破坏程度，施肥方向应该和风向并行或和风向的夹角小于 15°。所以在田间施肥或施肥试验时尽量选择无风的天气，尽量减小风力对施肥类型的影响。

（4）周围环境湿度　周围环境的相对湿度对圆盘式施肥机的施肥类型的一致性有很大影响。当周围环境的相对湿度较大时，肥料就会吸湿，使肥料变软、变黏，甚至凝结成块，降低了肥料的流动性，影响落肥口的肥料流速。在施肥过程中，吸湿的肥料自身硬度降低，就很容易被施肥叶片打碎，甚至在施肥圆盘和叶片上结块，造成施肥圆盘的质地发生变化，同时使自身的摩擦系数发生变化，导致施肥误差。

4.5.3 颗粒有机肥抛撒机

4.5.3.1 整机结构

链条传输式变量施肥抛撒机主要由横梁、下肥口、转速传感器、链条、肥门、肥箱加强筋、肥箱、位移传感器、监控器、电动推拉杆、撑肥部件固定梁、撑肥部件、液压控制阀、排肥马达、行走轮、撒肥盘马达及固定梁等组成（图 4-76）。

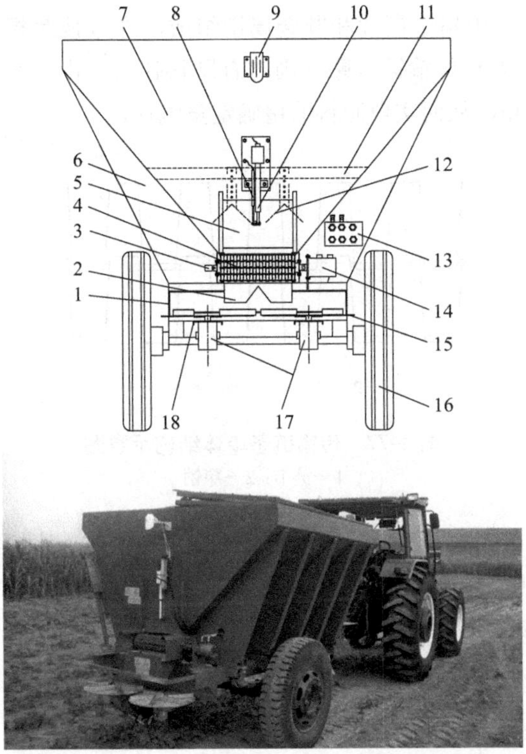

图 4-76　链条传输式变量施肥抛撒机结构示意图和实物图

1—横梁；2—下肥口；3—转速传感器；4—链条；5—肥门；6—肥箱加强筋；7—肥箱；8—位移传感器；9—监控器；10—电动推拉杆；11—撑肥部件固定梁；12—撑肥部件；13—液压控制阀；14—排肥马达；15—撒肥盘和叶片；16—行走轮；17—撒肥盘马达；18—撒肥盘马达固定梁

在作业中，机具由拖拉机牵引，通过 GPS 定位，当施肥控制系统接收到所处位置基于处方图的施肥量信息后，通过安装在输肥链轴上的测速传感器测得输肥链条转速，结合速度传感器测得的机具作业速度，从而控制驱动输肥链的液压马达转速，实现系统变量施肥作业。主要技术参数如表 4-16 所示。

表4-16 链条传输式变量施肥抛撒机主要技术参数

参数	数值
外形尺寸（长×宽×高）/(mm×mm×mm)	4400×2170×2070
肥箱容量 /m^3	3.15
最大工作幅宽 /m	20
肥门开度 /mm	0～150
链条转速 /(r/min)	0～620
排肥方式	链条传输

4.5.3.2 关键部件设计

（1）链条输送式排肥机构　作业时，为了使肥料颗粒尽可能定量地输出到排肥口，传输链条采用了马蹄链结构，由扁金属片和圆金属销组成，通过彼此相扣形成排式的网格结构（图4-77），在链条的下方与传输链紧贴并固定有肥料托板，由此肥料颗粒便可以通过链条形成的多个网兜拖出肥箱，从而实现肥料的精确定量输送。

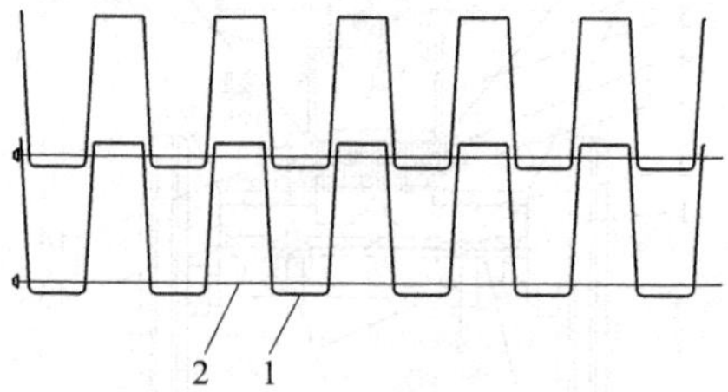

图4-77　传输链条单体结构示意图

1—链节；2—穿销

输送链条机构主要由链轮、链轮轴和网格链组成，两个主（从）动链轮固定链轮轴两端，并与网格链两端的网格啮合。输送肥料的动力由液压马达提供，液压马达通过柔性联轴器与链轮轴连接，图4-78为链条输肥机构结构示意图。

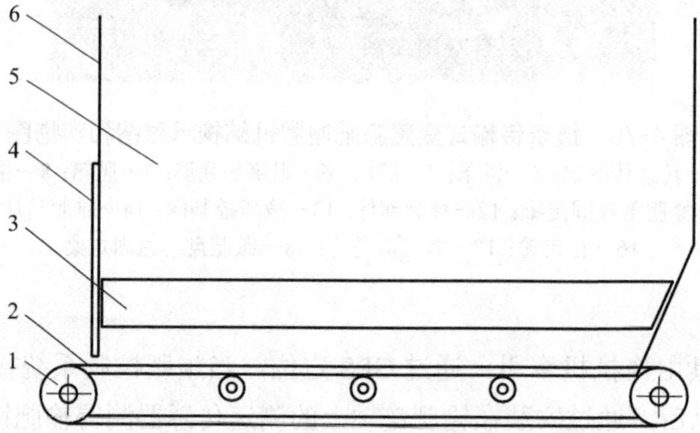

图4-78　链条输肥机构结构示意图

1—链轮；2—链条；3—“V”形撑肥机构；4—肥门；5—肥料；6—肥料箱

（2）肥料箱结构　设计按地块长度600m，撒肥幅宽20m，施化肥量450kg/hm^{2}计算，以颗粒尿素考虑，肥料箱容积设计为3.15m^3，可满足抛撒机加一次肥进行4个往返撒肥肥量要求，加肥点只需设在地块一边即可。肥料箱横截面为顶大底小的倒梯形状，锥面与水平面的夹角为60°，确保大于化肥的休止角，确保肥料自然向下流动。

考虑肥料通过链条在肥箱中运动时和肥箱中肥料产生摩擦，为减少该摩擦力，在肥料箱内传输链条上方设置了两个倒“V”形结构装置，以防止肥料与传输链条摩擦力过大，发生堵塞，减小链条对肥料颗粒的摩擦破损，同时可实现破拱的作用。所设计的撑肥装置可根据肥料特性、施肥要求对其进行上下调节，以调整肥料流入传输链条间隙的大小。

（3）肥门调节机构　在抛撒机肥门处为控制肥门开度大小，采用了直线电机直接驱动，并在肥门上安装有位移传感器，以实现肥门开度大小的精确、自动调节，同时可以在大剂量施撒时，通过调节肥门开度大小进行施撒量的补偿控制，解决输肥链条稳定转速的局限性问题。肥门调节机构如图4-79所示。

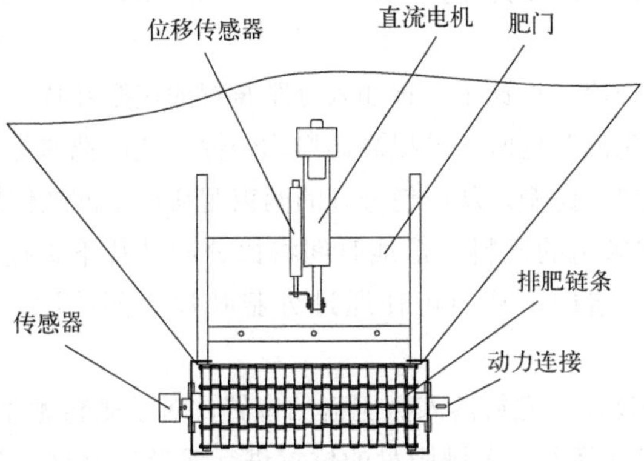

图4-79　肥门调节机构结构示意图

（4）撒肥机构设计　颗粒有机肥抛撒机撒肥机构主要是由撒肥盘和拨肥叶片两部分组成的。撒肥机构是抛撒机重要的部件之一，直接影响到抛撒施肥的均匀性。在肥料抛撒作业过程中，当肥料从落肥口落到旋转的圆盘上时，由于旋转圆盘产生的离心力以及肥料和圆盘间的摩擦力作用，使肥料在圆盘以及沿拨肥叶片上经过滑动或滚动，最终通过叶片抛撒出去。

① 撒肥盘设计。圆盘式撒肥盘主要用于承接肥料及安装拨肥叶片，同时决定着颗粒肥料抛撒幅宽及抛撒均匀性。一般来说，不同大小的施肥圆盘，其施肥叶片也不相同，不同的圆盘大小和不同的施肥叶片都可以改变肥料在圆盘上的运动时间和离开圆盘时转过的角度。将施肥圆盘的施肥叶片大小和其自身成比例设计，相对于施肥圆盘，其落肥口的位置可以相同。

根据经验，将圆盘直径尺寸设计为500mm，同时在拨肥叶片安装位置设计了可以调节拨肥叶片偏置角度的槽孔，以便在抛撒作业中根据不同肥料特性调整拨肥叶片安装的偏置角度，该圆盘设计调整角度为±30°，如图4-80所示。

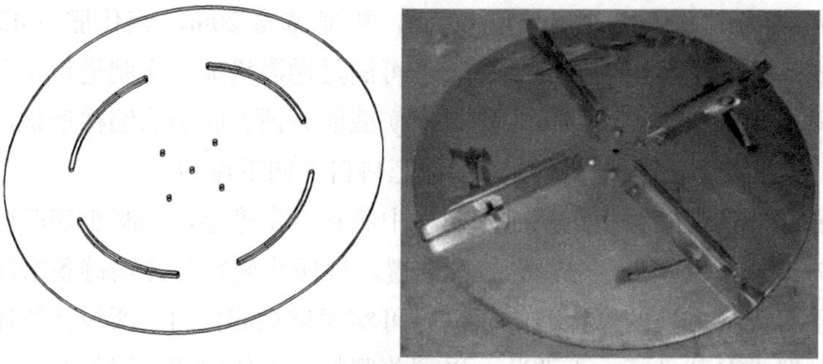

图 4-80　偏置角可调式撒肥盘

② 拨肥叶片设计。为了提高肥料抛撒的均匀性，目前成熟的设计主要是通过在撒肥盘上间隔均布不同长短的叶片，从而改变肥料颗粒抛撒的距离，以实现肥料均匀抛撒。链条传输式变量施肥抛撒机使用双圆盘抛撒方式，通过“人”字形的落肥机构分布将肥料落入撒肥盘，因此两个圆盘之间距离较近，易产生干涉，拨肥叶片不宜采用不同长短间隔布置的方式。

研究人员根据抛射理论，设计了一种加入分肥装置的拨肥叶片——分肥叶片，使没有分肥叶片时的肥料通过产生的落地时间差提高抛撒均匀性，从而把原先不采用分肥叶片抛撒的肥料量分散抛撒，形成二次抛撒，从而使分开的两束肥料产生落地位置的变化。

通过分肥叶片上部抛出的肥料，落地时间将比分肥叶片下部抛出的肥料滞后。因此，该分肥叶片采用了曲线结构，从而可使通过分肥叶片上部的肥料可产生斜向上的抛射运动。

（5）可调式落肥口设计　肥料落入撒肥盘的位置，对于肥料抛撒效果具有重要的作用，为实现落肥装置可对肥料落入两个撒肥盘的位置进行适当的调整。在落肥装置内部借助合叶，通过调节杆伸缩设计了可调节“人”字形落肥装置，如图 4-81 所示，根据不同肥料施肥要求，同时调整肥料落入圆盘的位置和落肥口大小。

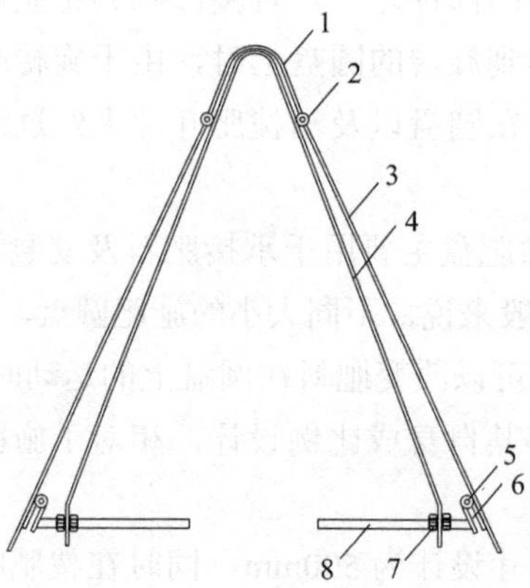

图 4-81　落肥调节装置

1—分肥端；2—轴；3—肥料导向板；4—基架；5—合叶轴；6—合叶；7—锁母；8—调节杆

根据设计，落入两个圆盘的下肥口形状为矩形，矩形口宽 35mm，长可通过调节装置进行改变，调整范围为 45 ～ 80mm。

4.5.4 液压系统设计

圆盘式变量施肥机由动力输出轴带动旋转的撒肥盘利用离心力将化肥撒出，其动力来源一种是由牵引机车的动力输出轴输出，难以控制。对于普通施肥机来说，尚能满足工作需要，但作为变量施肥机撒肥盘的动力，很难胜任。目前国内外的变量施肥机多采用液压马达作为撒肥盘的动力来源，由油箱、油泵、各种控制阀、管路、马达组成液压系统，通过控制系统实现对流量阀、压力阀和方向阀的控制，来完成变量施肥作业。液压系统比较复杂，各种控制阀属于精密元件，如果制造工艺达不到要求，很难实现精确控制，同时也很难保证变量施肥作业的可靠性。

变量施肥机的液压系统作为变量施肥的执行部分，必须保证控制系统传来的指令得到准确的执行。拖拉机牵引施肥料斗按照设计的速度在田间行驶，并为液压马达提供动力，一个液压马达拖动料斗里的链条输送肥料，此马达通过控制阀接收计算机的控制指令，按照田间各个小地块所需施肥量控制链条的速度，料斗底部的两个旋转圆盘也由液压马达控制，按照使用要求，控制其速度挡位，保证一定的施肥幅宽，并在不同的施肥量的情况下，保证抛撒的均匀度，使施肥模型符合设计要求。

4.5.4.1 液压系统元件组成

变量施肥抛撒机施肥作业由拖拉机牵引，液压系统动力来源直接通过拖拉机自身液压提供，只需通过快速接头与其连接便可，方便，易与拖拉机分离，提高拖拉机利用率。

变量施肥液压系统主要包括两部分，一部分是肥料传输动力，另一部分是圆盘的旋转抛撒动力。系统所用元件主要由液压马达、流量控制阀、分流阀、集流块、快速接头、液压胶管等组成。本系统中，首先采用国产可自动调节的分流阀，使从拖拉机自身液压泵进入系统的油路按比例分为两路，一路进入撒肥盘马达，一路进入拖动传输链条的摆线马达。主控制阀采用美国 RAVEN 公司变量施肥机专用流量控制阀，它集成了流量阀和溢流阀的功能，根据阀口开度大小把油分配到链条拖动马达，剩余的液压油经回油管路流回油箱。对于两个施肥盘马达的供油，来油经 1∶1 的分流阀供给二者。虽然两个马达的型号相同，设计参数一致，但是由于制造的精度问题，二者供油的转速很难达到一致。因此在二者进油管前各加一个调速阀，经调整后，二者的转速差可在 10r/min 之内，基本上满足了设计要求。

（1）液压调节阀　所选用液压调节阀采用 12V 供电电压；PWM 调节脉冲频率 90 ～ 115Hz；额定功率 15W；响应时间 375ms。

（2）液压马达的选择　由于施肥盘马达要求转速较高，但旋转力矩较小，因此施肥盘马达选用了长江液压生产的 CMK1 齿轮马达作为液压执行元件。它采用了承载能力高的 DU 轴承、高强度铝合金壳体结构。具有压力高、转速范围宽、排量规格多、结构简单、工作可靠、维修方便等特点。流量为 6.4mL/(r/min)，最高转速 3000r/min，最大压力 20MPa，输出扭矩 16.3N·m，工作油温 −20 ～ 80℃。对于链条拖动马达，转矩较大，但要求的转速较小，因此选用了摆线马达，此马达启动力矩较大，能满足在肥料斗满载的情况下拖动链条工作。

（3）液压管路及连接件的选用　由于拖拉机的油箱的压力≤ 16MPa，因此进油管选用单层钢丝的橡胶软管，对于回油管也选用单层钢丝的软管，更经济一些。软管各连接件尽量采用 A 型接头，采用 O 型圈密封。对于经常拆卸的连接部分，采用快速接头相连，便于试验与设备调试。

4.5.4.2 液压系统设计

在本系统中，油源由拖拉机后油箱供给，在油路中经工作循环后，经过滤油器过滤、冷却后流回油箱，在设计中，三个马达设计流量为 20L/min。系统结构如图 4-82 所示。

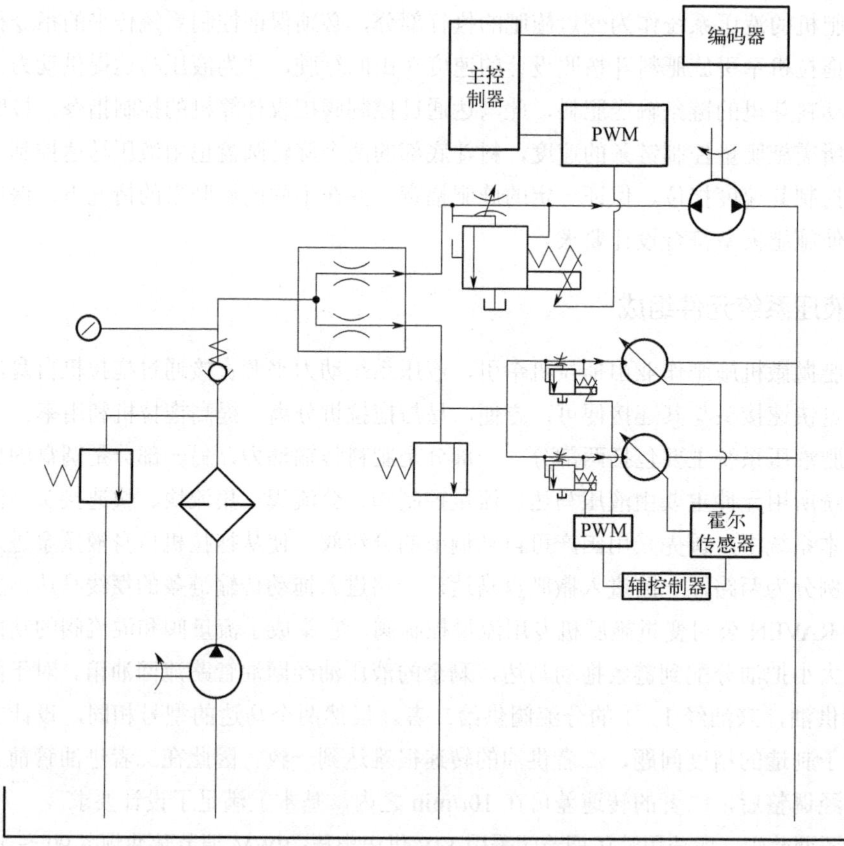

图 4-82　液压系统结构示意图

4.5.5 撒肥幅宽控制系统设计

抛撒施肥机撒肥盘通过拖拉机液压系统驱动马达，从而带动圆盘转动。在作业中，由于作业需要，驾驶员需进行换挡、加油门操作，这时拖拉机自带液压系统受到机器转速变化影响，液压系统压力增大，从而使撒肥盘转速不能按要求转速进行作业，极大地影响作业质量及驾驶员的作业舒适性。因此，设计撒肥盘控制系统可以使圆盘转速能够按照指定的转速进行抛撒作业，从而使抛撒幅宽保持不变，驾驶更自由舒适。

系统主要由霍尔传感器、磁铁块以及流量阀组成。当圆盘转动时，固定于圆盘上的磁铁块将经过固定在撒肥盘马达横梁上的霍尔传感器，控制霍尔开关的开启以及接收霍尔开关的脉冲信号，经控制电路采集到单片机，从而调节 PWM 占空比控制流量阀开度，达到调整液压马达转速，控制撒肥盘转速的目的，得到较为稳定的撒肥幅宽。

4.5.6 田间测试试验

（1）撒肥机撒肥效果评价方法　圆盘式撒肥机不像其他撒肥机，由于其大大提高了横向的施肥幅宽，因此，在横向幅宽上就会产生一定的误差，而通常采用变异系数来标定这一误差大小，即偏离横向幅宽平均施肥量的多少。撒肥机的变异系数越小，其横向幅宽上施肥的一致性程度就越高；反之，变异系数越大，则其横向幅宽上施肥的一致性程度就越差。如果撒肥机的变异系数 *CV* 为 0%，则说明该撒肥机在横向幅宽上具有完美的施肥一致性；若撒肥机的变异系数 *CV* 小于或等于 10%，说明其可以适应任何田间施肥情况。由于田间施肥地形的平坦性对 *CV* 有一定的影响，很容易使两个施肥轨迹中都是施肥量多的两点相叠加，或是两个施肥量低的点相叠加，这样就会使 *CV* 发生很大的变化。因此不同的地形对于撒肥机的要求也不相同。虽然圆盘式撒肥机的 *CV* 要求在 5% ～ 10% 之间，但对于一般的田间施肥，*CV* 在 15% ～ 20% 之间也是正常的，而对于地形平坦性较差的田间施肥，*CV* 系数则可以进一步放宽要求。

（2）试验结果　为了检验系统的实际操作性能，主要针对设计的两种不同抛撒肥料的拨肥叶片机构，对变量施肥抛撒机进行了施肥量和抛撒均匀性的试验和测试（图 4-83）。

图 4-83　肥料抛撒均匀性田间试验

抛撒机抛撒均匀性是评价抛撒性能的重要指标之一，主要通过沿抛撒宽度方向形成的撒肥曲线形状来进行分析。

试验中施肥量设为 225kg/hm^2，抛撒幅宽为 30m，试验时拖拉机行走速度为 2m/s，在撒肥机通过试验区后，收集每个收集点上的肥料，并标号记录。试验结果如图 4-84 所示。

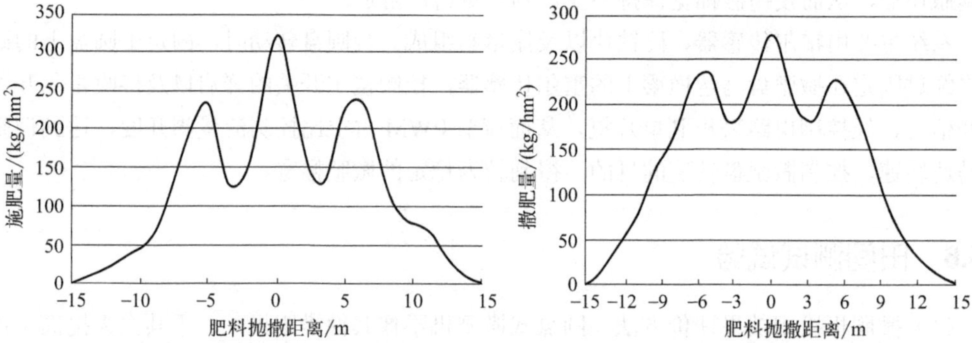

(a) 采用“U”型拨肥叶片撒肥曲线　　(b) 采用分肥叶片撒肥曲线

图 4-84　肥料抛撒均匀性试验

从试验中的撒肥曲线可以明显看到，采用“U”型拨肥叶片均匀性较差，中间撒肥量较多，而采用分肥叶片后撒肥均匀性明显提高，撒肥曲线在中心位置施肥量虽仍较多，但相比“U”型拨肥叶片有较好的改善，同时撒肥量向两边规律振荡，曲线顶端面肥料抛撒量围绕目标施肥量上下波动，并随着抛撒距离增大抛撒的肥量逐渐减少。

图 4-85、图 4-86 为采用“U”型拨肥叶片或分肥叶片抛撒肥料效果。从图中可以看出增加分肥叶片的拨肥叶片，在抛撒肥料中，使肥料由单一方向抛撒变为上下两层，一层为平抛，而另一层有明显的斜向上的抛撒效果，从而使单位时间内在同一横行抛撒的肥料减少，同时由于两个方向肥料落地时间相互错开，因此增加了肥料抛撒的均匀性。从肥料抛撒到地面的情况看，采用分肥叶片肥料抛撒效果较为满意。

图 4-85　“U”型拨肥叶片肥料抛撒效果

施肥抛撒机作业中需要通过肥料抛撒搭接才能作为实际撒肥幅宽，也称作有效幅宽。一般有效幅宽为撒肥曲线中距离中心点撒肥量一半的位置。为此对采用分肥叶片后施肥效果进一步检验，对肥料的抛撒进行了搭接分析，结果如图 4-87 所示。表 4-17 为肥料搭接后有效宽幅内抛撒效果分析。

图 4-86　分肥叶片肥料抛撒效果

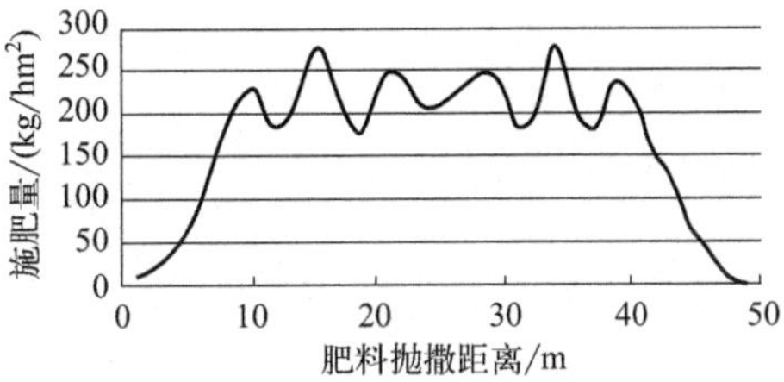

图 4-87　肥料搭接曲线

表4-17　肥料搭接后有效宽幅内抛撒效果分析

参数	均值 /(kg/hm^2)	标准差	CV/%
数值	214.20	31.64	14.77

从试验测试结果可以看出，在施肥幅宽设定 30m 状态下，肥料有效抛撒幅宽可达 16m，通过施肥量搭接，结果显示，平均施肥量为 214.20kg/hm^2，样本数据标准差为 31.648，变异系数（CV）为 14.77%。

抛撒搭接分析表明，搭接后施肥均匀性进一步得到了提高，可以较好地满足实际生产要求，且相比现有普遍使用的 3.6m 幅宽变量施肥机，在相同作业速度下，生产率可提高 4 倍以上，大大减少了地头添加肥料的频率，作业效率得到进一步提高。

参考文献

[1] 安晓飞，王晓鸥，付卫强，等. 四要素变量施肥机肥箱施肥量控制算法设计与试验 [J]. 农业机械学报，2018, 49(S1): 149-154.
[2] 安晓飞，付卫强，魏学礼，等. 基于处方图的垄作玉米四要素变量施肥机作业效果评价 [J]. 农业机械学报，2017, 48(S1): 66-70.
[3] 陈立平，黄文倩，孟志军，等. 基于 CAN 总线的变量施肥控制器设计 [J]. 农业机械学报，2008, 39(8): 101-104.
[4] 程修沛，陈美舟，贾晓东，等. 小麦宽苗带等深播种装置设计与试验研究 [J]. 农机化研究，2017, 39(11): 116-120.
[5] 方会敏，姬长英，张庆怡，等. 基于离散元法的旋耕刀受力分析 [J]. 农业工程学报，2016, 32(21): 54-59.
[6] 付卫强，孟志军，黄文倩，等. 基于 CAN 总线的变量施肥控制系统 [J]. 农业工程学报，2008, 24(S2): 127-132.
[7] 牛琪，王庆杰，陈黎卿，等. 秸秆后覆盖小麦播种机设计与试验 [J]. 农业机械学报，2017, 48(11): 52-59.

[8] 顿国强，陈海涛，冯夷宁，等. 调比控位分层施肥装置设计与试验 [J]. 东北农业大学学报，2015, 46(12): 86-93.
[9] 贾洪雷，汲文峰，韩伟峰，等. 旋耕碎茬通用刀片结构参数优化试验 [J]. 农业机械学报，2009, 40(7): 44-50.
[10] 蒋建东，高洁，赵颖娣，等. 土壤旋切振动减阻的有限元分析 [J]. 农业机械学报，2012, 43(1): 58-62.
[11] 汪小旵，陈满，孙国祥，等. 冬小麦变量施肥机控制系统的设计与试验 [J]. 农业工程学报，2015, 31(S2): 88-92.
[12] 王晓红. 小麦宽幅精量播种技术试验示范报告 [J]. 陕西农业科学，2013, 59(4): 139-140.
[13] 薛少平，朱瑞祥，姚万生，等. 机播小麦种子与肥料适宜间隔距离研究 [J]. 农业工程学报，2008, 24(1): 147-151.
[14] 姚海娜. 宽幅播种的幅宽和幅间距对四个小麦品种农艺性状的影响 [D]. 咸阳：西北农林科技大学，2017.
[15] 姚宗路，高焕文，王晓燕，等. 2BMX-5 型小麦-玉米免耕播种机设计 [J]. 农业机械学报，2008, 39(12): 64-68.
[16] 祝清震，武广伟，安晓飞，等. 基肥定深施用装置排肥口位置与施肥深度关系模型 [J]. 农业工程学报，2018, 34(13), 8-17.
[17] 祝清震，武广伟，陈立平，等. 基于旋耕覆土的冬小麦基肥分层定深施用装置设计 [J]. 农业工程学报，2018, 34(13): 18-26.
[18] 祝清震，武广伟，罗长海，等. 基于姿态实时监测的多路精准排肥播种控制系统研究 [J]. 农业机械学报，2018, 49(S1): 154-163.
[19] 陈满，施印炎，汪小旵，等. 基于光谱探测的小麦精准追肥机设计与试验 [J]. 农业机械学报，2015, 46(5): 26-32.
[20] 汪小旵，陈满，孙国祥，等. 冬小麦变量施肥机控制系统的设计与试验 [J]. 农业工程学报，2015, 46(S2): 88-92.
[21] 扬玮. 基于光谱分析的作物长势检测及变量施肥技术研究 [D]. 北京：中国农业大学，2008.
[22] 安晓飞，付卫强，魏学礼，等. 基于处方图的垄作玉米四要素变量施肥机作业效果评价 [J]. 农业机械学报，2017, 48(S1): 66-70.

中国肥料研究与应用全书

Books of Fertilizer Research and Application in China

FERTILIZER

第5章 水田精准施肥技术与装备

5.1 水稻插秧同步侧深施肥技术与装备

5.1.1 种植农艺要求与工作原理

（1）农艺要求 水稻施肥按生长时期可分为基肥、分蘖肥、穗肥、粒肥4个时期，其中基肥和分蘖肥两个时期的施肥量所占比重最大，约占60%以上。传统的水稻施肥一直沿用人工手撒施肥，通过深翻整地将肥料翻扣于土壤深层，然后进行耙地、旋耕和拉板整平，或者在耙地后将肥料撒施于田面，通过泡田实现土肥相融。这些方法对化肥的施用量和均匀性不能精确控制，存在施肥量大、肥料在田间分布不均匀、水稻秧苗吸肥量不一致的问题，造成水稻生长差异大，直接影响水稻产量。在水稻施肥农艺方面，侧深施肥是较理想的施肥方式，水稻侧深施肥技术是在水稻机械插秧的同时，将肥料（基肥和蘖肥）按照农艺要求一次性定位、定量、均匀施在稻苗根侧下方泥土中，距离植株4.5cm、深5.0cm（或者侧3.0cm，深5.0cm），达到节肥、省工、增产、减少污染的目的（图5-1）。侧深施肥技术可以减少施肥量的20%～30%，平均增产10%，并有促进早熟的作用，可促进水稻前期生育，防御冷害，降低成本，减轻水质污染，是一项适于水稻高产、稳产、降低成本的施肥技术。

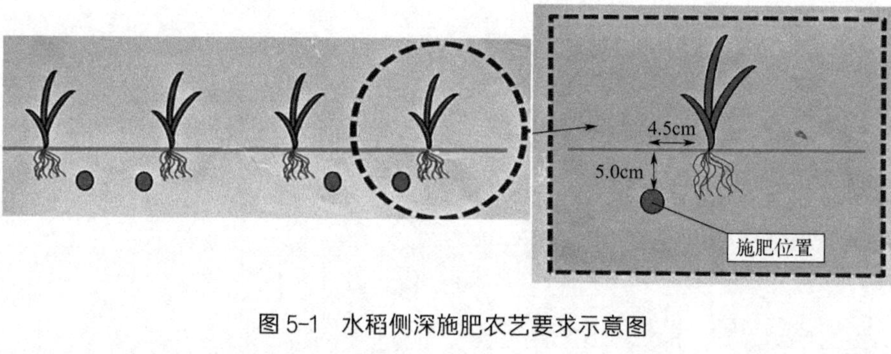

图5-1 水稻侧深施肥农艺要求示意图

（2）工作原理 水稻侧深施肥机是侧深施肥技术应用的载体，是实现水稻精准施肥的关键装备。水田作业环境和旱田不同，传统的开沟式排肥方式在水田中效果不佳，水和泥浆会影响肥料从排肥管排出，有时会倒灌进排肥管阻碍肥料正常排出。水稻插秧同步侧深施肥机通常采用风送式排肥方法，对排肥管中的肥料进行风力强制输送，将肥料均匀地吹到泥浆中的指定位置，防止肥料在排肥管中因为泥浆和水发生堵塞。设备主要由安装在插秧机后部的肥箱、外槽轮排肥装置、风机、输送装置以及插秧机构附近的排肥管组成。正常作业时利用机械传动驱动排肥器，将肥箱中的肥料均匀定量地排到输送装置中，风机提供风力将肥料强制输送到排肥管口，排肥器将泥浆划开，肥料在风力及重力的作用下随着插秧机的前进将肥料均匀地投送到秧苗侧边指定位置，从而完成侧深施肥作业。但是利用机械传动驱动排肥装置尚不能实现精准施肥，排肥不均匀。

为了达到精准施肥的目的，水稻插秧同步侧深施肥机采用电机驱动排肥、风送肥料的工作原理。施肥作业时，车载控制终端设定目标施肥量，排肥驱动电机带动排肥轮转动进行排肥，鼓风机强制吹气输送肥料。施肥深度及肥料距秧苗的距离通过排肥口与滑动板之间的距离来进行调整。采用车辆行驶速度与排肥驱动电机转速实时匹配的施肥控制方法，利用GPS数据计算得到插秧机行进速度，采用作业状态传感器感知插秧机工作状态，根据插秧机作业速度，实时控制施肥量。田间作业时，排肥口在秧苗侧边3cm处划出一道深5cm的矩形沟槽，排肥器排出的肥料在风力和重力的作用下，经风送输肥管、排肥管、排肥口，下落至已划沟槽的底部，最后，在覆土板的作用下将肥料覆盖于沟槽中。施肥原理如图5-2所示。

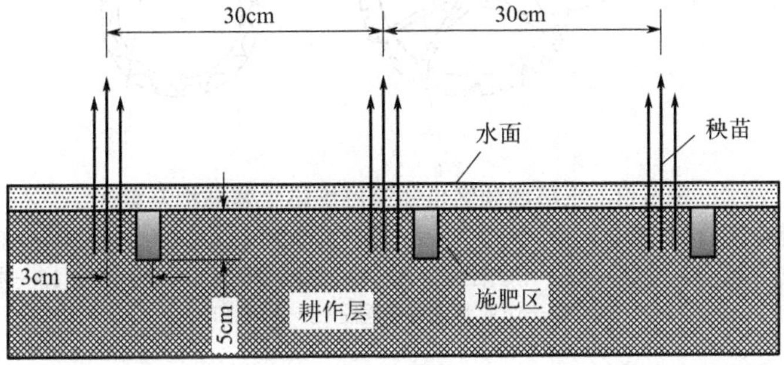

图5-2　水稻插秧同步侧深施肥机施肥原理图

5.1.2　系统组成与关键部件设计

5.1.2.1　施肥机主要组成部分

水稻插秧同步侧深施肥机采用模块化整体式设计，包括一体化安装底座、测速模块、施肥控制器、车载控制终端、作业状态传感器、排肥驱动电机、肥箱、排肥器、鼓风机、风管、排肥管、排肥口。肥箱底座通过螺栓或其他连接紧固件固定在插秧机踏板上，施肥机能与不同品牌、不同型号插秧机配套使用。该施肥机与插秧机配套使用结构示意图如图5-3所示，主要技术参数如表5-1所示。

5.1.2.2　关键部件设计

（1）一体化安装底座及肥箱结构　为简化安装方式，提高水稻插秧同步侧深施肥机的通用性，底座与肥箱采用一体化结构设计。通过对主流六行乘坐式插秧机的调研发现，久保田踏板尺寸为1800mm×380mm，洋马、井关踏板尺寸为1400mm×370mm，插秧作业有效幅宽为1800mm。为保证踏板在左右方向得到完整运用，在前后方向不影响驾驶者的乘坐空间，设计底座尺寸为1800mm×350mm，底座一端用于固定风机，另一端支架用于固定驱动电机及控制器。

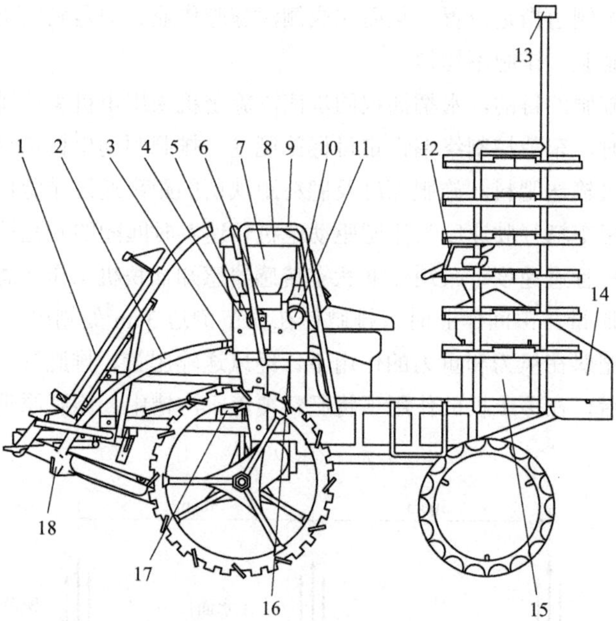

图 5-3　水稻插秧同步侧深施肥机主要结构示意图

1—载秧台；2—排肥管；3—风送输肥管；4—支架；5—排肥驱动电机；6—施肥控制器；7—肥箱；8—肥箱盖；9—扶手；10—鼓风机；11—风管；12—车载控制终端；13—GPS 天线；14—插秧机；15—电源；16—踏板；17—作业状态传感器；18—排肥口

表5-1　水稻插秧同步侧深施肥机主要技术参数

参数	数值
外形尺寸（长 × 宽 × 高）/（mm×mm×mm）	3000×2210×2570
肥箱容量 /m^3	0.07
工作幅宽 /m	1.8
插秧机行驶速度 /(m/s)	0 ～ 1.62
施肥行数	6
施肥深度 /cm	5
肥料距秧苗距离	3
输送气速 /(m/s)	21.16
施肥方式	条带状深施

为避免肥箱过大造成插秧机作业过程中过度下陷，或肥箱过小加肥次数过多的现象，肥箱采用轻质透明塑料肥箱。肥箱底部横截面形状顶部大、底部小呈倒梯形状，便于肥料下流，肥料的自然休止角为25°，锥面与水平面的夹角需大于休止角，因此该肥箱锥面角度设计为30°，长为1500mm，容积设计为86L。以水稻专用复合肥料为例，按常规侧深施肥

300kg/hm² 计算，一次加肥施肥面积可达 4 ～ 5 亩，加肥与插秧同时进行。一体化安装底座及肥箱如图 5-4 所示。

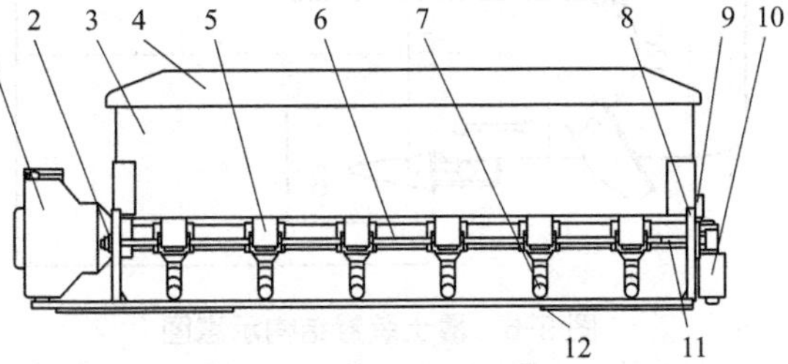

图 5-4 一体化安装底座及肥箱结构示意图

1—鼓风机；2—轴承；3—肥箱；4—肥箱盖；5—排肥器；6—排肥轴；7—风送输肥管；8—支架；9—施肥控制器；10—排肥驱动电机；11—联轴器；12—底座

（2）排肥口设计 排肥口的主要功用是在机具作业时划出沟槽，引导肥料进入沟内。排肥口通过螺栓固定于插秧机滑动板上。作业过程中滑动板底部的根茬、杂草在通过排肥口时被楔形块压入泥浆或随泥浆分流到排肥口两侧，两侧泥浆无法快速弥合划出的矩形沟槽，为排肥口肥料的排出创造了条件。楔形块开沟时与泥土之间的切角为 35°，结构按照船形铲式开沟器原理进行设计，排肥口底部与滑动板之间的距离为 5cm，排肥口中心与秧爪之间的距离为 3cm，从而保证定位施肥。排肥口安装位置及结构如图 5-5 所示。

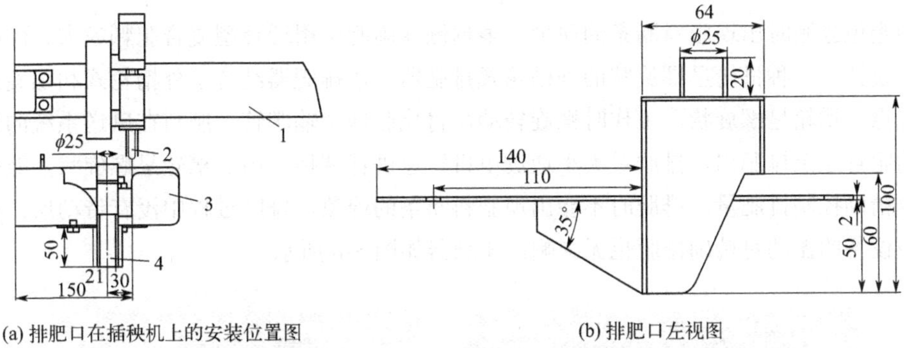

(a) 排肥口在插秧机上的安装位置图　　(b) 排肥口左视图

图 5-5 排肥口安装位置及结构示意图

1—横梁；2—秧爪；3—滑动板；4—排肥口

（3）覆土装置 肥料落入排肥口划出的沟槽，为避免肥料漂浮在水面，需要用覆土器对肥料进行覆盖，使肥料表面有一定厚度的泥土，覆土板采用覆土能力较强的刮板式覆土器，覆土板通过预留孔安装在插秧机滑动板上，覆土板设置在左右排肥口的正后方，两覆土板呈 V 形结构，板长不超过 100mm，过长刮伤秧苗，过短覆土能力差。两覆土板板间夹角为 120°，夹角过小覆土能力差，夹角过大易壅土堵塞，覆土板与地面夹角为 60°。覆土装置如图 5-6 所示。

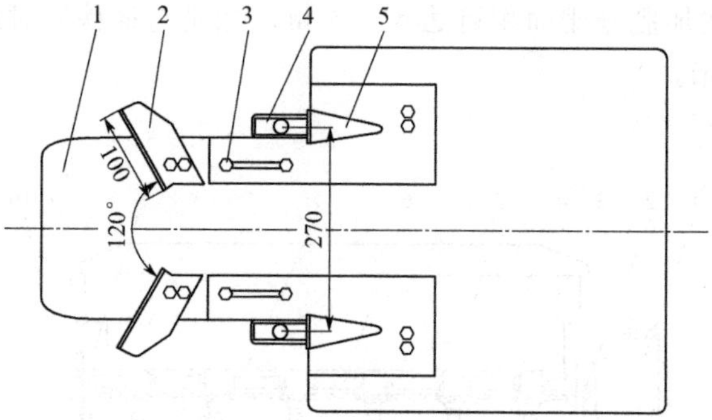

图 5-6　覆土装置结构示意图

1—滑动板；2—覆土板；3—螺栓；4—排肥口；5—楔形块

（4）排肥器设计　排肥器是水稻插秧同步侧深施肥机的主要部件之一，不同肥料物理性质不同，用于排肥的排肥器也有不同类型，其基本类型如图 5-7 所示：

- 排肥机构的类型
  - 转盘式
    - 圆盘转盘式
    - 指盘式
    - 导板转盘式
  - 转轴式
    - 水平轴（例如：螺旋式、旋转刮板式、外槽轮式）
    - 垂直轴（例如：星轮式）
  - 振动式

图 5-7　排肥机构类型

为避免施肥时出现肥料断条的现象，根据侧深施肥所用缓释型复合肥颗粒大、硬度高的特点，设计了一种槽轮呈螺旋状的外槽轮式排肥器。该排肥器结合了外槽轮式和螺旋式排肥器的优点，槽轮呈螺旋状，工作时螺旋转动，将化肥送至输肥管，肥料在风送系统的作用下通过输肥管送至排肥口，排肥量大小通过电机转速进行调控。由于槽轮呈螺旋状，能根据电机转速精确控制排肥量，排肥时不会出现肥料断条的现象，排肥过程中没有带动层，在运行过程中设备的振动对精确排肥也无影响。排肥器如图 5-8 所示。

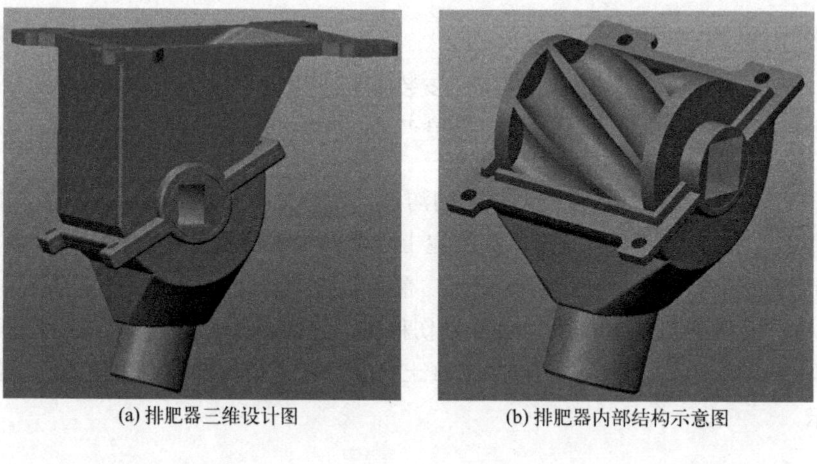

(a) 排肥器三维设计图　　(b) 排肥器内部结构示意图

(c) 排肥器实物图

图 5-8 排肥器

① 肥箱体积。肥箱体积大小应与地块长短、排肥量、插秧机整体尺寸相适应。尺寸过小，加肥次数多降低机组效率；尺寸过大则增加牵引阻力，整个插秧机的重心升高，插秧施肥作业过程中稳定性降低。同时，肥箱不宜装得太满，行走过程中机器的颠簸会造成肥料流失；但是肥箱内的肥料也不能过少，过少影响正常排肥。在计算肥箱体积时，为避免肥箱不能一次性装满设计尺寸的肥料，利用体积系数以适当增大体积，体积计算如式（5-1）所示：

$$V=\frac{0.1klBQ}{\rho} \tag{5-1}$$

式中 V——肥箱体积，L；

l——单次加装肥料的施肥长度，m；

B——施肥工作幅宽，m；

Q——单位面积施肥量，kg/hm^2；

ρ——肥料的密度，g/L；

k——体积系数，$k\approx1.25$。

根据肥料袋规格，肥箱尽量达到整袋加装，根据寒地水稻施肥标准，要求单次装肥施肥距离能达到1200m，由于插秧机工作幅宽为1.8m，因此本施肥装置的工作幅宽也为1.8m，试验中常用施肥量为300kg/hm²，肥料密度为943g/L，经计算可得肥箱体积为86L。

② 施肥量。安装有施肥装置的插秧机在行距为 S 的田间施肥，施肥装置有 N 个排肥盒，每个排肥盒有 a 个排肥口，则单个排肥器在1hm²田地的面积上的施肥距离 z 如式（5-2）所示。

$$z=\frac{10000}{SNa} \tag{5-2}$$

施肥装置行距 S 为0.3m，共有6个排肥盒，每个排肥盒有一个排肥口，经计算可得单个排肥盒在1hm²田地面积上施肥距离为5555.6m。

如果当地农艺要求的施肥量为 Q（kg/hm^2），则当侧深施肥装置与插秧机配套插秧施肥作业时，施肥过程中插秧机行走1m的距离，单个排肥盒的施肥量 q' 如式（5-3）所示。

$$q'=\frac{Q}{Nal}=SQ\times10^{-4} \tag{5-3}$$

根据式（5-3）可得施肥装置在单位地段长度上的排肥量为0.009kg。

（5）气力输送系统

① 气力输送系统结构及工作原理。水田施肥，排肥管路长且曲折，传统的凭重力排肥效果不佳，水和泥浆会影响肥料从排肥管排出，有时会倒灌进排肥管阻碍肥料正常排出，造成堵塞。气力输送系统是实现水田环境中稳定排肥的关键。

水稻插秧同步侧深施肥机气力输送系统气源压力低于0.1MPa，采用正压压送式气力输送系统。系统主要由鼓风机、风速调节开关、送风管、风送输肥管、排肥器、料斗、排肥管组成。图5-9为气力输送系统示意图。气源设在系统前端，用于提供具有一定压强的气体。系统工作时，肥料经排肥器下落至风送输肥管，鼓风机将具有一定压力的压缩气体通入风送输肥管，在文丘里效应的作用下，风送输肥管进料口呈负压，气流沿进气口通向出气口，与被输送的颗粒肥料混合，颗粒肥料在输送管中以流动的气体为载体，经排肥管、排肥口在气流和重力的双重作用下落入排肥口划出的位于已插秧苗侧位具有一定深度的矩形沟槽内。

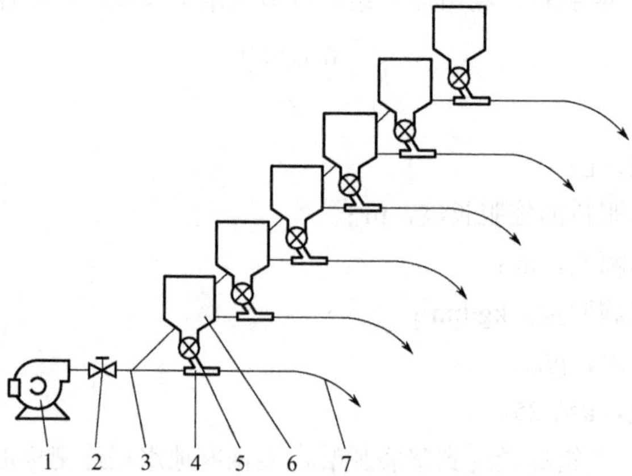

图5-9 气力输送系统示意图

1—鼓风机；2—风速调节开关；3—送风管；4—风送输肥管；5—排肥器；6—料斗；7—排肥管

② 气力输送系统主要参数

a．空气流量。为保证颗粒肥料在输肥管路中顺利输送而不被堵塞，颗粒肥料需要和空气保持一定的混合浓度比。本施肥装置通过气流输送肥料，排肥管道中，肥料和空气相互混合，排肥量越大，肥料在空气中的浓度比越高，排肥所需空气量越多，排出单位体积肥料所消耗功率越小，虽然提高了经济性能，但是需要高压设备。在农业生产物料输送中，以大颗粒和粉状物料为主，粉状物料容易堆结，输送过程中因摩擦、碰撞消耗的功率也较大，对整个施肥装置的功率消耗很大。为减少这些不利因素对施肥装置的功率消耗，常常选择较高的混合浓度比值，选择壁较厚的输送管道。但在农业生产中，风机气源压力较低，输送效率也较小，常常选取较小的混合浓度比，常见物料混合浓度比如表5-2所示。

表5-2　常见物料混合浓度比μ及速度系数k

物料及物料粒径	μ	k	物料	μ	k
谷粒	≤ 1.0 1.0 ~ 2.0	1.25 ~ 1.30 1.5	颖糠	≤ 1.0	1.90 ~ 3.70
< 100μm	1.1 ~ 1.2	2.50 ~ 5.00	轻杂物	≤ 1.0	2.50 ~ 5.00
100 ~ 150μm	0.8 ~ 1.0	2.00 ~ 5.00	棉花纤维	0.3	1.16
150 ~ 200μm	0.7 ~ 0.8	1.80 ~ 2.00	棉花纤维	0.5	1.34
200 ~ 300μm	0.5 ~ 0.7	150 ~ 1.80	锯木屑	1.0 以下	1.25 ~ 1.30
300 ~ 400μm	0.5 ~ 0.6	1.30 ~ 1.50	锯木屑	1.0 ~ 2.0	1.5
400 ~ 500μm	0.4 ~ 0.5	1.10 ~ 1.30	锯木屑	10 ~ 15.0	2.00 ~ 2.50

b．输送气速。输送气速是评价系统输送性能的重要指标，此速度必须保证颗粒肥料能在输肥管中正常运输。因输肥管有高低起伏，肥料与管道之间存在摩擦，风送速度过高，会加速对管道的磨损，造成肥料的破裂，降低肥料缓释效应，同时造成不必要的能量消耗；风送速度过低，肥料容易在管道中堆积，造成管道堵塞。其中，输送气速计算公式如式（5-4）所示。

$$V^{*} = k \cdot V_{L} \tag{5-4}$$

式中　V^{*}——输送气速，m/s；

V_L——肥料悬浮速度，m/s；

k——速度系数（一般为 1.5 ~ 2.5，与物料浓度、管道复杂性有关）。

现有关于悬浮速度方面的研究主要是以单个物体为受力对象，通过理论推导而得出的数据。颗粒肥料属于散粒状物料群，与空气呈现一定的混合浓度比，颗粒大小不均匀，目前很难通过理论推导的方式得出散状颗粒群的悬浮速度。研究人员利用悬浮速度测定装置计算肥料颗粒群的悬浮速度，通过风速传感器实测其速度，具有很强的直观性。该装置主要由风机、流量控制开关、流量仪表、管道、铜纱网、锥形玻璃管组成，如图 5-10 所示。

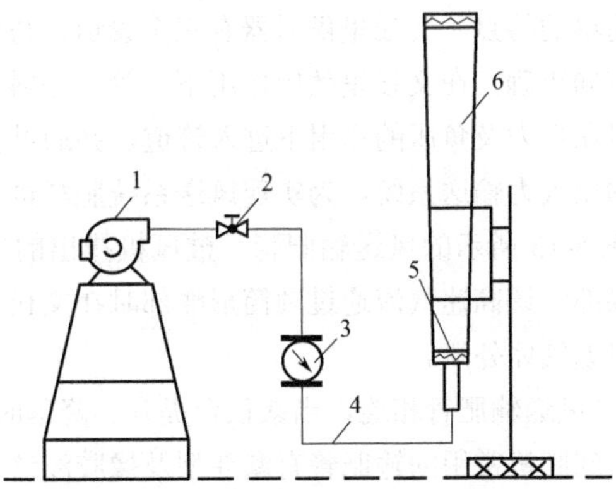

图 5-10　悬浮速度测定装置示意图

1—风机；2—流量控制开关；3—流量仪表；4—管道；5—铜纱网；6—锥形玻璃管

试验过程中，将装有肥料颗粒的有机锥形玻璃管置于竖直状态，玻璃管的底端与风机相连，顶部覆盖铁丝网，避免肥料随气流冲出管道。试验时，打开风机，通过风速调节开关调节风流量，观察颗粒群的高度位置。当颗粒群上升至管径为25mm处高度为H的断面时，通过调节风流量开关，肥料颗粒群会在管道中形成一定高度ΔH的料柱，当料柱始终悬浮在此高度且不变时，该风速即为所需的悬浮速度V_L，如图5-11所示。

在锥形管中测定了水平管道中肥料颗粒群的起动速度，如图5-12所示。

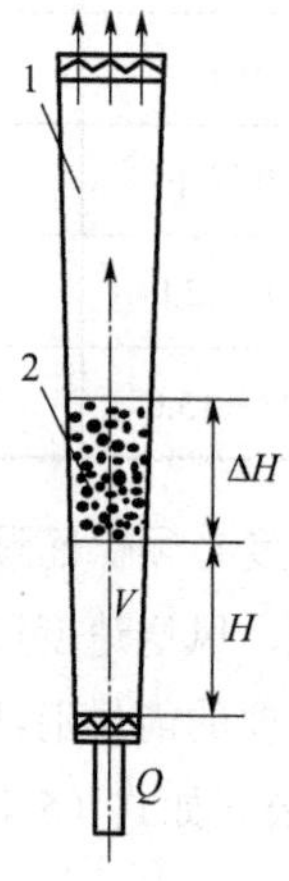

图 5-11　悬浮速度测定图

1—锥形玻璃管；2—肥料颗粒群

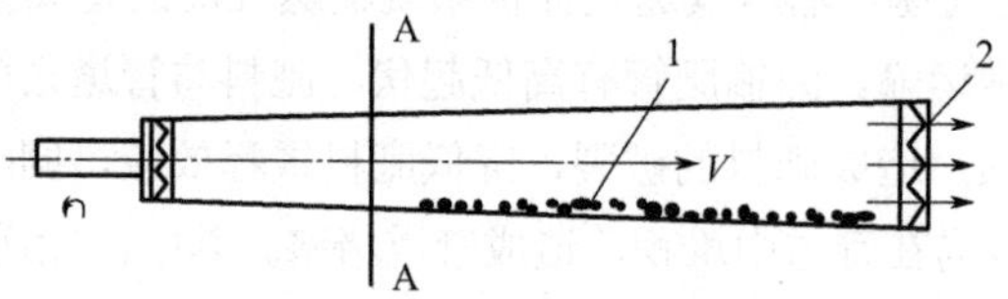

图 5-12　起动速度测定图

1—肥料颗粒物料层；2—铜纱网

通过改变玻璃管的位置状态，测定了颗粒群的启动速度，试验中将玻璃管置于水平面（图5-12），肥料颗粒均匀地平铺在管道中，调节风量开关，当管径为25mm的A-A断面处的肥料逐渐被吹走时，则当前风速为所需的起动速度。

c．风送输肥管结构。风送输肥管是将颗粒肥料送入输肥管并使其与气流混合的必要管道，特别是在正压气力输送系统中，风送输肥管结构是决定风送系统性能的主要因素。文丘里式供料器不同于传统的供料设备，常用于通过气体输送物料的系统中，主要依靠气体在互通管道中沿一定方向运动时，会在特定管道口产生负压，从而实现系统的整体密封，与其他同类设备相比具有结构简单的特点。文丘里供料器有三个管道口与外界相通，如果设计尺寸合理，安装位置及气流方向正确，在文丘里效应作用下，管道进料口处总会存在低于大气压的负压，排肥器中的肥料在重力及负压的作用下进入管道，并通过负压实现密封。

文丘里管广泛用于稀相气力输送系统，为实现风送系统肥料进料口无空气泄漏，根据肥料输送特点，设计了如图5-13所示的风送输肥管。鼓风机排出的气流通过入口圆筒段，以很高的速度经过圆筒形喉部，该高速气流通过圆筒形喉部时在文丘里效应的作用下在进料口形成负压，从而使进料口无气体外泄。

d．输肥管。输肥管与风送输肥管相连，当栽秧台提升、降落时，输肥管能适应其变化，保证将肥料输入开沟器。施肥机常用的输肥管有漏斗型及橡胶波纹管型。本施肥装置由于采用风送排肥的排肥方式，对输肥管内表面光滑度提出了更高的要求，采用了内侧光滑、外表呈波浪形、内径25mm的塑料波纹管。

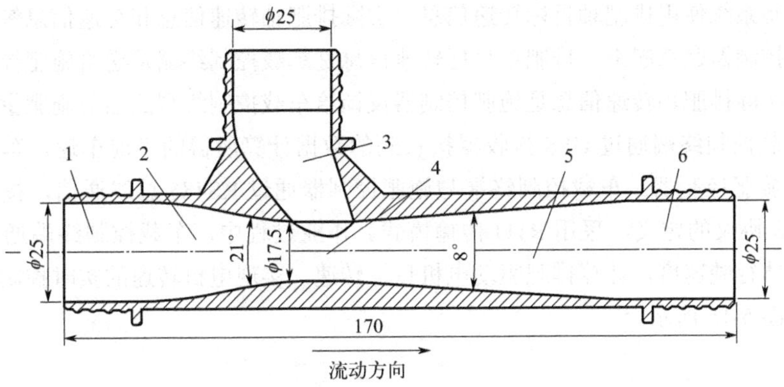

图 5-13 风送输肥管结构示意图

1—入口圆筒段；2—圆锥收缩段；3—进料口；4—圆筒形喉部；5—圆锥扩散段；6—出口圆筒段

e．风机选型。在传统的风机选型中，主要考虑风机的用途，前期试验得到了风量、风压要求，应用场合，电压、风机功率，然后去选择与这些参数相匹配的风机。这种选型方式会存在安装位置不匹配，安装尺寸不符合要求的现象。

随着风机技术的发展，风机的选型标准也发生了巨大的变化。现在主要选型方式是首先确定机芯型号，设计人员根据设备的空间位置和具体尺寸再确定外壳的尺寸和设计方案，这种选型方式能够根据设备的个性化需求进行单独设计，匹配性高，能简化安装方式，并且使设备的整体性更加协调美观。

风量和风压（静压）是风机选型中的两个最重要的基本参数，现有规范中规定，这两个参数系统设计值与风机的实际参数允许存在百分之十的偏差。

根据流量及气速要求，选用工作电压为12V、功率为72W的可调速离心风机，额定转速为3200r/min。

5.1.3 精准施肥控制系统设计

5.1.3.1 总体设计

精准施肥控制系统是基于实时车速的精准施肥作业控制，系统包括具有GPS接收模块的车载控制终端、施肥控制器、作业状态传感器、排肥驱动电机、鼓风机等，系统结构如图5-14所示。

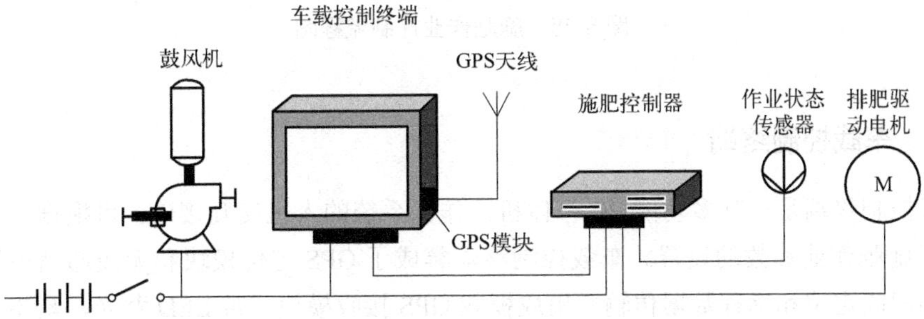

图 5-14 控制系统结构示意图

施肥控制系统使用排肥轴目标转速信息、实际排肥轴转速信息和车速信息等将车载控制终端和施肥控制器联系起来。排肥轴目标转速信息是车载控制终端发送给施肥控制器的目标转速信息；实际排肥轴转速信息是施肥控制器反馈给车载控制终端的当前施肥量表征值；车速信息是车载控制终端通过 GPS 接收器接收到的数据计算所得的当前车速，车速信息通过总线发送给施肥控制器。车载控制终端与施肥控制器通过 RS485 总线通信，按照串行链路上 MODBUS 协议的定义，采用 RTU 传输模式。作业过程中，车载控制终端通过解析 GPS 数据计算车体行驶速度，计算排肥驱动电机目标转速，实现电机转速的实时控制。施肥作业控制流程如图 5-15 所示。

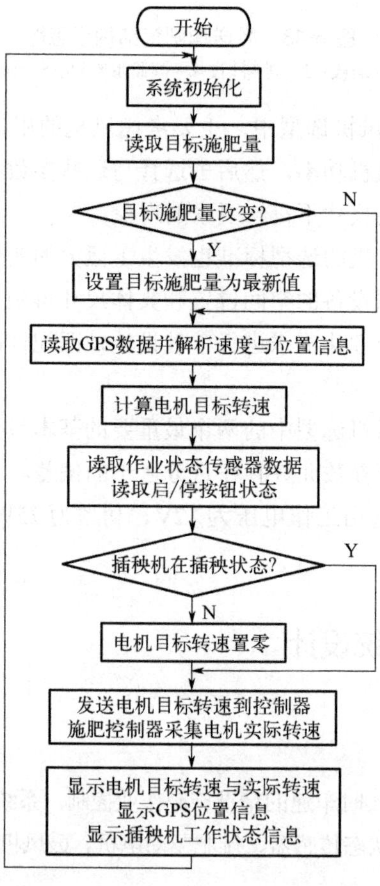

图 5-15 施肥作业控制流程图

5.1.3.2 车载控制终端

车载控制终端是一款多功能 PC 一体机，作为系统的人机交互接口，可根据当地的农艺要求进行施肥作业参数的设置。车载控制终端集成了 GPS 定位模块和无线通信模块，能实现车辆的田间定位和远程数据传输。集成板载 GPS 接收模块，带 LED 背光，紧凑型无风扇设计，处理器型号为 Intel®Atom™E640 1.0GHz，RTC /SMS 唤醒功能，板载 GPS 接收，可选多种无线通信，输入电压在 6 ～ 36V 之间，具有丰富的设备接口，可方便地与控制器、GPS 天线等传感器相连接 。

车载控制终端是 Windows XP 操作系统，针对水田侧深精准施肥作业需求，利用 eMbedded VisualC++ 集成开发环境，在该终端的操作系统上设计了施肥控制软件，车载控制终端与施肥控制器采用 RS485 串行总线通信模式。该软件通过调用终端中集成的高精度 GPS 模块，解析接收到的 GPS 数据，控制终端程序通过解析接收到的数据，从而间接获取车体行驶速度。软件界面能实时显示电机转速、作业状态、传感器状态等信息，同时该软件允许用户根据实际作业需求设定工作参数。通过车载终端能够对侧深施肥装置的工况进行控制，对施肥装置进行标定，设置目标转速，设置运行时间。

5.1.3.3　施肥控制器

施肥控制器主要任务是采集当前排肥驱动电机转速并将数据上报给车载控制终端，接收车载控制终端发送的电机目标转速，并驱动电机达到目标转速。施肥控制器采用型号为 AQMD2410NS 的直流有刷电机驱动器，设置为自测速闭环控制，电机转速用驱动器内部集成的 PID 调节方式实现稳速，其中比例系数 K_p 值为 0.2，微分时间常数 T_d 值为 0.15，积分时间常数 T_i 值为 0.15，采样节拍周期 T_d 为 1ms。

驱动器使用领先的电机回路电流精确检测技术、有刷直流电机转速自检测技术、再生电流恒电流制动（或称刹车）技术和 PID 调节技术可实现控制电机启动、制动（刹车）、换向过程和堵转保护，电机响应时间短且反冲力小，输出电流实时监控防止过流，有效保护电机和驱动器。通过拨码开关或串口配置电机额定电流，可使电机启动、制动、堵转电流均限定在电机额定电流，高效而安全。

驱动器具体参数见表 5-3。

表5-3　电机驱动器技术参数

项目	参数
电源输入电压	DC8 ～ 12V
电机接口最大输出电流	10A（可持续 30 秒）7.5A（长时间）
电机额定电流可设定范围	0.2 ～ 10A
负载电流可设定范围	0.2 ～ 10A，且不超过 1.5 倍额定电流
制动电流可设定范围	0.2 ～ 3A，且不低于 1/4 额定电流和不超过 1.5 倍额定电流
电机电流检测精度	0.1A
电流测量分辨率	0.012A
稳流控制精度	0.02A
单端模拟信号输入电压范围	0 ～ 5V
差分模拟信号输入电压范围	−5 ～ +5V

续表

项目	参数
TTL 输入电平	0V ≤ V_{IL} < 2.5V 2.5V ≤ V_{IH} ≤ 5.5V
5V 电源最大输出电流	100mA
PWM 频率	18kHz
PWM 分辨率	10 位
PWM 最小有效脉宽	500ns
PWM 有效范围	0.1% ～ 99.9%
PWM 调速方式 PWM 可设定范围	–99.9% ～ 0，0 ～ 99.9%
转矩调速方式电流可设定范围	－额定电流～ 0，0 ～额定电流
堵转保护时间设定范围	0.5 ～ 22.5s 或不保护
自测量电机换向频率要求的最小电流波动	0.1A
自测量电机换向频率测速范围	10 ～ 1000 次 /s
自测量电机换向频率闭环调速方式速度可设定范围	0 ～ 1000 次 /s
自测量电机换向频率闭环调速方式有效稳速范围	10 ～ 900 次 /s
外接测速发电机闭环调速方式反馈电压可设定范围	电位器控制方式：0 ～ 5.00V；串口控制方式：–5.00 ～ 5.00V
PWM 调速方式启动响应时间	额定电流和最大负载电流 1A 时，响应时间约 0.1s；额定电流和最大负载电流 10A 时，响应时间约 0.3s
转矩调速方式启动响应时间	额定电流和最大负载电流 1A 时，响应时间约 0.1s；额定电流和最大负载电流 10A 时，响应时间约 0.4s
闭环调速方式启动响应时间	不短于 PWM 调速方式响应时间
刹车（制动）响应时间	通常为 0.1 ～ 0.5s
串口支持的波特率	1200 ～ 115200bps
ESD 防护	全部接口 8kV 接触放电均无器件损坏，设备能够稳定工作的各接口最高接触放电等级：电源、电机接口 8kV，控制信号接口 4kV，高于以上放电等级，设备可能重启
工作温度	–25 ～ 85℃

5.1.4 施肥机性能验证与田间应用效果

5.1.4.1 水稻插秧同步侧深施肥机静态性能试验

试验在室插秧机静止状态下进行，将插秧机栽秧台放至地面，机架处于水平状态，以相当于常用作业速度的排肥量进行排肥。试验所用缓释型复合肥料物理参数如表 5-4 所示。

表5-4　肥料物理参数表

项目	参数
容积质量	0.898g/cm^3
含水率	1.0%
自然休止角	25°

在北京市昌平区小汤山国家精准农业示范基地对电机在不同转速下对各行排肥量一致性进行测定。试验时，肥料容积超过肥箱容积的二分之一，测定行数为6行，由于水田侧深施肥量小，寒地水稻侧深施肥量在300kg/hm^{2}左右，正常稳定施肥作业时，排肥驱动电机转速为20～30r/min，排肥试验时所设置排肥驱动电机转速分别为10r/min、20r/min、30r/min、40r/min，每次试验测定时间为五分钟，排肥器在每个转速下重复五次排肥试验。试验完成后，将6个排肥口的肥料分别收集编号，用精度为0.001g的电子天平称量每个排肥口所排肥量的重量并进行记录。将20组试验结果进行数据分析并计算各行排量一致性的标准差和变异系数。

从表5-5可以看出，相同转速下，各行之间排肥量变异系数小，一致性好，排肥量比较恒定；不同转速下，肥盒每转排肥量比较稳定，随转速的提高，每转排肥量有减小的趋势。经计算发现，施肥机总排肥量稳定性较好。

表5-5　各行排肥量一致性测定统计结果

转速 /（r/min）	10	20	30	40
第一行排肥器每转平均排肥量 /g	20.700	20.367	19.800	19.683
第二行排肥器每转平均排肥量 /g	20.100	19.617	19.344	19.367
第三行排肥器每转平均排肥量 /g	20.200	20.467	20.133	19.992
第四行排肥器每转平均排肥量 /g	20.000	19.650	20.067	19.242
第五行排肥器每转平均排肥量 /g	21.267	20.450	19.689	19.058
第六行排肥器每转平均排肥量 /g	20.633	20.467	20.622	19.700
均值 /(g/r)	20.483	20.169	19.943	19.507
标准差	0.437	0.381	0.399	0.315
变异系数 /%	2.133	1.889	2.001	1.615
平均排肥量 /(g/r)	20.026			

此外，经试验发现，插秧机在起动低速阶段，排肥量小，存在断条现象。六行各存在一个断条，长度分别为11cm、13cm、12cm、15cm、10cm、11cm，计算可得断条率为2.4%。断条试验如图5-16所示。

图 5-16 断条试验现场图

5.1.4.1 田间应用效果

为检验设备的实际作业性能，2015 年 5 月中旬在黑龙江七星农场建三江北大荒精准农业农机中心试验田进行试验，并对施肥装置进行了施肥均匀性试验，施肥总面积为 6665.7m^2，试验所用肥料为缓释型复合肥料，所用车载平台为洋马 VP6 乘坐式水稻插秧机，作业速度为 1m/s。田间试验如图 5-17 所示。

(a) 田间试验现场

(b) 插秧机与施肥装置配合使用照片

图 5-17 水稻侧深精准施肥田间试验

试验时将施肥区域分为 10 个大小为 45.3m×14.4m 的小施肥区，在长度方向上每隔 14.4m（8 倍幅宽）竖立一个标记杆，每个小施肥区可进行 4 次往复施肥作业。

施肥量数据统计结果如表 5-6 所示，可以看到，施肥装置施肥量总体比较稳定，当预置施肥量为 300kg/hm^2，车辆行驶速度为 1m/s 时，施肥量偏差控制在 5.82% 以内。

表5-6　田间施肥统计结果

编号	预置施肥量 /(kg/hm^2)	实际施肥量 /(kg/hm^2)	施肥量偏差 /%
1	300	315.425	5.48
2	300	303.690	1.23
3	300	312.630	4.21
4	300	317.445	5.82
5	300	307.980	2.66
6	300	305.690	2.33
7	300	290.370	3.21
8	300	299.340	0.22
9	300	315.890	5.63
10	300	305.825	2.28

对施肥机施肥位置尺寸进行测定，测定行数为 6 行，每间隔 1m 进行施肥深度测量，每行测 5 个点的施肥深度，共测 30 个点，施肥装置设定的理论施肥深度为 5cm，深度在 1cm 范围内波动视为合格，试验数据如表 5-7 所示。由表可知，平均施肥深度为 5.12cm，深度合格率为 96.7%。

表5-7　施肥深度数据表

编号	施肥深度 /cm	编号	施肥深度 /cm	平均施肥深度 /cm	合格率 /%
1	5.3	16	4.7		
2	5.8	17	5.6		
3	5.9	18	5.3		
4	4.7	19	5.3		
5	5.9	20	4.6		
6	5.8	21	4.8		
7	5.1	22	5.0		
8	4.9	23	5.6	5.12	96.7%
9	5.2	24	4.5		
10	5.8	25	4.2		
11	4.8	26	3.9		
12	5.1	27	4.9		
13	5.4	28	5.9		
14	5.4	29	5.1		
15	4.1	30	4.9		

对于插秧施肥机除按上述方法测定施肥深度外，还应测定肥料与秧苗之间的距离。由于插秧爪与排肥口横向相对距离始终为3cm，且在运动过程中不会随着车辆的位置及速度而改变，从而实现了秧、肥分离。

综上，水稻插秧同步侧深施肥机能够实现水稻插秧同步侧深施肥作业。当施肥量设定为300kg/hm^2，插秧机作业过程中稳定行驶速度为1m/s时，施肥量偏差控制在5.82%以内，能够根据插秧机行驶速度实时调整施肥量，能实现连续带状侧深精准施肥作业，提高施肥均匀性和肥料利用率。

5.2 水稻直播施肥技术与装备

水稻直播技术免去了育秧、插秧两道工序，大大减轻了劳动强度，不但省工节本，而且增产增收，经济效益十分显著，是水稻生产中一项有效的轻简栽培技术，应用面积逐年扩大。但在水稻直播生产中，施肥仍以人工撒施为主，导致施肥不均匀，化肥平均有效利用率不到30%。化肥利用率低造成了资源浪费和环境污染。水稻在生长期因肥料不均衡而影响生长，还会造成水稻倒伏、后期贪青和加重病虫害发生。提高化肥利用率最有效的方法是采用化肥深施和施用缓 / 控释肥，结合水稻机械播种同步定位深施缓 / 控释肥，肥料深施可以有效减少肥料撒施在土壤表面造成的挥发和流失，提高肥料的吸收利用率，减少施肥次数和生产成本，提高水稻产量。

5.2.1 水稻施肥直播技术与适用种植模式

水稻施肥直播技术包括旱直播技术和水直播技术，水稻施肥旱直播技术原理如图5-18所示。在旋耕平整后的旱地上同时开两条平行的蓄水厢沟，两蓄水厢沟之间形成比蓄水沟高的宽垄台；蓄水厢沟的横截面呈上宽下窄的梯形，播种后保持蓄水厢沟内有水，垄台土壤湿润，为稻种发芽生长提供水分。在垄台上同步开出播种沟和施肥沟，施肥沟位于播种沟一侧；稻种以穴播方式按一定间距播在播种沟内；肥料施于施肥沟底，施肥后覆土盖平。适用于旱地水稻种植作业。

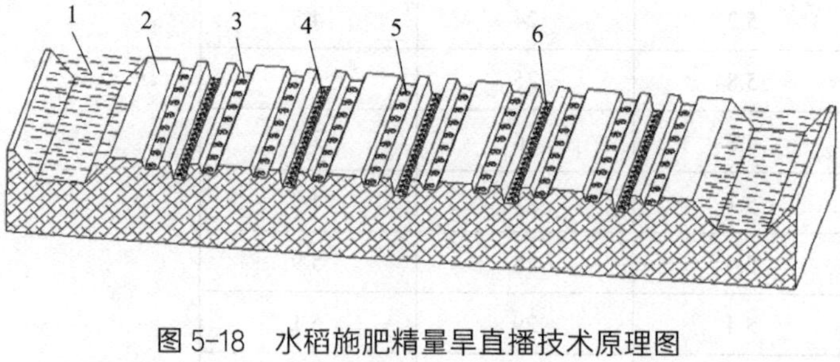

图5-18 水稻施肥精量旱直播技术原理图

1—蓄水厢沟；2—垄台；3—播种沟；4—施肥沟；5—稻种；6—肥料

该技术具有以下特点：

（1）采用该播种技术有利于水稻根系发育生长，解决了一般直播稻播在泥土表面根系入土浅、易倒伏的问题；播种后采用“湿润灌溉”和“间歇灌溉”方式，保持厢沟内有水，厢面土壤湿润即可，4 ～ 6 片叶时灌水建立浅水层，不需种植前浸泡田和育秧用水，与传统水稻灌溉种植方式相比可节水 30% ～ 50%。

（2）采用机械深施肥技术，在播种沟侧开出施肥沟，将肥料定量、定位、均匀地施于距种沟 100 ～ 120mm、距地表 50 ～ 70mm 处，并进行覆盖，能有效减少肥料挥发损失，提高肥料利用率。如施用控释肥，一次施肥能保证水稻整个生长期内的肥料供给，实现均衡长效。

水稻施肥水直播技术适用于水田水稻种植作业。通过“开沟、起垄、施肥、穴播”联合作业，将肥料施于水稻根系附近，以利于根系吸收和水稻生长，减少肥料用量，达到高效、增产、节肥和节水的目的，机具作业时将破胸露白的稻种成行成穴地播于播种沟中。如图 5-19 所示，在两条蓄水沟形成的垄台上依次开设两条播种沟，每两条播种沟中间开设一条施肥沟，深度为 100mm。蓄水沟的截面为上宽下窄的梯形，深度为 50mm，作为灌溉水沟，以保证水稻生长所需水分。在水稻生长期间只需要在垄沟中保持一定的水层而无需整个田面灌水，既可以减少灌溉用水量，又可以减少田间水分蒸发量，有效节省了水稻生产灌溉用水。垄面上的播种沟的截面同样采用上宽下窄的梯形，深度为 30mm，以增加水稻根系入土深度，解决了一般直播稻播在泥面上根系入土较浅、容易倒伏的问题。

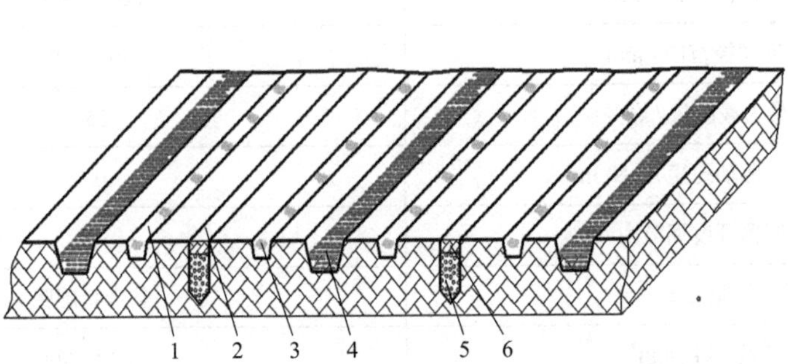

图 5-19　同步侧深施肥水稻精量水穴直播技术原理

1—播种沟；2—施肥沟；3—种子；4—蓄水沟；5—肥料；6—覆盖土

5.2.2　水稻直播施肥系统结构及设计

水稻直播施肥系统总体结构如图 5-20 所示。由转速控制电机、转速控制轴、开度控制电机、开度控制轴、立式螺旋槽轮排肥器及肥料箱组成。转速控制电机与开度控制电机分别对转速控制轴与开度控制轴进行控制，从而实现对排肥轮转速与开度的双变量控制。系统技术参数如表 5-8 所示。立式螺旋槽轮排肥器通过双变量控制肥料精准排出，气流式肥料输送系统将肥料输送至比例分配系统，再由比例分配系统按比例分别输送至深、浅层开沟器，完成水稻不同时期肥料的侧位深施。

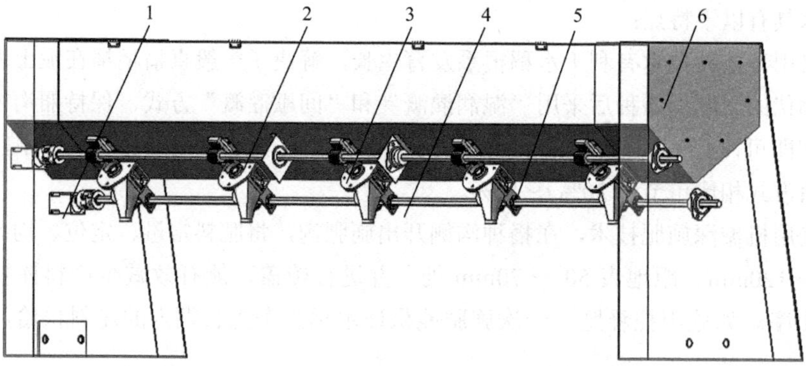

图 5-20　水稻直播施肥系统总体结构示意图

1—开度控制电机；2—转速控制电机；3—开度控制轴；4—立式螺旋槽轮排肥器；5—转速控制轴；6—肥料箱

设计要求：①解决水稻高速旱直播作业中变量施肥问题；②根据系统决策的地块施肥量结合机具行进速度反馈，实现对排肥量的变量控制；③排肥量在双变量控制下保证准确、稳定；④排肥均匀，肥料须对应在每株水稻均匀分布；⑤适用于多种不同物理特性的颗粒肥。

表5-8　水稻直播施肥系统技术参数

参数	数值
转速调控范围 /（rad/s）	120 ～ 360
开度调控范围 / mm	20 ～ 60
最大载肥量 / kg	250
单排肥器驱动扭矩 /（N·m）	0.5
单排肥器开度调节力 / N	15
施肥方式	条带状施肥
排肥量 /（kg/hm^2）	150 ～ 900

5.2.2.1　立式螺旋槽轮排肥器总体结构设计

立式螺旋槽轮排肥器总体结构如图 5-21 所示，由开度控制机构、转速控制机构、螺旋槽轮、开度挡板及壳体总成等组成，分别对排肥轮的转速 ω 与开度 L 进行控制。

转速调节机构为一对夹角为 90°的锥齿轮，传动比为 1∶1，齿轮模数为 2。驱动轴转速直接由直流电机控制，排肥轮主轴通过锥齿轮传动，转速与驱动轴保持同步。开度调节机构为一套齿轮齿条机构，齿轮模数为 2。齿轮由开度控制轴旋转带动齿条，进而控制开度调节板相对排肥轮的位置，最终实现排肥轮开度 L 的实时控制。

排肥轮轴线的安装与水平面呈一定夹角（即安装角 δ），排肥漏斗的出肥口横截面与水平面平行。安装角的设计在于改进排肥量与排肥轮开度的一次线性关系，提高开度控制排肥量的准确性。

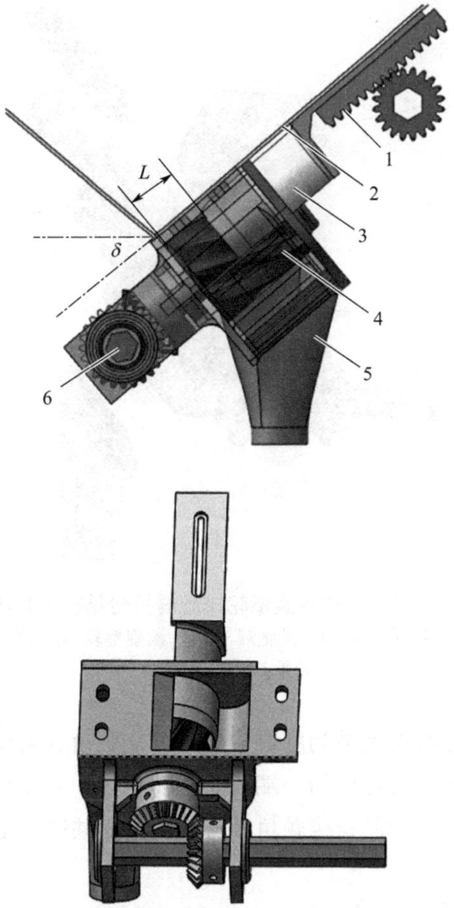

图 5-21　立式螺旋槽轮排肥器总体结构示意图

1—开度控制机构；2—肥料箱；3—开度挡板；4—螺旋槽轮；5—壳体总成；6—转速控制机构

（1）立式螺旋槽轮排肥器内部结构设计　带动层肥料颗粒的运动速度总体上随排肥轮转速增大而增大，但不呈线性关系，且单颗肥料在任意时刻的速度差异较大。带动层的存在，使强制层与带动层的边界不明显，难以估算强制层的总量；而带动层在排肥轮外侧的充分形成，可保证轮槽内部强制层的填充。带动层肥料的顺利排出，在一定程度上也保证了排肥轮运转的平稳性。在实际田间生产过程中，机具的振动使阻肥部件更加不稳定，间隙中的肥料颗粒容易滑落。

综合带动层的特点与不足，采用充肥腔-充肥面结构与固定边界的肥料输送区。其目的是去除带动层的排出，以消除带动层特性系数 λ 对排肥量精确性的影响，以及固定强制层的边界，能够很大程度上减小不同转速下强制层填充带来的差异。合理的肥料接触角能够保证强制层的充分填充。合理的充肥面与充肥角平稳导流阻挡后的内部带动层，以保证排肥轮的运转平稳。固定边界的肥料输送区，保证了强制层排肥量的精量可控。

立式螺旋槽轮排肥器拆分结构如图 5-22 所示。其内部壳体结构如图 5-23 所示，由进肥口、充肥腔、充肥面和出肥口组成。

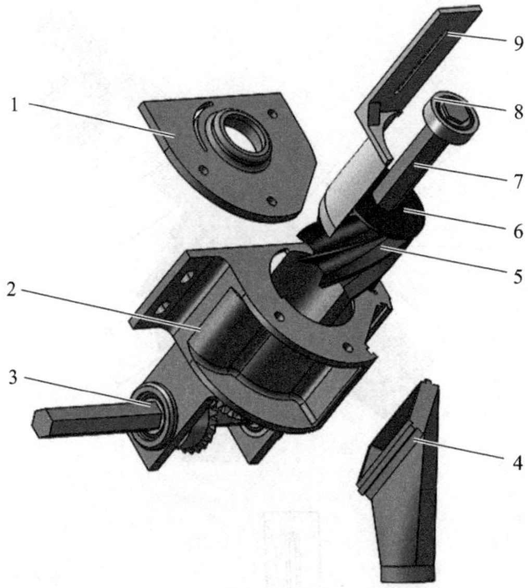

图 5-22　立式螺旋槽轮排肥器拆分结构示意图

1—壳体上盖；2—主壳体；3—转速控制机构；4—排肥漏斗；5—螺旋槽轮；6—槽轮上盖；7—排肥轮轴；8—内六方轴承；9—开度挡板

充肥角顶点到排肥角边线的区域为肥料输送区。充肥角 α 为充肥面与排肥轮外圆面相交交线处两个面的切面的夹角，充肥面另一端与竖直面相切。肥料接触角 β 为排肥轮外圆面处于充肥腔的夹角。肥料输送区由肥料接触角 β 与排肥角 η 共同决定。

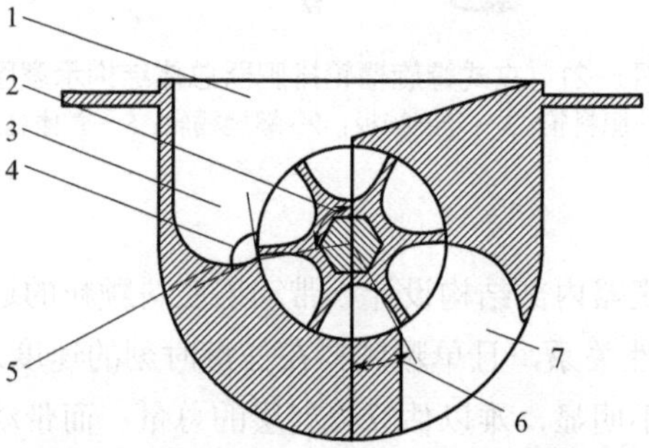

图 5-23　立式螺旋槽轮排肥器内部壳体结构示意图

1—进肥口；2—肥料接触角 β；3—充肥腔；4—充肥角 α；5—充肥面；6—排肥角 η；7—出肥口

立式螺旋槽轮排肥器工作原理如图 5-24 所示。将肥料在排肥器内的输送分为四个阶段：充肥阶段、清肥阶段、稳定输送阶段与排肥阶段。

充肥阶段：由于重力作用，肥料填入轮槽，并在充肥腔中与内部带动层相互作用，充满整个轮槽。清肥阶段：带动层在充肥角处受充肥面导流，带动层与强制层分离，带动层回流至充肥腔内部。稳定输送阶段：当轮槽完全离开充肥区进入肥料输送区，由于肥料输送量保持稳定不变，保证了排肥量准确性。排肥阶段：在排肥角作用下，肥料随排肥轮运转同步，不会由于重力作用与机器振动而提前滑落，保证了排肥精确性。

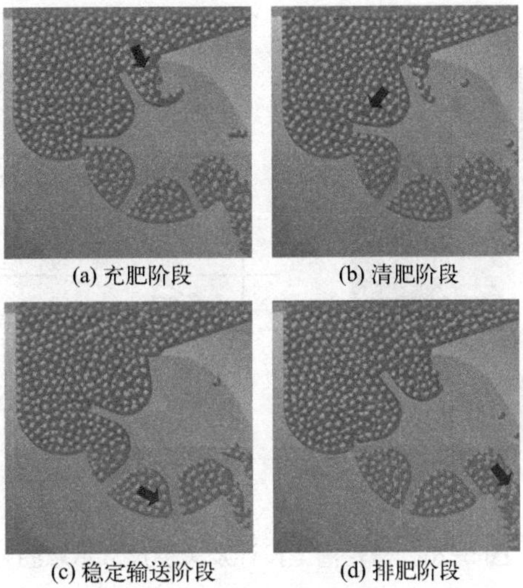

图 5-24　工作原理图

（2）螺旋槽轮结构设计　螺旋槽轮可改善排肥均匀性，弱化肥料流的质量随排肥轮外形而周期性波动的现象。螺旋引线及螺旋槽轮设计如图 5-25 所示。

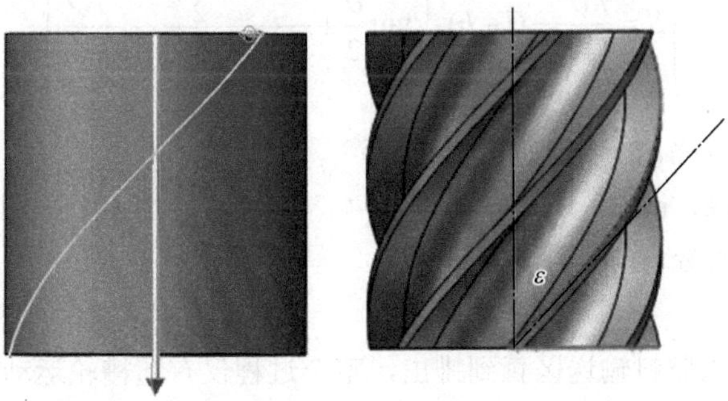

图 5-25　螺旋引线与螺旋槽轮设计示意图

槽轮顺螺旋引线路径切除圆柱得到螺旋槽轮。螺旋角 ε 如公式 5-5 所示：

$$\varepsilon = \arctan\frac{2\pi R}{I} \tag{5-5}$$

式中　R——若螺旋线基圆直径，mm；

　　I——螺旋线螺距，mm。

槽轮采用锥形圆弧型槽。有研究表明，圆弧型槽对排肥均匀性最有利，槽型选择不是影响排肥均匀性的首要因素。根据实际施肥量的需求，设计不同单槽面积的锥形圆弧槽。槽型设计及关键尺寸如图 5-26 所示。

槽轮角数值由槽数 z 决定，如公式 5-6 所示：

$$\theta = \frac{360}{z} \tag{5-6}$$

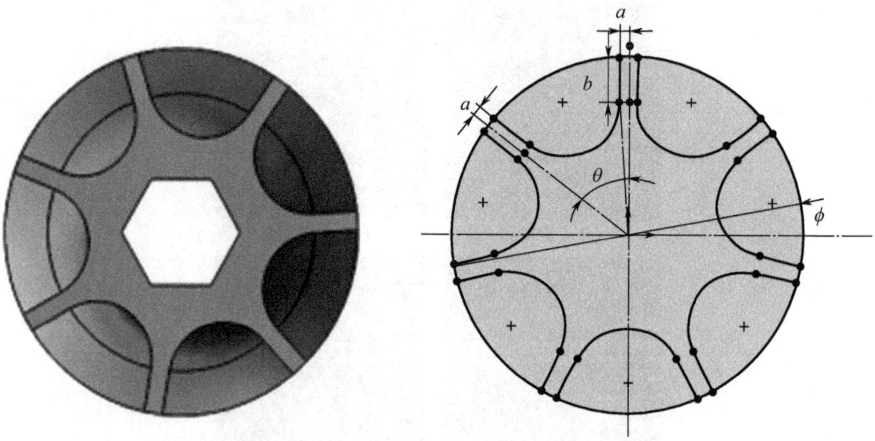

图 5-26　槽轮槽型设计及关键尺寸示意图

槽轮横截面积 S 如公式 5-7 所示：

$$\begin{cases} l=\dfrac{\phi}{2}-\dfrac{a}{\cos\dfrac{\theta}{2}} \\ S=\dfrac{\pi\phi^2}{4z}-(l-b)^2\left(\tan\dfrac{\theta}{2}+\dfrac{\pi^2\tan^2\dfrac{\theta}{2}(180-\theta)}{360}\right) \end{cases} \tag{5-7}$$

式中　a——为轮槽间隔1/2，mm；

b——轮槽叶高，mm；

ϕ——排肥轮直径，mm；

z——槽数。

肥料从充肥腔进入肥料输送区直到排出，整个过程仅有随槽轮运动的强制层，并无带动层参与。

（3）立式螺旋排肥系统肥料箱设计　肥料箱结构如图 5-27 所示，包括肥料箱盖板、肥料箱箱体、排肥口、清肥口及导肥斜板。其横截面如图 5-28（a）所示。

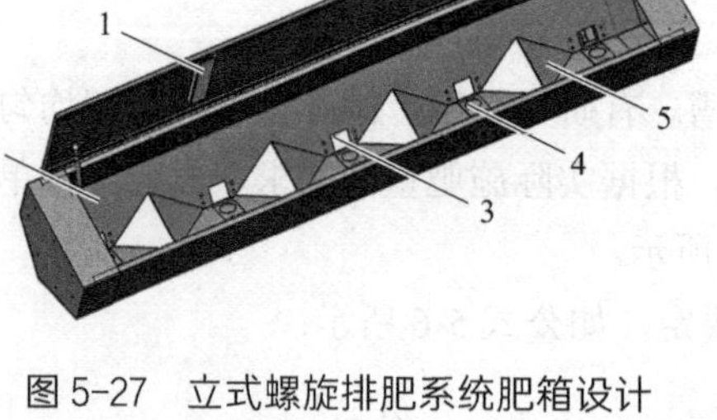

图 5-27　立式螺旋排肥系统肥箱设计

1—肥料箱盖板；2—肥料箱箱体；3—排肥口；4—清肥口；5—导肥斜板

为将肥料导向排肥口，避免排肥口中间的肥料堆积，设计斜板结构，其斜度为25°，大于一般颗粒肥的滑动角。斜板结构如图5-28（b）、图5-28（c）所示。

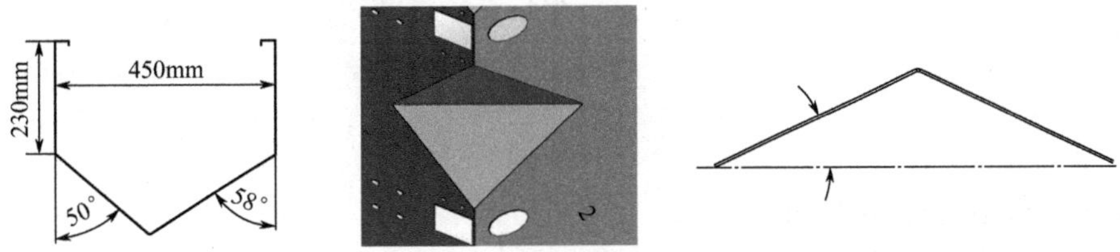

(a) 肥料箱横截面示意图　(b) 斜板结构示意图　(c) 斜板横截面角度示意图

图5-28　肥料箱横截面与斜板结构示意图

设计系统时，需要对此结构形式的肥料箱进行应变分析，确保其变形量在合理范围内，不会对排肥轮转速与排肥轮开度的控制机构造成干扰。

肥料箱材料选择304不锈钢，参照系统设计参数，肥料箱满载肥料为250kg，肥料箱主箱体钢板自重约20.3kg，长2.4m。

根据分析结果可知，此结构的肥料箱可保证控制传动机构的控制精度。

5.2.2.2　气流输送系统设计

为解决施肥系统作业过程中肥料堵塞和施肥不均匀等情况，施肥系统应配套安装气流输送系统。气流输送系统主要由风机、增速器、皮带轮装置、输气管道、气流肥料混合管道等装置组成，具体模型图如图5-29所示。其中，风机支撑装置和增速器支撑装置通过螺栓螺母固定于水稻精量直播机上；进肥口与立式螺旋槽轮排肥器出肥口连通；风机出风口和管道进风口通过内径60mm、厚3.5mm的PVC透明钢丝软管连接在一起；气流清肥管道通过变径零件与排肥器壳体进风口连接。

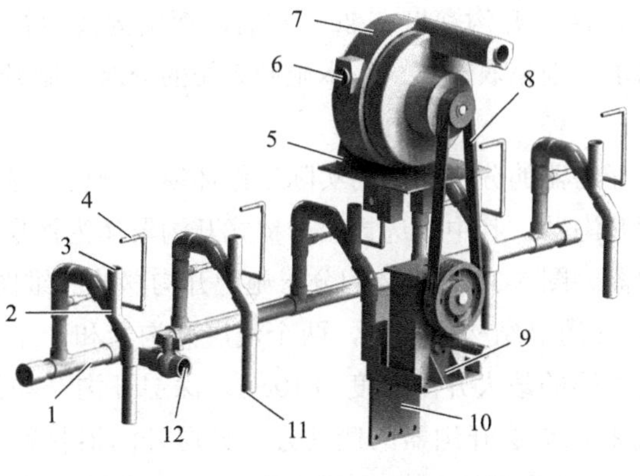

图5-29　气流输送系统总体示意图

1—输气管道；2—气流肥料混合管道；3—进肥口；4—气流清肥管道；5—风机支撑装置；6—出风口；7—风机；8—皮带传动装置；9—增速器；10—增速器支撑装置；11—出肥口；12—总进气口

（1）气流肥料混合管道设计　为防止在施肥作业过程中管道堵塞，气流管道设计的基本条件为单位长度l0m管道所能容纳肥料的密实体积 V_{dmax} 小于自身容积 V_g，即 $V_g > V_{dmax}$，其中 V_g 和 V_d 的计算公式如式5-8和式5-9所示。

$$V_g = \frac{\pi D^2}{4} l_0 \tag{5-8}$$

$$V_d = \frac{Q_d l_0}{v_d \rho_r} \tag{5-9}$$

式中　V_g——管道自身容积，m^3；

D——气流肥料混合管道内径，mm；

V_d——肥料的实密体积，m^3；

Q_d——肥料的质量流量，kg/s；

v_d——肥料的悬浮速度，m/s；

ρ_r——肥料的堆积密度，kg/m^3。

通过计算可知，为保证肥料正常输送，则选定气流肥料混合进肥口和出肥口内径均为34mm，外径为40mm。

（2）风机选型　根据前期的试验研究和管径要求，气流输送系统输气管道选用PVC硬管组合而成，管径选取与气流肥料混合管道一样，方便连接配合安装，即内径为34mm，外径为40mm。为了使肥料输送顺畅，风速为20m/s。

根据总风量要求，选用东莞市汉克机电科技有限公司生产的RGB-720型拖泵风机，主要参数为：风量320m³/h，功率5kW，转速2900r/min。

5.2.2.3　分层施肥开沟器设计

气流式分层施肥系统能满足水稻直播的同时将水稻整个周期生长所需的肥料一次性分层施入土壤里，其中浅层肥料保证水稻前期生长，深层肥料保证水稻后期生长。水稻前期根系不发达，只能吸收到距离水稻较近的肥料。设计浅层开沟器时，要求浅层开沟深度在4cm左右，距离水稻行的距离在5cm左右，每行浅层施肥对应一行水稻行。水稻后期根系发达，设计深层开沟器时，要求深层开沟深度在8cm左右，深层沟在两行水稻行的中间，保证两行水稻的生长的肥料需求。根据农艺要求，本施肥系统的分层施肥开沟器应设计为异位分层施肥开沟器。

根据几种常见施肥开沟器的分析和田间实际工作环境的分析，选择锐角开沟器作为浅层施肥开沟器和深层施肥开沟器。其中，选择船形铲式开沟器作为浅层施肥开沟器，芯铧式开沟器作为深层施肥开沟器。图5-30为设计的分层施肥开沟器的三维图。

图5-31为分层施肥开沟器结构示意图，两个浅层开沟器和一个深层开沟器构成一组分层施肥开沟器。深层开沟器的最大开沟深度为10cm，深层开沟器与浅层开沟器的开沟深度差为4cm，两浅层开沟器在深层开沟器的侧后方。分层开沟器材料为方形碳钢，其中深层开沟器钢的厚度为5mm，浅层开沟器钢的厚度为3mm。深层施肥开沟器在两行水稻作物的中间，浅层施肥开沟器在水稻作物的两侧，从分层施肥分配器出来的深层肥料通过深层

施肥口 8 施入由深层开沟器 3 开出的施肥沟内，从分层施肥分配器出来的浅层肥料通过浅层施肥口 9 施入由浅层开沟器 1 开出的施肥沟内。开沟后由安装在直播机后面的覆土装置进行覆土。

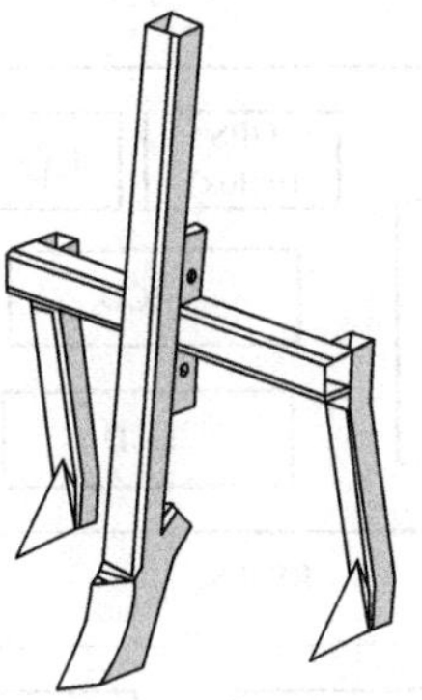

图 5-30　分层施肥开沟器三维图

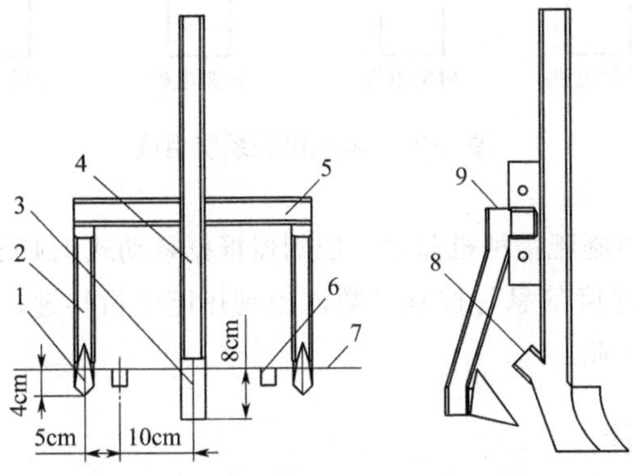

图 5-31　分层施肥开沟器结构示意图

1—浅层开沟器；2—浅层开沟器柄；3—深层开沟器；4—深层开沟器柄；5—支撑横梁；6—播种沟；7—地面；8—深层施肥口；9—浅层施肥口

5.2.3　施肥控制系统设计

施肥控制系统采用华南农业大学研制的变量施肥控制系统（图 5-32），本系统可与变量施肥决策系统配套使用，并可基于此系统开发双变量控制算法对排肥轮转速、开度进行策略控制。该排肥控制系统主要采用多路控制的方法，可对每一个排肥器配置的驱动电机进行独立控制。采用 433MHz 电台或者 4G 网络通信的 GPS/BD 测速模块采集机具当前时刻的行走速度；采用移动式工业平板电脑作为主控制器，采用 RS485 通信协议作为主控制器与步进电机之间的控制通信。

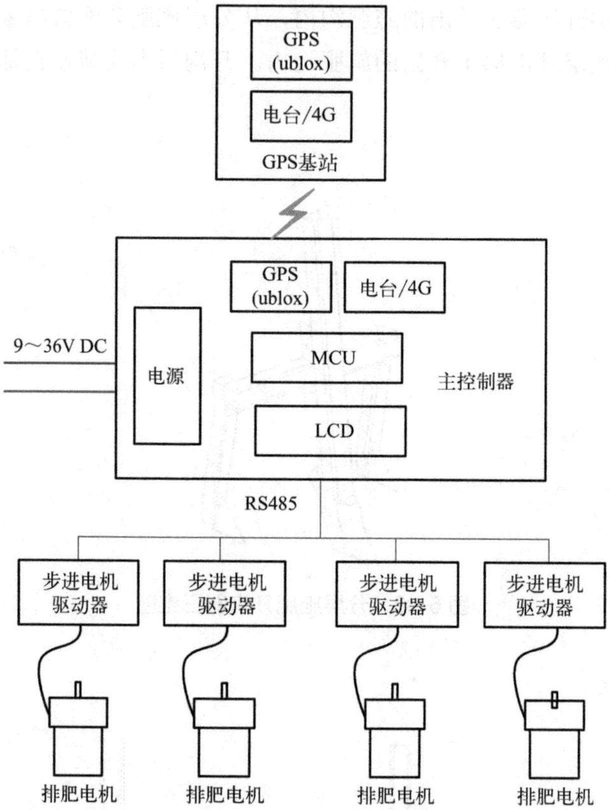

图 5-32　施肥控制系统组成

工作时，拖拉机牵引施肥播种机前进，控制器根据移动式工业平板电脑设置的参数，整合 GPS/BD 采集模块的速度信息与控制参数，控制排肥电机转速，从而控制螺旋排肥器转动，实现多路精量排肥作业。

5.2.3.1　控制系统设计

（1）硬件系统组成　系统硬件配置如表 5-9 所示。

表5-9　控制系统硬件配置表

设备名称	规格型号	数量
工业电脑	XPLORE ix101b，CPU E3845，4G 内存，Windows 系统	1
GPS/BD 基站	RGK200-BASE，5.0 ～ 5.5V DC 供电	1
GPS/BD 移动站	GRK200-ROVER，9 ～ 36V DC 供电	1
步进电机	57HBP112AL4-TFO，12 ～ 24V DC 供电	4
电机驱动器	485 总线 ModbusRTU 协议，10 ～ 40V DC 供电	4
串口线	DT-5019 2nd，异步差分，半双工	1
12VDC/24VDC 转换器	12V DC/24V DC，10A	1

（2）控制线路　控制系统以工业平板电脑为控制器，各输入信号、输出信号接线图如图 5-33 所示。工业平板电脑与步进电机之间采用 485 总线 ModbusRTU 通信协议，其标准驱动节点数为 32 个，即可以为 32 个排肥器提供控制。首先对每一个电机的驱动参数进行设置，并为每一个步进电机驱动器分配物理地址。所有电机电源采用并联方式，控制信号采用串联方式连接。

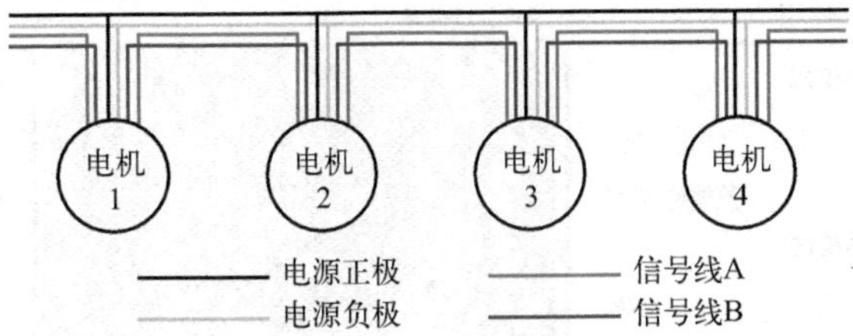

图 5-33　电机接线图

（3）排肥模型标定模块　不同的肥料的特性不同，密度和粒径分布各异，导致施用不同肥料时排肥量与控制量之间的数学模型不同。为了获得系统控制量与实际排肥量之间的数学关系，需对排肥器模型进行标定。

系统设计的标定方法为：将塑料桶置于 1 号排肥器排肥管出口处，控制排肥器以 30r/min 的转速转动 10 圈，将收集的肥料质量输入控制系统，系统将收到的数据除以 10，得到螺旋排肥器的单圈排肥量，即可得到数学模型。

（4）施肥模式

① 定量施肥模式。定量施肥模式根据 GPS/BD 测速模块获取实时速度信息，将其与排肥量联系起来进行精准变量施肥控制，可以实现排肥量随车速实时变化。排肥螺旋的转速可根据式（5-10）计算：

$$n=\frac{Q\times1000\times L\times v\times60}{q\times i\times667} \tag{5-10}$$

式中　Q——亩施肥量，kg；

L——机具作业幅宽，m；

v——机具作业速度，m/s；

q——单圈排肥量，g/r；

n——排肥螺旋转速，r/s；

i——排肥器个数。

② 变量施肥模式。变量施肥系统根据地理信息系统（GIS），将施肥决策数据导入控制系统，施肥机在田间进行施肥作业时，由施肥机上的 GPS/BD 接收机接收来自卫星的定位信息，判断施肥机所在的位置，调用施肥决策信息控制排肥轴转速，以达到根据位置及其相应土壤条件进行自动变量施肥的目的。相关研究表明，按照这种模式实施 3 ～ 5 年，田块内部的土壤营养状况将趋于一致化，对土壤肥力建设有重要意义。

5.2.3.2 控制系统标定

控制系统软件主要由三种施肥模式组成，分别为手动模式、自动模式和专家模式（图5-34）。根据螺旋排肥器的排肥特性，其排肥量与转速之间呈线性相关关系，因此，系统内集成了标定模块。

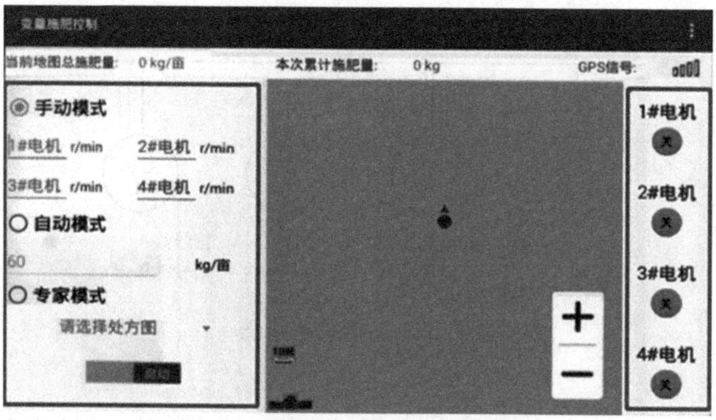

图 5-34 工作模式设置、电机状态与控制

“手动模式”可单独控制各个电机的开关及转速。可设置单个或多个电机的转速，并通过电机的开关控制键分别控制各个电机的转停。

“自动模式”可控制电机同步工作，并且按照设置的施肥量以及当前施肥车辆的车速，同时控制电机进行排肥作业。

“专家模式”可根据处方图来控制当前位置的施肥量。将根据本地的定位信息匹配处方图中相应位置的施肥量，并结合当前施肥车辆的车速，控制电机的转速，进行变量排肥作业。当机具位置超出作业处方图所规定的区域，定位信息无效时，“专家模式”不起作用。

点击主界面右上角的⋮，选择“参数设置”，将进入配置界面，如图 5-35 所示，可以进行作业机具参数信息设置，同时还可以进行排肥器排肥量标定。

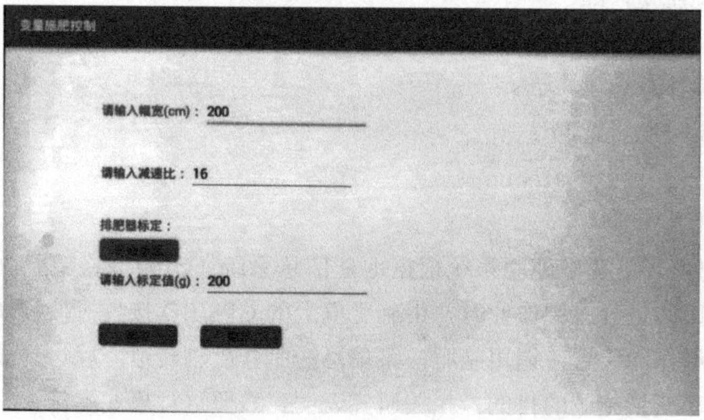

图 5-35 配置界面

“幅宽”指施肥车辆的宽度；“减速比”指电机上安装的减速器的减速比，若没有安装减速器，该值为1。排肥器的标定功能请在标定准备工作完成之后执行。点击“开始标定”按钮，则1号电机将按60r/min的转速转动固定的圈数。电机停止转动后，请将1号电机排肥口排出的肥料称重，并将该值输入标定值（g）中，点击“确定”即可完成标定，并完成对控制函数的修正。

5.2.4 施肥机性能验证与田间应用效果

5.2.4.1 充肥角设计试验

为了对改进设计结构与传统结构进行对照研究，参照图5-36结构建立对照模型。本结构仅包含壳体与内部固定式阻肥部件，其壳体与排肥轮之间存在间隔，用于模拟有带动层肥料排出的工作过程。为控制变量，其中排肥轮结构与尺寸与改进设计模型相同。

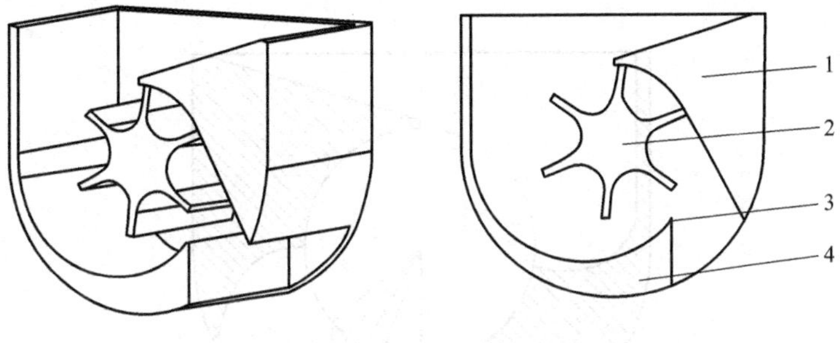

图5-36　充肥角对照结构示意图

1—壳体；2—排肥轮；3—排肥间隙（带动层流出）；4—阻肥部件（固定式）

若竖直面与排肥轮的距离固定，肥料接触角不变，充肥面及充肥腔的形状取决于充肥角α。充肥角的取值直接影响内部带动层的导流与排肥轮的运转平稳性。为此，测试不同充肥角对排肥轮运转受力的影响。

首先取充肥角α为30°、60°、90°与120° 4个水平，如图5-37所示。输出各数据保存

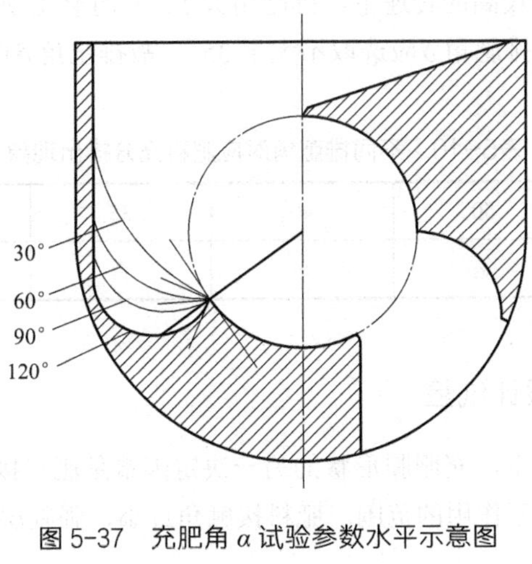

图5-37　充肥角α试验参数水平示意图

时间节点的排肥轮扭矩，计算最大扭矩、平均扭矩及标准差s。并根据实际数据结构，补充试验参数α的选取水平，先后补充了80°、100°、105°与110°。为与结构改进前进行对照，以相同的试验条件与统计方法同时对对照模型进行了扭矩分析。

结果表明，充肥角为105°左右时排肥轮的平均扭矩和最大扭矩均处于最低水平。当充肥角小于90°时，充肥角越小，越不利于内部带动层的回流，增加了被排肥轮挤压与剪切的概率，导致了排肥轮扭矩增大。充肥角大于90°时有利于内部带动层与强制层的分流，在105°时表现最佳，当大于105°时，效果逐渐减弱。

5.2.4.2 排肥角设计试验

排肥角δ过大将导致轮槽内肥料不能及时排出，过小则达不到肥料与排肥轮同步的效果。为此，定性观测不同排肥角δ对肥料充分排出的影响。排肥角δ试验参数水平如图5-38所示。

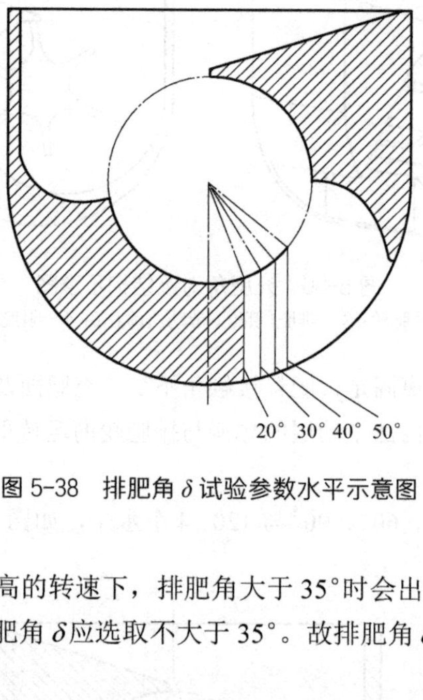

图5-38 排肥角δ试验参数水平示意图

结果表明，在排肥轮较高的转速下，排肥角大于35°时会出现不能充分排肥的现象。为了保证肥料的充分排出，排肥角δ应选取不大于35°。故排肥角δ选取30°（表5-10）。

表5-10 不同排肥角对应肥料充分排出现象

排肥角η/(°)	50	40	35	30	20
是否未充分排肥	是	是	否	否	否

5.2.4.3 肥料接触角设计试验

在充肥角确定的情况下，充肥腔形状的另一决定因素是肥料接触角β。肥料接触角决定了内部带动层与强制层相互作用的范围。肥料接触角过小，强制层未能及时填充，对排肥量造成影响，而肥料接触角过大将减小肥料输送区的范围。为此，通过仿真统计单位时间的排肥量观测强制层的填充是否充分。

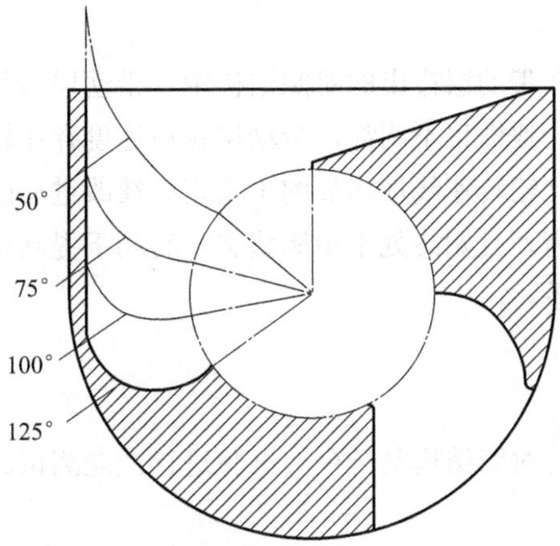

图 5-39　肥料接触角 β 试验参数水平示意图

分别取充肥角 50°、75°、100°、125° 4 个试验水平，如图 5-39 所示。通过质量监测法，采集各水平肥料接触角的内部结构排肥器 10s 的排肥量 Q。根据实际测试的数据结果，先后补充了 80°、85° 与 90° 共 3 个试验水平，仿真设计结果如表 5-11 所示，排肥量变化趋势如图 5-40 所示。

表5-11　不同肥料接触角对应排肥量

肥料接触角 β/(°)	50	75	80	85	90	100	125
排肥量 Q/g	375.8	423.4	435.5	445.4	450.8	449.6	451.7

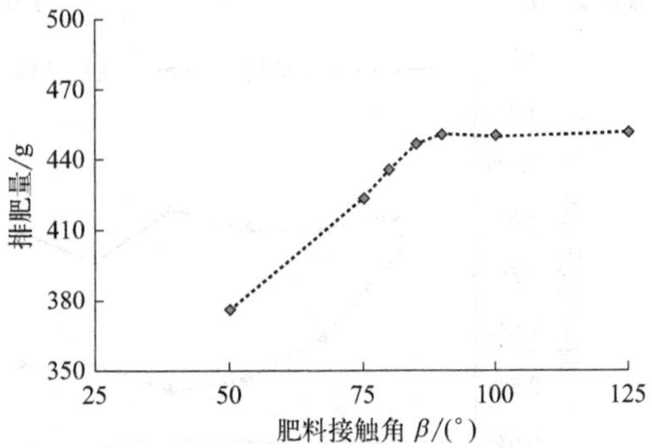

图 5-40　肥料接触角-排肥量折线图

结果表明，从排肥量仿真过程观测分析，当肥料接触角小于 90°时，转速过快将导致排肥量减少。为了保证肥料的充分填充，肥料接触角 β 选取不小于 90°，故肥料接触角 β 选取 100°。

5.2.4.4 肥料运动层特性仿真验证

排肥器结构参数确定后，通过颜色对肥料颗粒进行速度标定。观测结构优化后肥料运动层肥料速度分布的特性与规律，并同时以同样的试验条件与试验方法与对照结构的排肥器进行运动层特性对比。

试验结果表明，在允许带动层排出的对照结构中，带动层与强制层的分界性不明显，而且厚度及其颗粒的速度的一致性也不明显，带动层颗粒速度存在较大随机性，由此造成了排肥量控制的不精确及随排肥轮转速线性增加的不稳定。在改进后的结构中，当强制层进入肥料运送区后，强制层边界清晰且始终处于填满状态，有利于提高排肥量的精确性，保证了排肥量与转速的一次线性关系。

5.2.4.5 排肥性能测试

分别对改进后的结构与对照结构基于台架试验进行性能测试。测试改进设计前后的排肥量精度与排肥量准确性。

① 排肥量精确性分析。各转速水平下各肥料 10 次重复试验的平均排肥量及其变异系数变化趋势如图 5-41 所示。

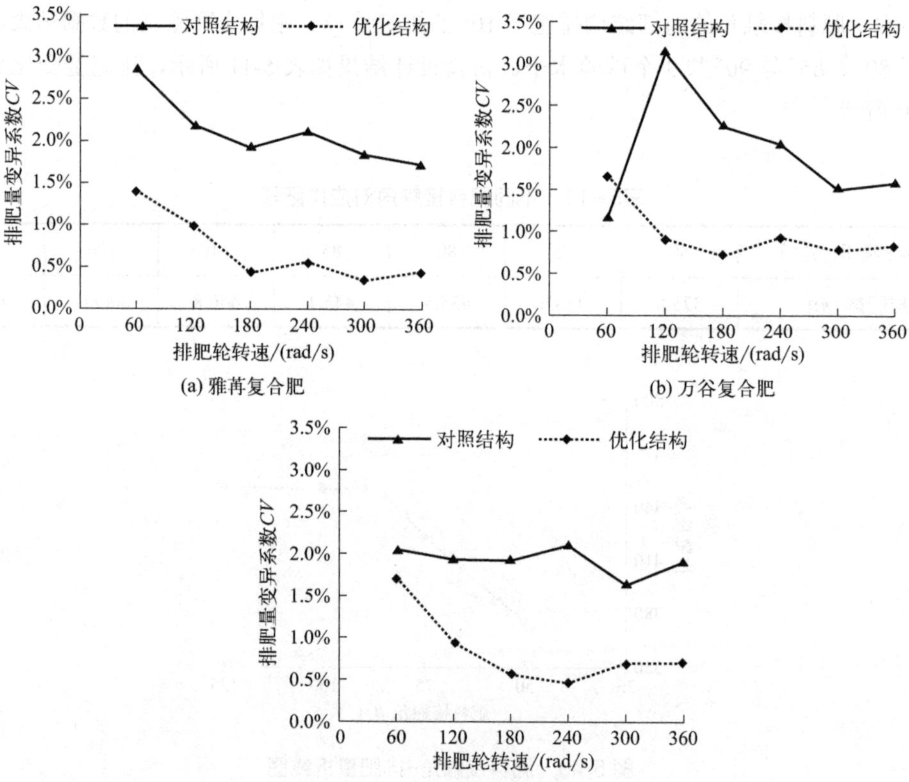

(a) 雅苒复合肥

(b) 万谷复合肥

(c) 海岛复合肥

图 5-41 结构改进前后不同肥料转速-排肥量变异系数对照折线图

结果表明，采用改进后的排肥器各转速因素下各种肥料在相同状态下重复试验的排肥量 Q 的变异系数 CV 进一步减小，排肥量的精确性进一步提高。

② 排肥量-排肥轮转速线性关系分析。三种肥料在各转速水平下的排肥量的散点与回归直线如图 5-42 所示。

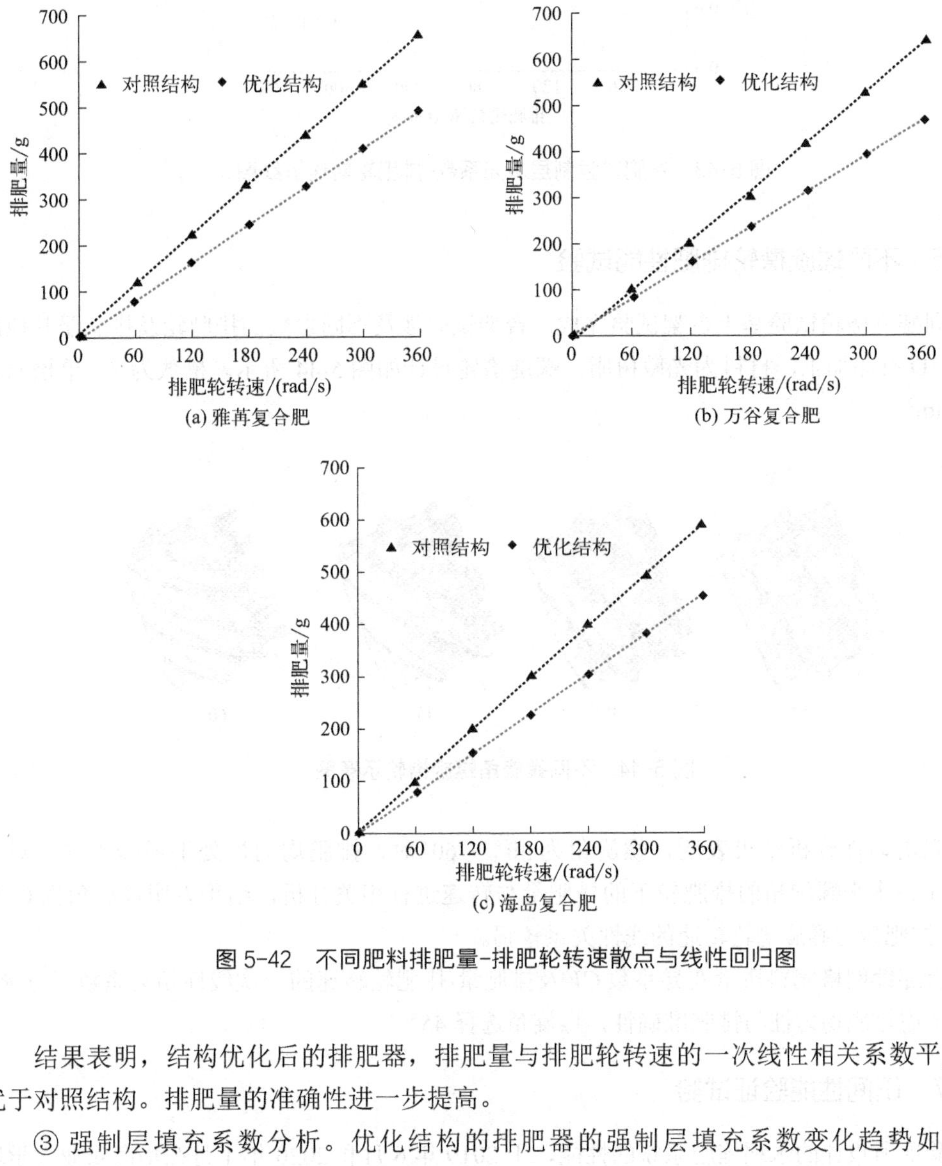

图 5-42 不同肥料排肥量-排肥轮转速散点与线性回归图

结果表明，结构优化后的排肥器，排肥量与排肥轮转速的一次线性相关系数平方 R^2 均优于对照结构。排肥量的准确性进一步提高。

③ 强制层填充系数分析。优化结构的排肥器的强制层填充系数变化趋势如图 5-43 所示。

结果表明，排肥轮转速大于 120rad/s 后，强制层填充系数 ψ 保持稳定。在排肥轮转速变化状态下，稳定的强制层填充性良好地保证了排肥量的精确性及排肥量-转速的线性关系。

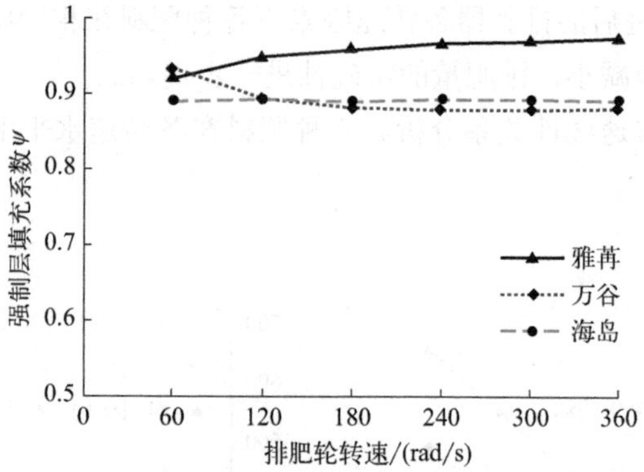

图 5-43　各肥料强制层填充系数-排肥轮转速折线图

5.2.4.6　不同螺旋槽轮排肥性能试验

不同螺旋槽轮试验基于台架试验完成。台架试验涉及不同参数的排肥轮及排肥器其他部件均为 3D 打印加工，材料为光敏树脂。螺旋槽轮设计如图 5-44 所示。槽数为 7，单槽面积为 230mm^2。

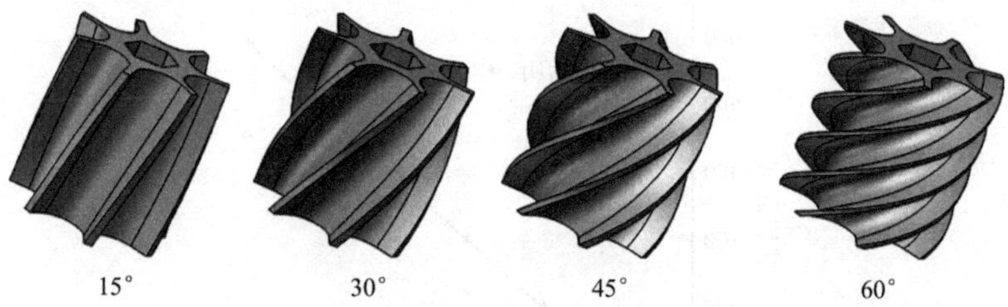

图 5-44　不同螺旋角螺旋槽轮示意图

排肥均匀性分析结果表明，螺旋角为 30°～ 60°时，排肥均匀性处于最佳水平。对不同肥料在各水平螺旋角的排肥轮下的排肥量与转速进行相关分析，结果表明螺旋角为 0°与 45°时，排肥量与螺旋槽轮转速的线性关系较强。

综合连续网格肥料质量变异系数 CV 及排肥量-排肥轮转速的一次线性相关系数平方 R^2，并综合考虑排肥均匀性与排肥准确性，螺旋角选择 45°。

5.2.4.7　田间性能验证试验

为验证所设计的水稻施肥系统的性能，于 2019 年 6 月和 2020 年 1 月在华南农业大学增城教学科研基地试验田进行了田间试验，采用 2BDH-10 型水稻精量旱穴直播机，配套水稻施肥系统，开展田间试验。田间试验如图 5-45 所示。

由表 5-12 试验数据可知，在不同条件下，田间试验所得的排肥量平均变异系数与理论值有小范围的偏差，但与理论值变化趋势类似，均为随着开度的增大而减小，在开度为 40 ～ 50mm 时取得最小值，之后随着开度的增大而有小范围的增大。

图 5-45　田间施肥试验图

通过统计不同条件下的变异系数是否满足排肥稳定性变异系数小于 7.8% 的要求，发现排肥器 4 的稳定性性能最好，在不同条件下的变异系数合格率为 95.8%；排肥器 3 的稳定性其次，在不同条件下的变异系数合格率为 91.7%；而排肥器 1 和 2 的稳定性较差，在不同条件下的变异系数合格率分别为 65.7% 和 79.2%

各排肥口的变异系数在不同转速的情况下随着开度的增大而呈现先减小后增大的趋势，并且在开度为 40 或者 50mm 时取最小，与理论值的变化趋势一致。

结果表明，采用开度优先控制策略时，当开度为 40 或者 50mm，各排肥器稳定性变异系数均取得最小值，且远小于合格指标 7.8%。

表5-12　各排肥口排肥稳定性变异系数表

转速 /（r/min）	开度 /mm	排肥器排肥稳定性变异系数 /%				均值 /%	理论值 /%
		排肥器 1	排肥器 2	排肥器 3	排肥器 4		
5	10	1.15	4.75	4.32	9.50	4.93	12.30
	20	11.97	1.21	5.63	4.63	5.86	10.15
	30	10.04	4.31	4.27	2.32	5.24	8.54
	40	5.80	2.67	3.31	1.49	3.32	7.48
	50	3.02	8.75	5.87	2.64	5.07	5.96
	60	12.38	11.50	1.59	5.91	7.85	7.00
10	10	5.54	11.01	5.15	7.64	7.34	5.65
	20	4.50	5.92	1.20	2.35	3.49	5.00
	30	5.59	8.56	4.51	5.67	6.08	3.89
	40	5.01	2.98	4.60	5.29	4.47	3.33
	50	0.53	2.45	1.40	1.86	1.56	3.32
	60	1.82	2.77	4.57	1.50	2.67	3.85

续表

转速 /（r/min）	开度 /mm	排肥器排肥稳定性变异系数 /%				均值 /%	理论值 /%
		排肥器 1	排肥器 2	排肥器 3	排肥器 4		
15	10	14.78	12.12	7.72	2.47	9.27	3.64
	20	9.31	8.70	3.14	5.90	6.76	2.49
	30	4.32	2.76	4.23	5.89	4.30	1.88
	40	2.09	2.54	4.86	1.49	2.75	1.83
	50	8.59	1.87	5.91	2.83	4.80	2.32
	60	2.20	5.67	8.44	1.90	4.55	3.35
20	10	11.28	5.34	5.19	1.41	5.05	3.26
	20	4.70	2.59	5.31	2.85	3.86	2.62
	30	0.90	1.25	1.68	4.01	1.96	2.51
	40	0.79	2.45	0.53	2.18	1.49	2.96
	50	8.59	3.51	8.21	3.55	5.97	3.95
	60	2.39	5.34	5.23	1.46	3.86	5.48

5.3 无人机肥料施用技术与装备

5.3.1 无人机施肥概述

5.3.1.1 施肥无人机组成及工作原理

无人机施肥系统就是搭载施肥装置的无人机作业系统，主要由飞行平台、地面指挥控制系统、施肥喷洒装置三大部分组成，通过地面遥控或者自主飞行控制方式，实现施肥喷洒作业，如图 5-46 所示。随着信息技术发展，现代精准农业作业过程中，通过遥感或田间调查，获取作物的长势信息，根据长势情况建立无人机施肥作业的处方图，按照处方规划好施肥量和作业区域后，无人机即可在卫星导航系统和地理信息系统的引导下自主进行施肥作业。无人机施肥作为一种现代化的施肥方式，可以满足大面积种植施肥需求，作业效率是人工作业的 50 倍以上，极大降低农业生产人员的工作负担，同时由于引入了航线规划系统，可以避免重喷漏喷带来的作业效果下降，对于提升农业生产管理水平有着积极影响。

图 5-46 无人机为小麦施肥

5.3.1.2 无人机施肥施用原则

由无人机作业能力和自身特点决定，目前无人机以施用液体肥和颗粒肥为主，其中液体肥以叶面肥为主，直接喷洒于作物冠层叶面，由作物吸收；颗粒肥通常采用无人机撒肥的方式抛洒到土壤表面，再由根系吸收。

（1）无人机施叶面肥　叶面施肥效果的好坏与温度、湿度、风力等均有直接关系，为了延长叶面湿润的时间，加强营养元素的吸收，叶肥的喷施时间最好选在阴天或湿度较大的早晨、傍晚，最适宜的是在上午 10：00 之前，下午 4：00 以后。这样可以延缓叶面雾滴的风干速度，有利于养分向叶片内渗透，并减少因肥料浓度升高对叶片的伤害。叶面喷肥的效果和叶片湿润时间长短有关，湿润的时间越长，叶片吸收的养分越多，保持 30 分钟最合适。叶面肥直接喷施于作物叶面，植株对肥料的缓冲作用非常小，因此要掌握好叶面肥的喷施浓度，浓度过高往往会灼伤叶片造成肥害。通常无人机喷施低浓度叶面肥，每次的吸收量也很少，所以需要 2 ～ 3 次喷洒作业。喷施叶面肥一般间隔一周，喷洒次数不宜过多，这样可以防止叶面肥喷施过多，造成肥害。叶面施肥要求雾滴细小，喷施均匀，尤其是要喷洒生长旺盛的上部叶片，叶面叶背都要喷洒，做到均匀细致，才能达到好的肥效，需要专门的无人机窄雾滴谱施药控制装置来完成作业。

（2）无人机施颗粒肥　无人机进行的颗粒肥撒播一般是在作物生长的中后期，此时作物已经抽穗，形态已经基本成形，大型机具下地会伤害作物茎秆，而通过无人机进行追肥可直接提高作物产量。在春耕时节，利用小麦拔节关键期，应用巡田技术，对田块数据进行采集，通过后台分析形成处方，再采用无人机给麦田精准喷撒颗粒肥，提高了肥料利用率，也减少浪费，避免多施肥对土壤的不良影响。水稻中后期进行穗肥时，使用无人机进行肥料撒播在追肥的同时，可避免损伤到水稻作物本身。夏玉米花粒期增施氮肥，以提高叶片光合效率、延长叶片功能，可提高玉米产量，提高抗病能力，而此时采用无人机撒播粒肥可避免使用地面机具破坏玉米生长，最大限度提高作物产量。

5.3.2 关键设备与装置

5.3.2.1 施肥无人机平台

无人机平台是无人驾驶飞行器的统称，按动力类型可划分为油动无人机和电动无人机。按照平台构型可分为固定翼无人机、无人直升机、多旋翼无人机三大平台，其他还包括伞翼无人机、扑翼无人机和无人飞艇等。固定翼无人机是军用和多数民用无人机的主流平台，最大特点是飞行速度较快，载重能力强；无人直升机是灵活性最强的无人机平台，可以原地垂直起飞和悬停；多旋翼无人机是目前农业无人机的首选平台，其操纵简单、成本较低，在我国已经大规模推广应用。

（1）固定翼无人机 固定翼无人机续航时间长，载重量大，适合远距离、长航时工作，多用于军用的无人机侦察，民用的电力巡线、测绘等场合。固定翼能搭载大型设备进行农田信息遥感采集或者空中撒播药剂、种子，作业时一般在距离作物顶端 30 ～ 50m 的空域进行超低空飞行。由于固定翼施肥无人机对作业区域的地形地势有较高的要求，所以多用于开阔的大田施肥作业（图 5-47）。

图 5-47 固定翼无人机

（2）无人直升机 无人直升机在构造形式上属于旋翼飞行器，在功能上属于垂直起降飞行器，可垂直起降、空中悬停，朝任意方向飞行，具有独特的飞行性能及使用价值。无人直升机无人员安全风险、体积小、造价低、飞行平台要求低，在许多方面具有有人直升机无法比拟的优越性。农业无人直升机旋翼大，飞行稳定，抗风条件好，且其风场稳定，雾化效果好，下旋气流大，穿透力强，肥料可以打到农作物的根茎部位（图 5-48）。

图 5-48 农用施肥无人直升机

（3）多旋翼无人机 多旋翼无人机也称为多轴飞行器，是直升机的一种，通常有 3 个以上的旋翼。飞行器的机动性通过改变不同旋翼的扭力和转速来实现。相比传统的单旋翼直升机，它构造精简，易于维护，操作简便，稳定性高且携带方便。常见的多旋翼无人机，如三旋翼、四旋翼和八旋翼（图 5-49 ～图 5-51），被广泛用于影视航拍、安全监控、农业施肥、电力巡线等领域。

图 5-49 三旋翼无人机

图 5-50 四旋翼无人机

图 5-51 八旋翼无人机

目前，施肥无人机主要关注多旋翼喷施无人机的研究与应用，重点领域在喷施量的精度和均匀性、药剂雾化建模、流场分析和穿透性评估等方面。多旋翼农业无人机操纵简单，起降方便，不需要专门的起降场地，作业时具有强烈的下行气流，可使肥料快速直达作物冠层，并且下行气流可对作物进行摇动，促进肥料更好地到达作物叶子的背面以及根茎。

5.3.2.2 液体肥喷施装置

农业无人机肥液喷洒装置由隔膜泵、压力喷头或离心雾化喷头等部件组成，与施药无人机可以通用，其组成如图 5-52 所示。

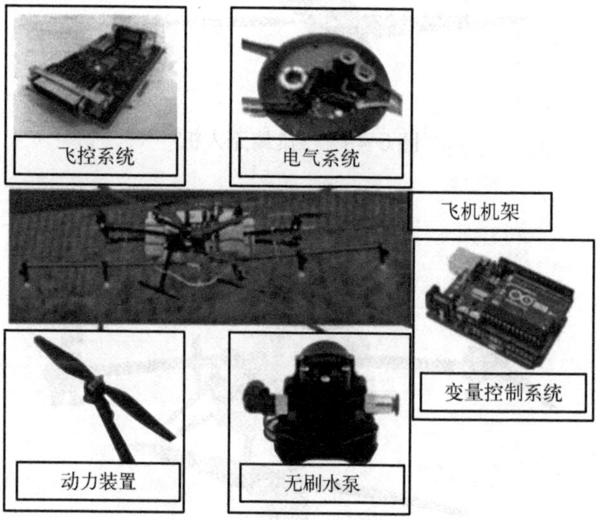

图 5-52　无人机叶面肥施药设备

在施药过程中无人机按设定的飞行轨迹飞行，当控制系统判定进入作业区域，或者人工给出施药指令后，由变量控制器给出施药调节信号。目前无人机施药通常采用基于飞行状态参数的变量喷洒控制方法，根据设定的每亩施药量和无人机当前的飞行速度、位置等状态参数实时调节喷洒系统管路流量，保证在不同速度条件下单位面积的喷洒药量精准一致。

5.3.2.3 颗粒肥喷施装置

由于颗粒肥散播形式多样，因此颗粒肥施药装置也有多种形态，常见的有离心盘式、搅拌式、风送式、槽轮式等多种形式。

（1）离心盘式无人机撒肥装置　离心盘式撒肥装置包括肥量控制装置、离心盘、肥箱等基本结构。撒肥装置工作时，首先采用机械装置打开肥箱与离心盘之间的通道，粒肥在重力或气动力作用下进入高速旋转的离心盘，在离心力的作用下完成均匀抛撒肥料（图 5-53、图 5-54）。

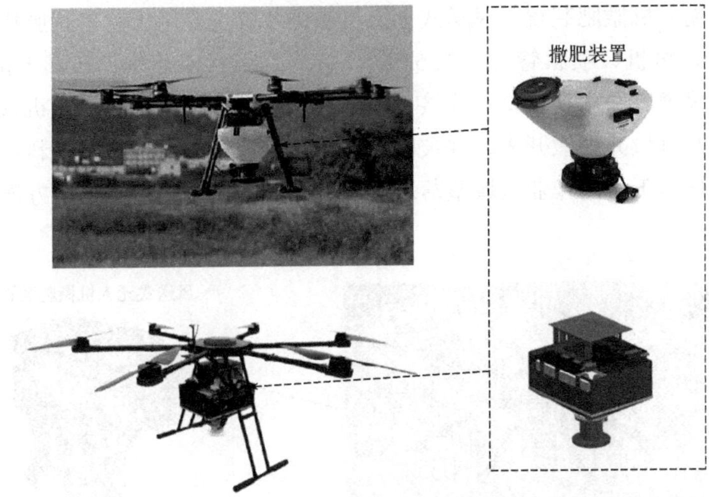

图 5-53　离心盘式无人机撒肥装置

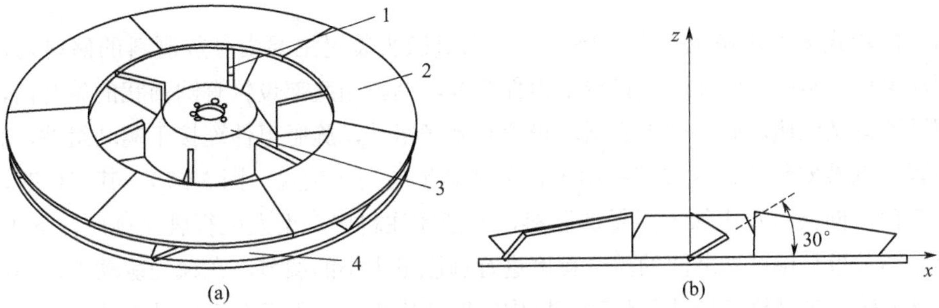

图 5-54　离心盘结构示意图

1—拨肥片；2—上挡板；3—电机转子安装座；4—水平底座

（2）搅拌式无人机撒肥装置　搅拌式撒肥装置包括储料箱、搅拌轴、电磁阀、加压泵等（图 5-55）。储料箱外壁设有加料通道，内部装有专用搅拌轴，同时底部带有出料管路。搅拌轴上焊接有多排带孔叶片，搅拌轴转动时，粒肥通过出料管道排出，管道内电磁阀打开，肥料在加压泵压力作用下从出料管头的施药喷头直接喷出。

图 5-55　搅拌式无人机撒肥装置

（3）风送式无人机撒肥装置　风送式无人机撒肥装置主要用于粉末状肥料的撒播，其包括料仓、风道腔、风机、喷料管等（图 5-56）。料仓为锥状或斗状，在其上部设有进料口，下部有出料口；风道腔和出料口直接连接，内部设置有电机和扇叶，当电机开启后，进入风道腔的肥料被叶片打散并扬散开来，并被吹入喷料管中；粉末状肥料从喷料管喷口喷出，在无人机旋翼风场作用下，向作业区域坠落。此种方式粉末喷撒均匀，使用方便。

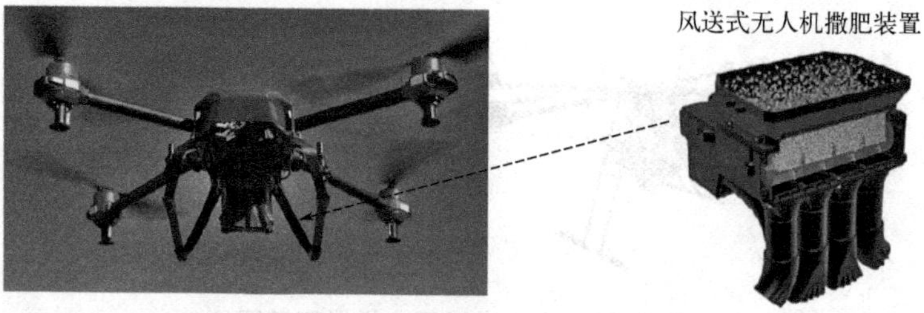

图 5-56　风送式无人机撒肥装置

（4）槽轮式无人机撒肥装置　槽轮式无人机撒肥装置主要由存放肥料的储料箱、施肥筒、驱动组件、施肥槽轮和施肥口调节组件组成，储料箱底部设置有圆筒状的施肥筒，施肥筒底部设置有施肥槽，施肥槽上方活动设置有施肥组件，施肥组件连接于驱动组件，施肥槽右侧设置有调节安装槽，内安装有用于调节施肥量的调节装置（图 5-57）。其工作时，首先打开注料门，向储料箱内加入足量的肥料，并紧闭注料门，无人机行驶至施肥区域上空时，通过调整调节板与施肥槽之间的重合程度进行施肥量大小的调节。在风力驱动下，驱动组件驱动施肥槽轮，施肥槽轮转动并将暂存槽中的肥料排出，实现无人机变量施肥。

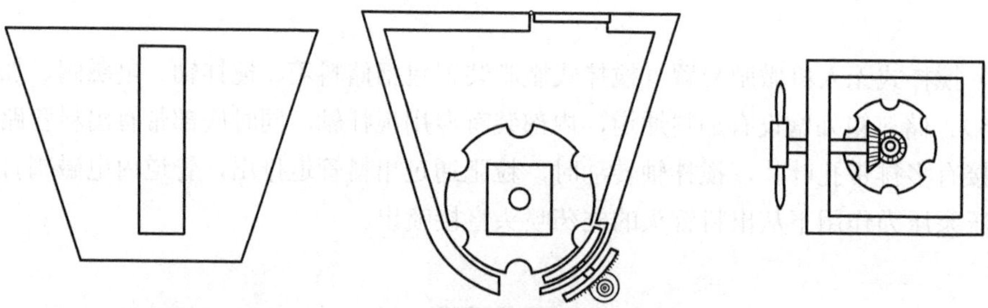

(a) 储料箱　(b) 施肥槽轮　(c) 驱动组件

图 5-57　槽轮式无人机撒肥装置

5.3.3 无人机精准施肥技术与装备

5.3.3.1 施肥信息获取技术

目前，获取农田信息的方式主要包括卫星遥感、无人机遥感、定点摄像、手持或车载式信息采集。无人机技术的不断提高以及功能的日益完善，为无人机技术应用于农田信息获取创造了便利的条件。无人机信息获取技术可以克服传统卫星遥感空间分辨率低、受周期性限制和受云雾影响大的缺点，具有机动灵活、操作简便、成本低、获取影像速度快、地面分辨率高等一系列优点。目前无人机可搭载光谱相机、可见光相机、激光雷达等多种传感器，在精密导航系统的辅助下，能快速获取田间特定位置的作物长势情况、株高、叶绿素含量、植被覆盖情况，并形成精准的网格化的长势评价参数，依据这些长势信息可进一步决定哪些作物需要追肥或养分调节（图 5-58）。

(a) 无人机平台　(b) 无人机作业

(c) 无人机彩色图像　(d) 无人机红外图像

图 5-58　无人机施肥遥感信息获取

（1）施肥无人机航迹规划　航迹规划的主要功能是根据具体任务要求、施肥无人机特性和燃料（或电池容量）限制等进行航线设计，控制无人机的飞行高度、转弯半径和飞行距离等，解决好多任务数据处理、多机调度等问题，满足飞行采集要求和施肥作业的最优飞行轨迹，以支持无人机在复杂环境中较好地完成作业。

无人机的航迹规划可分为在线自主航迹规划和飞行前由地面站系统进行的预规划两种。在线自主航迹规划涉及飞行力学、自动控制、导航、雷达、人工智能、运筹学、计算机和图像处理等多个学科和专业，需要实现高精度定位、智能避障技术、仿地飞行、智能化操控、任意多边形航线规划、故障自检等功能，复杂度高。施肥无人机一般采用事先地面站轨迹规划的方式，即在起飞前由地面站系统根据具体作业任务进行航迹规划，在实际农业施肥工作中，在局部需要处理应急任务时，才有限使用自主作业规划的方式完成绕障、避险等，典型的无人机作业规划系统如图 5-59 所示。

图 5-59　无人机植保作业路径规划田间示意图

（2）决策模型　传统的施肥决策方法以实验室检测或者田间的观测为主，不利于应用和推广，浪费大量的时间以及人力，成本相对较高。无人机遥感平台能够快速、无损、大范围地获取作物长势信息，其操作灵活、飞行成本低，具有更高的作业费效比，并且获得的数据具有较高的分辨率和质量。

无人机载可见-近红外成像光谱仪、高分辨率可见光相机、机载激光雷达（LiDAR）等先进设备，通过定位监测分析氮、磷、钾养分差异性处理的长期试验，可获得不同养分条件下作物的光谱和作物空间形态特征，进而为长势和估产提供数据支撑。遥感探测作物生长主要是对叶绿素探测和间接的长势探测，例如运用遥感无人机搭载可见-近红外成像光谱仪、可见光相机等，可获得不同光谱通道的数据，通过 BP 神经网络法进行建模可以反演水稻的 SPAD 值、植被指数与冠层叶片氮含量、叶片氮积累量、总生物量存在的非线性映射关系。目前利用 NDVI、RVI 和 RNR 建立的多元回归模型的决定系数可达到 0.8 以上，因此无人机多光谱遥感监测农作物氮素状况和生长特征准确性较高，能够定量反演农作物的氮素营养和生长状况。

（3）处方生成　根据信息采集获得的土壤养分信息以及对应的地块的 GIS 信息，再进行数据融合，根据融合结果和相关计算方法可生成施肥作业处方图。图 5-60 是遥感处方图生成过程。

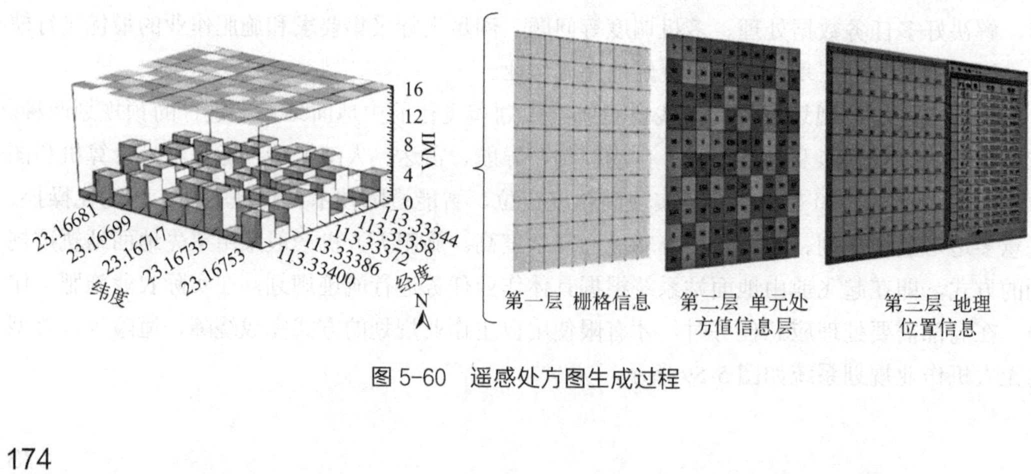

图 5-60　遥感处方图生成过程

首先通过GIS处理软件定位到作业地块，绘制出作业区域，从而获得作业田块地理位置信息，并将经纬度录入到处方文件中，然后生成图层格网，将处方图栅格化；再通过添加要素类，使得网格变成可编辑、读取的平面图层；最后将遥感获得数据的处方值导入到对应的平面图层中，生成可读的变量喷洒处方图。其中处方图主要包含三层信息，第一层为栅格信息，是按无人机有效喷幅的大小以及飞行速度设置的大小相等的矩形网格；第二层为处方值信息，是根据施肥决策函数系统获得的栅格施肥量，不同颜色代表不同的施肥处方值；第三层为地理位置信息，主要为栅格行和列的经纬度信息，通过上述建模和处方生成过程即可获得可用于无人机施肥的处方图。

（4）控制系统设计　变量喷施控制系统的总体功能模块划分如图5-61所示。变量喷洒控制系统通过对喷洒管路实时压力、流量动态特性的标定，建立精准的施肥量控制模型；根据设定的喷洒流量和导航系统提供的飞行速度参数对机载隔膜泵进行实时功率调节，自动控制喷洒管路流量，保证在速度变化、转弯掉头、悬停等不同飞行状态下，依然能精确控制单位面积的施肥量，实现变量喷洒作业。变量施肥控制器获得的追肥处方图后，经过坐标系转换和数据转换后得到作业处方图，将作业处方图以及控制指令导入到控制器中。机载系统作业时，控制器系统首先初始化，关闭隔膜泵输出信号。当地面站发出开始工作指令后，控制器开始接收卫星定位信号并进行解算，获取当前位置和速度，根据施肥量参数的设定发出控制指令，隔膜泵接收到PWM控制信号后开始工作，喷施管道线路中设置节流阀和溢流阀，用来限制最大流量和最大压力，确保安全的同时压力传感器与流量传感器也会实时将流量信号和压力信号传输给控制器，实现闭环反馈控制，进而完成精准变量施肥控制。

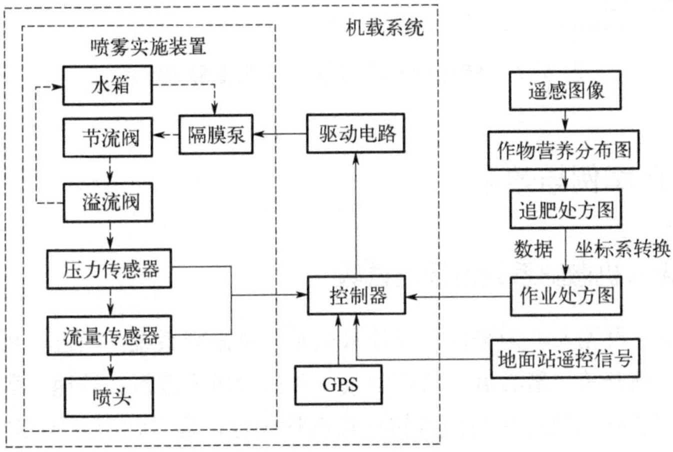

图5-61　变量施肥控制系统总体功能模块划分

5.3.3.2　基于冠层长势探测的无人机精准施肥系统

NDVI指数由作物叶面的近红外和可见光的光谱特征信息计算获得，其不受阳光照度、植被种类的影响，参数稳定可靠，是目前最受认可的反映作物长势和生物量的参数。

当同样的作物NDVI值高时，表示作物冠层长势茂盛，冠层密实，营养丰富；当NDVI值低时，表示作物冠层稀疏，需要对当前位置进行补肥。基于冠层长势探测的无人机变量施肥系统如图5-62所示，该系统集成安装有NDVI传感器、变量施肥控制系统、喷洒系统、无线通信链路等设备。作业时按照预先设定航线飞行，连续探测飞行轨迹线下方作物冠层的NDVI数值，并通过遥测链路将NDVI数据与对应位置经纬度坐标同步发送到地面站软件，根据事先建立的NDVI长势数据库计算出长势情况，设定补肥系数，进而动态调节施肥量。

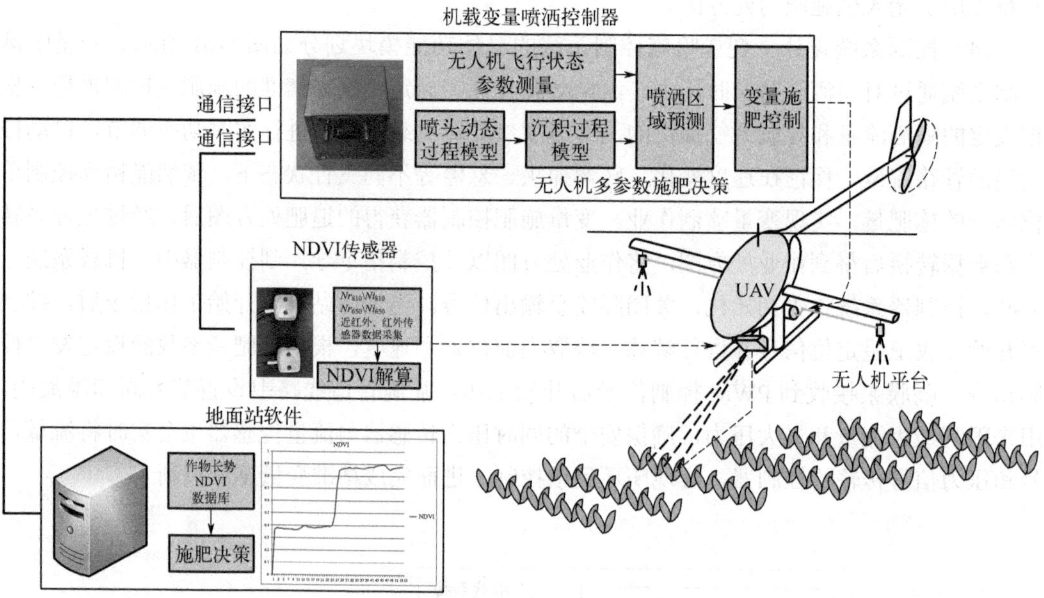

图5-62　集成NDVI探测的无人机变量施肥系统

5.3.4　典型应用案例与效果

5.3.4.1　水稻无人机撒肥系统设计与试验

任万军等以多旋翼无人机为平台，设计水稻无人机撒肥系统。通过分析颗粒化肥的物理特性，确定流量控制开关、离心盘等结构参数，并试验研究流量、转速、落入位置角对均匀性的影响，通过调整落入位置角与圆盘转速提高均匀性，通过调节开关扇叶角度控制流量，以期满足无人机不同飞行高度与速度施肥需求和提高施肥均匀性（图5-63）。结果表明，离心盘转速、落入位置角、流量都会影响肥料分布。离心盘结构形成的同心圆式撒肥与传统撒肥幅宽界定相比，撒肥幅宽边界较为明显，作业规划航线时有利于幅宽快速确定；在圆盘转速、落入位置角、流量较大或较小时，肥料分布呈现出单侧或两侧颗粒密度大、中间少的情况；飞行速度仅对肥料分布密度有影响；俯仰与横滚倾斜角对肥料分布都有影响，横滚倾斜角对肥料分布影响大于俯仰倾斜角。俯仰倾斜会使肥料颗粒集中分布于中部，颗粒数量由中部向两侧递减，会减小有效幅宽，可利用传统幅宽叠加方式解决。横滚倾斜造成的肥料分布不均匀，无法通过操作手段解决，在作业过程中，应避免横向飞行与大风天气作业；横滚倾斜角较小时对肥料分布影响不大。

图 5-63 无人机施肥与人工施肥对比示意图

5.3.4.2 基于高光谱遥感处方图的寒地分蘖期水稻无人机精准施肥

运用无人机高光谱技术建立水稻分蘖期追肥量处方图，在此基础上结合农用无人机作业参数，对待追肥地块进行栅格划分，确定每一个栅格追肥作业喷施量，并通过农用无人机进行精准追肥，以期为寒地水稻分蘖期无人机精准变量追肥提供数据与模型基础。

先利用无人机高光谱遥感构建水稻追肥量处方图，再将处方图转换为能够被农用无人机执行的栅格喷施量信息。目前农用无人机水稻追肥处方图大多是以亩为最小追肥决策单位、以面向的区域级别大小的定性式的变量追肥为主，其变量判断标准是通过植被指数对不同田块进行分级，根据不同级别设置对应的追施量，这种方法在实际应用上比较容易实现。生成无人机追肥处方图的核心在于计算水稻的缺氮量，已有部分研究考虑通过水稻临界氮浓度作为氮素营养决策依据，未来可考虑综合水稻临界氮浓度曲线与生产经验，利用遥感数据，构建“数据-知识”相结合的水稻追肥决策方法，提升农用无人机精准追肥精度。

（1）无人机高光谱遥感影像解混　首先采用最小噪声分离法等数字滤波算法分离数据中的噪声，再提取水稻的高光谱反射率曲线，并构建地物端元光谱库，最后采用正交投影方法，对无人机高光谱遥感影像进行解析，提取水稻的高光谱信息。

（2）水稻氮素含量高光谱遥感建模方法　水稻高光谱信息相比于宽波段的多光谱数据在光谱维度上具有连续特性，能够表征更多的水稻信息，但同时也包含了大量的冗余信息，通常采用主成分分析法与红边特征反射率相结合的方式对 400 ～ 1000nm 范围的高光谱信息进行降维。将降维后的数据结果作为机器学习算法的氮素浓度高光谱反演模型的输入，构建水稻分蘖期叶片氮素浓度反演模型，为建立水稻追肥量处方图提供依据。

（3）水稻农用无人机氮肥追施量精准决策方法　按照水稻栽培专家给出的田间管理方案设置一块生产标准田作为参考标准，将同时期标准田内水稻平均氮浓度作为氮肥追施目标，记为 N_{std}(mg/g)，将待追肥水稻氮素浓度的反演值记为 N_r(mg/g)。则分蘖期水稻缺氮量

N_x(mg/g) 为

$$N_x = N_{std} - N_r \tag{5-11}$$

$N_r > 0$ 时，表示目前该位置的氮素含量低于标准田，需要进行外部喷施追肥；$N_r \leqslant 0$ 时，表示目前该位置不要进行外部喷施追肥。

（4）农用无人机追肥量处方图生成方法　获取水稻单位面积缺氮量后，将缺氮量转换为处方图。由于追肥作业的农用无人机喷幅宽窄的限制，通常结合农用无人机喷幅和速度按照每秒对追肥地块进行栅格划分，每个喷施栅格面积大小为喷幅 × 速度，针对每个栅格生成一个氮肥追施量。

参考文献

[1] 唐新山. 水稻的施肥时期和方法 [J]. 北京农业，2012(12): 99.
[2] 毕春辉，陈长海，李明金，等. 浅谈水稻侧深施肥技术 [J]. 农业装备技术，2011, 37(6): 24-25.
[3] 吴巍. 科学施肥技术 [M]. 北京：科学出版社，1998.
[4] 王春艳. 水稻侧条施肥技术研究 [J]. 耕作与栽培，1998(2): 43-46.
[5] 陈长海，许春林，毕春辉，等. 水稻插秧机侧深施肥技术及装置的研究 [J]. 黑龙江八一农垦大学学报，2012, 24(6): 10-12,25.
[6] 曾山，汤海涛，罗锡文，等. 同步开沟起垄施肥水稻精量旱穴直播机设计与试验 [J]. 农业工程学报，2012, 28(20): 12-19.
[7] 陈雄飞，罗锡文，王在满，等. 水稻穴播同步侧位深施肥技术试验研究 [J]. 农业工程学报，2014, 30(16): 1-7.
[8] 位国建，荐世春，付乾坤，等. 水稻插秧施肥联合作业机的设计 [J]. 农机化研究，2015, 37(11): 104-107.
[9] 王太柱. 气流输送机构的参数确定 [J]. 中国农机化，2008(4): 74-78.
[10] 韩启彪，黄兴法，刘洪禄，等. 6 种文丘里施肥器吸肥性能比较分析 [J]. 农业机械学报，2013, 44(4): 113-117.
[11] 马征，李耀明，徐立章. 农业工程领域颗粒运动研究综述 [J]. 农业机械学报，2013, 44(2): 22-29.
[12] 王淼，黄兴法，李光永. 文丘里施肥器性能数值模拟研究 [J]. 农业工程学报，2006, 22(7): 27-31.
[13] 王太柱. 气流输送装置设计计算 [J]. 农业机械，2008 (22): 64-65.
[14] 燕宁，佟庆理. 管道中散粒状颗粒群的运动规律 [J]. 东北工学院学报，1985(3): 17-23.
[15] 胡克吉. 气力输送系统文丘里供料器的研究 [D]. 青岛：青岛科技大学，2013.
[16] 左兴健. 风送式水稻侧深精准施肥装置设计与试验研究 [D]. 咸阳：西北农林科技大学，2015.
[17] 孟志军，赵春江，刘卉，等. 基于处方图的变量施肥作业系统设计与实现 [J]. 江苏大学学报 (自然科学版)，2009, 30(4): 338-342.
[18] 于英杰，张书慧，齐江涛，等. 基于传感器的变量施肥机定位方法 [J]. 农业机械学报，2009, 40(10): 165-168.
[19] 陈立平，黄文倩，孟志军，等. 基于 CAN 总线的变量施肥控制器设计 [J]. 农业机械学报，2008, 39(8): 101-104, 185.
[20] 陈雄飞. 同步侧位深施肥水稻精量穴播机的设计与试验 [D]. 广州：华南农业大学，2015.
[21] 曾山. 同步开沟起垄施肥铺膜水稻旱穴直播机设计与试验 [D]. 广州：华南农业大学，2011.
[22] 周芳，金书秦. 产出率视角下的农业化肥利用效率国际比较 [J]. 世界农业，2016(4): 35-44.
[23] 袁文胜，金梅，吴崇友，等. 国内种肥施肥机械化发展现状及思考 [J]. 农机化研究，2011, 33(12): 1-5.
[24] 高强，刘淑霞，王宇，等. 施肥对农业生态环境的影响 [J]. 吉林农业大学学报，2000(S1): 106-112 .
[25] 王火焰，周健民. 肥料养分真实利用率计算与施肥策略 [J]. 土壤学报. 2014, 51(2): 215-225.
[26] 刘小虎，邢岩，赵斌，等. 施肥量与肥料利用率关系研究与应用 [J]. 土壤通报，2012, 43(1): 131-135.
[27] 张福锁，王激清，张卫峰，等. 中国主要粮食作物肥料利用率现状与提高途径 [J]. 土壤学报，2008(5): 915-924.
[28] 罗锡文，廖娟，胡炼，等. 提高农业机械化水平促进农业可持续发展 [J]. 农业工程学报，2016, 32(1): 1-11.
[29] 李世成，秦来寿. 精准农业变量施肥技术及其研究进展 [J]. 世界农业，2007(3): 57-59.
[30] 李慧，佟秋成，陈魁，等. 分层侧深施肥播种机的研发 [J]. 中国农机化学报，2013, 34(5): 105-108 .

中国肥料研究与应用全书

Books of Fertilizer Research and Application in China

FERTILIZER

第6章

设施蔬菜精准施肥技术与装备

6.1 设施蔬菜土壤栽培水肥一体化技术与装备

设施土壤栽培蔬菜具有生长快、生育期短、单产高等特点，为保证蔬菜生长过程中充足的水分和养分供应，需要经常灌溉和施肥。在实际蔬菜生产中，生产者为了获取较高经济效益，盲目增加水肥投入量，不仅容易导致土壤水分和养分的过量供应，养分利用效率和有效性大大降低，还引起了土壤质量下降、环境质量恶化、蔬菜品质降低与污染超标等问题。水肥一体化技术将“给土壤浇水施肥”转变到“给作物浇水施肥”，避免了“干渴饥饿”或“暴饮暴食”等现象，通过精确控制灌溉和施肥量及施用时间，实现水分和养分的同步协调供应，确保作物“细酌慢饮”，茁壮成长。

肥料是设施蔬菜增产的物质基础，但并非“施肥越多越增产”，合理、科学施肥是提高蔬菜产量、改善品质的重要技术措施。所谓科学施肥，就是按照栽培目标，科学地设计并实施最佳施肥方案，实现以最少的投入，取得最佳的经济效益的目标。其重点是确定适宜的施肥量和最协调的肥料养分种类配比，核心是施肥量的确定。传统施肥的特点就是将肥料施入土壤，土壤缺什么养分就施什么肥料，施肥方法简单，肥料用量不做精确控制，施肥时期没有精确要求。根据施肥时期一般分为基肥和追肥两种施肥方式。基施一般在蔬菜播种或定植前施用，其作用是为蔬菜生长发育创造良好的土壤条件。用作基肥的肥料一般为固态有机肥，主要包括人畜粪便、动植物残体以及饼肥等，常见施用方法和技术有畦施、沟施和穴施等，具体是将有机肥铺撒在畦、沟和穴中，经过机械或人工覆土或者将肥料与土壤混合后定植。追肥是在蔬菜生长期间施用的肥料，其作用是及时调节作物不同生育时期对养分的需求，争取高产。用于追施的肥料主要是速效性的化学肥料，追肥的方法有冲施、撒施、埋施、水肥一体化与叶面喷施等。冲施、撒施和埋施等方法是把肥料先施用到土壤中，然后再灌水，容易造成烧苗和养分的损失；叶面喷施是将肥料溶解在水中，然后喷洒在蔬菜的茎叶上，具有养分运转快、及时发挥肥效等优点；而水肥一体化则是目前设施蔬菜生产过程中实施追肥的重要技术手段，该技术一般将肥料先溶解到水中，然后以肥液的形式通过滴灌系统直接供应到植株根部，提高养分利用效率，省工，省时，节水、节肥效果显著。

6.1.1 设施土壤栽培施肥原则与技术

设施蔬菜施肥应遵循土壤养分平衡原则，即以养分平衡原理为依据，根据预期目标产量计算出植株所需吸收的氮、磷、钾等养分量，再根据土壤测试数据计算出土壤能提供的氮、磷和钾等养分量，两者之差就是肥料的施用量。采用土壤养分平衡原理进行施肥具有计算方便、容易掌握、便于推广应用等优点，目前的测土配方施肥技术多是基于养分平衡原理计算的。使用土壤养分平衡原理进行施肥需要根据蔬菜养分需求特点与土壤肥力特征，首先要确定计算参数（目标产量、作物需肥量、肥料养分含量和肥料利用率等）以及土壤养分利用系数；另外，当基施大量有机肥时，需要考虑有机肥带入的养分量，这样才能确保计算结果的准确性。随着传感器技术的发展以及在养分原位监测技术上的突破，将来有望实现土壤中主要养分的实时监测，为施肥决策系统提供重要技术支撑。而通过综合应用移动通信、大数据计算与存储等现代信息技术与基础科学研究成果，开发以土壤养分系统平衡理念为核心的便携式专家施肥决策系统，尤其是基于手机端APP的快速施肥决策能够将不同蔬菜科学合理的施肥推荐技术经济、快捷地传送到千家万户的新模式，为养分平衡施肥技术的推广与应用提供了新途径。

基于土壤养分平衡原理的测土配方施肥技术主要由测土、配肥与供肥3个环节顺序构成。由于其综合效果好、可执行性强，需肥、施肥与供肥三者的矛盾可被协调并解决，故得以广泛研究与应用。传统的测土配方技术测验方法的落后导致了施肥作业的时效性差与应用面积小，对供应环节的忽视导致了环节之间相互配合与连接较为困难，使该技术难以发挥最大功效。目前基于3S技术的测土配方施肥研究比较普遍。这套理论方法的基本思想是利用GPS和GIS方法采集种植管理区域的地理空间信息，与对应区域的土壤评价信息、土壤养分分布信息等共同形成空间数据库，并根据作物种类和分布进行栅格单元划分，根据作物目标产量、养分平衡等模型针对每一个操作单元计算最佳施肥方案，并生成配方图和专题图，从而为田间施肥决策提供重要的理论依据。但是基于3S平台的测土配方决策系统对有机肥和无机肥的区分不明显，严重影响到土壤质量，并加速水体的富营养化。当前各个系统平台的开发基本都是针对某一特定区域的特定作物，并且各个平台采用的技术方法以及数据库存储形式都千差万别，不同系统间无法实现数据交互，通用性较差。另外，农民在施肥使用测土配方技术时，往往忽视了部分重要的微量元素（如硼、锌等元素），都将直接或间接地影响产量。

水肥一体化（fertigation）是实现精准施肥的重要技术途径，是“施肥”（fertilization）和“灌溉”（irrigation）相结合的一项农业新技术，主要借助微灌管网和施肥装备系统，依据不同作物水肥需求规律，在灌溉的同时将肥料配兑成肥液同步输入到作物根部土壤。水肥一体化系统一般由水源、首部枢纽、输水管道和灌水器等部分组成。首部枢纽还包括肥料罐、过滤器、施肥泵等。滴灌施肥首先需要确定施用的肥料种类与肥料用量，然后将肥料溶解到肥料罐内，充分溶解成母液，再把母液注入灌溉系统，使其在管道内与灌溉水充分混匀，最后通过滴头准确地施入植株根际土壤。建立基于5R养分管理原则（right source，right pattern，right rate，right time，right place）的肥水协同管理制度是实现设施蔬菜生产全程精准灌溉施肥技术的关键。水肥一体化技术不仅能显著提高水分和肥料的利用效率，有效节约水肥资源，调节作物水分和养分的供应，还可以减少肥料的损失，减轻施肥对环境的污染，在我国设施农业生产中具有广阔的应用前景。

6.1.2　设施蔬菜水肥一体化装备与系统

设施蔬菜传统施肥模式也是通过灌溉系统进行施肥，但主要依据漫灌、沟灌等传统灌水方式，将肥料撒在土壤表面或沟里，然后灌水淹没整个地面或沟面；也有先把肥料溶解在池子里或桶里形成肥液，在进行灌水时将肥液加在水中直接进行灌溉。这种灌溉施肥方法一般只有30%～70%的水留在植物根系分布区，水分利用效率低，同时造成大量肥料养分随水淋溶流失或渗漏至根层以下，肥料利用率低，浪费严重，并且可能对环境造成污染。水肥一体化技术是把影响作物生长发育的水分和养分这两个基本因素相结合建立的灌溉和施肥的技术系统，相比传统灌溉施肥模式，具有节水省肥、省工高效等特点。

（1）水肥一体化施肥控制类型　水肥一体化的技术原则是少量多次。依据作物种类、土壤类型和管理系统的不同，在作物特定生长发育时期施用等量的肥料，主要有两种施肥控制类型。

① 等比例供肥。在灌溉施肥过程中，以恒定的养分比例向灌溉水中供肥，供肥速率与灌溉速率成比例，施肥量一般用灌溉系统中营养液的养分浓度表示。这类方法主要包括文丘里注入法和供肥泵法等，可以实现精确施肥，但等比例供肥系统价格相对昂贵，主要用于轻质和砂质等保肥能力差的土壤。

② 定量供肥。在每次灌水时将一定量的肥料注入灌溉系统中，整个施肥过程中养分浓度是变化的，如带旁通的贮肥罐法。定量供肥系统操作简单，投入较小，但不能实现精确施肥，一般适用于保肥能力较强的土壤。

（2）水肥一体化装备类型　设施土壤栽培条件下的水肥一体化系统主要由水源、首部枢纽、输配水管道、灌水器等几部分组成。首部枢纽包括动力设备（水泵）、过滤装置、施肥装置、控制和测量设备（压力调节阀、分流阀、水表等组成）、保护装置；输配水管道由干管、支管、毛管及管道控制阀门等组成；灌水器包括滴灌带和滴头，而无土栽培中一般为滴管和滴箭。在实际应用中可根据供水方式，选择不同的灌溉施肥系统。水肥一体化技术中常用的施肥设备与方法主要有：压差式施肥罐（旁通施肥）、文丘里施肥器、泵施肥法、比例注肥泵、重力自压式施肥设备、施肥机等。

① 压差式施肥罐在设施蔬菜生产中被广泛应用，主要由肥液罐、进排液管以及管间节制阀组成。施肥时关小节制阀，肥液罐前后会形成一定压差，部分水流将经过密封的肥液罐并将肥料溶液带入灌溉系统进行施肥。压差式施肥罐法具有操作简单，造价较低，无需外加动力设备等优点。缺点是肥液浓度变化大，无法控制；罐体容积有限，添加化肥次数频繁且较麻烦；另外，输水管道因设有调压阀会造成一定的水头损失。

② 文丘里施肥器的施肥原理是水流经过文丘里管收缩段时，过水断面减小、流速加快，喉部会产生负压，即利用喉部产生的真空吸力，将肥液均匀地吸入灌溉系统进行施肥。文丘里施肥器造价低廉、结构简单、使用方便、施肥浓度稳定且无需外加动力，在我国传统设施蔬菜生产中的应用最为广泛。缺点是水头损失较大，对压力要求高，施肥过程中的压力波动大，经常发生倒吸现象。

③ 泵施肥法是利用加压泵将肥料溶液注入有压管道，通常泵产生的压力要大于输水管的水压，否则肥料不能进入灌溉管道。该施肥法多用在以潜水泵抽水灌溉的区域，具有操作简便，不消耗系统压力，施肥速度可以调节，施肥浓度均匀等优点。不足是需要单独配置施肥泵，且对施肥泵的扬程有要求。另外，由于设施栽培施肥频繁，多选择耐腐蚀的化工泵。

④ 比例注肥泵是利用管道中的水流动力或外界动力将肥液注射进入灌溉管道中的一种节水灌溉施肥装置。依靠灌溉管道自身水动力的也被称为水力驱动施肥泵，在灌溉水流的驱动下活塞或隔膜将肥液注入灌溉管道，无需外加动力，且不论供水管路上的水量和压力发生什么变化，所注入肥液的剂量与进入比例泵的水量始终成比例，无水头损失，运行费用低。这种装置的吸肥比例精度较高，但容易堵塞，对水质要求高，且价格昂贵。水力驱动施肥泵是目前我国设施蔬菜生产中应用较为广泛的施肥泵类型，而其他类型驱动的施肥泵，如机械注肥等需外加动力，造价相对昂贵，较难在我国推广使用。

⑤ 借助自压重力进行施肥，称为重力自压式施肥。由于技术难度低，便于被农民接受，为设施蔬菜生产中一种简单易行的好方法。该方法通常结合自压灌溉使用，利用肥源与田间的自然高差完成随水施肥，方法简单、价格低廉，但肥液浓度不稳定、对地形有要求，主要在有自压条件的地方使用，目前在设施蔬菜中使用该装备系统进行施肥的很少。

⑥ 施肥机是实现自动化精准灌溉施肥的核心部件，通过采集的作物需水需肥信息与实时在线监测 EC 和 pH 等参数，依据设定的灌溉施肥控制程序自动配比肥液浓度，并通过灌溉系统适时、适量地供给作物。施肥机是实现设施蔬菜水肥精准控制与施用的主要载体，体现了现代精准农业信息化和智能化的发展方向，代表着未来新型灌溉施肥的发展趋势。目前在我国大型现代设施园区应用的施肥机多采购于国外。虽然国外设备的性能稳定、控制精度高，但价格昂贵。国内施肥机的发展一直以引进、消化吸收为主，尤其近几年在国家政策导向与资金的持续助推下，以北京、上海、天津、江苏、浙江等地的科研院所和企业为代表的研究机构，推出了一系列的智能化灌溉施肥设备，这些设备与国外产品并无出入，同时将施肥机操作界面中文化，更符合国内用户操作习惯；另外对一些对控制程度要求不高的系统，进行系统和操作简化，降低了成本和增加了可操作性。由于施肥机在国内的研究与应用时间还很短，配套的产品供应目前仍达不到国外水准，尤其是在装备系统稳定性、控制精准度上与国外产品还存在一定差距，有待今后继续发展与提升。

目前市场上施肥机的类型主要有混液桶式和混肥腔式 2 种。混液桶式施肥装备通过施肥通道可将不同肥料的母液或酸碱溶液注入到混合罐中，与灌溉水充分混合后，使其达到用户设定的 EC/pH 值，并通过灌溉管网到达种植区（图 6-1）。混液桶式施肥机有 2 次混肥过程，使进入管道的肥液 / 酸液与水分充分混合，EC/pH 等参数波动比较小，可实现水肥的准确控制；另外，可拆卸部件较少，机组维护需求低，适用性较强。缺点是水肥在混液桶的混合是一个泄压过程，需由施肥泵进行二次加压才能进入下游管道，造成大量能耗；开放桶式结构还容易造成空气进入管网，微生物在混液桶内繁殖还易出现堵塞管道的现象。

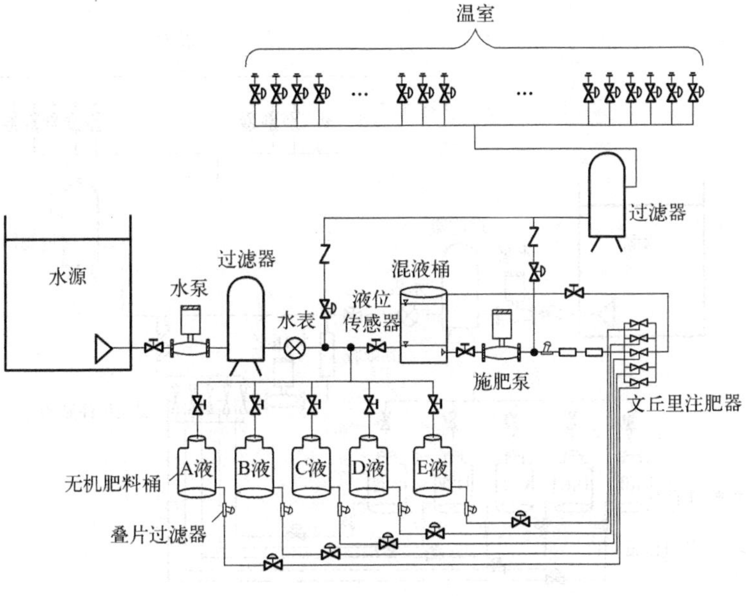

图 6-1

图 6-1　混液桶式施肥机结构示意图及实物图

混肥腔式施肥装备的进肥方式和前端 EC/pH 监测与混液桶式类似，灌溉水与肥液的混合直接在系统首部管道或混肥腔内进行，混合液再由施肥泵 / 水泵加压进入主管道。由于管道压力几乎无变化，水泵运行工况稳定，工作寿命大大延长。腔式混肥是一种密闭式的管道混肥方式，管道恒压，不存在释压和加压的过程，能耗少；相比混液桶施肥装备，去除了大体积的混肥罐，整个系统的体积和重量大大减小，可以在比较狭小的空间内安装使用；灌溉停止后不会有肥水存留，避免了微生物滋生堵塞管道；封闭式管道混肥还提高了能量利用效率，可以在同样的时间里配制更多的肥液，从而满足更大面积作物生长需求（图 6-2）。但在肥液从压力管道中释放给作物时，与空气接触会带来某些化学反应，出现较大的 EC/pH 偏差，在控制精度上不如混液桶式施肥机。

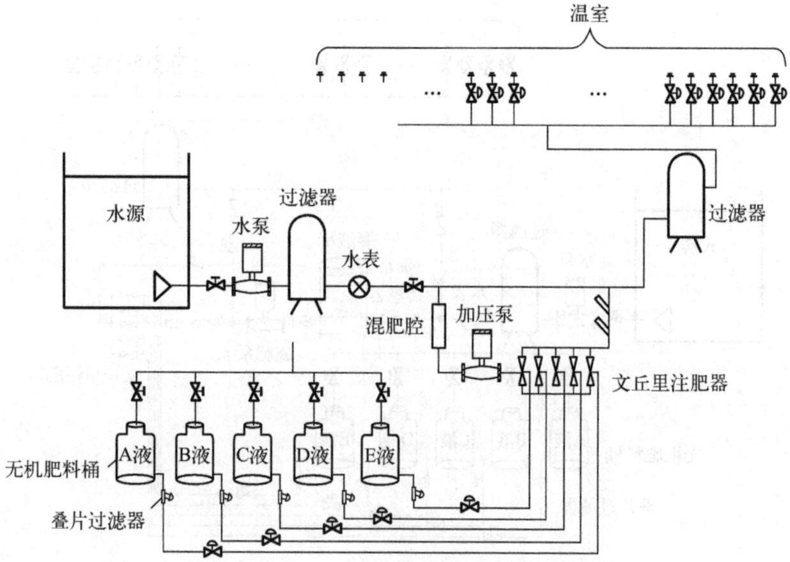

(a) 混肥腔式施肥机结构示意图

(b) 实物图

图 6-2　混肥腔式施肥机结构示意图及实物图

（3）单通道水肥一体化装备　以日光温室、塑料大棚等设施结构进行单体土壤栽培生产，以及追施单一复合肥料等是设施蔬菜土壤栽培管理的主要特点，灌溉施肥过程仍以人工参与为主，根据经验灌溉，依据长势施肥。可溶性肥料的溶解也主要依靠人工搅拌，随机性强，费工费时，若搅拌不充分，还容易产生沉淀，不仅未能达到应有的肥效，且易造成滴灌系统的堵塞。设施蔬菜土壤栽培普遍存在水肥管理的智能化水平低、水肥不协调、施用时间不适宜以及水肥利用效率低等问题。针对上述问题，以及为满足各个温室不同种类蔬菜自动化施肥的精准化管理需求，研制了一款单通道水肥一体化装备（AWF-01）。AWF-01 型单通道水肥一体化装备主要适用于日光温室、塑料大棚或某一片区内单一蔬菜作物土壤栽培的水肥管理，具有单一的吸肥通道，采用并联方式连接到灌溉主管路中，是针对土壤栽培蔬菜每次只施用一种可溶性复合肥料的需求而设计的小型施肥装备（图 6-3）；具有手动和自动两种控制模式，通过液晶触摸屏和模块化灌溉施肥控制器，实现人机界面显示、数据采集储存和设备控制等功能。设备的整体外形尺寸为长 × 宽 × 高为 500mm×500mm×1100mm，设备支架采用工业铝型材加工而成，外形美观，耐腐蚀，强度高，安装拆卸都很方便。设备主体部

(a)　　(b)

图 6-3　AWF-01 型单通道水肥一体化装备在日光温室黄瓜（a）、草莓（b）上的应用场景

分除了支架外还包含施肥泵、控制盒、吸肥通道、肥液桶、搅拌器等，该设备可通过液晶触摸屏和模块化灌溉施肥控制器，实现人机界面显示、数据采集储存和设备控制等功能，具有施肥速度快、操作简单、成本低、性能稳定等特点。

AWF-01 型单通道水肥一体化装备主要包括施肥机支架、吸肥通道、施肥泵、肥液桶、搅拌器、灌溉管路与电控盒等七个基本组成部件（图 6-4），根据需求可以选配温度、湿度等环境监测以及灌溉水流量、土壤墒情和肥液浓度监测等功能部件，同时可通过 Android 手机 APP 实现远程操作管控。

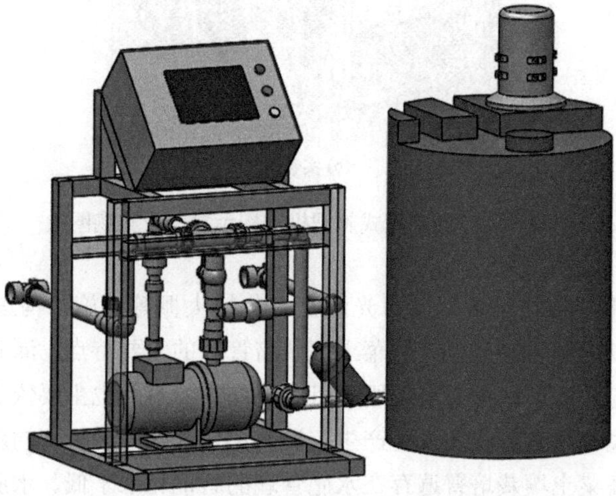

图 6-4　AWF-01 型单通道水肥一体化装备整体结构示意图

① 施肥机支架为设备主要架构，主要为施肥机其他部件提供支撑作用，选材的材质为 40mm×40mm 铝型材，具有安装方便、外形美观等优点，安装在温室中不易被高湿环境所腐蚀。

② 吸肥通道由射水器、手动球阀、逆止阀、浮子流量计、肥液过滤器与连接管道组成，详细构成如图 6-5 所示。

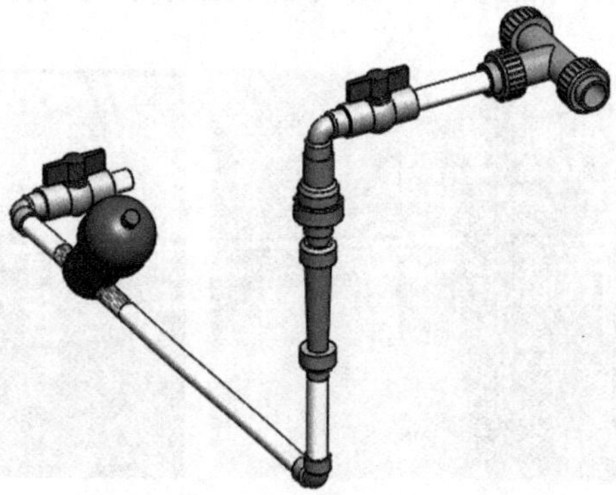

图 6-5　AWF-01 型单通道水肥一体化装备吸肥通道结构示意图

a．射水器进出口管径为1寸（1英寸≈25.4mm），其过流量为0～$1.5m^3/h$，吸肥速率为0～400L/h。材质为UPVC，三个口均为活接，方便安装与拆卸检修。

b．手动球阀材质为PVC，规格为DN20，主要用来调节吸肥通道的吸肥速率，为粗调模式。

c．逆止阀材质为PVC，需竖直安装，规格DN20，主要用来防止在设备运行时主管道的水倒流至肥液桶内，影响施肥效果。

d．浮子流量计材质为PP，规格选用DN15。量程为40～400L/h，可直接从透明管的刻度上读出吸肥速率，通过调节球阀的开度大小，能够直观地指导使用用户调节吸肥的快慢，以达到所要求的施肥速率。

e．肥液过滤器材质为PP，叠片式，规格为DN20，过滤精度为120目，主要用于过滤掉肥液中没有溶解的杂质，防止堵塞滴灌设备。

f．连接管道及其配件。管道与配件材质选用PVC，规格为DN25。

③ 施肥泵是施肥机吸肥的主要动力来源，配置的施肥泵功率0.55kW，额定流量为$2m^3/h$，扬程为42m，额定电压为220V，泵体的材质为304不锈钢，耐腐蚀。

④ 肥液桶材质为PP，耐腐蚀，抗紫外线，肥液桶体积为300L，可满足1亩左右的日光温室施肥使用，施肥桶颜色为黑色，不透光，可以避免桶内产生绿藻。

⑤ 搅拌器额定电压220V，功率0.37kW，搅拌杆材质为304不锈钢，长度800mm。

⑥ 灌溉管路口径为DN25，在进、出水口设置有活接，方便安装与设备的拆卸。

⑦ 电控盒内配置灌溉施肥控制元器件，触摸屏、设备启停开关等操作部件嵌入电控盒。

单通道水肥一体装备安装过程中要严格按照“下游进水，上游出水”的原则。该原则是在确定了灌溉主管路的水流方向之后，下游端接施肥机进水口，上游端接施肥机出水口；另外，过滤器须安装在施肥机的下游端，电磁阀必须安装在过滤器之后，这样可以确保电磁阀在使用过程中不会被堵塞。

单通道水肥一体化装备安装主要是将进、出水口分别接入灌溉的主管道中，进、出水口的口径均为DN25，因此需要在灌溉主管中分出两个DN25的出水口。另外为防止管道中空气对施肥机的不利影响，需要在设备的进水口端配装一个排气阀，施肥机整体要安装在温室主管道的过滤器之前。为了能够控制温室的灌溉主管，可以在灌溉主管路中接入1个电磁阀，这样就可以完整地控制整个温室的施肥灌溉作业。详细安装如图6-6所示。

单通道水肥一体化装备维护注意事项如下：

① 施肥机管路。施肥机的管道主要是PVC管，因此在使用过程中要检查管道连接处，如活接、传感器等是否都已紧固好，球阀是否已打开；另外，长时间不用施肥机时要将进、出水口打开，将施肥机管道中的水排尽；在温室进行夏季闷棚消毒时，应将施肥机抬出温室，以免高温下设备管道出现损坏。

② 施肥机吸肥通道。施肥机的吸肥通道是肥料的主要输出通道，使用施肥机施肥时，如果出现不吸肥的现象，或者吸肥速率突然降低，应立刻检查射水器是否堵塞，或者检查肥液过滤器是否杂质太多，影响出肥速率等。吸肥通道在使用了一季度时，要拆下来用清水冲洗干净，肥液过滤器在每次施肥之后应进行清洗。

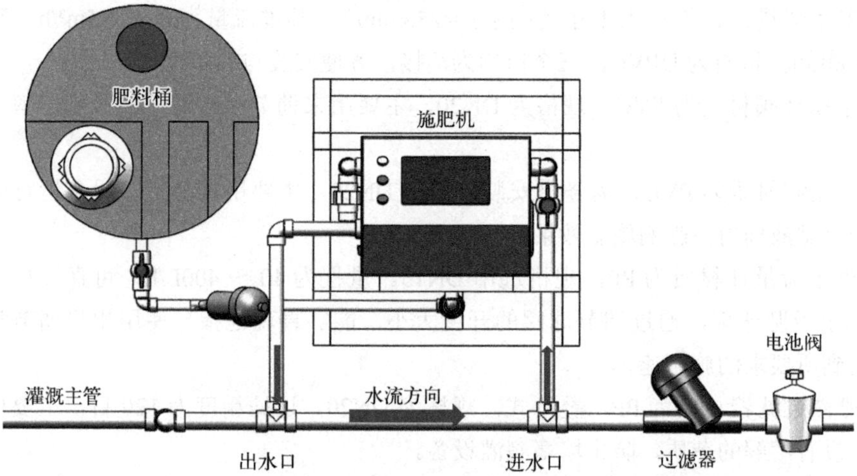

图 6-6　AWF-01 型单通道水肥一体化装备安装示意图（俯视图）

③ 施肥机肥液桶和搅拌器。施肥机的肥液桶是黑色防紫外线的，所以不用担心会产生绿藻，但是黑色肥液桶尽可能不要放置在太阳光直射的地方，以免因太阳光直射引起桶内肥液温度升高，影响施肥。另外，搅拌器使用过程中要定期查看搅拌杆的叶轮是否有松动现象，如果有要及时拧紧。

④ 主管路电磁阀和过滤器。主管路的电磁阀是手自一体式，使用过程中要定期检查电磁阀磁头是否有损坏，出现关闭有问题时，要及时清洗电磁阀。过滤器作为管道的过滤装置，应每次施肥之后进行清洗，以免杂质太多影响灌溉的流量。

⑤ 施肥泵。施肥泵在使用过程中，如果出现了不吸肥现象，或者出现水泵声音异常，要检查水泵是否排尽空气；施肥机在首次使用时，也应第一时间将水泵排气口打开排气；另外，设备长时间不用时，水泵内的水必须排尽，以免天气寒冷时水泵冻裂。

⑥ 电控元器件。灌溉前需确保田间总水源打开、储液桶肥液量充足，避免吸肥泵空转；避免因未能真正灌溉影响了作物生长。

⑦ 远程传输模块。当手机端登录失败后，请检查远程传输模块的错误代码，显示“11”则表示物联网卡欠费。

（4）水肥一体化主要控制方法　在我国设施蔬菜生产中，传统经验的水肥决策法曾占有主导地位，随着水肥一体化设备信息化程度的不断提高，以及基于光谱技术和机器视觉技术的植物生长信息快速无损检测技术的快速发展，针对我国设施栽培作物水肥管理的复杂性，建立基于现代信息技术的精确水肥管理控制技术成为可能。由于作物对养分的吸收是伴随着水分的吸收进行的，与传统的条沟施肥或撒施肥相比，水肥一体化技术更有利于按照作物不同的生长阶段对养分进行精准供应，结合自动控制技术能增强该技术的适用性。水肥供给控制模型是水肥一体化技术应用的核心。作物水肥决策方法及模型的构建往往采用容易获取的与作物生长密切相关的信息作为变量，对作物的水肥需求规律进行预测，通过控制系统驱动水肥调配供给装置进行肥液的施灌。目前，作物水肥控制方法主要有以下几种：

① 以简单时序为自变量的定时定量水肥供给法。通过输入灌溉时段、灌溉时间点或灌

溉间隔、灌溉液浓度、灌溉时长来控制水肥投入量，该方法虽然简单但忽略了气候变化以及物候期对作物生长的影响，管控方式较为粗放。

② 以气象因子为变量的水肥管理方法。通过在田间布设温湿度、辐射、风速、水面蒸发传感器实时获取作物冠层的气象信息，结合彭曼公式对作物需水量进行预测，同时结合作物的养分需求量进行估算，进而驱动水肥供给装置将肥液输送到田间。该方法综合考虑了气象因素变化对作物的影响，相比时序控制模型在控制精度上有了较大的提升，但模型中涉及参数较多，如何实时实地获取模型参数难度较大，模型的应用效果受到一定限制。

③ 基于传感器信息的水肥管理决策模型。水肥供给在作物生长发育过程中起着至关重要的作用，在水分胁迫条件下，叶子含水量、叶面温度、作物水势、叶片气孔导度、叶面卷曲程度、茎秆直径变化、叶片颜色特征等生理指标产生变化。使用传感器监测这些生理指标的变化可以在一定程度上反映作物获取水分和养分的状态，结合预设的胁迫阈值即可实现对作物水肥进行精准管理。该方法面向的对象为作物自身，可以根据作物的水肥实时状态进行水肥管理，具有精度高、响应迅速等特点，但该方法过分依赖传感器，传感器的精度和稳定性对作物水肥供给制度的制定产生较大的影响，传感器的价格较为昂贵，也是限制该方法在生产中推广应用的主要因素。

④ 利用人工神经网络、智能优化算法、模糊计算等智能方法建立水-肥-作物模型（人工智能模型），可描述水肥环境因子与作物生长的非线性关系。Bruton 等将神经网络用于控制器，用环境参数和作物本身物理量对神经网络进行训练，将神经网络预测值用于灌溉施肥的控制决策。郭正琴等开发了基于模糊控制技术的智能灌溉控制系统，该系统以土壤水分误差和误差变化率为输入，以灌溉时间长度为输出，通过对输入变量的模糊化、模糊推理和模糊决策，实现了依据土壤水分的适时、适量和自动灌溉。刘军涛提出了基于循环神经网络（RNN）的水肥一体化控制方法实现了根据作物长势的水肥灌溉的动态控制和精量控制，与人工灌溉施肥相比，水分利用效率提高了约 30%，肥料利用率提高了约 17%。吴景来等提出了在 PLC 上实现模糊控制的设计方法，并将模糊控制技术应用到水肥一体化控制系统，提高了控制系统可靠性，实现水肥一体化自动精准灌溉施肥，比传统的基于 PLC 控制的水肥一体化系统更加精确。人工智能模型一般基于田间试验数据建立，其在非线性关系映射方面具有优势，但对样本选择的要求较高。虽然设施农业相比大田农业种植环境可控性更高，但在实际应用中，模型精度依然会受到地域性、时效性等因素的影响，造成模型失配，因此在模型的学习能力方面还有待进一步研究。

6.1.3 单通道水肥一体化控制系统

针对设施蔬菜土壤栽培特点，开发了一种面向传统设施农业生产区简易的单通道水肥控制系统，配套集成了常见设施蔬菜的经验灌溉水肥管理方法；利用多个旋钮的组合，实现了水肥的多层次耦合供给，具有功能完善、操作简单、鲁棒性高等特点，适用于日光温室、塑料大棚等节本投入土壤栽培。

（1）系统结构　单通道水肥灌溉系统由原液组件、灌溉首部及控制单元三部分组成（图 6-7）。原液组件用来存储和搅拌高浓度浓缩肥液，可根据种植作物品种，选配不同的可溶性肥料。灌溉首部包含过滤单元、吸肥单元、灌溉单元及传感单元。过滤单元目的是阻挡温室主水管中的可见杂质，以保证灌溉单元和田间滴灌系统不被堵塞；吸肥单元利用文丘里进出水两端不同水流速度在文丘里内产生的负压，吸入浓缩肥液，并提供混肥腔使之与水充分均匀混合，以实现水肥的均一化供施；灌溉单元提供分区阀门接口，受控于清水灌溉或肥液灌溉的脉冲指令；传感单元用来采集当前的温室环境信息、土壤墒情信息、总辐射照度信息、灌溉液实时浓度信息及单次灌溉流量信息，以供系统软件按需及时地进行水肥的耦合调控。控制单元包含控制面板和控制器。控制面板提供不同需求的输入接口，包括系统上电控制、水肥耦合供给控制、灌溉时间控制及灌溉液浓度控制等；控制器向下传递面板交互的控制要求及控制逻辑，并进行重要参数存储。该单通道水肥灌溉系统相较传统的施肥机，去掉了触摸设置式人机交互接口，接近“傻瓜式”控制方法，在节本的同时对操作人员专业要求低，更符合西北地区农业劳动力配置情况。

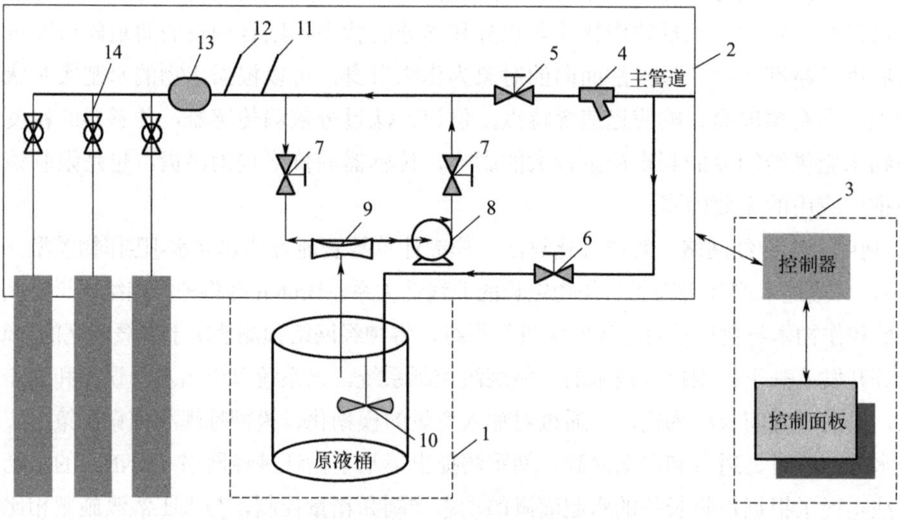

图 6-7 单通道水肥一体化系统结构示意图

1—原液组件；2—灌溉首部；3—控制单元；4—叠片过滤器；5—灌溉总阀；6—清水补充电磁阀；7—吸肥阀门；8—增压泵；9—吸肥单元；10—搅拌器；11—EC 传感器；12—pH 传感器；13—涡轮流量计；14—分区阀门

（2）系统硬件组成 为了达到良好的用户交互效果，实现水肥的多层次耦合供给，设计使用三菱 PLC（FX1N-24MR）作为控制核心，并通过扩展线缆连接模拟量输入模块（FX2N-4AD）作为数据采集接口（图 6-8）。核心控制器接受用户通过控制面板交互的手自动运行模式、灌溉时长、清水或肥水灌溉模式、浓度挡位和快速启动的脉冲信号，并根据梯形图的控制逻辑，发出控制指令，继电器吸合，从而达到按需控制增压泵、灌溉总阀及吸肥阀门的目的。同时，模拟输入模块实时采集环境温湿度及总辐射照度的环境参数、土壤墒情参数及灌溉液 EC 值、流量值的灌溉参数，并传送数据至主控模块，以根据系统状态、运行参数进行判断及逻辑运算，根据运算结果实现自动控制。

（3）系统硬件电路 系统的硬件电路包括主电路和控制电路。主电路通过 QF 总开关给 PLC 供电，通过中间继电器 KA1 主触点的通断启停灌溉总阀 YV1；通过中间继电器 KA2 主触点的通断，启停吸肥阀门 YV2；通过中间继电器 KA3 主触点的通断控制增压泵 M 的启停。所选的灌溉总阀及吸肥阀门供电规格为 24V，因此变压器 T01 提供 24V 的输出电压；所选的中间继电器工作电压为 DC24V，因此开关电源 T02 提供 DC24V 的输出电压。

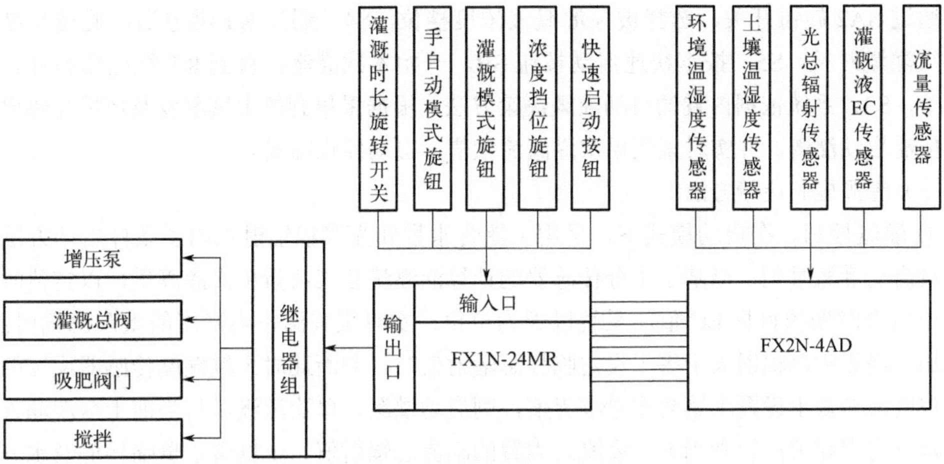

图 6-8　系统硬件组成

系统的控制电路包括 PLC、数据采集模块及输入输出单元。输入单元中，X0 接收快速启动点动按钮 SB 的脉冲信号；SA1 为手动 / 自动运行模式旋转开关，X1 接收手动模式脉冲信号，X2 接收自动模式脉冲信号；KT 为延时断电继电器，最长设定时间为 2h；SA2 为清水灌溉 / 肥水灌溉挡位选择旋钮，X4 接收清水灌溉脉冲信号，X5 接收肥水灌溉脉冲信号；SA3 为灌溉液浓度挡位旋钮，X6 接收低挡位目标浓度 1.8mS/cm，X7 接收高挡位目标浓度 2.8mS/cm。输出单元中，Y0 引脚控制 KA3，进而控制增压泵 M；Y1 引脚控制 KA1，进而控制灌溉总阀 YV1；具有输出 PWM 信号的 Y2 引脚控制 KA2，进而控制吸肥阀门 YV2，进行供液 EC 的实时调节；此外，控制器还提供母液搅拌和田间分区灌溉电磁阀接口。数据采集模块将采集到的模拟量值转化为数字量，送入主控模块，进行 PID 运算并参与逻辑判断。关于灌溉及 EC 调控的硬件控制 PLC 接线图及电路原理如图 6-9 所示。

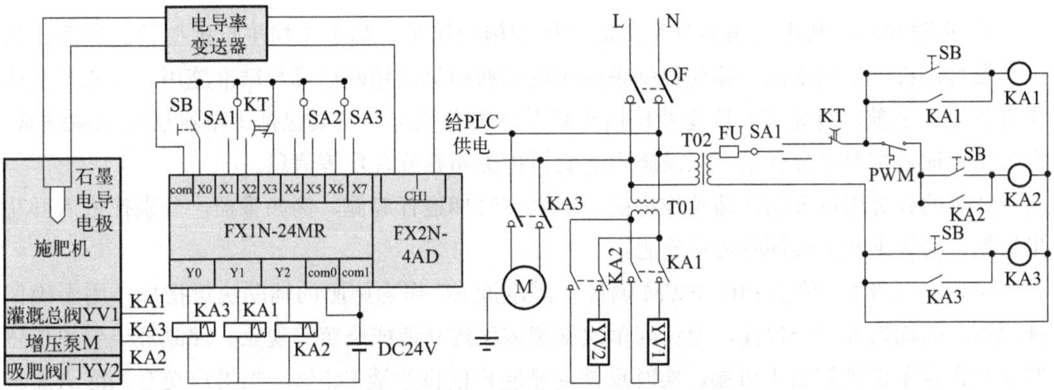

图 6-9　PLC 接线图及电路原理图

（4）系统工作步骤　在该硬件配置下，系统包含以下工作步骤。S1：设备上电，进入运行系统，选择手自动模式。S2：通过 SA1 旋钮开关，选择清水灌溉挡位或肥水灌溉挡位。手动模式下，S3：当 SA1 处于清水灌溉挡位时，直接跳转至 S4；当 SA1 处于肥水灌溉模式时，通过 SA2 旋钮开关，选择被控灌溉液浓度挡位。S4：通过 KT 继电器，旋转角度，确定本次灌溉时长。S5：按下快速启动按钮 SB，开始本次灌溉，直到 KT 继电器断开。自动模式下，S3：系统依据内置的自动灌溉决策方法，根据采集到的土壤湿度及环境光辐射累积量，按需启动灌溉，并实时采集单次灌溉流量值，自动停止灌溉。

（5）灌溉施肥决策方法

① 灌溉控制。在自动模式下，采用土壤含水量和光累积辐射双因子条件启动方法，综合决策启动灌溉时刻，以基于水分传感器的计算灌溉量公式决策单次灌溉量，以定值时间决策各个生育时期的目标 EC 值。系统以天为单位，实时采集温室内灌层的太阳总辐射照度，并累加。当累积总辐射大于等于设定临界总辐射值时，判断此时土壤湿度传感器反馈的土壤湿润程度，若低于设置土壤含水量临界值，则启动灌溉，单次灌溉量与当前土壤湿润程度及设置水分上限相关；否则当天不灌溉。内置的临界总辐射值、土壤含水量临界值及水分上限值在设备安装调试时，由当地实际的温室环境条件测试得到。决策流程如图 6-10 所示。

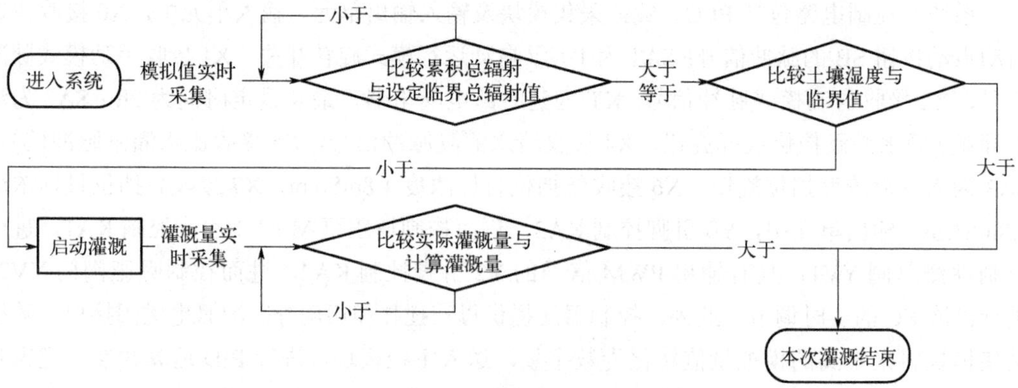

图 6-10　决策流程图

② 施肥控制。利用土壤养分平衡原理控制施肥用量，基于作物生长模型智能判断作物生长发育进程，借助水肥一体化控制系统实施肥料用量的精确计算与精准施用。在水肥一体化设备运行之前，首先需要确定栽培区土壤基本养分状况，主要包括土壤耕层实测碱解氮、有效磷、速效钾等养分含量，以及施用的肥料种类和养分含量等信息。

计算的养分用量分别在蔬菜作物的关键生育时期进行追施，例如番茄，分别在进入开花坐果期、结果期和采收期时进行施肥。

（6）灌溉液 EC 值的 PID+PWM 调控　灌溉液 EC 作为施肥的辅助决策指标，用于确保施肥浓度的均匀性和一致性，避免因单次施肥浓度过高造成烧苗等现象。灌溉液电导率传感器安装在设备混肥腔出水口端，实时反馈混肥腔内的供给液 EC 值。当用户交互的灌溉需求为肥水灌溉，且灌溉启动后，系统不断地将目标 EC 值和传感器反馈的当前 EC 值送入 PID 运算指令块，并以 PID 的运算结果作为脉冲宽度，设计一个周期为 s 的 PWM 波，不断调整 KA2 的状态，以达到按需打开和关闭吸肥阀门的目的，使文丘里吸肥器两端产生负压差，将高浓度母液从原液桶中吸入灌溉管路，实时调节供液 EC 值。

PLC 程序结构及 EC 闭环调控过程如图 6-11 所示，灌溉液当前电导率值 $C(t)$ 被电导率传感组件转化成 4 ～ 20mA 的标准电流信号 $CI(t)$，此信号输入 PLC 扩展 4AD 模块进行 A/D 转换得到与电导率值成正比的数字量 CI_n。CPU 将该值 CI_n 与目标调控值 IP_n 的误差 e_n 进行 PID 控制运算，并将运算数字量进行线性变换，转化成一个周期内的吸肥时间，通过开闭吸肥阀门改变灌溉液电导率大小。

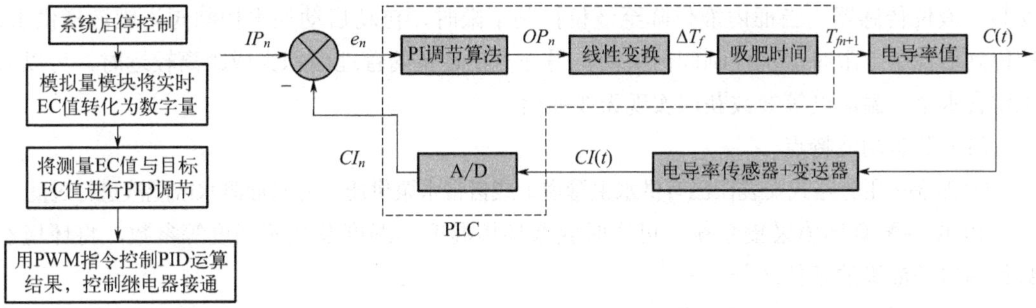

图 6-11 PLC 程序结构图及 EC 闭环调控过程

（7）压力管道灌溉系统设计

① 田间灌水系统。该单一肥料水肥一体化装备在推广过程中，优选配套滴灌或者微喷系统进行作物水肥的适量补给，并减小单次灌水定额，采用少量多次的灌溉模式，以实现节水节肥、提高灌水均匀度、避免水分渗漏的目的。考虑到日光温室常规灌溉规模及与田间滴灌系统兼容性，设计采用移动式自压管道输水系统，直线型管网布置。

② 自压滴灌干管管径选型。定流量的压力管道灌溉系统，管径越大，管材价格越高，但水头损失少，供水所耗电能较少，设备运行费用较低。因此，最优管径的选取是压力管道灌溉系统设计的关键目标。根据温室内土壤特性、作物种植情况、滴灌灌溉制度、灌水器选择和毛管布置方式等确定管道最优直径，并通过水力计算配套相应的水泵。

③ 装备应用。一般在园区的主水管上安装主过滤器和灌溉总阀，旁路安装该单通道水肥灌溉系统；在肥液桶出水口配套吸肥过滤器［图 6-12（a）］；控制系统面板上包含电源开关、开关指示灯、清水 / 肥水旋钮、灌溉时长设定器、快速启动按钮及电导率显示仪表［图 6-12（b）］；控制系统硬件如图 6-12（c）所示。单通道水肥灌溉系统的投入使用，能够降低管理员的劳动强度，提高水分利用效率，具有较高的经济效益。

(a) 水肥灌溉系统　(b) 控制系统面板　(c) 控制系统硬件

图 6-12 单通道水肥灌溉系统

6.1.4 单通道水肥一体化智能装备生产应用

单通道水肥一体化系统主要适用于日光温室、塑料大棚等单个设施土壤栽培的水肥自动化管理。装备结构一体化设计，体积小，安装简易并方便移动。在屏幕上方有可以左右滑动的盖子，用于保护屏幕及电子按钮。在肥液桶内不仅安装有搅拌器用于加速肥料的溶解，且安装了液位传感器，当桶内液位降至液位控制下限时，自动启动加水控制阀为肥液桶供水，液位到达控制上限时加水控制阀门关闭。另外，在装备的管理面积大或距离较远时，可以对土壤含水率、温湿度等参数获取实现无线通信。

（1）装备功能特点

① 装备采用旁路式安装在已有供水主管道上或自带水泵供压，并对灌溉水或肥液进行过滤。

② 设备配有环境采集系统，可实时获取环境温度、湿度及光照强度等参数，将环境参数作为启动灌溉的条件之一。

③ 依据土体含水量变化 / 模型计算灌溉量，确保灌溉水的按需供给。也可通过控制界面设定灌溉施肥控制参数，实施定时定量的灌溉施肥。

④ 具有自动搅拌功能，施肥程序启动后将自动运行，可溶性肥料的溶解更彻底，防止滴灌系统堵塞，保证施肥效果。

⑤ 安装有流量计和 EC 传感器，实时显示检测数据，定量灌溉并自动调整施肥频率，肥液以适宜浓度供给作物。

⑥ 具备对灌水量、灌溉次数、土壤湿度、光照强度以及空气温湿度等信息的监测和采集功能，并可查询和下载。

⑦ 拥有自动预警系统，设备运行中出现异常，系统将自动停止并报警。

（2）控制流程　本装备系统硬件采用模块化设计理念，以可编程控制器（PLC）为核心，包括电源模块、AD 模拟量采集模块、传感器模块和上位触摸屏模块，系统组成如图 6-13 所示。

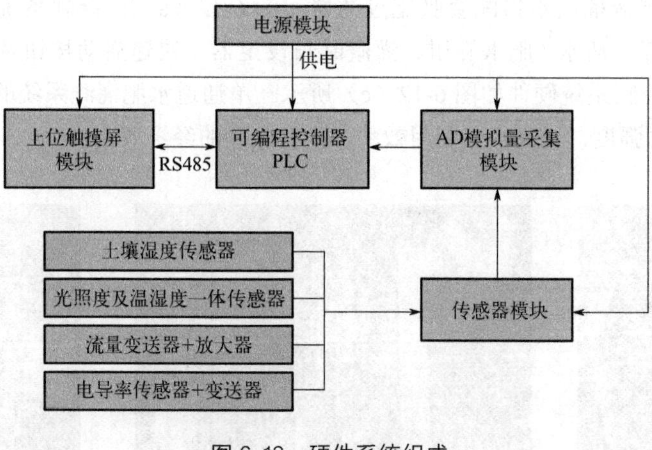

图 6-13　硬件系统组成

系统软件采用基于土体湿度的模型控制方法，利用水分传感器实时采集的土体湿润程度，推算土壤实际耗水量，从而根据作物的实际吸收进行必要的水分补充。系统上电后，由管理者通过人机交互上位触摸屏模块设置控制参数，包括灌溉面积、土壤湿润比、灌水计划层、水分控制上下限等。当自动模式置位后，AD 模拟量采集模块通过与外围传感器的实时通信，获取温室温度、湿度、光照强度信息及土体湿度信息，并发送数据至 PLC。PLC 内置基于土体湿度的模型控制算法，包括条件启动算法及电导率 PI 调节算法，在每天设定的启动时刻决策当天是否需要灌溉，进而启动阀门和水泵，并实时监控实际灌溉流量，当实际灌溉流量达到决策的计算灌溉量时，停止灌溉。系统运行过程中上位机实时监控，并连接数据库上传环境参数和灌溉参数，供管理者查询和下载，实现栽培过程中水肥的自动管控。系统自动运行程序流程如图 6-14 所示。

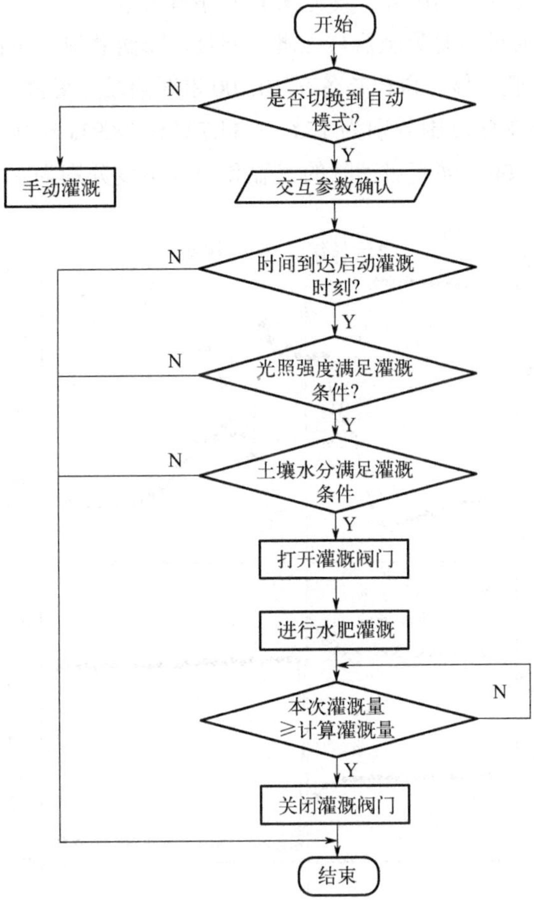

图 6-14　控制系统主程序流程图

（3）田间应用效果　在大兴区长子营镇河津营村合作社开展。设常规水肥管理（CK）和水肥一体化智能装备自动管理（WF），布置在均为南北走向的 2 栋塑料大棚中（面积均为 60m²）。其中处理 CK 为当地农民习惯的水肥管理模式，主要依据管理者生产经验判断灌水和施肥的时间及用量；处理 WF 由水肥一体化设备自控管理，主要通过在可编程序中设定对应的控制参数，将可溶性复合肥溶解在肥液桶中，灌溉模式切换至自动状态而进行的水肥自动管理模式。处理 CK 和处理 WF 均采用相同的滴灌系统。处理 CK 所在大棚的 0 ～ 20cm 土壤有机质含量22.1g/kg、全氮1.43g/kg、速效磷326.3mg/kg、速效钾170.9mg/kg；处理WF所在大棚0～20cm土壤有机质含量23.7g/kg、全氮1.35g/kg、速效磷296.4mg/kg、速效钾183.4mg/kg，田间持水量26.5%，土壤容重1.36g/cm³。由此可见，2栋塑料大棚的0～20cm土壤化学性质并无明显差异。试验中处理WF具体布置及实施情况为：大棚内均匀布置土壤水分传感器2组，每组监测土层深度为20cm和40cm，距地面1.5m高处布置光照温湿度传感器1个；土体含水量和光照强度、温度、湿度每30min记录、存储一次；水肥一体化装备系统安装有流量计监测和显示瞬时流量、累积灌溉量；系统设定每日10：00进行分析判断和灌溉。

共进行了3茬生菜种植试验，生菜的株距和行距均为30cm，在第一茬生菜定植前，各处理均施底肥（商品有机肥）1t/亩，其他所有农事操作保持一致。其中处理CK追肥时，将冲施肥溶解在水中，通过简易吸肥器与灌溉水混合，随滴灌施到作物根系土壤中。

由图6-15可知，水肥一体化自控装备在10：00准时启动了灌溉。装备的储存数据显示，当天的气温和空气湿度变化范围分别为15.6～34.7℃和28.9%～96.5%，气温和湿度峰值分别出现在12：30和6：00，灌溉启动时的气温和空气湿度分别为31.5℃和36.5%，光照强

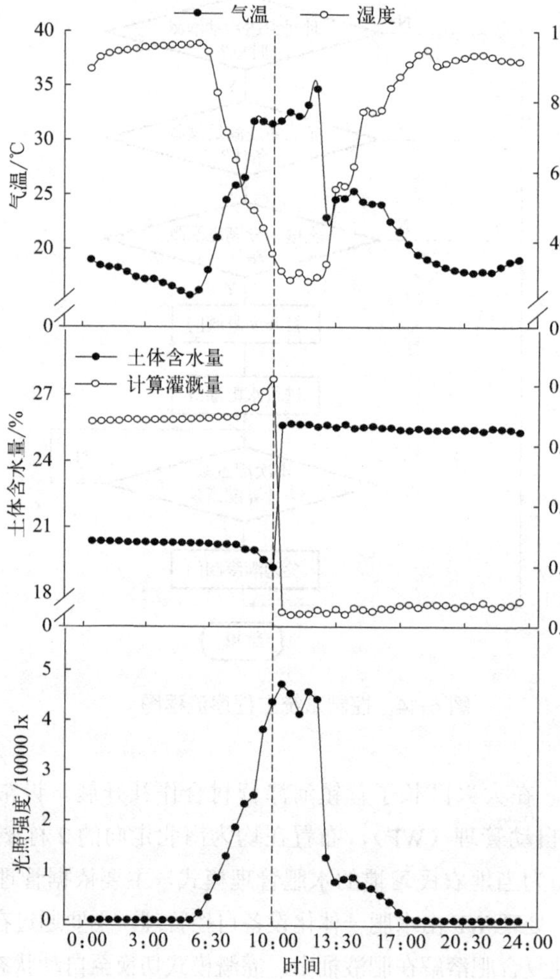

图6-15 灌水前后环境参数及土体含水量变化

度为43652lx。灌溉前的土体含水量随时间的推进呈下降趋势，并在10：00时降至19.2%。装备自动灌溉0.819m^3，灌溉后的土体含水量有明显的上升，增长至25.6%。说明水肥一体化自控装备能够保证生菜生长的合理土壤水分条件。

试验期间的生菜产量有较大波动，其中第一茬的生菜产量最高，第二茬与第一茬相比较，处理CK和WF的生菜产量分别降低了63.6%和54.9%，说明处理WF更有利于生菜稳产。处理WF的3茬生菜产量均高于处理CK，增加幅度为11.8%～54.7%，说明了水肥一体化自控装备相对于常规水肥管理模式具有更高的产量收益。与处理CK相比，处理WF的灌溉水利用效率在第一茬至第三茬分别提高了96.7%、134.9%和96.8%（图6-16）。

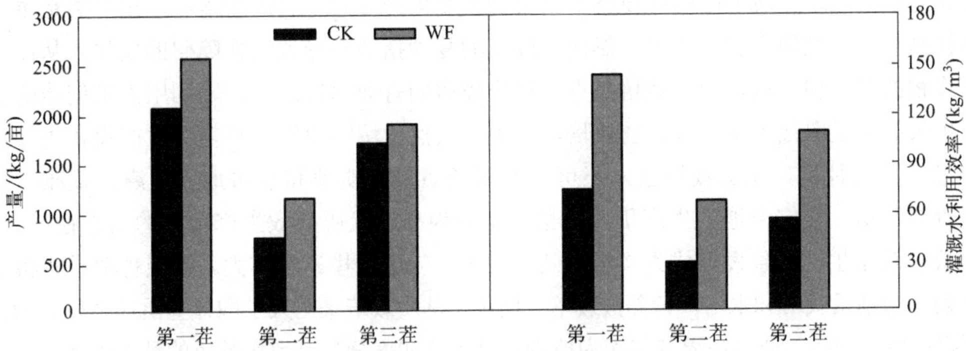

图6-16　生菜产量及灌溉水利用效率变化

综合分析，常规经验的灌溉管理模式由于随机性强，产量波动大，且产量较低，水肥一体化自控装备控制下，土壤水分保持在较为适宜的范围内，不仅降低了年际的产量波动，增加了产量，且大幅度提高了灌溉水利用效率，具有较高的经济效益。同时，自控装备实现了水肥一体的自动管理，降低了劳动强度，并可将一部分人力释放出来，有效降低了劳动成本，提高了劳动效率，促进了设施农业现代化发展。

以番茄为研究对象的应用效果表明，常规处理的春茬番茄产量为10.2×10^{4}kg/hm^2，水肥一体化处理的番茄产量达13.5×10^{4}kg/hm^2。与常规处理相比，番茄产量提高了31.9%。

常规处理与水肥一体化处理的灌溉水利用效率分别为23.5kg/m^{3}和40.1kg/m^3，氮肥利用效率分别为170.2kg/kg和299.3kg/kg。与常规处理相比，水肥一体化处理的水肥利用效率均得到了大幅度提高。其中灌溉水利用效率提高了70.6%，氮肥利用效率提高了75.9%（表6-1）。由此可见，与常规水肥管理模式相比，基于水肥一体化装备系统的日光温室番茄土壤水分维持在适宜的范围内且波动小；番茄产量得到大幅度提高，水肥利用效率提高显著。

表6-1　水肥一体化智能装备系统对春茬温室番茄水肥利用的影响

处理	灌溉量/(m^3/hm^2)	节水比率/%	N肥用量/(kg/hm^2)	节肥/%	产量/(kg/hm^2)	增产率/%	灌溉水利用效率/(kg/m^3)	氮肥利用效率/(kg/kg)
常规处理	4338.3	—	600	—	102065	—	23.5	170.2
水肥一体化处理	3361.0	22.5	450	25.0	134633	31.9	40.1	299.3

6.2 设施蔬菜无土栽培水肥一体化技术与装备

6.2.1 设施叶菜水培水肥一体化技术与装备

设施蔬菜栽培已成为国内外反季节蔬菜的主要生产方式，可周年连续产出各类蔬菜，极大地提高了土地利用率和产出率。然而，较高的复种指数会导致连作障碍的发生，从而影响蔬菜作物的品质和产量。无土栽培是克服连作障碍的有效途径之一，即利用人工创造的适宜根系生长的介质取代土壤进行作物栽培，摆脱了天然土壤的束缚，只需对生产设备进行消毒即可进行蔬菜种植。无土栽培技术还可以利用低质量的耕地和非耕地（沙漠、荒滩、盐碱地、废弃厂房、楼宇空地）生产优质蔬菜，不失为高产优质高效生产蔬菜的新途径。目前，无土栽培蔬菜生产已经发展成为实用的栽培技术，应用规模逐步扩大。按照种植模式将无土栽培划分为基质栽培和水培（营养液栽培）两种。基质栽培采用人工固体基质（介质）为植物根系提供生长空间，通过浇灌营养液为植物提供水分和养分。可用作基质的种类很多，常用的无机基质有蛭石、珍珠岩、岩棉、沙、聚氨酯等；有机基质有泥炭、稻壳炭、树皮等。栽培基质的多孔结构最大限度地还原了土壤环境，为作物根系提供了充足的氧气，故基质栽培常用于果蔬的生产。营养液栽培直接将作物根系种植在营养液中，相比基质栽培降低了基质采购的生产成本，是无土栽培技术中发展较快的一种形式，它利用营养液代替土壤向作物提供养分，可以通过精确调控营养液组分及根际环境对作物长势进行控制，充分挖掘作物增产潜力，为生产高产优质蔬菜奠定了基础。水培条件下，作物根系的氧来源于溶解于营养液中的溶解氧，当环境温度过高导致溶解氧浓度降低时，作物根系就会表现出缺氧，从而影响到根系对养分的吸收，进而影响根系和地上部的生长，故水培模式多用来生产生长期和根系氧需求量较少的叶菜。

6.2.1.1 营养液栽培系统的工作原理和种植模式

营养液栽培系统一般由营养液储液池、循环水泵、营养液管控模块、循环管路系统和栽培模块组成。营养液储液池用来存放营养液，一般埋设在地下，可以利用地温平衡营养液温度。循环水泵安装在营养液储液池中，通过营养液管路与栽培模块的进水端相连，将营养液从储液池泵入营养液中。栽培模块通过进水端和出水端与营养液储液池相连，形成闭路循环，用于种植作物，栽培槽可以是槽式、管道式或具有开阔水面的营养液池结构，栽培模块上表面一般分布有定植孔，用于固定植株。营养液管控模块用于对营养液组分和特性进行管控，保障作物适宜的水肥需求和根际环境。营养液栽培系统可以将营养液循环利用，有效减少了营养液向当地水体环境的渗漏和流失，用水量仅为土壤栽培的 1/3 ～ 1/2，肥料利用率可以由土壤栽培的 50% 左右提高到 90% ～ 95%，降低了生产成本。营养液栽培技术已成为设施农业可持续发展战略中重要的组成部分。营养液栽培具有传统土壤栽培不可比拟的优势，对于缓解人口增长和农业水土资源配置减少对食品供应造成的压力，提高水肥资源的利用效率有重要的意义。

营养液栽培模式可以分为深液流栽培（DFT）、营养液膜栽培（NFT）和气雾培3种栽培模式。①深液流栽培（DFT）将植株的根系浸没在较深且流动的营养液层中。种植槽（管道）中盛放5～10cm深度的营养液，将作物根系浸没在营养液中，采用水泵间歇开启供液使得营养液循环流动，用以补充营养液中氧气并使营养液中养分更加均匀。由于营养液深度较大，为根系提供了充足的生长空间，每株占有的液量较多，因此，营养液组分和特性较为稳定，为根系提供了一个相对比较稳定的生长环境。②营养液膜栽培，简称NFT。将植物种植在浅层流动的营养液中。营养液以5～10mm的薄层水膜流经作物根系，作物的根一部分系浸没在营养液水膜中，另一部分根系暴露于种植管槽内的湿气中，可以较好地解决根系呼吸对氧的需求，但由于这种模式根系占有的营养液体积较小，根际环境的缓冲性能差，特别是根际周围的温度难以控制。另外，要不断循环供液，电能消耗较大，若出现断电时间较长或水泵故障，特别是在高温和作物生产盛期，植株叶片蒸腾量大，消耗营养液量大，供应不及时亦易造成植株萎蔫。③气雾培（aeroponics），利用雾化装置将营养液雾化为小雾滴状，直接喷射到植物根系表面提供植物生长所需的水分和养分。气雾培较好地解决了植物生长过程中水肥气平衡供应的矛盾，可进行立体栽培，提高设施空间的利用率。这种栽培模式需要不断循环供液，出现较短时间的电路和水泵故障就会对作物生长产生影响，故气雾培在生产中应用较少。此外，随着营养液栽培技术的应用和推广，基层农业科技人员因地制宜地开发了曝气营养液栽培和兼顾深液流栽培和营养液膜栽培的复合式栽培模式等多种栽培方法，丰富了无土栽培模式的应用场景。

6.2.1.2 设施水培蔬菜营养液管控决策系统设计

在营养液栽培系统中用营养液作为栽培介质，其缓冲能力较弱，营养液特性参数如电导率、pH、温度、溶存氧以及营养液各养分浓度波动较大，如果营养液的特性指标大于或者小于作物所能承受的临界值，作物根系吸收功能会受到抑制，生长发育也会受到影响，最终导致作物减产。因此，有必要对营养液进行组分调控，使其满足作物生长的需要。如果将营养液栽培产生的废液排放到环境中，虽然可以避免营养液特性恶化对作物造成的不良影响，但排出的废液含有大量的养分元素，造成资源浪费的同时也给环境带来了潜在的风险。鉴于此，发达国家如荷兰已经强制使用营养液循环利用的封闭式营养液栽培系统。如何对营养液进行调控管理，在稳定作物产量的同时，提高营养液利用效率已成为无土栽培向商业化生产发展所面临的关键问题。营养液管控系统主要有营养液组分/特性在线检测、调控两个主要环节。

目前，营养液组分在线检测技术仍停留在理论研究阶段，离子选择电极标定过程与现场检测过程分离，不能及时消除电极漂移的影响。考虑到检测精确程度和电极漂移特性，可以通过双传感器冗余控制方法，基于最大误差原理，将离子选择电极的标定与营养液组分的在线检测相结合，实现水培蔬菜生产营养液的精细化管理。营养液在线检测系统由自动标定模块和实时检测模块两部分组成。系统的工作流程如图6-17所示（箭头表示信息流）。

通过安装在实时检测模块中的离子选择电极获取营养液待测离子的浓度信息，所采集的信号经过A/D转换、放大等处理传送至系统软件处理系统，软件处理系统根据设定程序算法，自动决策是否需要重新标定电极或是继续执行检测过程，并将决策结果反馈给核心控制器，从而实现营养液养分离子浓度的在线检测。

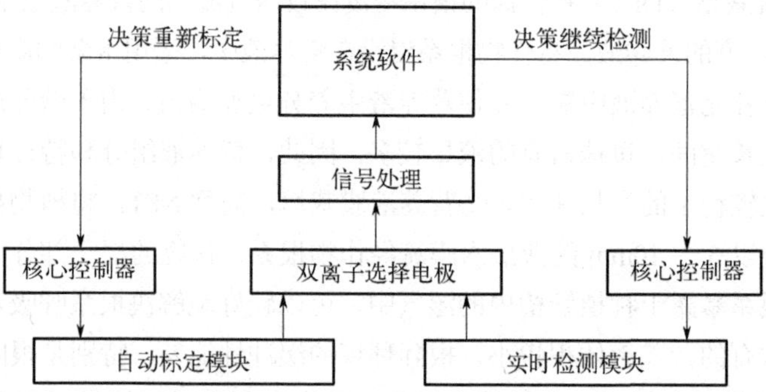

图 6-17　系统工作流程图

营养液组分在线检测系统可以通过旁路安装在营养液循环系统上。其中，标定模块由底座、标定机构、电极清洗池、进水 / 出水管路构成。标定机构由执行电机、丝杠传动系统及位置检测单元构成；进水管道和出水管道用于连接水泵与清洁水源，以便及时更新电极清洗用水。工作时，将电极固定在标定执行机构上，由传动机构执行控制指令，并反馈检测单元的参考位置，进行位置校准，形成一个闭环控制回路，通过电极在空间的直线移动完成营养液组分检测。

实时检测模块由离子选择电极、信号放大电路、数据采集块、检测池、供液 / 回流管道以及标准液容器组构成，也可以集成 EC、pH 传感器对营养液特性进行在线检测。供液管道将栽培系统中的待测营养液输送到检测池，进行营养液组分检测；检测后的营养液回流管道则将检测池内的营养液回流至栽培系统。通过微流泵将栽培槽中的营养液泵入检测池，使用标定后的电极采集检测池中营养液离子浓度。为避免交叉污染引起相对误差，将六个梯度的标准液按浓度由小到大的顺序排放（标准液容器 A、标准液容器 B、标准液容器 C、标准液容器 D、标准液容器 E 和标准液容器 F），系统总体结构如图 6-18 所示。

通过自动标定模块对离子选择电极进行表征，旨在减少离子选择电极电位漂移特性对检测结果的影响。离子选择电极是电化学传感器的一种，其工作原理是根据应用化学中不同膜表面对离子吸附性的研究，基于基本电位原理，通过测量选择电极与参比电极之间构成的原电池电动势来确定溶液中离子的活度。而电极的电位漂移特性决定其在使用过程中需要较高标定频率才能保证电极的检测精度，而传统手工的标定方法不仅费时费力，而且只能用于离线检测。

标定机构最重要的功能是通过电极的水平和竖直运动，实现电极在各个标准营养液中的点位信息采集。考虑到水平运动的稳定性及各部分控制元器件连接的灵活性，选用丝杠螺母作为传动机构，实现电极在两个自由度上的直线移动。因此，自动标定模块的工作过程为：待系统启动后，系统软件将根据标定决策信息，发送步进电机运动指令给步进电机驱动器，驱动器将弱电控制信号转化为强电驱动信号，并传输给电机轴，丝杠螺母将旋转运动转化为直线运动，完成电极在清水池、标准液容器组以及检测池之间的移动、停留和电压采集。

营养液养分离子浓度在线检测过程由系统软件全程监控，并使用最小二乘拟合法对标准液浓度对数值和采集到的相应电压值做线性拟合，得到二者的关系方程。利用丝杠螺母搭建的自动标定模块结构组成如图 6-19 所示。

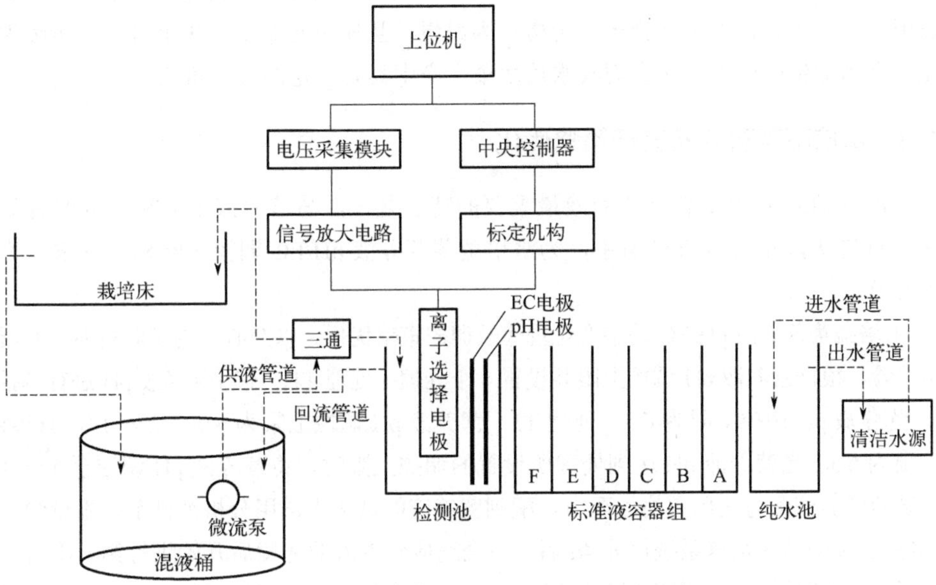

图 6-18　营养液在线检测系统总体结构示意图

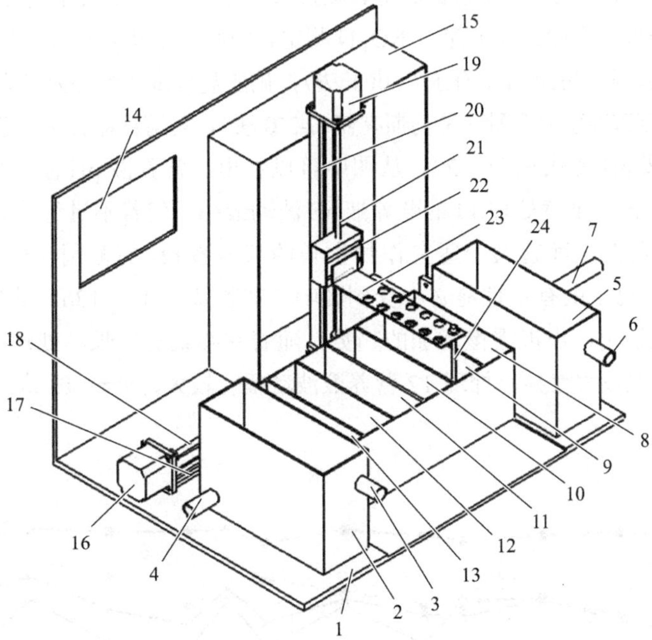

图 6-19　自动标定系统结构示意图

1—底座；2—检测池；3—营养液供液管道；4—营养液回流管道；5—电极清洗池；6—进水管道；7—出水管道；8—标准液容器 A；9—标准液容器 B；10—标准液容器 C；11—标准液容器 D；12—标准液容器 E；13—标准液容器 F；14—系统软件；15—控制器；16—*X* 轴电机；17—*X* 轴导轨；18—*X* 轴丝杠；19—*Y* 轴电机；20—*Y* 轴导轨；21—*Y* 轴丝杠；22—滑块；23—电极夹；24—离子选择电极

目前应用较为成熟的硝酸根、铵根、钾离子、钙离子选择电极结合上述装置实现了营养液氮、钾、钙浓度的在线检测。营养中水溶性磷、镁、硫酸根尚没有成熟的离子选择电极可供选择，目前还是通过实验室化学分析的方法进行测定，较为费时费力。此外，市场上硝酸根、铵根、钾离子、钙离子选择电极价格较为昂贵，且使用寿命仅有 3 个月，在实际生产中应用无疑会增加生产成本，在大规模水培蔬菜生产中具有一定的推广价值。

6.2.1.3 水培蔬菜营养液管理策略优化

营养液 pH/EC 是无土栽培营养液最重要的特性之一，与营养液中多种养分的有效性密切相关。首先从营养液 pH/EC 着手，为水培蔬菜营养液 pH/EC 调控策略构建寻求理论依据和技术支持。

① 水培蔬菜营养液 pH/EC 动态变化规律及调控策略优化。以空心菜为试验材料，开展营养液栽培试验，根据营养液 pH 调控上限共设置 4 个处理：处理 T1，不对营养液 pH 进行调控；处理 T2，营养液 pH 调控上限为 6.5；处理 T3，营养液 pH 调控上限为 6.0；处理 T4，营养液 pH 调控上限为 6.5。当营养液 pH 达到处理所设置的调控上限时，将营养液 pH 调控至 5.5±0.1 范围内。试验营养液配方采用霍格兰配方。配制营养液的试剂均选用分析纯试剂。本试验共持续 39d，将空心菜幼苗在水培系统培养 4d 后，完全适应营养液的环境后开始进行第一次营养液取样，以后每两天取样一次，取样后分别用 pH 计（pH-HJ90B，北京航天计算机公司）、电导率仪（DDS-307，上海仪电科学仪器股份有限公司）现场测定营养液的 pH 和 EC 值；然后在实验室用离子计（PXSJ-216，上海仪电科学仪器股份有限公司）分别配以相应的离子选择电极（PNO_3-1、上海仪电科学仪器股份有限公司）进行 NO_3^--N 测定。空心菜收获后对其产量与品质进行测定，测定项目包括：根、冠部的鲜重、干重（烘干法），硝酸盐含量（紫外分光光度法），维生素 C 含量（滴定法），可溶性蛋白含量（考马斯亮蓝 G-250 法），可溶性糖含量（蒽酮比色法）。

各处理营养液 pH 变化见图 6-20。从图中可以看出，营养液 pH 波动幅度随着 pH 调控上限的增大趋于平稳。虽然处理 T1 的营养液 pH 波动最小，但若不进行营养液 pH 调控管理，其 pH 维持在 8.2 左右，远远大于适宜作物生长的营养液 pH 的范围（5.5 ～ 6.5），营养液中阳离子和 $H_2PO_4^-$ 离子的有效性势必会受到影响。在移栽后 4 ～ 12d，处理 T2、T3、T4 营养液 pH 波动比较稳定，出现缓慢增加的趋势。随着空心菜的生长，处理 T2、T3、T4 营养液 pH 波动幅度出现较大差异，处理 T2 营养液波动幅度较大，处理 T3 次之，处理 T4 较小。

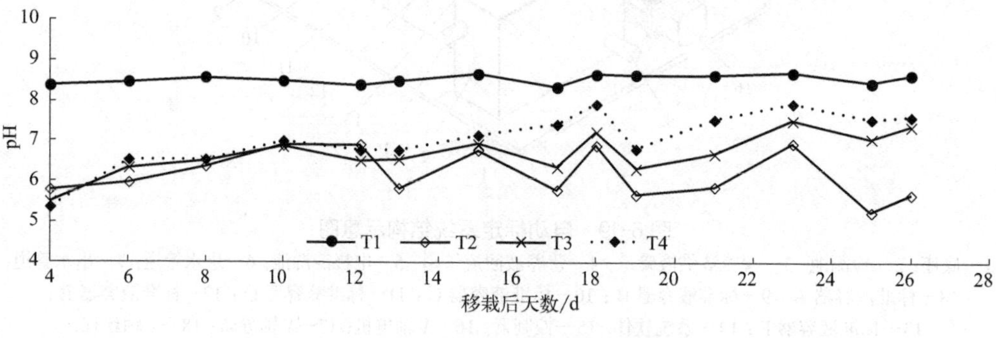

图 6-20　各处理营养液 pH 动态

这可能是由于随着空心菜生长，其代谢活动逐渐增强，水分、养分的吸收量逐渐增大，故在试验后期营养液 pH 波动幅度逐渐增大。

各处理营养液 EC 变化如图 6-21 所示。总体而言，在整个试验期内各处理营养液 EC 变化趋势较为一致，呈双峰曲线形式变化，稳定在 700μS/cm 左右。各处理营养液 EC 变化也表现出一些差异，在整个试验期内处理 T1 营养液 EC 明显低于其他处理，这可能是由于没有对处理 T1 的营养液 pH 进行调控，一方面没有电解质的引入（H^+、NO_3^-）；另外一方面，较高的营养液 pH 也降低了营养液中金属阳离子以及 $H_2PO_4^-$ 的有效性。在整个试验期内，处理 T4 营养液 EC 都处在最大的状态，处理 T2 次之，处理 T3 的营养液 EC 值略低于处理 T2，但显著高于处理 T1，这可能是处理 T3 空心菜对养分离子的吸收量要高于处理 T2 与 T4，导致营养液的离子浓度降低。综上所述，在水培条件下，营养液的 pH 是稳定的，虽然营养液 pH 调控对营养液 EC 有一定的影响，但营养液 EC 的变化幅度并不会对水培蔬菜生长造成影响，故在水培条件下，无需对营养液的 EC 进行调控。

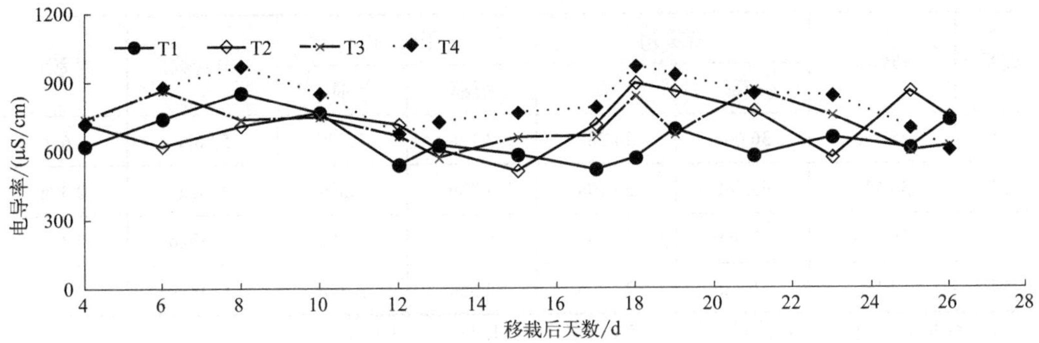

图 6-21 各处理营养液 EC 动态

各处理营养液 NO_3^--N 浓度变化情况如图 6-22 所示。从图中可以看出，在整个试验期内各处理营养液 NO_3^--N 浓度变化趋势基本一致，但浓度值均小于营养液原液的 NO_3^--N 浓度值。与处理 T2、T3、T4 相比，处理 T1 营养液 NO_3^--N 浓度略高，这可能是由于处理 T1 营养液 pH 值维持在 8.2 左右，过高的 pH 在降低营养液中阳离子和 $H_2PO_4^-$ 离子有效性的同时，也阻碍了作物根系对营养液中 NO_3^--N 的吸收。处理 T2、T3、T4 营养液 NO_3^--N 浓度的波动除

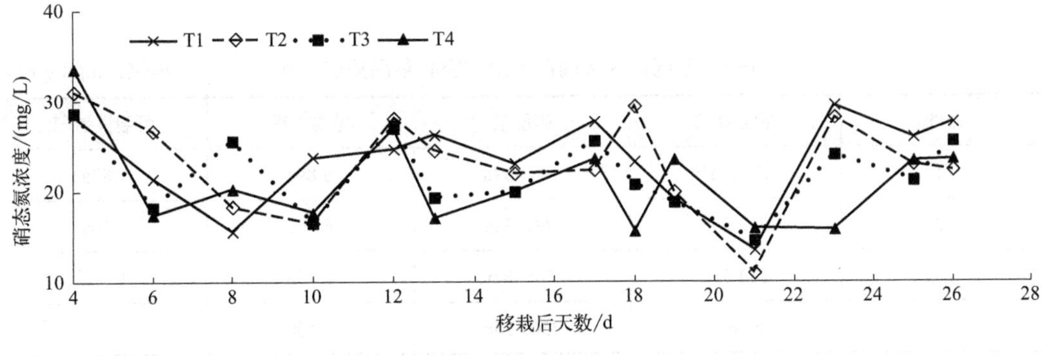

图 6-22 各处理营养液 NO_3^--N 浓度动态

受栽培试验过程中补充营养液原液的影响外，还与在营养液 pH 调控过程中通过加入的硝酸带入大量的 NO_3^--N 有关。

由表 6-2 可以看出，不同营养液 pH 调控上限对空心菜冠部生长指标影响显著，但对根系生长的影响并不显著。处理 T1 的株高、冠部鲜重、干重、叶片数均低于 T2、T3、T4 处理。处理 T1 的根冠比为 0.66，显著高于其他 3 个处理。对比各处理营养液 pH 动态（图 6-20）、各处理营养液的硝态氮浓度动态（图 6-22），处理 T1 的 NO_3^--N 浓度与其他 3 个处理相比始终处于较高的水平，这说明虽然与处理 T1 相比，处理 T2、T3、T4 通过营养液 pH 调控向营养液中引入了一定量的硝态氮，但对各处理空心菜产量影响的主要因素是营养液的酸碱度，较高的营养液 pH 会对空心菜的氮素吸收过程产生抑制，进而会影响空心菜的生长。通过营养液 pH 调控可以避免营养液过高，进而促进空心菜对营养液中氮素的吸收利用，有利于地上部的生长。

表6-2　不同营养液pH调控上限对空心菜生长的影响

处理	株高 /cm	鲜重 /g		干重 /g		叶片数	根冠比
		冠部	根	冠部	根		
T1	25.33a	36.66a	24.28a	3.12a	2.20a	53.67a	0.66c
T2	39.44b	66.78b	26.10a	4.88b	2.39a	60.67ab	0.39a
T3	36.78b	73.95b	30.69a	5.43b	2.50a	60.33ab	0.42a
T4	34.11b	51.02a	23.99a	3.55a	2.24a	61.00b	0.47b

注：数据为平均值（n=3），同列不同小写字母表示差异显著（$p < 0.05$）。

表 6-3 表明，不同营养液 pH 调控上限对空心菜的维生素 C 和硝酸盐含量有显著影响，对空心菜可溶性糖和可溶性蛋白含量的影响并不显著。与处理 T1 相比，处理 T2、T3、T4 通过对营养液 pH 进行调控，向营养液中引入了一定量的硝酸盐，显著提高了空心菜中硝酸盐的含量，尤其是处理 T2（pH 调控上限为 6.5）的硝酸盐含量比处理 T1（不对营养液 pH 进行调控）高出 44.46%，但各处理的硝酸盐含量均未高出 3000mg/kg 的硝酸盐国标限量。除处理 T2 维生素 C 含量较低外，其他 3 个处理的维生素 C 含量无显著差异。这说明不同的营养液 pH 调控上限不宜过低，否则会出现硝酸盐在空心菜富集，同时维生素 C 的含量会出现下降。

表6-3　不同营养液调控上限对空心菜品质的影响　　单位：mg/kg FW

处理	维生素 C	硝酸盐	可溶性糖	可溶性蛋白
T1	273.67ab	1844.37a	6.89a	1.87a
T2	243.33a	2664.32c	6.90a	2.10a
T3	284.33b	2568.04bc	6.15a	1.93a
T4	265.67ab	2509.18b	6.13a	2.00a

注：同列数据后不同小写字母表示差异显著（$p < 0.05$）。

空心菜的产量和营养液利用效率是评估空心菜经济效益的基础。图 6-23 表明，与不对营养液 pH 进行调控的处理 T1 相比，通过对营养液的 pH 进行调控可以提高营养液的利用效率。各处理的营养液利用效率差异较大，处理 T4 的营养液利用效率最大，为 61.76g/L，与处理 T1 相比，营养液利用效率提高了 49.68%；然后是处理 T3，营养液利用效率为 54.37g/L，与处理 T1 相比提高了 31.77%；最后是处理 T2 的营养液利用效率为 46.83g/L，与处理 T1 相比提高了 15.93%。这可能是由于在营养液pH调控过程中，处理T2的营养液pH波动较大，虽然对空心菜的根系吸水功能没有影响，通过对营养液 pH 进行调控向营养液中加入的 NO_3^- 还促进了空心菜根系对营养液中水分的消耗，但冠部生长受到了营养液 pH 波动的影响，故处理 T2 的营养液利用效率低于处理 T3 与处理 T4。

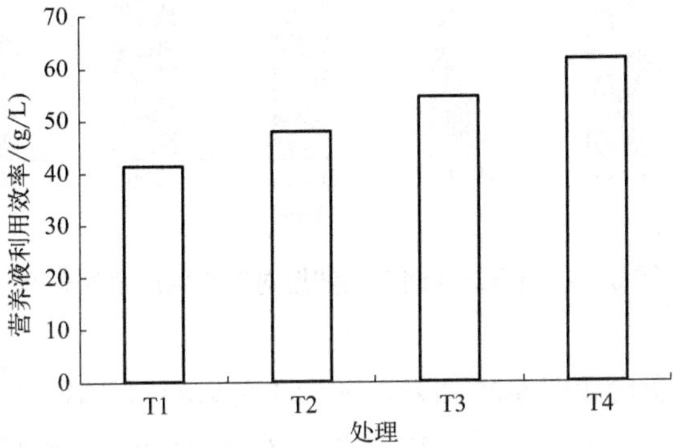

图 6-23 各处理营养液利用效率

上述研究结果表明：a. 使用商业化栽培所采用的营养液配方进行蔬菜栽培，营养液 pH 波动较为剧烈，一般在营养液 pH 调控后的 36 小时内即可从 5.5 变化到 6.0。b. 通过营养液 pH 调控，可以避免营养液中养分有效性的降低，从而改善了空心菜根系的生长酸碱度环境。营养液 pH 调控有利于促进空心菜根系对氮素的吸收同时可以显著增加空心菜的株高、叶片数，显著降低空心菜的根冠比，有利于蔬菜光合产物向有效产量部位转化，增加经济效益。c. 通过对营养液 pH 调控促进了空心菜对营养液的吸收利用，水培蔬菜最适宜的营养液 pH 调控上限为 6.0。

② 营养液 pH 调节剂优化。在营养液栽培过程中，pH 调控是营养液组分调控的核心与关键。目前营养液 pH 调节所用的酸以硝酸居多，虽然向营养液中添加硝酸可以将营养液的 pH 稳定在合理的范围内，但添加硝酸的同时向营养液中引入了硝态氮，因此需要将营养液 pH 调控与氮素调控综合起来考虑。基于此，对营养液 pH 调控策略进行进一步优化，尝试在进行营养液 pH 调控的同时，兼顾营养液主要组分的平衡。针对营养液中含有的氮、磷、硫元素，尝试在用硝酸调节营养液 pH 的同时，引入硫酸和磷酸。试验依据 pH 调节剂的不同，共设置 5 个处理，分别设置：硝酸（HNO_3）、硫酸（H_2SO_4）、磷酸（H_3PO_4）、混酸（将硝酸、磷酸、硫酸按照营养液中氮、磷、硫的比例进行混合）、对照处理（不对营养液酸碱度进行调控）。检验上述处理对营养液栽培空心菜产量和品质的影响。

由图6-24可知，与对照处理相比，除硫酸处理外，各处理使用酸调控后空心菜的产量均有不同程度的提高，其中采用硝酸调控处理（处理1）和采用混酸处理（处理4）产量增加较为明显，采用混酸处理产量的增加幅度最大，与对照处理相比，其产量增加了127%，这说明营养液栽培过程中对营养液的酸碱度进行调控是十分必要的，采用混酸对营养液的pH进行调控增产效果最为明显。

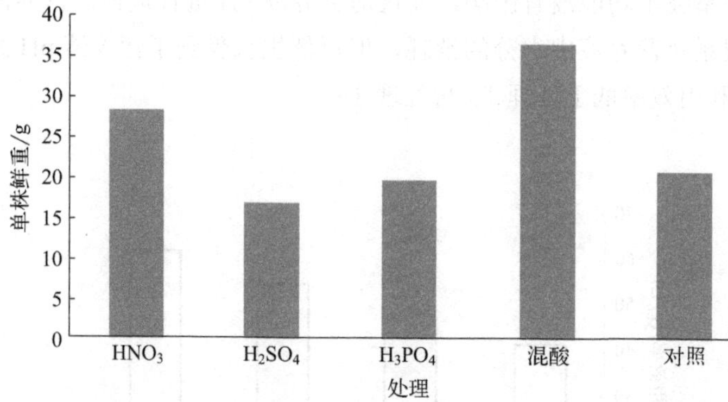

图6-24　不同pH调节剂调控对空心菜产量的影响

各处理营养液pH变化如图6-25所示。从图中可以看出，若不对营养液pH进行调控，其pH维持在8.0左右，远高于适宜作物生长的营养液pH范围。硝酸处理与混酸处理的pH变化过程类似，在进行营养液pH调节后，其pH会出现升高，当营养液pH高于6.5时，需要将其调节至合理的范围内，不同的是，使用混酸调节营养液pH的次数要少于硝酸，这说明使用混酸调节营养液pH更有利于营养液pH的稳定。与硝酸、硫酸不同的是，使用磷酸、硫酸调节营养液pH，其pH会在营养液pH调节后，有时候会出现减小的状况，甚至会低于5.5，此时，作物的养分吸收功能将会受到抑制。因此，单纯施用磷酸或者硫酸均不适于营养液pH调节。

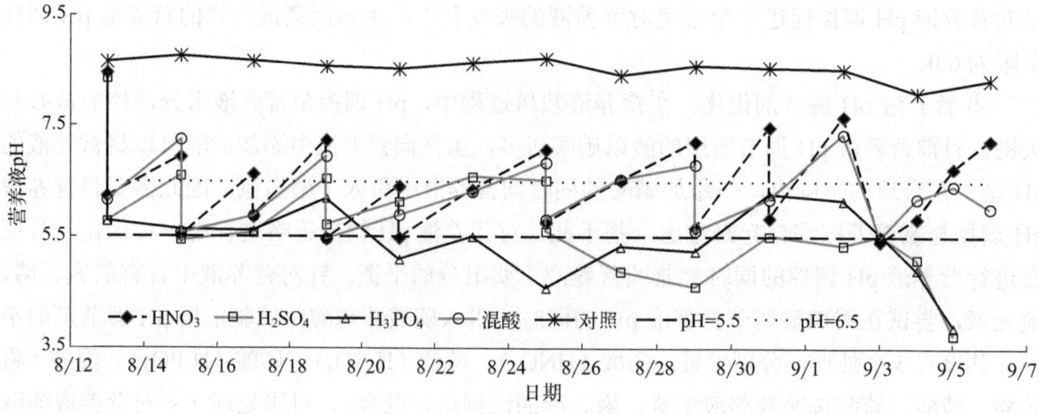

图6-25　各处理营养液pH变化

为了进一步了解不同pH调节剂对营养液pH变化的影响，对营养液调控后72小时内各营养液组分中pH的变化规律进行测定。除对照处理外，各处理在pH调控后均在适宜作物生长的pH范围内（5.5～6.5之间），1d后，各处理的pH值开始逐渐偏离适宜作物生长的范围，且采用硝酸、混酸处理的变化过程在前1.5d内比较一致，后1.5d两处理开始出现差异，采用硝酸处理pH开始逐渐增大，采用混酸处理的pH值开始逐渐减小，但始终处于适宜作物生长的范围内，采用硫酸、磷酸处理的pH始终表现出逐渐减小的趋势，这可能是随着作物蒸腾的进行，空心菜对硫酸和磷酸的选择吸收导致营养液中酸的浓度逐渐增大，从而出现了营养液pH降低的现象。

各处理EC变化在一定程度上受到了营养液pH调节的影响，但各处理之间的差异并不显著，且不会影响水培蔬菜生长。因此，当营养液的pH变化不大时，可不对其调整。

无论是硝酸、硫酸还是磷酸的加入，营养液中相应阴离子均会增多。与水溶性磷和硫酸根离子浓度相比，硝酸根的变化幅度最大。而使用混酸处理，硝酸根、硫酸根、磷酸根出现了同步增多，避免了有一种离子突然增多导致的营养液组分比例失衡。另外需要指出的是，使用磷酸调控营养液的pH值，会导致营养液中水溶性磷的含量远远大于营养液配方中磷含量。因此，在优化调控营养液pH和氮的同时，需要对营养液配方中的磷进行进一步优化，以提高营养液中磷的利用效率，同时降低营养液废液排放对环境污染的风险。

从表6-4可以看出，混酸处理的维生素C、可溶性糖和粗蛋白含量明显高于其他4个处理。与对照处理相比，硝酸处理和混酸处理的蔬菜的硝酸盐含量显著增加，这是由于在调控营养液pH的同时，以硝酸的形式向营养液中添加了硝态氮，从而导致了蔬菜体内硝酸盐的富集。但混酸处理蔬菜的硝酸盐含量显著低于硝酸处理。由于硫酸处理和磷酸处理的营养液pH出现了低于5.5的状况，作物生长受到影响，品质出现了恶化。

表6-4　各处理空心菜品质分析　　单位：mg/kg FW

处理	维生素C	硝酸盐	可溶性糖	粗蛋白
HNO_3	173.28c	2236.95c	6.59a	2.03bc
H_2SO_4	91.20ab	779.43a	6.74abc	1.84a
H_3PO_4	56.79a	913.28a	6.13ab	1.62a
混酸	225.30d	1636.62bc	9.32c	2.75c
对照	112.04b	1188.45b	8.70bc	1.75a

综上所述，利用混合酸调剂营养液pH可以显著提高蔬菜产量，改善作物品质，虽然硝酸有一定程度的增加，并未超过3000mg/kg的限量。但由于混酸中添加了部分磷酸，因此营养液中水溶性磷过量，所以还需要对营养液中水溶性磷进行进一步优化。

6.2.1.4　营养液栽培水肥调控系统设计与应用

北京市农林科学院智能装备技术研究中心团队开发了水培蔬菜营养液配比设备，解决了水培蔬菜营养液自动配制问题，广泛用于不同水培模式的营养液特性检测与配制，具有营养液 EC、pH 在线监测，自动配比及混合功能。该装备可通过内置的水培叶菜营养液组分、特性控制流程及模型，根据栽培系统中的营养液组分与特性自动执行灌溉施肥过程；也可执行来自手机端和物联网平台的控制指令，实现水培蔬菜营养液配比的远程化监控与管理。

该设备配备了标准 5 路吸肥通道并支持扩展，单个吸肥通道吸肥量为 0 ～ 400L/h，可实现 5 种不同肥液原料精确配比；配置了 2 组 EC 检测模块，有效测量范围 0 ～ 20mS/cm，测量精度 1.5%（FS）；标配 2 组 pH 传感器，测量范围 0 ～ 14，分辨率 0.01，准确度 0.1 级；营养液控制系统集成 485 电平 modbusRTU 总线通信协议与 TCP/IP 网络 profinet 通信协议，便于与外部设备集成；在操控方面采用了全触摸屏人机交互界面，全中文操作界面，一键式操作设计，简化用户使用步骤。目前，该设备已在北京、江苏、广西、山东、宁夏等地进行了推广应用，受到了用户的一致好评。

6.2.2 设施果菜基质栽培水肥一体化技术与装备

设施果菜以固体基质栽培为主，常用的栽培介质有岩棉，椰糠，草炭、蛭石、珍珠岩复合基质等。其中岩棉栽培和椰糠栽培的水肥一体化技术与装备的应用最为广泛。水肥一体化可分为开放式和封闭式栽培两种。所谓开放式栽培，即营养液外排式的栽培系统；封闭式栽培则与开放式相对应，为多余的营养液回收利用，不向系统外排放的一种栽培方式。封闭式栽培对环境的影响小，是目前主流的无土栽培水肥一体化管理方式。

施肥机是水肥一体化的核心装备，将所需养分与水混合后输送到植物根系，供给植物生长。施肥机根据连接方式，可分为并联式和串联式两种。目前无土栽培中主要使用的是并联式施肥系统。

设施果菜无土栽培岩棉营养液栽培技术是 1969 年丹麦的格罗丹（Grodan）公司首先开发的，是一种特殊基质的栽培方式。目前西欧 90% 以上的无土栽培使用岩棉作为基质培育或固定植株。东欧、北美、日本、韩国等地也大量采用岩棉栽培进行生产，同时在岩棉栽培及营养液管理、灌溉方法、基质盐水灌溉、生育期模拟预测等方面开展了很多研究工作，具备良好的基础。岩棉栽培同基质栽培一样，分为开放式栽培和封闭式栽培，开放式栽培除植物吸收利用的营养液之外，多余的营养液排放到外界环境中，造成外界土壤、空气、水体等环境污染。欧洲国家从 20 世纪 90 年代开始普及封闭式栽培系统，包括灌溉水源的处理、水肥一体化技术、营养液回收再利用技术。

我国的水肥一体化设备，根据设备肥料通道可分为单通道水肥一体化设备和多通道水肥一体化设备，根据肥料与水源的配比方式分为机械注入式、自动配肥式和智能配肥式。无土栽培采用的主要方式是多通道智能配肥式水肥一体化系统。我国近年来开始进行无土栽培水肥一体化专用系统的开发，在岩棉栽培以及椰糠栽培方面有独立的水肥一体化系统。

针对我国温室特点与环境特性，设计一种通用型封闭式岩棉栽培系统及其智能控制方法，并进行实际生产试验，分析系统运行与生产状况。该系统为纯封闭循环式，可根据植株生长状态与环境条件，全自动运行，实现生育期自动判别，并相应调整适宜的营养液浓度，实现营养液自动检测、配比、灌溉。同时配套全封闭式的营养液回收消毒装置，经过消毒的营养液再进入灌溉系统重新利用。系统控制方法除涵盖现有技术外，针对时序控制及辐射控制均进行了创新提升，其中采用实时耗液量补充控制法，可有效避免因品种、环境、地域等引起的误差。该系统具有保护环境，提高水肥利用效率，易于维护，实现农业生产的零排放等优势。

6.2.2.1　设计思路

为保护环境、节水节肥、实现资源的高效利用，本系统设计为封闭式结构，营养液可循环使用。密闭式岩棉栽培系统主要由栽培子系统、灌溉子系统、营养液回收消毒子系统，以及对上述三部分进行自动化控制的智能全自动控制子系统组成（图 6-26）。

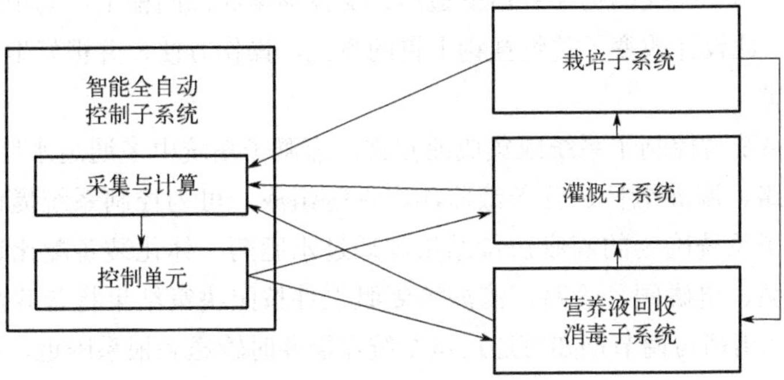

图 6-26　封闭式岩棉栽培系统构成示意图

系统各部分相对独立，承担各自功能，同时又通过信息传递控制和水路循环彼此连通，形成闭路系统。其中栽培子系统由密闭式多功能岩棉栽培槽、支架 / 悬吊系统、轨道式吊蔓装置、绕蔓装置组成，主要为植株生长提供支撑，并为多余的灌溉营养液回收提供通道。灌溉子系统由水肥药一体化装备、母液罐、营养液监测组件、滴灌组件组成，系统的营养液配比和灌溉均由此部分执行，配好的营养液通过灌溉管路输送到栽培子系统，为植株生长提供必需的水分和养分。营养液回收消毒子系统由各储液箱、慢砂过滤装置、紫外消毒装置、回液监测传感器组成，用于将回收灌溉子系统回流的多余营养液，经过消毒处理后重新进入灌溉子系统实现重复利用。智能全自动控制子系统独立或内嵌于水肥一体化装备上，用于采集各子系统信息并对整个系统实现智能管控，主要包括采集与计算单元和控制单元两大部分，采集与计算单元具体包括了空间环境参数、基质环境监测、营养液 EC、pH、液位、回液指标监测等各类传感器和用于模拟计算的模型，控制单元具体包括各电控阀门、水泵、搅拌器等。栽培子系统、灌溉子系统、营养液回收消毒子系统分别向智能全自动控制子系统传输植株和基质信息、灌溉营养液信息、回收营养液信息，智能全自动控制子系统利用上述信息，结合环境采集信息，通过内置的植株与灌溉模型模拟植株生长并计算灌溉时间、灌溉液浓度及灌溉量，并将信息传递给控制单元，控制灌溉子系统执行配液及灌溉操作，多余的营养液经营养液回收消毒子系统处理后重新进入灌溉子系统循环利用。

6.2.2.2　软硬件关键结构与功能

（1）栽培子系统是岩棉栽培的基本配套硬件装备，岩棉栽培多为长季节栽培，选用无限生长型品种。在系统实施中，多功能栽培槽不仅用于放置岩棉基质，同时具有营养液导流和植株及根际微环境调节功能；多功能栽培槽的使用也不再局限于带包装岩棉条，栽培槽内黑外白的颜色和结构，可为根系生长提供适宜的环境空间，并能在植株底部反光，增加下层光照。同时密闭式栽培槽将营养液导流槽内置，可以为营养液提供相对全封闭的循环空间，降低了病害的感染传播概率，减轻绿藻的产生，从而保证了系统的清洁生产。支架系统为整套装备的支撑结构，密闭式多功能栽培槽、轨道式吊蔓装置、绕蔓装置均安装于支架系统上。创新的轨道吊蔓方式，吊蔓轨道上下各有一组滑道，顶端滑道用于固定轨道，底部的滑道内有吊环，作为吊蔓绳滑动轨道。吊蔓绳通过轨道吊环上的穿线孔悬挂，吊蔓绳一端固定于植株上，穿过吊环，另一端挂钩钩在栽培槽边沿或支撑横梁底部凹槽上，为植株茎秆提供悬挂力量，防止滑落。此设计改变了传统挂钩上置的方式，操作方便，并很好地消除了吊蔓钢丝绳偏软下塌的弊端。

（2）灌溉子系统与控制子系统或集成或独立，灌溉子系统由多通道水肥药一体化装备、灌溉泵、灌溉管路、滴灌组件、营养液监测组件等组成，可为控制系统提供判定所需的参数，并执行控制子系统确定的灌溉决策结果。通过水肥药一体化装备配比适宜浓度的灌溉营养液，通过水泵、电磁阀、管路、滴灌等灌溉组件按照决策结果将营养液输送到植物根系，另外一些根部用药与调节剂亦可通过该系统在需要时输送到根系附近，进行相应病害的防治。

（3）营养液回收消毒子系统采用双效消毒方式，由慢砂过滤装置、紫外消毒装置、水泵、过滤器、储液罐等组件组成，中间通过管路连接。消毒子系统进水口直接与栽培槽排水管道相连接，栽培槽排出的多余营养液通过栽培槽的导液槽出水口直接进入回收消毒子系统，根据栽培面积大小和温室结构，可选择卧式消毒装置或立式消毒装置，经过慢砂过滤和紫外消毒双效消毒程序后，返回到灌溉子系统，经过重新配比再用于灌溉。营养液消毒采用的是生物物理双效消毒方法，随着使用时间的延长，慢砂过滤表层会被堵塞从而影响过滤速度和消毒效果，因此系统增加了清洗提醒功能，通过控制系统加以实现。

（4）智能全自动控制子系统在启动定植时，需要输入定植植株种类、果形、滴头流速、定植叶片数、灌溉策略选择等基础信息。进入运行状态后，系统可根据环境参数监测组件提供的环境参数和系统启动时输入的植株种类、初始叶片数等植株信息，通过栽培管理专家系统自动计算所处生育时期，并相应自动调整营养液的浓度和组分。通过各传感器采集到的环境信息，根据所选择的控制策略以及温度和光照情况，自动判定每天灌溉时段及每次启动灌溉时间，依照系统判定的生育时期，自动进行营养液的检测、配比、灌溉，并记录当次灌溉量及其他必要的相关数据。此外，控制子系统还对营养液回收液量以及慢砂过滤速度进行实时监测控制，当慢砂过滤流速低于初始值的30%，则提醒需清洗过滤器，当慢砂过滤后的营养液累积到一定量，则启动紫外消毒器，预热后启动水泵将过滤后的营养液经过紫外消毒再返回到灌溉子系统重新利用。

岩棉栽培系统的所有控制方法均由智能全自动控制子系统进行计算决策，并配合其他硬件装置执行，灌溉决策系统内置四套决策方法可供选择，包括时序辅助光照控制、光累积控制、回液占比控制和模型控制。所有控制方法均综合考虑了阴晴天的影响。其中回液占比方式进行的灌溉量决策，可实时补充植株耗水，并保证营养液的淋洗，可有效避免地域、温室结构、环境、品种等外界因素引起的计算误差，保证营养液的充分供给。此外，控制系统内嵌的栽培管理专家子系统可为岩棉生产提供指导，方便使用者进行操作；营养液回收消毒子系统增加的慢砂过滤清洗提醒功能以保障消毒过程的稳定。这些均是本系统针对我国岩棉栽培的情况在控制方法和系统功能方面所做的重要探索与改进。

6.2.2.3 软件系统开发

结合硬件结构及控制需求，研发了配套的岩棉栽培管理控制系统，系统包括主控端硬件驱动程序和 Android 手机终端人机交互程序。主控端程序基于 LabView 进行开发，手机端人机交互程序采用 Java 语言编程。软件采用模块化开发，分为环境监控、水肥管理、回液控制、栽培管理专家系统四个部分。

（1）软件主体结构 主控端程序和手机终端功能设计均从科研和生产实际需求出发，主控端根据不同的作物，内置计算与决策方法。主控端系统主界面有作业参数输入选择区，在系统启动前输入植株与田间信息和控制参数、选择控制决策方法，系统将按照输入参数自动判定并运行程序；进入系统后，监控界面有控制参数判定区、实时监测数据显示区和阀门状态显示区，用户可直接查看实时环境、灌溉决策结果及灌溉参数与运行状态；数据界面记录了环境参数和每次灌溉相关参数及阀门状态，并以图表方式呈现，直观显示了运行状态，方便科研和生产用户随时查看、分析数据。

Android 手机端以实用监测与简单调控为主。在主界面输入用户名和密码，即可登录手机端监控程序。程序分为数据监测界面、决策与控制界面和参数设置界面。数据监测界面包括实时环境数据和灌溉数据；决策与控制界面显示生育时期，并可控制设备手自动状态、选择决策方法及果形、控制各阀门的开闭、水泵及设备的启停等；参数设置界面通过输入管理员密码，可进行 EC、光照阈值、灌溉量、灌溉间隔等具体参数的设置，并与本地机交互，实现系统的远程控制。

（2）软件功能设计 控制界面：系统控制界面是本地机控制各水泵、阀门状态的直接方式。用户可通过点击触摸屏上的点来控制水泵、阀门等设备的工作状态，实现配肥、灌溉等操作。

回液监测：系统回液部分通过监测系统回流液的 EC、pH，为灌溉决策提供依据。此外，还具备过滤速度监测提醒功能，通过监测慢砂过滤系统的过滤速度，当速度低于初始设定值的一定比例，则提示清洗慢砂过滤装置。

数据采集与记录：根据不同用户需求，系统自动记录环境参数（包括温湿度、辐射）、灌溉参数（灌溉时间、灌溉量、灌溉液 EC 和 pH、回收液 EC 和 pH、回液量等）、系统设置（手自动状态、决策方法等）及运行相关参数（各阀门、水泵运行状态、各储液桶液位等）。

栽培管理专家系统：根据定植时输入的植株信息和生长期环境参数，通过系统内部嵌入的植株生长发育模型，模拟计算植株的生长信息，如生育时期、株高、叶片数、开花时间、果穗数等，结合岩棉栽培管理技术和田间装备参数，向管理者提供田间管理操作提醒，如绕蔓、落蔓、授粉、采收、打叶等工作。管理者确认操作后，系统完成并记录该内容。

（3）系统工作步骤　密闭式岩棉栽培系统及灌溉控制流程如下：

系统开机后，在主界面需要选择定植蔬菜种类、果形、滴头流速、控制策略，并输入定植密度、定植叶片数等基本信息后，进入系统运行状态。

控制子系统在信息采集与计算单元的配合下，通过各传感器反馈的信息进行模拟计算与决策。计算单元包括植株生长发育模拟和灌溉决策两部分，通过定植初期输入的植株种类及生长信息，加之定植后的环境参数，每日模拟植株的生长情况，判定植株的生育时期、株高、叶片数等，进行农事操作决策。进而判定当日的灌溉时间段和当前植株需要的水分、养分情况，决定灌溉液浓度。

灌溉时段内，根据选择的控制策略实时进行信息反馈并控制灌溉。例如，选择了光累积控制，则环境参数传感器中的辐射传感器进行信息反馈，当达到灌溉启动设定值，系统根据初始输入值以及各环境参数传感器反馈回来的信息，计算当次灌溉量，并启动水泵和搅拌器检测营养液罐内的液位以及营养液的EC、pH。根据计算和检测结果控制清水阀、营养液箱搅拌器、各母液罐电磁阀和搅拌器的开关，进行营养液的配比。各母液罐中存放营养液原液、酸碱调节液、灌根药液等，其数量可根据需要进行增减。通过EC传感器和pH传感器反馈营养液浓度和酸碱度信息，当反馈结果满足计算量时，关闭各母液罐电磁阀，关闭各母液罐搅拌器；当营养液检测结果不满足营养液指标时，则通过控制清水阀和母液罐电磁阀A、B、C、D的开关，微调营养液，直至达到灌溉要求。营养液配比结束后，开启灌溉控制阀，使配比好的营养液沿灌溉管路（包括灌溉主管、灌溉支管、压力补偿滴头、毛管、滴箭）到达植株根系附近进行灌溉。达到本次灌溉量后结束灌溉。系统可自动记录各环境及灌溉相关参数。其中灌溉时段的判定由辐射传感器反馈的信息决定。确保在白天时间段内进行灌溉，夜间不进行灌溉。

进入栽培子系统的营养液，经过植株和基质的吸收，多余的营养液通过栽培槽底部的排水孔进入回液箱。回液箱中的营养液首先经过慢砂过滤处理，当达到一定量后，启动紫外线消毒装置进行预热，预热完成进行营养液的第二道紫外线消毒程序，消毒后的营养液暂存到消毒后待用液箱，由控制箱控制经过水肥一体化装备重新配比后实现再利用，完成一次岩棉栽培营养液配比—灌溉—回收—消毒—再利用的过程。图6-27是密闭式岩棉栽培系统工作流程。

6.2.2.4　田间试验与数据分析

（1）系统运行分析　系统开发从我国岩棉栽培实际需求出发，整套系统各组成分部分工明确，运行流畅，逻辑清晰，安装使用方便，功能全面。各传感器将采集的信息反馈给控制箱，在控制箱的判定决策下，控制各水泵、搅拌器、电磁阀、消毒装置的启停，从而完成了整套系统的协调运作，实现了系统功能。系统克服了现有栽培系统的多种弊端，改进装备和控制方法，赋予各组件诸多新功能。特别是各种控制方法中充分考虑了阴晴天的差异，同时增加了回液占比控制灌溉的方法，使控制更为直接有效。软件嵌入栽培专家管理子系统进行栽培管理操作指导；增加了慢砂过滤装置清洗提醒功能；自动记录所需的灌溉、管理等参数。这些功能和方法的改进及增加，为岩棉栽培系统的研究和应用提供了理论技术支撑。

（2）系统用水与产量分析　该系统于2014～2020年连续多年在宁夏园艺产业园进行田间番茄生产试验，供试品种有先正达公司的红果品种齐达利、荷兰纽内姆公司的粉果品种粉宴一号等，茬口安排为秋冬茬与早春茬的两茬种植模式，番茄单产连年攀升。

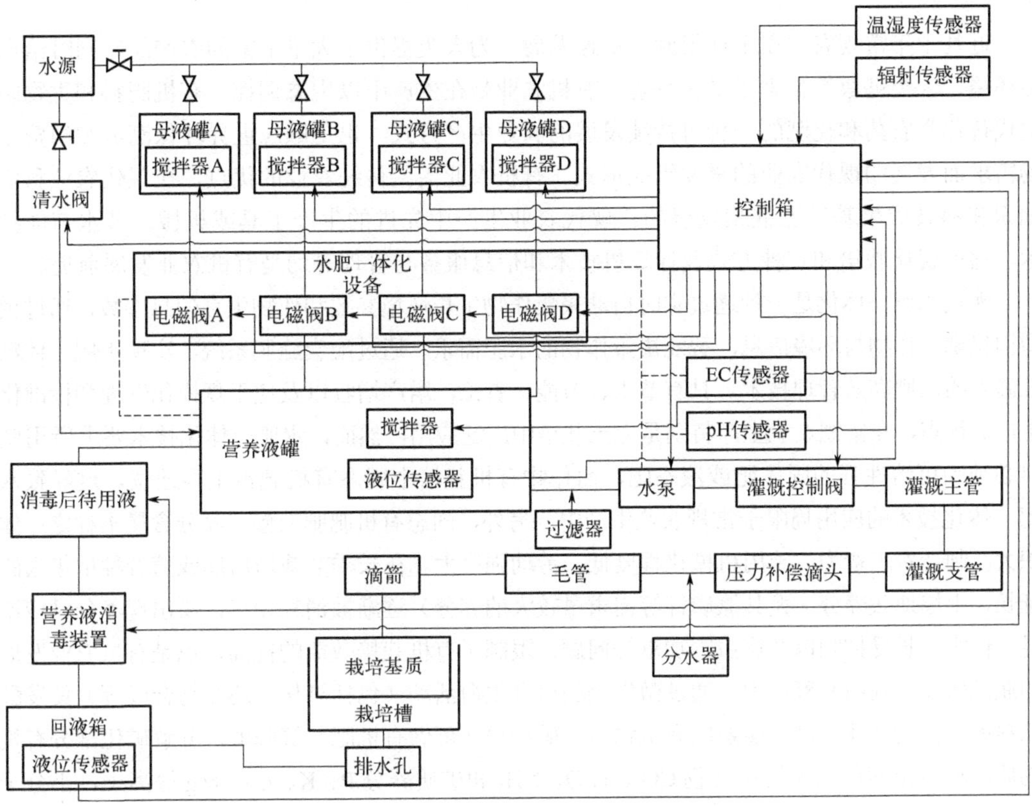

图 6-27　密闭式岩棉栽培系统工作流程图

如表 6-5 所示，密闭式岩棉栽培系统生产番茄的亩灌溉量为 453.3m³，平均排液量约为 20%，实际用水量为 364.6m³/ 亩。较国内目前土壤栽培及无土栽培工厂化生产番茄节水 30% ～ 40%。番茄产量达到 48.9kg/m²，居于全国领先水平，其中早春茬产量约为秋冬茬产量的 3 倍，较国内同等栽培模式增产 20% 以上。同时早春茬用水量也接近秋冬茬的 3 倍。水分利用效率 WUE 平均达到 89.5kg/m³，相当于生产 1kg 番茄的用水量为 11.2L。

表6-5　密闭式岩棉栽培系统田间生产水分利用效率与产量（2016年～2017年）

茬口	种植时间	亩灌溉量 /m³	亩回液量 /m³	实际每亩用水量 /m³	回液占比 /%	产量 /(kg/m²)	水分利用效率 WUE /(kg/m³)
早春茬	3 月～ 8 月	333.5	63.7	269.8	19.1	36.3	89.7
秋冬茬	9 月～次年 2 月	119.8	25.0	94.8	20.9	12.6	88.7
全年	9 月～次年 8 月	453.3	88.7	364.6	19.6	48.9	89.5

6.3 设施蔬菜有机化栽培施肥技术

近几十年常规农业在全球得到了快速发展，为人类提供了大量丰富的农产品，同时给自然环境、人类健康等带来了潜在危险。有机农业是在生产中以生态调控、有机肥料和生物防治代替化学农药和化肥的一种可持续发展的农业生产方式，也是顺应世界环保潮流和消费市场需求而发展的现代农业的重要组成形式。有机农业借鉴传统农业的优点，在现代农业科学知识和科技成果基础上继续发展的。现代农业生产中先进的生产工具或机械、节水节能技术、增产优质栽培和育种方式及计算机技术和信息服务与管理等均是有机农业发展前提。

现代水肥一体化是一种通过实时自动采集作物生长环境参数和作物生育信息参数，通过模型构建耦合作物与环境信息，智能决策作物的水肥需求，通过配套施肥系统，实现水肥一体精准施入的水肥高效管理技术，具有节水、节能、省工、增产增收以及便于规模化管理和标准化生产等优点，在常规农业生产特别是无土栽培中广泛应用。然而，水肥一体化技术要求所用肥料必须为可溶性强的固体肥或液态肥，而作物有机栽培中固态有机肥占主导地位，这导致水肥一体化技术的应用局限于常规农业生产中。另外，固态有机肥肥效慢，养分含量不稳定；体积大，制造费工费力；施用机械化程度低，劳动强度大。在长季节栽培后期或随着种植年限的延长，土壤速效养分（尤其氮磷钾等需求量较大的养分）逐渐被消耗殆尽，易出现养分供应不足、作物生长受抑制以及病虫害加重等问题，限制了有机栽培效益的提高，也是有机农业发展的瓶颈所在。利用发酵原理，通过微生物的自身生命活动（包括氧化、还原与合成等）使发酵原料如动植物残体、堆制腐熟的有机物料、矿物粉（可做有机肥）等降解，分解矿化部分有机物质，释放出简单的无机化合物 CO_2、H_2O、NH_3 和矿质养分 P、K、Ca、Mg 等离子，小分子有机物、腐植酸及热量等溶解于水中，可形成一种集无机、有机营养和拮抗微生物及其代谢产物于一体，具有较好的营养价值和生防作用的液体有机肥。该液体有机肥具有流动性，可借助管道运输，利用喷洒装置或灌溉系统施用，符合水肥一体化技术应用对配套肥源的基本要求，是一种水肥高效管理的重要肥源。基于此，以现代水肥一体化技术和好氧发酵原理为基础，针对有机肥的机械化、自动化制备与施用，有机生产中水肥精细化、自动化管理提出了“有机水肥一体化”，即以常规生产中的水肥一体化技术为基础，将微生物好氧发酵制备出浓度较高、稳定性较好的高 N、高 P 和高 K 有机液肥，在系统控制下根据作物养分需求规律进行配比混合、稀释，并基于灌溉策略借助微灌系统均匀地、适时适量地输送至作物的一种水肥一体化管理技术。设计研发了作物有机水肥一体化装备与综合管控系统，使有机液肥的制备与灌溉实现一体化、自动化管控；进一步，结合农业生产主要栽培模式即土壤栽培和基质栽培的实际需求，不同作物的水肥需求特点，开展了设施蔬菜有机化栽培的营养液高效管理技术研究与应用。

6.3.1 作物有机水肥一体化智能装备

6.3.1.1 装备设计

针对作物有机栽培水肥轻简、精细和高效管理需求，以有机液肥发酵原理和水肥一体化技术为基础，设计了作物有机水肥一体化智能装备与系统，主要包括有机液肥发酵系统、配液施肥系统、控制系统和灌溉系统，实现对有机液肥制备与灌溉的综合管控。系统的工作流程如图 6-28 所示：

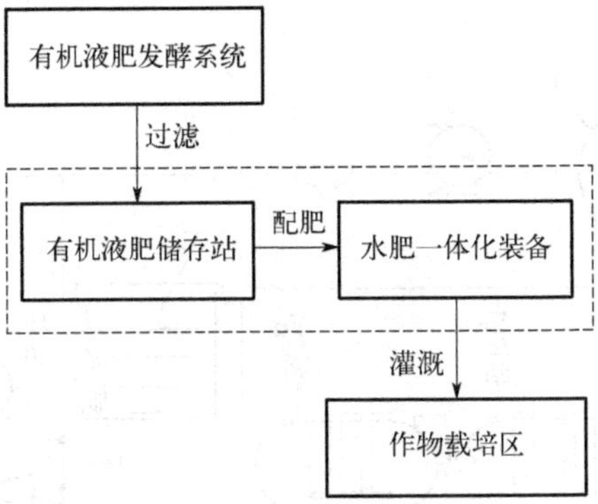

图 6-28　装备系统工作流程图

有机液肥发酵系统包括发酵罐、搅拌系统 / 液体循环系统、曝气供氧系统、过滤系统和物料装卸系统，实现有机液肥的有氧制备和多级过滤，从而获得养分浓度较高、适用于微灌灌溉系统（120 目）的液体有机肥。配肥系统包括混液罐、施肥水泵、吸肥器和储液箱（有机液肥原液），将储存的有机液肥原液配制成作物生长发育所需浓度的有机营养液（即工作液）。控制系统可以综合管控有机水肥一体化系统中涉及有机液肥制备与灌溉的所有电磁阀、泵的启停，各种传感器监测数据的采集、显示、存储等及程序命令执行和数据计算等。灌溉系统包括水源、灌溉水泵、过滤器、施肥水泵、田间控制阀等，能够实现准确地将有机营养液输送至栽培区域的作物根层介质（土壤 / 基质）中。

6.3.1.2　装备结构

作物有机水肥一体化智能装备主要包括有机液肥发酵装置、AWF 型水肥一体化智能装备（多通道），如图 6-29 所示。

有机液发酵装置包括发酵罐、搅拌泵 / 循环泵、供氧装置、过滤装置和物料处理与装卸装置。发酵罐可用于不同配方有机液肥的发酵。发酵罐内有筛网置料板或筛网置料桶，可实现发酵物料与液体的初级分离。搅拌泵 / 循环泵主要用于确保发酵液均匀性，增加溶氧量。循环泵安装在发酵罐外，其进水口与出水口分别与发酵罐的底端与顶端连接，可实现发酵液由下至上的循环，适用于体积小的发酵罐。供氧装置由空气压缩机和气管组成，气管均匀布置在罐体内，实现对发酵液主动、均匀供氧，可为有机物料发酵提供良好的有氧条件，利于缩短发酵进程、提高发酵质量。过滤装置包括罐体内筛网置物板 / 置物内胆、离心式固液分离机 / 反冲洗过滤器和碟片过滤器，使发酵罐中发酵好的有机液肥经多级过滤后，达到微灌灌溉系统要求（120 目）。物料处理与装卸装置主要由粉碎机、传输系统 / 起吊系统和排污装置等组成，主要用于秸秆、尾菜废弃物等粉碎处理，发酵物料的添加及物料渣的清理等，有效提高生产效率。另外，发酵罐内布置有液位传感器，可辅助控制循环系统，即液位传感器实测数据小于等于系统设置的液位下限或大于等于液位上限时，本次循环不启动；辅助控制发酵液体积及发酵液抽取操作的执行。

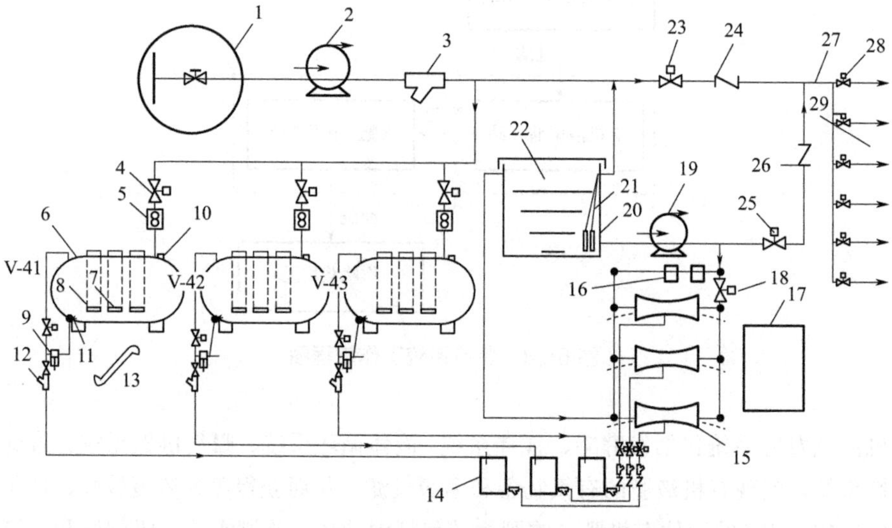

图 6-29　作物有机水肥一体化装备与系统平面图

1—水源；2—灌溉水泵；3—过滤器；4—电磁阀；5—流量传感器；6—发酵罐；7—供氧装置；8—过滤层；9—搅拌泵 / 循环泵；10—通气管；11—液位传感器 1；12—过滤器 / 固液分离机；13—物料处理与装卸装置；14—储液箱；15—吸肥器；16—肥液检测装置；17—控制柜；18—配肥电磁阀；19—施肥水泵；20—混液罐；21—液位传感器 2；22—EC 传感器；23—灌溉电磁阀；24—灌溉逆止阀；25—施肥电磁阀；26—施肥逆止阀；27—流量计；28—田间灌溉电磁阀；29—灌溉区

AWF 型水肥一体化智能装置由配液、灌溉和控制 3 部分的子装置组成。配液装置包括混液罐、配肥水泵、吸肥器以及储液箱。混液罐用于混合配比肥液，其内安装有液位传感器，以实时监测混液罐内的液位，辅助配液。混液罐上口有封盖，防止杂物进入混液罐。配肥水泵连接施肥管道和配液管道，施肥管道串联施肥电磁阀和施肥逆止阀，并与灌溉管道连接。配液管道还连接有肥液检测装置和配液电磁阀。配液电磁阀后连接多个文丘里吸肥器（可根据实际需求增减吸肥器），文丘里吸肥器吸液端连接有吸液电磁阀、浮子流量计、吸液止回阀以及叠片过滤器，最后与储液箱连接。肥液检测装置与文丘里吸肥器平行安装，用于检测肥液浓度和酸碱度。储液箱用于暂存有机液肥原液，其内布置有液位传感器，用于辅助配液。灌溉装置包括灌溉水泵、过滤器、灌溉电磁阀、灌溉逆止阀、施肥水泵、施肥管道、施肥电磁阀、施肥逆止阀及流量计。灌溉水泵后连接过滤器，过滤器后依次连接灌溉电磁阀和灌溉逆止阀。施肥管道一端连接混液罐，一端连接到灌溉管道上，灌溉管道末端连接若干田间控制阀，田间控制阀可以实现对田间灌溉的控制。控制装置即控制系统硬件，主要由上位机、电源模块、核心控制器、AD 模拟量采集模块、串口通信模块以及外围传感器接口模块组成，并通过线缆与灌溉水泵、灌溉电磁阀、田间控制阀、施肥水泵、施肥电磁阀、肥液检测装置、配液电磁阀、吸液电磁阀、循环泵、搅拌器、注水电磁阀和各类传感器等连接。考虑到系统的扩展性和开发周期，以 PLC 作为核心控制器，选择触控一体机作为上位机，利用触控一体机进行现场参数设定，PLC 通过串口通信模块调用设定参数，并结合传感器监测数据进行管理决策，从而控制水泵、电磁阀等执行元器件的打开和关闭，实现有机栽培作物水肥一体化的自动管理和生产。

6.3.1.3　装备操作运行步骤

通过控制系统控制有机液发酵系统，开启注水电磁阀，使水流进入发酵罐，同时，将有机物料、发酵菌剂按比例添加至发酵罐内，通过曝气装置及搅拌 / 循环泵工作，一方面获得良好的有氧发酵条件，另一方面形成液体环流使发酵液浓度均匀。待一个发酵周期完成后，将制备好的有机液肥输送至储液箱待用。

通过控制系统控制配肥系统，关闭灌溉电磁阀和施肥电磁阀，开启施肥水泵、配液电磁阀；通过灌溉水泵向混液罐注入水流，并在施肥水泵的作用下使水流经过吸肥器，吸肥器利用负压将储液箱内的发酵液输送至混液罐内，并在混液罐内配成作物所需浓度的肥液；同时，经过肥液检测装置检测判断肥液浓度是否达到设定值，在肥液浓度满足需求后关闭配液电磁阀，完成本次配液。

通过控制系统控制灌溉系统，开启灌溉水泵、灌溉电磁阀，或施肥水泵和施肥电磁阀，及所需灌溉地块的田间电磁阀，在水泵的动力作用下使水流（肥液流）经管道进入田间，进行清水或肥液灌溉。

6.3.2　作物有机水肥一体化综合管控系统

该控制系统软件开发环境为 Windows 系统，基于组态软件的可视化操作功能，在上位机设计系统监控画面。基于系统功能，该控制系统采用模块化设计方法，将主程序分解为发酵子程序、配液子程序和灌溉子程序等模块。在 PLC 执行程序的过程中，总是在扫描周期内顺序地执行主程序，主程序根据相应条件不断地调用相应子程序，从而实现对有机液肥制备、养分配比和有机营养液灌溉的独立、自动管控。系统主程序流程如图 6-30 所示。

控制系统采用顺序控制的方法，以时间作为子程序执行入口，发酵启动时间、灌溉时间以及液位下限等通过触摸屏进行友好设定。

6.3.2.1　综合管控系统设计

作物有机水肥一体化综合管控系统主要包括有机液肥发酵控制子系统、有机液肥养分调配 / 配置控制子系统和灌溉控制子系统 3 部分组成（图 6-31）。有机液肥发酵控制子系统主要用于管控有机液肥发酵进程中清水的自动补充，搅拌系统 / 循环系统和供氧系统的周期性运行，是通过交互发酵装置中液位传感器监测数据，采用时序法控制电磁阀、电动阀的开 / 闭来实现的；同时可产生发酵完成的脉冲信号，自动结束高浓度有机肥液的制备。有机液肥养分调配 / 配置控制子系统包含有机液肥原液的多级过滤系统和灌溉液配肥系统，用于高效分离、纯化发酵产物液态有机肥，采用 PID 算法，通过将控制器输出的 PWM 脉宽转化为阀门开启时长，调控肥水混合比例，使灌溉液浓度自动调配至目标值，具体是通过交互配液系统中电导率传感器，混液桶、原液桶和发酵罐体中液位传感器，及原液输送管道压力表所监测数据，控制电磁阀、水泵的开 / 闭，实现对发酵原液多级过滤系统和灌溉液配肥系统的自动管控。灌溉控制子系统包含有机营养液灌溉决策系统和灌溉执行系统，系统交互田间气象数据、土壤（基质）含水量数据、作物生育期信息、流量计数据及灌溉决策程序等，管控有机营养液的自适应灌溉，包括灌溉频率和灌溉量的管控。

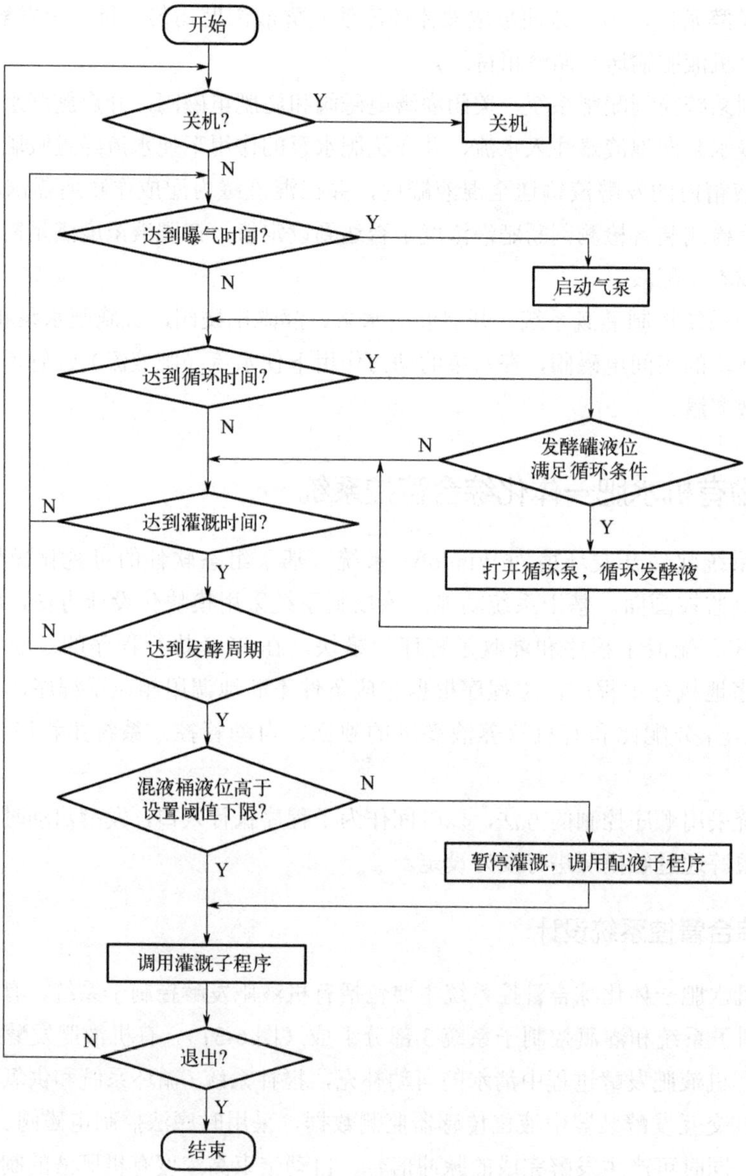

图 6-30　控制系统主程序流程图

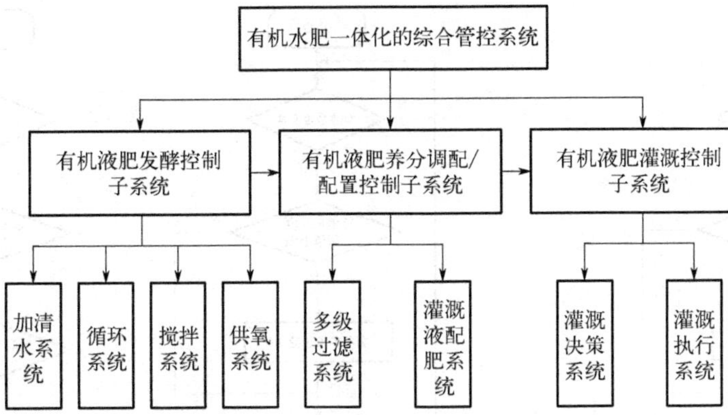

图 6-31 作物有机发酵液的综合管控系统结构

6.3.2.2 有机水肥一体化综合管控方法

利用单片机或可编程控制器作为核心控制器，采用 C 语言或梯形图语言进行外围电控设备的逻辑控制，借助组态软件或 LabView 或 VB 等编写上位机监控画面，进行人机友好交互监控显示。有机水肥一体化综合管控方法流程如图 6-32 所示。

有机液肥发酵控制子系统启动后，首先根据液位传感器反馈信息，完成清水添加动作，使液位至阈值上限；然后，交互循环、搅拌和供氧系统设定参数及发酵周期信息，控制循环、搅拌和供氧系统的周期性运行，进一步根据发酵罐液位阈值辅助决策循环系统运行；当发酵系统运行时间达到设定的发酵周期，停止运行，发酵液待用。然后，有机液肥养分调配控制子系统感知 S1 发酵控制子系统发送的“发酵完成”信号，首先交互原液桶的液位阈值，利用阈值判别法控制发酵液多级过滤系统的运行，当原液桶的液位小于设定液位阈值上限，过滤系统启动，发酵罐中已发酵完成的有机液肥经过逐级过滤、分离、纯化储存于原液桶中备用，当原液桶液位至阈值上限，多级过滤系统停止运行；随后，有机液肥养分调配控制子系统感知灌溉子系统发送的“灌溉”命令，交互混液桶的液位阈值、定植日期及对应 EC 值（灌溉液），采用即灌即配原则，利用工业级电导率传感器在线反馈的灌溉液 EC 值，结合 PID 算法，调节清水和有机液肥原液混合比例，将灌溉液养分浓度（EC 值）控制在设定范围，用于田间灌溉；进一步，交互原液桶的液位阈值，当原液桶的液位值等于或小于阈值下限，有机液肥养分调配控制子系统向灌溉控制子系统发送“缺肥”信号，迫使灌溉执行系统暂停灌溉动作，并交互发酵控制子系统所发送信息，决策并管控多级过滤系统的启停。有机液肥灌溉控制子系统交互光照强度临界值、土壤（基质）含水率阈值、灌溉区基本信息等，采用阈值判断法决策是否启动灌溉。例如，当实测光照强度高于临界值，实测土壤含水率等于或小于下限阈值时，系统启动灌溉命令；然后，根据嵌入系统中的灌溉量计算公式算出本次的有机液肥灌溉量；灌溉执行系统接收命令打开相应的灌溉电磁阀、水泵，进行有机液肥灌溉；同时，系统接收灌溉管路上流量计发送的信号数据，交互计算灌溉量，自动结束灌溉。

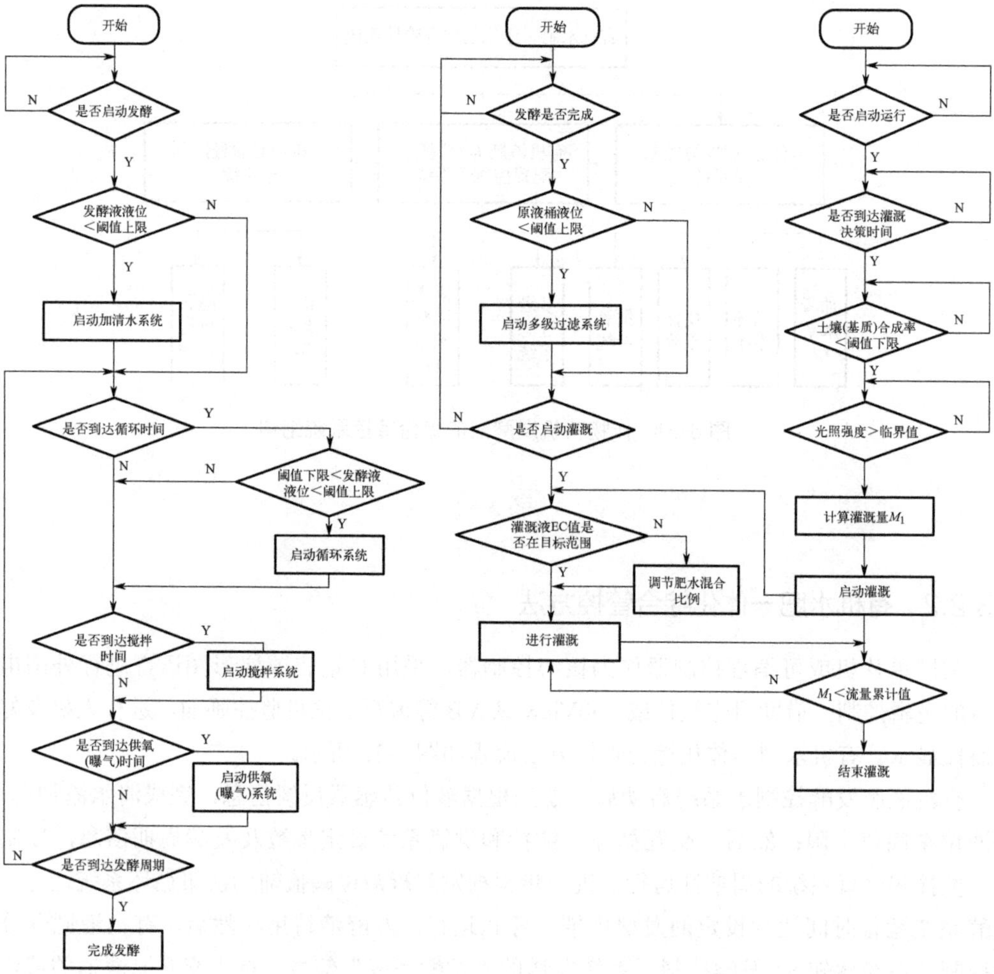

图 6-32　有机水肥一体化综合管控方法的流程示意图

6.3.2.3　上位机监控系统构建

上位机作为控制装置的一部分（图 6-33），承担着监控现场设备运行的任务，要求人机界面友好，操作简单且具有完善的报警功能。因此，从功能简约化角度考虑，上位机监控系统集成了参数设置、数据显示、灌溉控制、田间监控、实时曲线与数据库存储六大功能于一体，实现针对有机液肥制备与灌溉的全方位高精度一体化管理，提高了系统可操作性、鲁棒性和高效性。

（1）监控首页　该有机水肥一体化智能装备上位机监控系统采用分割式布局思想，监控首页由标题栏、显示栏、任务栏及监控栏组成。显示栏可进行系统设置交互、灌溉参数显示及气象参数显示。任务栏中各按钮可分别切换至发酵监控、田间灌溉监控、实时曲线及数据库画面。监控栏显示 AWF 型水肥一体化装备的运行情况，包括有机营养液养分调配和灌溉的实时动态，以及储液箱、混液桶中有机液肥液位的显示与报警。配液和灌溉动态可通过界面管道的流动方向及混液桶的液位变化来指示。同时，监控栏设置 AWF 型水肥一体化装备中水泵和电磁阀的控制按钮，可手动控制有机营养液的配制与灌溉。

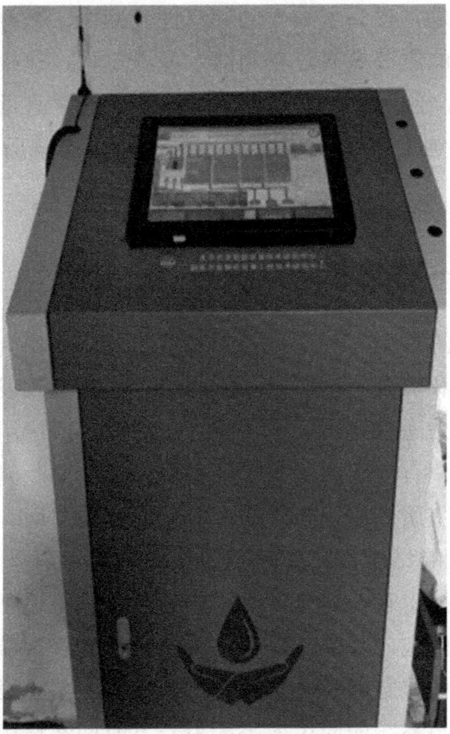

图 6-33　作物有机水肥一体化装备的控制柜体和上位机（触控一体机）

（2）发酵监控页　通过首页任务栏进入发酵监控页。发酵监控页主要监控有机液肥发酵装置的运行，包括发酵罐内发酵液液位和搅拌 / 循环系统、供氧系统等的运行情况显示，发酵装置中泵与电磁阀的操作按钮。同时，设置了“一键循环”和“停止”按钮，当“一键循环”按钮置位时，与发酵系统相关的泵和电磁阀同时开启，启动本次发酵，提高工作效率，避免水泵空转。

（3）田间监控页　田间监控页主要用于田间灌溉情况的监控。手动模式下，点击待灌区电磁阀对应按钮，再启动“监控首页”中灌溉泵，即可进行灌溉。自动模式下，程序进入灌溉流程时，在田间监控页可看到执行灌溉区管道流动图标的显示，同时有灌溉相关参数的显示，如瞬时流量、累计灌溉量和灌溉液电导率等，通过这些信息可监测灌溉程序是否正常执行、田间管网是否正常等。

（4）实时曲线　实时曲线模块主要目的是使决策者随时查看生产过程中的数据动态变化，以便快速判断生长环境优劣，做出更为灵活的策略调整及病虫害分析。曲线可滚动显示当天的环境温度、环境湿度、灌溉液 EC 值、混液桶液面高度等数据变化趋势，为最终用户提供了快捷、高效的生产管理依据，提供了一种能形象直观地了解现场生产情况、对异常情况做出快速反应的监控方式。

（5）数据库　数据库模块提供将环境数据、灌溉数据、执行元器件状态等和有机生产相关过程所有数据的存储接口，并配套可视化条件查询窗口。该功能基于 Access 关系型数据库进行开发，用户可以对文件中的数据进行新增、截取、更新、删除等操作，并根据管理的需要进行相应的处理，提高了数据的共享性，减少了数据冗余。用户可点击数据查询按钮，查看各处理完整的肥液灌溉过程和清水灌溉过程，包括阀门状态改变时混液桶的液面高度、灌溉液 EC 值、当下环境、目标灌溉量及本次灌溉量等参数，便于进行自动管理过程的准确性、稳定性判定，以及查看该小区过往的灌溉历史，进行灌溉决策优劣的评估。

6.3.3 作物有机水肥一体化装备系统与技术应用

基质栽培是无土栽培的重要类型。在基质栽培中，基质作为介质固定植物根系，使根系通过其吸收水分、养分和氧气。一般，基质栽培为作物生长发育提供水分和养分的主要途径是无机营养液灌溉。为适应我国国情，成功研制和推广应用了有机生态型无土栽培技术，这是一种以有机基质和有机固态肥为养分来源，直接灌溉清水代替营养液的基质栽培技术。无机营养液灌溉的基质栽培局限于非有机生产模式，而有机生态型无土栽培技术实现了基质栽培与有机农业的结合，对推进基质栽培和有机农业的发展均有重要意义。但是，有机生态型无土栽培技术存在养分供应不能适时适量、追肥费工费时及难以实现养分管理的自动化和精细化等问题。基于此，北京市农林科学院智能装备技术研究中心设施工程团队将作物有机水肥一体化智能装备与综合管控系统应用于设施果菜基质栽培的有机化生产中，一方面检验装备与系统的应用效果，另一方面探索设施果菜基质栽培有机化生产的水肥高效管理技术。

（1）黄瓜基质栽培有机化生产的营养液管理技术

① 有机水肥一体化智能装备与系统安装。2015 年 7 月，在北京市小汤山国家精准农业研究基地 5 号日光温室安装有机水肥一体化装备。根据基质栽培黄瓜的生产面积、定植密度及耗水特点等计算有机液肥的日需求量，结合发酵周期、发酵原液与工作液的电导率等信息，设计发酵罐大小；以定植密度、滴头流速等信息，计算各级灌溉管路的流速，再进一步确定灌溉系统各组成部件的规格。本套发酵系统的发酵罐体积为 4m^3，单次发酵可得到有机液肥 3m^3；灌溉系统的流量为 0.2 ～ 20m^3/h，配有 5 路吸肥（药）通道，吸肥速率为 0.3m^3/h。综合管控系统具有手动 / 自动两种操作模式。自动模式下，系统按照已嵌入程序，控制循环泵和供氧气泵的开闭，使有机液肥的制备正常进行；执行时序控制的灌溉策略，借助各类传感器、电磁阀、流量计等，进行营养液配比与灌溉控制，通过滴灌灌溉系统适时、适量地将水分、养分输送至作物根部，并记录、显示和存储相关的数据。

② 有机液肥制备与有机营养液的养分含量。选择富含 N、P 或 K 的秸秆、豆粕、米糠、骨粉、草木灰等农业有机物料，鸡粪、牛粪或羊粪等腐熟禽畜粪便，及磷矿粉、钾矿粉等可做有机肥源的矿物粉为发酵原料，设计 3 种发酵配方（表 6-6）。按配方称取发酵物料，与清水混合，添加进对应发酵罐中，再加入微生物发酵菌剂（提前 1 ～ 2 天培养活化）和黑糖。连接供氧系统，在控制系统的可编程序中输入液体循环周期（10min/h）和供氧周期（15min/h）等参数值，设定发酵罐中上、下限液位，启动发酵控制系统。发酵原料在微生物作用下进行好氧发酵，分解并释放出 N、P、K 等养分元素至水溶液中，经过 20 天左右（与环境温度有关），分别制备出 N、P 或 K 含量相对较高的有机液肥。此时，关闭发酵控制系统，启

动吸肥泵、电磁阀及反冲洗过滤器等，将有机液肥经多级过滤后输送至对应储液桶中待用。该有机液肥符合微灌灌溉系统要求（120 目），能通过滴灌、微喷等灌溉系统输送至田间灌溉区。从储液罐中分别取 3 种有机液肥各 50mL，检测铵态氮、硝态氮、速效 P、速效 K、Ca、Cu、Fe、Mg、Mn、Zn 含量。结果显示（表 6-7），3 种有机液肥所含养分元素含量是山崎黄瓜营养液配方中对应元素的几倍到数十倍，认为 3 种有机液肥可作为营养液原液，合理配比稀释后可获得满足黄瓜生长发育养分需求的有机营养液（工作液）。可见，该有机液发酵装备与系统性能良好，其应用实现了有机液肥制备流程的轻简化、高效化，且可制备出品质较好的有机液肥。

表6-6　3种有机液肥的制备配方

材料	有机液肥 1		有机液肥 2			有机液肥 3			黑糖	发酵菌剂	清水
	豆饼	豆秸	鸡粪	骨粉	磷矿粉	草木灰	秸秆	钾矿粉			
用量 /kg	70	34	70	17	14	60	27	14	7	0.25	1000

表6-7　3种有机液肥中养分含量　　单位：mg/L

项目	铵态氮	硝态氮	速效 P	速效 K	Ca	Cu	Fe	Mg	Mn	Zn
有机液肥 1	594.26	75.08	1166.00	2966.00	3896.00	0.24	6.15	756.20	12.79	0.87
有机液肥 2	162.74	0.33	166.30	988.40	2356.00	0.00	6.59	673.70	4.90	0.22
有机液肥 3	135.60	0.86	1028.00	1649.00	3686.00	0.28	3.04	841.40	113.80	6.50

③ 有机营养液配制与自动灌溉。AWF-01 型水肥一体化智能装备配有 5 路文丘里吸肥器，每路均安装电磁阀控制吸肥开闭，其中 3 路分别与不同配方有机液肥的储液桶对应连接。混液桶中布置液位传感器和电导率传感器，其中液位传感器监测混液桶液位变化，参与灌溉液调配决策，灌溉时如混液桶液位低于设定下限，启动清水电磁阀和吸肥电磁阀进行配液，当液位至设定上限时停止配液，避免液位过低时灌溉水泵空转和配液时灌溉液溢出。电导率传感器监测灌溉液 EC 值，参与调控灌溉液浓度，即在可编写程序中设定灌溉液 EC 值上下限（黄瓜不同生育时期营养液 EC 值范围），当电导率传感器读数低于设定 EC 值下限时，打开吸肥电磁阀进行配液，当液体 EC 值上升至设定范围内时自动关闭吸肥电磁阀，结束配液。

在灌溉系统中嵌入灌溉策略（时序法），即每天 7：00 ～ 18：00 整点时启动电磁阀进行灌溉，单次灌溉量为 2.8L，流量计监测灌溉量并反馈信息至系统控制，当本次灌溉量达到设定值（2.8L）时，自动关闭电磁阀，结束本次灌溉。将有机水肥一体化智能装备灌溉出水口连接灌溉主管道，然后通过电磁阀和流量计与支路连接；灌溉系统末端毛管连接滴箭，对应黄瓜植株插入基质（椰糠）中（图 6-34）。黄瓜定植后，在人机友好交互界面输入灌溉决策的参数值，选择自动灌溉模式，系统根据营养液自动灌溉决策模型自动灌溉有机营养液，并记录灌溉时间和灌溉量。灌溉程序执行时，在上位机触摸屏幕的控制界面中显示设定灌溉量 2.8L 和本次灌溉量（实时数据）；在 7：00 ～ 18：00 的整点时刻，系统打开灌溉电磁阀 1、2、3 进行灌溉，对应的流量计记录并反馈累积灌溉量，当本次灌溉量达到 2.8L 时，系统关闭电磁阀（田间控制阀），结束本次灌溉。该灌溉系统运行稳定，能较好地实现数据采集与存储、命令发送与执行，应用于基质栽培黄瓜的有机化生产中，可帮助实现有机营养液的自动化、精细化灌溉管理。

图6-34　日光温室黄瓜基质栽培有机化生产情况

④ 有机营养液的供应与基质栽培黄瓜的产量、品质。在灌溉系统控制下对发酵系统制备出的 3 种有机营养液进行浓度配比和灌溉决策，经滴灌系统输送至黄瓜根系，进行黄瓜有机基质栽培的水肥一体化自动管理。同时，测量产量，测定黄瓜品质包括粗蛋白、可溶性总糖、还原性维生素 C、可滴定酸度和硝酸盐含量，分析有机水肥一体化系统在设施蔬菜栽培中的应用效果。

在有机水肥一体化系统管理下，黄瓜单株产量 1.69kg，总产量达 48165kg/hm^2，黄瓜品质指标较优（表 6-8）。可见，基于本装备系统应用的有机液肥自动管理能够确保基质栽培黄瓜有机化生产的产量和品质。

表6-8　有机水肥一体化系统应用的黄瓜品质

项目	粗蛋白 /%	可溶性总糖 /%	还原性维生素 C/（mg/kg）	可滴定酸度 /%	NO_3^--N/（mg/kg）
含量	1.10	2.70	99.2	0.08	70.70

（2）有机营养液灌溉对不同基质栽培设施果菜生长、产量和品质的影响　基质栽培是用固体基质（介质）固定植物根系，并通过基质吸收营养液和氧气的一种栽培方式。基质的容重、孔隙度大小和特征等物理性状决定了基质的持水性、透气性等，对植物根系的生长和活性有重要作用。设施栽培中常用的基质有岩棉、草炭（或以其为主要原料的复合基质）和椰糠等。岩棉通透性较好，昼夜温度变化不大，具有容重小、持水强等特点；草炭质地细腻，比重为0.7～1.05，微酸性，呈层状分布；椰糠是椰子外壳加工椰纤维过程中生产的副产品，其保水、透气，具有良好的空隙结构。基质种类不同，其理化性状存在差异，对作物根系吸收营养液所提供的水分和养分具有一定影响，进而影响植株生长和生理代谢，最终对果实产量和品质产生作用。有机营养液不仅含有丰富的作物生长发育所需的N、P、K等矿质营养元素，还富含无机营养液不含的有机小分子物质、有益微生物及其次生代谢产物等。随着有机营养液灌溉，这些物质添加进栽培基质中，可能对基质的理化性状存在影响。为此，测定了岩棉基质、复合基质（草炭∶珍珠岩的体积比为1∶1）和椰糠基质（包裹塑料膜，压缩比5∶1，膨胀量8.619kg，吸水膨胀的体积为100cm×15cm×10cm）的理化性状（表6-9）。采用这3种基质栽培进行设施果菜（如黄瓜、番茄）的有机化生产，作物有机水肥一体化装备与综合管控系统管控有机液肥的制备与有机营养液配制与灌溉，分析黄瓜、番茄的植株生长和果实产量、品质。

表6-9　不同基质的物理性状

基质类型	容重/(g/cm^3)	持水能力/%	总孔隙度/%	通气孔隙/%	持水孔隙/%	气水比
岩棉（T1）	0.07	1329.38	98.44	16.53	81.91	0.20
复合基质 (T2)	0.15	170.66	52.27	25.13	26.15	0.93
椰糠 (T3)	0.14	611.03	84.89	6.01	78.88	0.08

① 有机发酵液对不同基质栽培黄瓜生长、产量和品质的影响。株高增长量是直接反映植株长势的重要指标之一。植株生长点是营养体细胞分裂增长速度最快、代谢活性最强的部位，距离生长点越近，营养器官的组织活性越强，对外界环境的响应越敏感。在结果期连续监测黄瓜株高增长量和植株近生长点15cm处茎粗，发现整个测量周期内，椰糠栽培（T3）的黄瓜株高增长量和植株茎粗均高于岩棉栽培（T1）和复合基质栽培（T2）黄瓜，有机液肥灌溉下椰糠栽培黄瓜植株长势更好。

植株长势差异进一步对产量造成了影响。椰糠基质栽培（T3）的黄瓜产量最高，达到了23649kg/hm^2，相比岩棉基质栽培（T1）和复合基质栽培（T2）黄瓜产量（19650kg/hm^2和14013.28kg/hm^2）提高了20.4%和68.7%（图6-35）。因此，椰糠作为栽培基质相比岩棉和复合基质更利于黄瓜基质栽培有机化生产。

② 有机发酵液对不同基质栽培番茄的生长、产量和品质的影响。与有机发酵液对不同基质栽培黄瓜的影响相似，椰糠栽培（T3）番茄的植株株高增长量和叶片数均高于岩棉（T1）和复合基质栽培（T2）的番茄；结果期（5月1日～6月1日）定点测量茎粗（待测叶面积

的叶片基部下方 1cm 处），同样是椰糠栽培番茄的茎粗明显大于其他两者基质栽培；随着番茄生育期的推进，新生叶片的扩展速率和完全展开功能叶片面积呈现不同的响应，在番茄生长发育前期 3 种基质栽培的番茄其新生叶片的扩展速率和功能叶片的面积差异较小，而生长发育的中后期复合基质下番茄新叶扩展速率和形成的功能叶片面积最大，其次是椰糠栽培番茄。由上述结果推测可能是长时间灌溉有机液肥对基质的理化性状产生了影响，进而导致植株生长的差异增大，而椰糠栽培的番茄整体长势优于其他两种基质栽培的番茄。进一步分析了番茄功能叶片的 SPAD 和气孔导度，发现 3 种栽培方式番茄叶片的叶绿素没有明显差异，这可能是有机水肥一体化技术应用下不同栽培基质对番茄叶片叶绿素（SPAD）和气孔导度未形成影响。

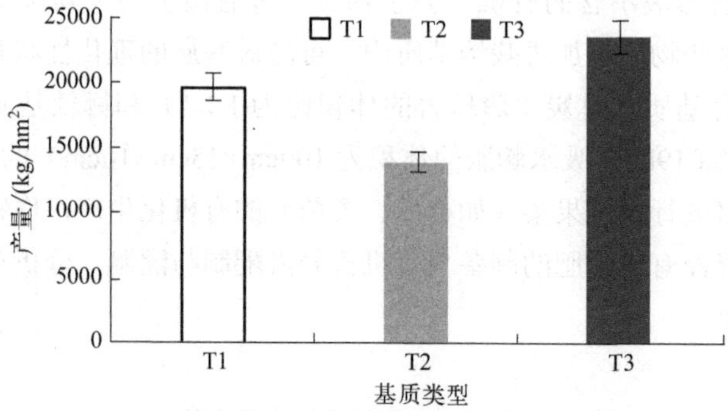

图 6-35　岩棉、复合基质和椰糠栽培黄瓜的产量

基质栽培的番茄单果重为椰糠处理＞岩棉基质＞复合基质，每株的结果数为复合基质＞椰糠基质＞岩棉基质，总产量是椰糠栽培的番茄最高（80262.00kg/hm^2），其次是复合基质（71436.54kg/hm^2），且椰糠栽培番茄的产量相比岩棉和复合基质提高了 9.26% 和 12.35%（表 6-10）。不同基质栽培的番茄果实可溶性总糖、维生素 C、可滴定酸和 NO_3^--N 差异不明显（表 6-11）。

表6-10　不同基质栽培对番茄产量的影响

基质类型	单果重 /g	每株结果数 / 个	产量 /(kg/hm^2)
岩棉（T1）	249.10	9.83	73459.59
复合基质 (T2)	215.30	11.06	71436.54
椰糠 (T3)	254.80	10.50	80262.00

表6-11　不同基质栽培对番茄品质的影响

基质类型	可溶性总糖 /%	维生素 C/（mg/kg）	可滴定酸度 /%	NO_3^--N/（mg/kg）
岩棉（T1）	4.63±1.91	166.33±52.20	0.45±0.14	22.47±6.07
复合基质 (T2)	4.77±1.07	162.00±31.05	0.46±0.10	30.90±1.37
椰糠 (T3)	4.30±0.51	136.67±28.43	0.46±0.07	32.03±9.03

因此，作物有机水肥一体化灌溉有机发酵液时，以椰糠作为栽培基质更有利于番茄产量形成。研究发现椰糠栽培的两种作物其株高、茎粗、叶片数以及产量均优于其他两种栽培基质，认为配套有机发酵液灌溉，椰糠是一种更适宜的黄瓜、番茄无土栽培基质。

（3）设施果菜基质栽培有机化生产的营养液灌溉制度优化　基质栽培在土地、水、肥等资源有效利用和病虫害防治等多方面较土壤栽培具有明显优势，但其持水性、缓冲性等较差，极易出现水肥供应不足或过量、盐渍化等问题，科学的营养液灌溉制度至关重要。自动灌溉削弱了人为干扰的不良影响，降低了劳动成本，是现代水肥一体化发展的基本技术之一。灌溉制度或灌溉决策是自动灌溉控制系统的核心，其优质性和广适性决定了自动控制系统的应用价值。因此，优化设施果菜基质栽培有机化生产的营养液灌溉制度对提升作物有机水肥一体化智能装备与综合管控系统的应用价值是十分必要的。以常用灌溉制度时序灌溉决策为对照（CK），设置了基于水分传感器的单因子灌溉决策（T1）和基于水分、电导率传感器的双因子灌溉决策（T2）（表6-12），监测基质含水率及灌溉液、回液的电导率决策灌溉量，测量黄瓜生长指标，测定叶片SPAD值、气孔导度、光合速率日变化以及果实品质、产量和灌溉量，分析灌溉液生产效率，对日光温室黄瓜椰糠栽培有机化生产的营养液灌溉进行优化。

表6-12　黄瓜基质栽培有机化生产的3种营养液灌溉决策方法

处理	决策因子	启动灌溉时间	启动灌溉	实际灌溉量
CK	时间	7：00～18：00 整点时刻	是	0.4mm
T1	基质含水率	7：00～18：00 整点时刻	基质含水率 $\leqslant q_1$	计算灌溉量 $1.3M_1$
T2	基质含水率、灌溉液与回液EC的差值	7：00～18：00 整点时刻	基质含水率 $\leqslant q_2$	回液EC值-灌溉液EC值≤1.00mS/cm时，为计算灌溉量 M_1
				回液EC值-灌溉液EC值＞1.00mS/cm时，为 $1.3M_1$

基于水分传感器的单因子灌溉决策与时序法相比优化了灌溉频率和单次灌溉量；基于水分、电导率传感器的双因子灌溉决策相比基于水分传感器的单因子灌溉决策增加了基质盐分淋洗因素，进一步优化了单次灌溉量。3种灌溉决策下，营养生长期-初花、初果期黄瓜植株株高的日变化量没有明显差异；基于水分、电导率传感器的双因子灌溉决策下，结果期新叶的扩展速率和形成功能叶片的面积，及该叶片叶柄基部下1cm处植株茎粗的增长速率和最终的直径，均低于时序法和基于基质含水率的单因子灌溉决策法，但差异不显著。

叶片气孔导度、SPAD值及光合作用均是对水分、养分供应有敏感响应的作物生理指标。从测定结果可以看出，3种灌溉决策方法应用下，黄瓜叶片气孔导度变化规律一致，同一测定时间点上气孔导度差异不明显，盛果期黄瓜叶片SPAD值差异不显著。盛果期晴天黄瓜叶片净光合速率 P_n、蒸腾速率 T_r、气孔导度 G_s 和胞间 CO_2 浓度的日变化规律一致，时序法的净光合速率 P_n 峰值和蒸腾速率 T_r 稍低于其他两种决策，但差异均不明显。

科学合理的灌溉制度下，营养液的适量供应，可满足作物的水分、养分需求，确保产量和品质，提高水分利用效率。不同灌溉策略下黄瓜产量为时序法（47646.3kg/hm^2）＞基于水分、EC传感器的双因子灌溉决策（46766kg/hm^2）＞基于水分传感器的单因子灌溉决策（45142.5kg/hm^2）（表6-13），基于水分、EC传感器的双因子决策处理T2的可溶性总糖和还原性维生素C含量最高（表6-14），3种灌溉决策方法下黄瓜产量和粗蛋白、可溶性总糖、还原性维生素C等品质指标均未达到显著水平，说明基于水分或水分、EC传感器的自动灌溉决策可为黄瓜提供充足水分和养分，确保了产量和品质。

表6-13　基于不同灌溉策略的黄瓜产量、灌溉量及灌溉液生产效率

处理	产量/（kg/hm^2）	增产率/%	单株灌溉量/（L/d）	累积灌溉量/（m^3/hm^2）	节水比率/%	灌溉液生产效率/（kg/m^3）	灌溉液生产效率提高比率/%
CK	47646.3±4956.36^a	—	1.81±0.08^a	4336±180.13^a	—	10.97±0.78^c	—
T1	45142.5±3784.51^a	−5.27	1.35±0.12^b	3240±282.96^b	25.27	13.93±0.27^b	26.98
T2	46766±6822.54^a	−1.85	0.92±0.00^c	2208±0.00^c	49.08	21.18±1.03^a	93.07

注：同列数值后不同字母表示差异显著（$p < 0.05$）。

表6-14　不同灌溉决策对黄瓜品质的影响

处理	粗蛋白/%	可溶性总糖/%	还原性维生素C/（mg/kg）	硝酸盐/（mg/kg）
CK	1.10±0.13^a	2.70±0.17^a	99.23±6.21^a	70.70±8.84^a
T1	0.97±0.09^a	2.66±0.04^a	100.57±8.42^a	85.8±5.70^a
T2	1.01±0.06^a	2.79±0.11^a	108.67±4.62^a	71.5±6.00^a

注：同列数值后不同字母表示差异显著（$p < 0.05$）。

黄瓜定植缓苗后，利用水肥一体化智能装备，在系统控制下将自制高氮、高磷和高钾有机营养液配比混合，根据灌溉策略进行自动灌溉管理，流量计记录累计灌溉量（不包括缓苗前灌溉量）。发现基于水分传感器的单因子灌溉决策的单株灌溉量和总灌溉量分别为1.35L/d和3240m^3/hm^2，显著低于时序法（1.81L/d和4336m^3/hm^2），节约灌溉液25.27%。基于水分、EC传感器的双因子决策灌溉的单株灌溉量和总灌溉量分别为0.92L/d和2208m^3/hm^2，相比时序法和基于水分传感器的单因子灌溉决策分别节约灌溉量49.08%和31.85%。分析发现，基于水分传感器的单因子灌溉决策和基于水分、EC传感器的双因子灌溉决策的灌溉液生产效率分别为13.93kg/m^{3}和22.37kg/m^3，分别较时序法10.97kg/m^{3}提高了26.98%和103.92%。

基于水分、EC传感器的双因子灌溉决策相比时序灌溉法提供了更接近椰糠栽培黄瓜真实耗水量的灌溉制度，相比基于水分传感器的单因子灌溉决策进一步优化了椰糠基质淋洗制度，使营养液用量大幅降低，实现了节水节肥和灌溉水生产效率的提高。基于水分、EC传感器的双因子灌溉决策为黄瓜椰糠栽培有机化生产提供了较合理的营养液灌溉制度，可用于设施黄瓜椰糠栽培的有机营养液自动灌溉管理。

（4）作物有机水肥一体化装备与综合管控系统在紫薯有机栽培上的应用　紫薯起大垄定

植，每垄上放置两根滴灌带，用旁通将支管滴灌带与主管道连接，每条滴灌带末端配上堵头（或打结），并固定（图 6-36），然后覆盖地膜。在综合控制系统中输入发酵控制参数（发酵周期、循环周期和供氧周期），并嵌入基于土壤含水量变化的灌溉决策方法进行有机营养液自动管控。

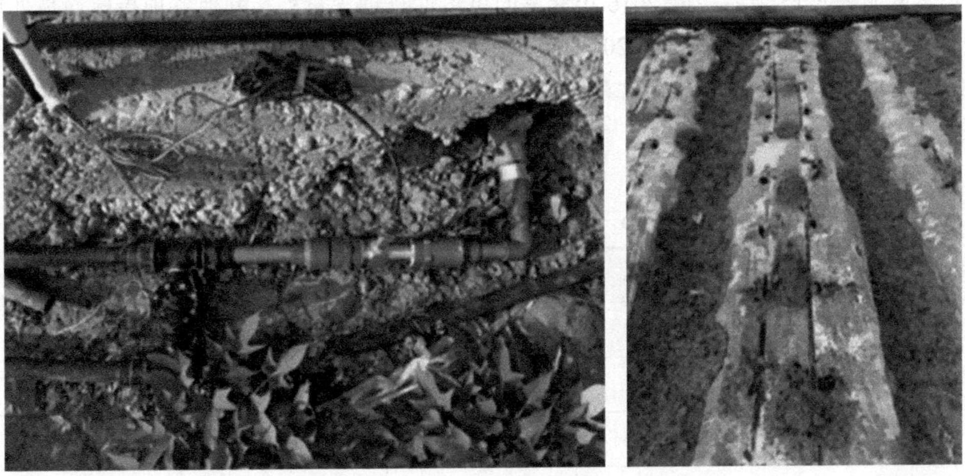

图 6-36 紫薯有机栽培的灌溉系统布置

2016 年和 2017 年连续两年，在作物有机水肥一体化装备与综合管控系统应用下，以紫薯有机栽培常规水肥管理方式底肥 + 清水灌溉为对照（CK），底肥 + 有机液肥（1.8 ～ 2.2mS/cm）灌溉（基于土壤含水量的灌溉决策）为处理（T），探究有机液肥灌溉对紫薯有机栽培的作用。试验中，处理和对照的紫薯栽培均采用膜下滴灌，灌溉启动时间点（9：00）、灌溉间隔周期（4 天 / 次）和单次灌溉量（$4m^3$/ 亩）。各处理布置 3 个重复小区，小区长 × 宽为 11m×5.0m，随机排布，独立灌溉。其他日常管理一致。

① 有机液肥灌溉对紫薯鲜干重的影响。有机液肥灌溉与清水灌溉下，紫薯地上部的鲜干重均呈现出一个缓慢-快速-减缓的增长趋势，即紫薯生长的中前期植株生长相对缓慢，随后进入快速生长阶段，到生育末期紫薯植株生长减缓。与清水灌溉相比，有机液肥灌溉下紫薯地上部鲜干重的增长速率更大。进一步分析 2016 年和 2017 年紫薯地上部鲜干重发现，有机液肥和清水灌溉下的紫薯地上部鲜干重均表现出 2017 年高于 2016 年，与对照相比有机液肥灌溉下 2017 年紫薯地上部鲜干重的增长更明显。这可能与有机液肥含有丰富的有机质和大量微生物，可活化土壤养分、改善土壤理化性状等有关。

地上部植株长势良好，有利于根系生长、块根形成和发育，即表现为紫薯地下部鲜干重增长较快。2016 年紫薯地下部鲜重的变化为缓慢增长到快速增长再到增长减缓，而 2017 年的紫薯地下部鲜重相比更早进入快速增长期，这与地上部植株的生长变化情况一致。同时，2016 年和 2017 年均是有机液肥灌溉（T）的紫薯地下部鲜干重增长速率高于清水灌溉（CK），特别是紫薯块根膨大的前、中期，这使生长发育过程中有机液肥灌溉的紫薯地下部鲜干重始终高于对照。另外，有机肥源富含有机质和有益微生物，合理施用可有效改良土壤，促进作物生长和增产、增收。连续两年灌溉有机液肥发现，与2016年相比，2017年处理T紫薯地下部鲜干重的增长速率更大。

② 有机液肥灌溉对紫薯品质和产量的影响。紫薯栽培中，养分的充足供应可以确保植株长势和产品品质；有机肥施用有利于促进营养物质或功能性物质合成，可有效提高果实品质和商品性。2016年和2017年紫薯的主要品质指标粗蛋白、粗淀粉、可溶性总糖和花青素（总）含量如表6-15所示，除2016年紫薯的可溶性总糖含量外，其他各项指标均是处理T高于对照CK；与2016年相比，2017年处理T和对照CK紫薯的粗蛋白、可溶性总糖和花青素含量差异增大，其中花青素含量差异达到了显著水平，这可能与紫薯生长发育过程中养分的充足供应和有机肥追施有关。

表6-15 有机液肥灌溉对紫薯品质的影响

年份	处理	粗蛋白 /%	粗淀粉 /%	可溶性总糖 /%	花青素 / (mg/g)
2016年	清水CK	3.07±0.09	63.73±0.95	12.07±0.90	0.668±0.1019
	有机液肥T	6.14±0.71	64.53±0.78	9.64±0.71	0.802±0.1393
2017年	清水CK	9.68±1.26	44.30±6.45	8.76±0.43	0.395±0.0339
	有机液肥T	10.31±1.26	52.30±5.59	10.1±0.43	0.907±0.0147

有机液肥灌溉对紫薯产量包括单株结薯数、单薯重、单株薯鲜干重及总产量的影响如表6-16所示。2016年，有机液肥灌溉下单株紫薯结薯数3.33个，单薯重190.38g，单株薯鲜干重分别是634.59g和164.36g，总产量为1561.18kg/亩，其中单薯重、单株薯鲜干重和总产量均高于对照CK，增幅分别为15.64%、5.13%、13.94%和7.05%。2017年处理T单株结薯数5.67个，比清水灌溉（4.67个）提高了21.41%；单薯重（295.79g）高于对照（242.75g），增幅21.85%；单株结薯鲜干重分别为1676.17g和428.00g，较对照提高了47.96%和51.06%；总产量达2001.00kg/亩，明显高于对照1676.38kg/亩，增幅达到了19.36%。分析2016年和2017年有机液肥灌溉对紫薯产量的增产效果，2017年处理T的单株结薯数、单薯重、单株薯鲜干重和总产量相比对照CK的增幅均高于2016年，这可能与有机液肥灌溉不仅能及时提供紫薯生长所需的速效养分，还能提供有机质和有益微生物等活化土壤养分、改善土壤理化性状有关。

表6-16 有机液肥灌溉对紫薯产量的影响

年份	处理	单株结薯数 / 个	单薯重 /g	单株薯鲜重 /g	单株薯干重 /g	总产量 / (kg/亩)	增幅 /%
2016年	清水CK	3.67±0.33	164.63±31.33	603.64±46.19	144.25±13.58	1458.30±19.25	—
	有机液肥T	3.33±0.33	190.38±6.78	634.59±66.64	164.36±21.29	1561.18±96.28	7.05
2017年	清水CK	4.67±0.67	242.75±44.71	1132.83±316.55	283.33±78.27	1676.38±59.34	—
	有机液肥T	5.67±0.67	295.79±22.66	1676.17±115.00	428.00±24.67	2001.00±68.86	19.36

（5）作物有机水肥一体化装备与综合管控系统在菜心有机栽培的应用　2017年，在孙家滩现代农业示范园区开展了基于有机水肥一体化智能装备与系统应用下的菜心有机栽培试验（图6-37）。结果显示，有机液肥灌溉下菜心生长明显优于对照。菜心抽薹前期（8月11日）有机液肥灌溉下菜心株高、叶片长×宽总和及地上部鲜干重、地下部鲜干重均高于对照，其中株高的差异达到了显著水平（$p < 0.05$）。采收时（8月18日），有机液肥灌溉下的菜心株高、叶片数、叶片长×宽总和、茎粗及地上、地下部鲜干重均明显高于对照，且各项指标差异显著（$p < 0.05$）（表6-17）。这与有机液肥富含速效养分有关，有机灌溉为菜心生长提供了所需N、P、K等元素，促进菜心生长。

图6-37　有机液肥灌溉菜心有机栽培田间试验

表6-17　有机液肥灌溉对有机菜心生长的影响

时间	处理	株高/cm	叶片数/片	叶片长×宽总和/cm^2	茎粗/mm	地上鲜重/g	地上干重/g	地下鲜重/g	地下干重/g
8月11日	清水CK	11.33b±0.55	8a±0.58	346.7a±116.89	6.08a±0.91	11.19a±5.01	1.07a±0.41	0.95a±0.28	0.13a±0.03
	有机液肥T	16.2a±1.05	7a±0.00	391.52a±63.11	6.00a±0.70	11.62a±2.19	1.11a±0.17	1.13a±0.21	0.15a±0.02
8月18日	清水CK	11.97b±1.04	6b±0.58	131.54b±2.25	6.12b±0.41	10.99b±0.93	1.07b±0.12	0.87b±0.11	0.19b±0.02
	有机液肥T	21.73a±0.92	9.33a±0.33	856.49a±65.93	10.67a±1.67	26.21a±3.14	2.13a±0.22	4.51a±0.29	4.99a±0.05

注：同列数值后不同字母表示差异显著（$p < 0.05$）。

有机液肥灌溉促进了菜心的营养生长，有利于菜薹发育和产量形成。结果显示，有机液肥灌溉下菜薹长16.13cm，薹粗18.48mm，明显优于清水灌溉下（薹长9.37cm，薹粗10.08mm），具有较好的商品性。有机液肥灌溉菜心，其净薹重为24.19g，亩产达1293.01kg，显著高于对照的净薹重（5.84g）和产量（259.83kg）（表6-18）。

表6-18　有机液肥灌溉对有机菜心产量的影响

处理	薹长 /cm	薹粗 /mm	净薹重 /g	产量 /(kg/ 亩)
清水 CK	9.37±1.24	10.08±0.50	5.84±1.00	259.83±44.30
有机液肥 T	16.13±1.78	18.48±0.84	24.19±4.72	1293.01±209.68

参考文献

[1] 陈新娟，徐志豪．发展中国有机农业亟需解决的几个问题 [J]．中国农学通报，2003, 19(5): 180-182.

[2] 赵春江，郭文忠．中国水肥一体化装备的分类及发展方向 [J]．农业工程技术，2017, 37(7): 10-15.

[3] Hebbar S S, Ramachandrappa B K, Nanjappa H V, et al. Studies on NPK drip fertigation in field grown tomato (*Lycopersicon esculentum* Mill.)[J]. European journal of agronomy, 2004, 21:117-126.

[4] Bhat R, Sujatha S. Soil fertility and nutrient uptake by arecanut (*Areca catechu* L.) as affected by level and frequency of fertigation in a laterite soil[J]. Agricultural water management, 2009, 96(3): 445-456.

[5] 赵吉红．水肥一体化技术应用中存在的问题及解决对策 [D]．咸阳：西北农林科技大学，2015.

[6] 武崇周．开发应用有机肥复合肥促进农业持续发展 [J]．生态经济，1996(3): 22-25.

[7] 马艳，李艳霞，常志州，等．有机液肥的生物学特性及对黄瓜和草莓土传病害的防治效果 [J]．中国土壤与肥料，2010(5): 71-76.

[8] 徐国锐．沼液纳滤膜浓缩技术及液体有机肥开发研究 [D]．杭州：浙江大学，2012.

[9] 谢亚军，陈晓萍，倪亮，等．基于辅酶 Q10 发酵液的有机液肥对小白菜生长和土壤酶活性的影响 [J]．浙江大学学报（农业与生命科学版），2011, 37(5): 545-550.

[10] Souleymane B K, Antoine D, Russell J T, et al. Suppressive effect of non-aerated compost teas on foliar fungal pathogens of tomato[J]. Biological control, 2010, 52: 167-173.

[11] 徐大兵，田亨达，张丽，等．用于液体肥料的堆肥浸提液提取工艺参数 [J]．植物营养与肥料学报，2009, 15(5): 1189-1195.

[12] 李婷婷，马蓉丽，成妍，等．中国蔬菜基质栽培研究新进展 [J]．农学学报，2013,3(4): 30-34.

[13] 李赛群，肖光辉，王志伟．有机生态型无土栽培的基质和施肥技术研究进展 [J]. 湖南农业大学学报（自然科学版），2013, 39(2): 194-199.

[14] 蒋卫杰，余宏军．蔬菜有机生态型无土栽培营养生理研究进展 [J]．中国蔬菜，2005(S1): 27-31.

[15] 段崇香，于贤昌．有机基质栽培黄瓜化肥施用技术的研究 [J]. 植物营养与肥料学报，2003, 9(2): 238-241.

[16] 李邵，薛绪掌，齐飞，等．不同营养液浓度对温室盆栽黄瓜产量与品质的影响 [J]．植物营养与肥料学报，2011, 17(6): 1409-1416.

[17] Schroder F G, Lieth J H. Irrigation control in hydroponics[M]//Savvas D, Passam H. Hydroponic Production of Vegetables and Ornamentals. Athens: Embryo Publications, 2002: 103-141.

[18] 李婷婷，马蓉丽，成妍，等．中国蔬菜基质栽培研究新进展 [J]．农学学报，2013, 3(4): 30-34.

[19] 金永奎，易明珠，颜爱忠．高效节水灌溉自动控制模式研究及应用 [J]．中国农机化学报，2016, 37(5): 253-257.

[20] 刘士哲．现代实用无土栽培技术 [M]．北京：中国农业出版社，2001.

[21] Domingues D S, Takahashi H W, Camara C A P, et al. Automated system developed to control pH and concentration of nutrient solution evaluated in hydroponic lettuce production[J]. Computers and electronics in agriculture. 2012, 84(6): 53-61.

[22] Van Os E A, Benoit F. State of art of the Dutch and Belgian greenhouse horticulture and hydroponics[J]. Acta horticulturace. 1999, 481 (2): 765-767.

[23] 王久兴，王子华．现代蔬菜无土栽培 [M]．北京：科学技术文献出版社，2005: 3-5.

[24] Bailey B J, Haggett B G D, Hunter A, et al. Monitoring nutrient film solutions using ion-selective electrodes[J]. Journal of agricultural engineering research. 1982, 40: 129-142.

[25] Raviv M, Krasnovsky A, Medina S, et al. Assessment of various control strategies for recirculation of greenhouse effluents under semi-arid conditions[J]. Journal of horticultural science & biotechnology. 1998, 73：485-491.

[26] Massa D, Incrocci L, Maggini R, et al. Simulation of crop water and mineral relations in greenhouse soilless culture[J]. Environmental modelling & software. 2011, 36: 711-722.

中国肥料研究与应用全书

Books of Fertilizer Research and Application in China

FERTILIZER

第 7 章

果树精准施肥技术与装备

7.1 果园有机肥分层深施技术与装备

7.2 果树叶面肥精准施用技术与装备

7.3 果树水肥一体化技术与装备

7.1 果园有机肥分层深施技术与装备

果树秋季有机肥深施，有利于补充果树的营养，保证来年的产量和品质，通常施肥开沟位置距果树约 0.5m，开沟深度 0.4 ～ 0.6m。果树的根系在深度方向分布范围较广，不同深度土壤养分状况不同，不同深度的根系所需要养分不同，而有机肥的施肥量较大，若均匀施肥会造成肥料利用不均匀，造成肥料浪费和土壤污染，因此要根据根系不同深度进行施肥，提高土肥利用率。图 7-1 和图 7-2 为葡萄和柑橘根系的分布状况，因为根系的分布差异，有机肥的施用不能完全相同。

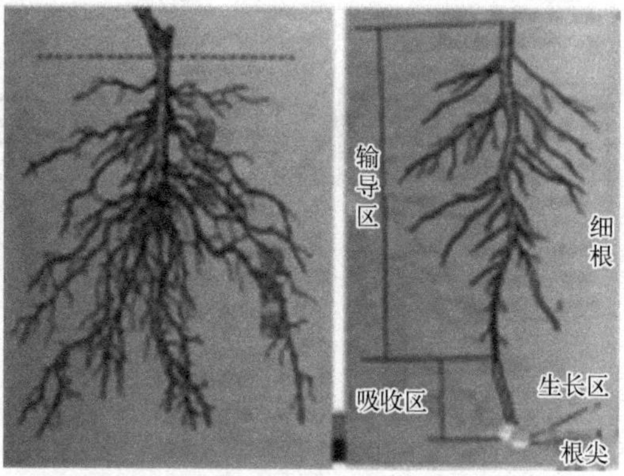

图 7-1　葡萄根系分布情况

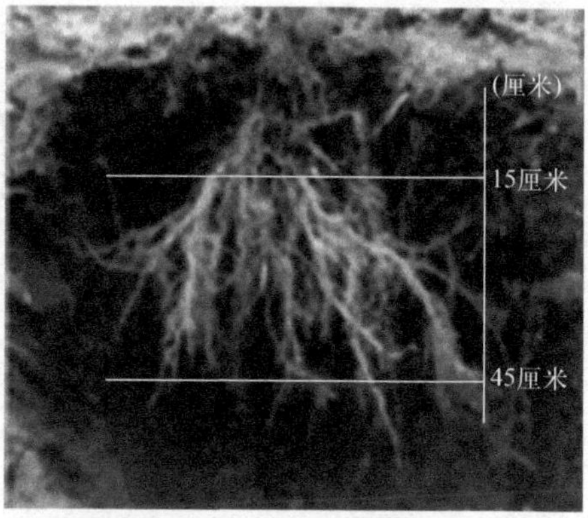

图 7-2　柑橘根系分布情况

7.1.1 有机肥机械化施肥工作原理

依据果园分层施肥的农艺需求，由刀盘开深 0.4m、宽 0.3m 的沟并将土往左右两侧抛送到地表，控制系统和液压系统根据前进速度自动调整三个施肥绞龙转速，并通过排肥口将有机肥分为三条肥带分别施于下方的混合装置的三个喂入口，配合土肥混合分层回填装置将抛出的土与肥料混合均匀后分上、中、下三层施入沟中。有机肥肥料数量的控制采用人机交互显示屏，工作前，需要人工在触摸屏上输入上、中、下三层的施肥量以及作业行距，点击开始按钮，启动拖拉机动力输出并前进（图 7-3 ～图 7-5）。

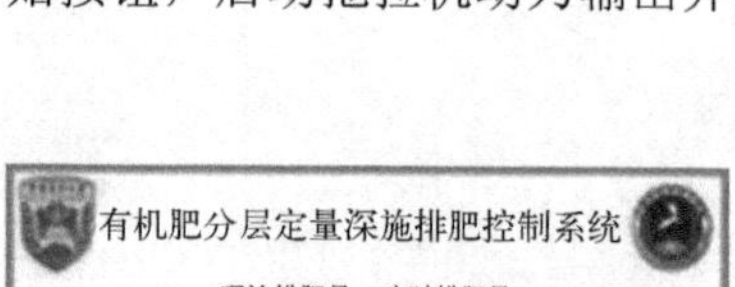

图 7-3　触摸屏输入信息

图 7-4　分层混施示意图

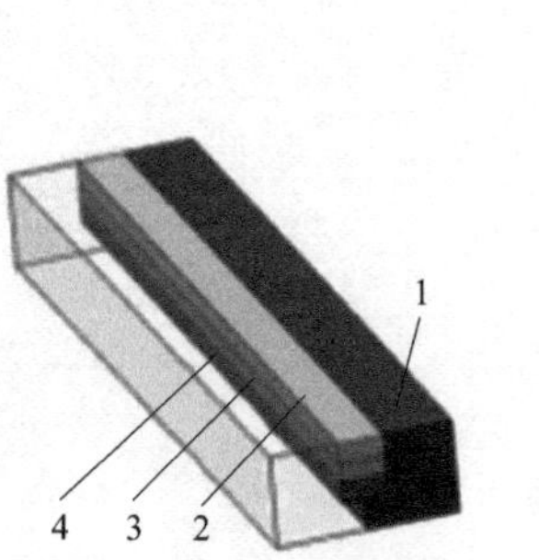

图 7-5　施后沟中示意图

1—土壤；2—上层；3—中层；4—下层

7.1.2　系统组成与关键部件设计

7.1.2.1　系统组成

整机结构主要由开沟装置、分层排肥装置、土肥混合分层回填装置以及动力传递系统组成，动力传递系统包括液压动力传递和链轮链条动力传递（图 7-6 ～图 7-8）。

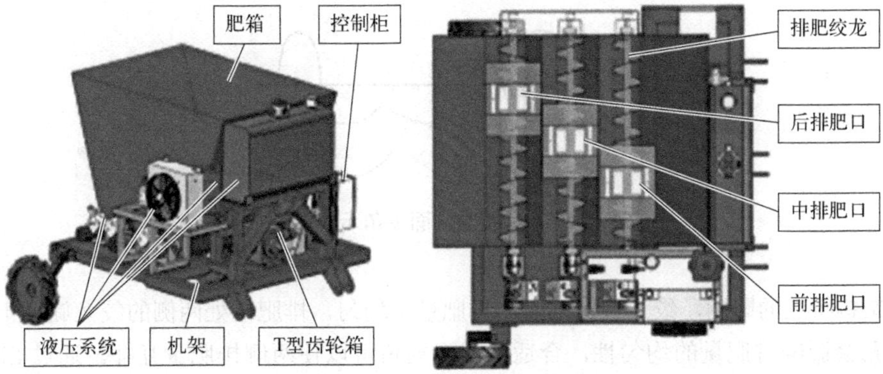

图 7-6　分层排肥装置示意图

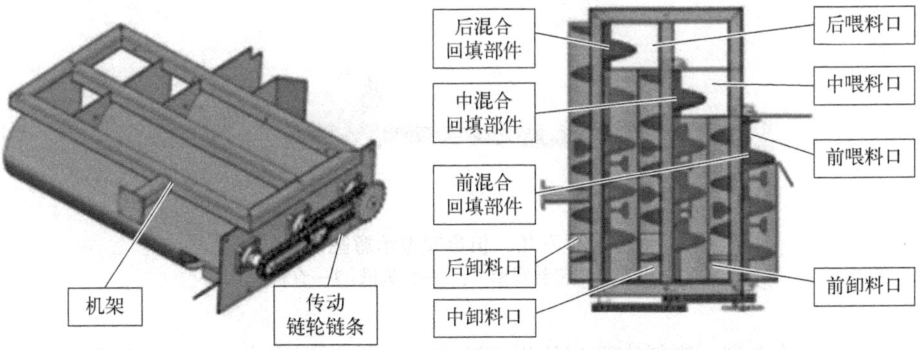

图 7-7　混合分层回填装置示意图

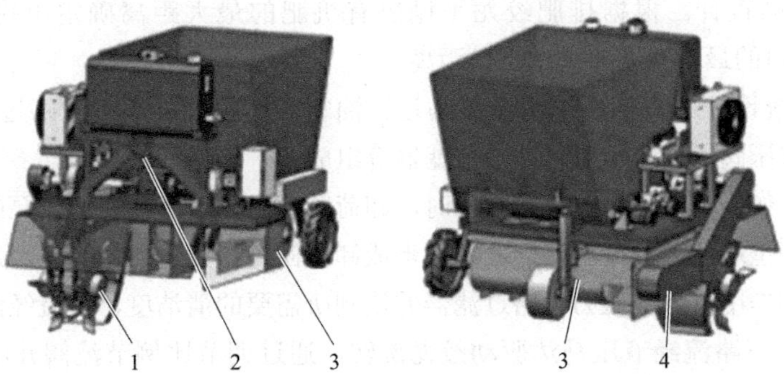

图 7-8　整机装置示意图

1—开沟装置；2—分层变量排肥装置；3—土肥混合分层回填装置；4—链轮链条传动装置

7.1.2.2 关键部件设计

（1）分层排肥装置设计 分层排肥装置主要是由三根排肥绞龙实现排肥，由三个液压马达调节绞龙转速实现上、中、下三层排肥量的不同（图 7-6）。

① 排肥绞龙设计。排肥绞龙设计主要是转速 n、绞龙外径 D、绞龙输送量 Q、排肥口两侧端面夹角等参数的确定。图 7-9 为绞龙端面夹角示意图。

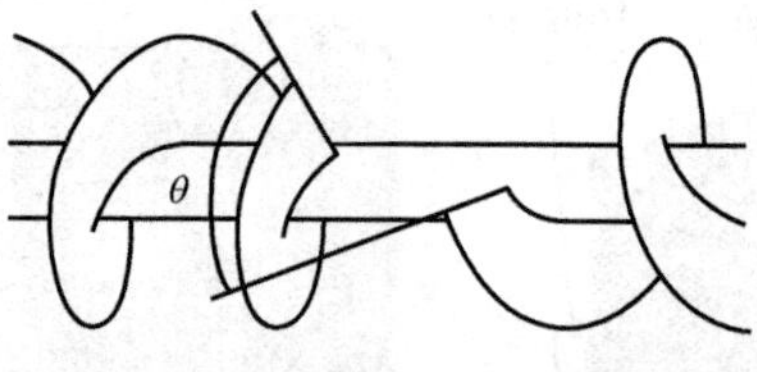

图 7-9 绞龙端面夹角示意图

受结构特性的影响，绞龙旋转一圈的排肥量不均匀，排肥口处两侧的绞龙旋向相反，其端面夹角会影响排肥量的均匀性，合适的端面夹角可以使两侧排肥量互补。通过 EDEM 仿真，取端面夹角为 0°、45°、90°、135°、180°分别试验，端面夹角示意图和离散元的仿真模型如图 7-10 所示，仿真参数采用标定数值。

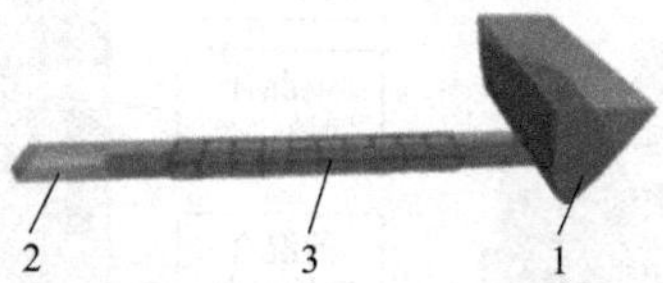

图 7-10 仿真模型示意图

1—绞龙排肥装置模型；2—收集槽；3—有机肥

通过仿真试验看到，肥料表面起伏程度随端面夹角增大而减小，排肥变异系数随绞龙端面夹角的增大而减小，即排肥均匀性越好。当夹角为 180°时，排肥量稳定且均匀性最好。

② 排肥口的设计。根据排肥绞龙平抛出有机肥的最大距离确定出排肥口的宽度为 0.11m，即排肥口的最小宽度要大于平抛距离。

③ 液压系统设计。液压系统由液压马达、油箱、齿轮泵、压力管路过滤器、溢流阀、卸荷阀、定差减压阀、风冷却器、回油过滤器等组成。

液压系统工作原理：当机器没有前进时，卸荷阀开启，液压油在齿轮泵的作用下，流经风冷却器和油箱里边的回油过滤器回油箱，形成卸荷回路。当机器前进时，卸荷阀关闭，液压油在齿轮泵的作用下流经压力管路过滤器并达到所需要的清洁度，再流经溢流阀达到设定系统压力后，分三路流经液压马达驱动绞龙旋转，通过调节比例节流阀开度实现转速的改变，最后在总阀块汇聚，再流经风冷却器回油箱。图 7-11 是液压系统原理图，图 7-12 是液压马达与比例阀连接示意图。

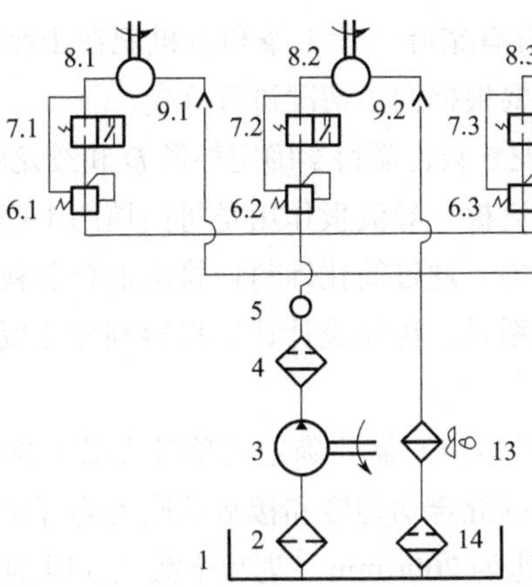

图 7-11 液压系统原理图

1—油箱；2—吸油过滤网；3—齿轮泵；4—压力管路过滤器；5—逃溢单向阀；6—定差单向阀；7—比例节流阀；8—液压马达；9—回油单向阀；10—溢流阀；11—卸荷阀；12—压力表；13—风冷却器；14—回流过滤器

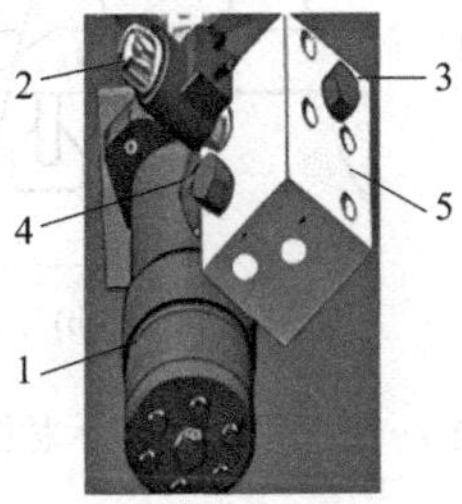

图 7-12 液压马达与比例阀连接示意图

1—液压马达；2—比例节流阀；3—定差减压阀；4—回流单向阀；5—阀块

（2）混合分层回填装置的设计 分层回填装置主要由三点悬挂和混合回填主体两部分组成（图 7-13），包括机架，前中后 3 组回填部件、限深轮和传动链轮链条，其中混合回填部件由螺旋绞龙和沿螺旋线布置的桨叶组成，通过前、中、后三个绞龙作为输送部件，实现土肥分层回填，工作时绞龙将开沟抛出的土壤和肥箱落下的有机肥回填至沟中。

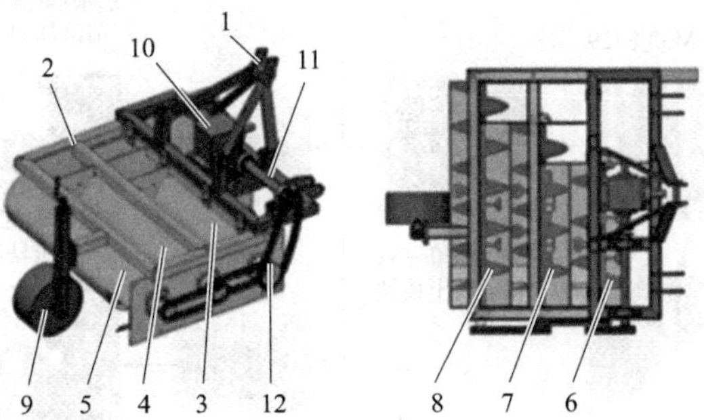

图 7-13 土肥混合分层回填装置结构示意图

1—三点悬挂；2—机架；3—前圆筒；4—中圆筒；5—后圆筒；6—前混合回填部件；7—中混合回填部件；8—后混合回填部件；9—限深轮；10—T 型齿轮箱；11—传动轴；12—传动链轮链条

① 回填绞龙及卸料口的设计。设置有桨叶，使土壤和有机肥在土肥混合回填过程中混合均匀。绞龙参数、桨叶配置参数都需要根据回填情况进行确定。

与分层排肥绞龙设计类似，回填绞龙参数也需科学确定外径 D 和绞龙转速 n 的相关参数。

混合回填装置的卸料口处设置有导流板，导流板作用是将回填的土肥混合物不集中于沟的右侧，使得混合物在沟中分布相对均匀。通过简化卸料口排出混合肥料的运动方式，可以推导出导流板倾斜角度与施肥深度的关系式，优化设计计算后得到导流板在前、中、后回填卸料口的角度为 70°、65°、50°。

② 混合桨叶的设计。混合桨叶（图 7-14）需要确定的桨叶参数有侧向角、俯仰角、桨叶个数、桨叶布置区域长度以及转速。以混合均匀度和接触法向力为评价指标，通过仿真确定了侧向角为 90°、俯仰角为 60°、转速为 200r/min、桨叶个数为 3 时混合效果最好。在确定的最优桨叶配置参数上，通过对桨叶布置区域长度进行仿真，得到最优布置区域长度。

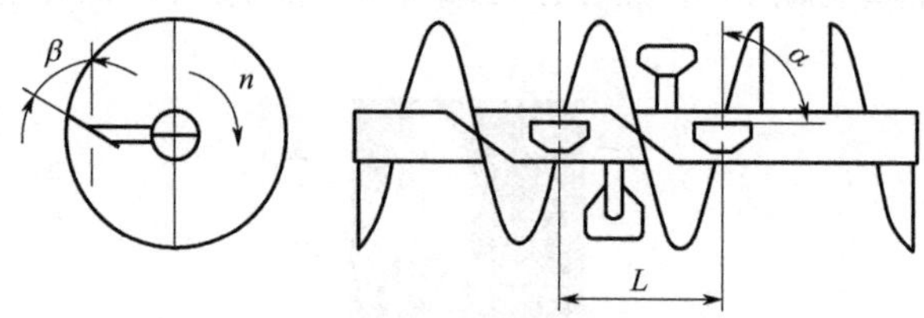

(a) 右视图　　(b) 主视图

图 7-14　桨叶结构示意图

7.1.3 有机肥分层施用控制系统设计

有机肥分层施用控制系统（图 7-15），通过触摸屏设置上、中、下层施肥量和行距，点

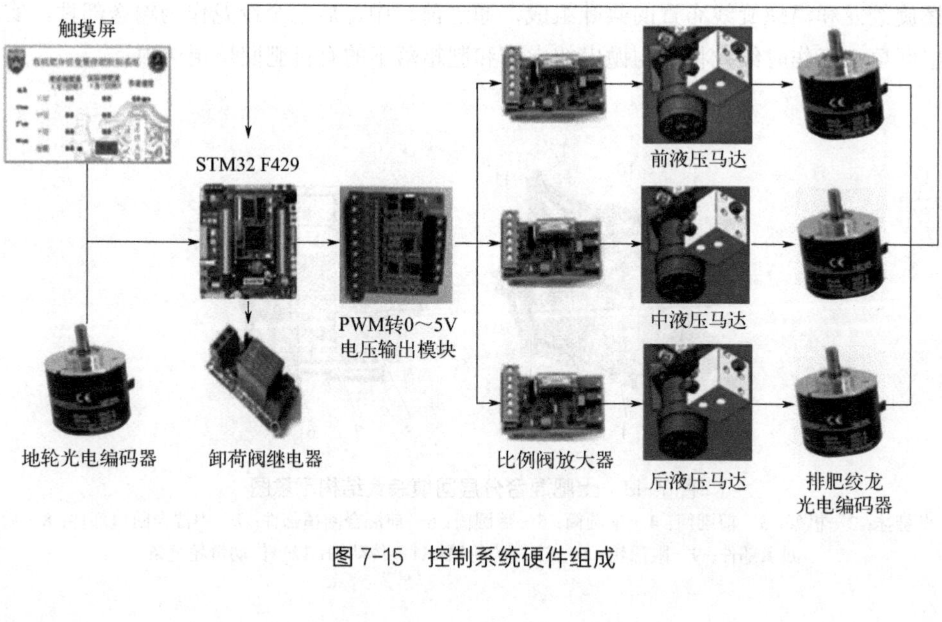

图 7-15　控制系统硬件组成

击开始，程序开始运行，进入定时中断，判断机组是否开始作业。若没有作业，则打开卸荷阀泄压；若判断出机组已经开始工作，通过光电编码器测定三个绞龙实际转速和前进速度，根据用户输入的施肥量和行距以及测得的前进速度，计算绞龙的理论转速，控制器根据理论转速和实际测得转速的偏差，采用传统 PID 算法输出比例阀控制电压，调节液压马达转速，控制施肥量。如此往复，直至作业结束。控制流程如图 7-16 所示。

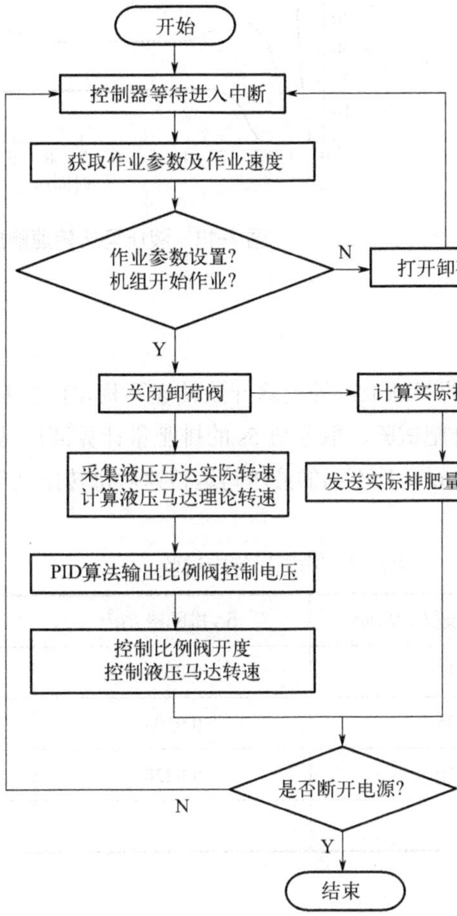

图 7-16　变量施肥控制流程图

7.1.4　施肥机性能验证与田间应用效果

7.1.4.1　液压马达转速调节性能试验

在空载条件下，用雷沃 950 拖拉机提供配套动力输出。为了试验验证液压系统仿真结果的准确性，使用车载计算机控制系统启停，采集液压马达实时数据，得到转速响应曲线。根据得到的曲线可知，达到 17、35、70r/min 稳定转速的响应时间分别为 3、3.5、6s，超调量分别为0、5、14r/min，表明控制系统的控制性能较好，仿真可靠。图7-17是样机，图7-18是液压马达转速响应曲线图。

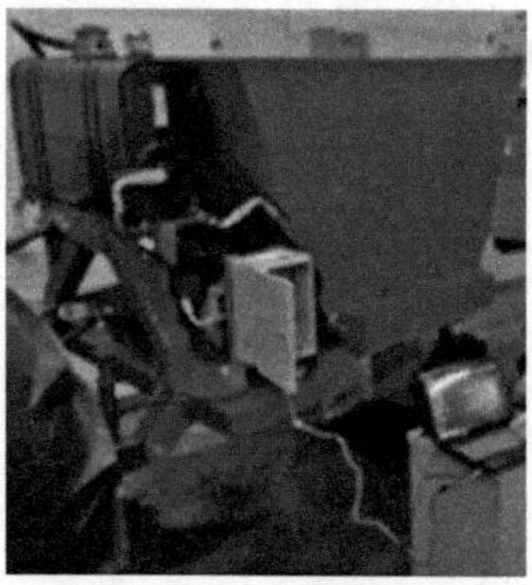

图7-17　样机

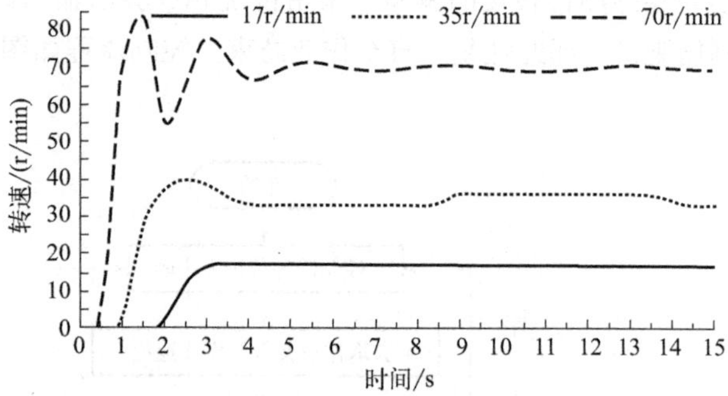

图7-18　液压马达转速响应曲线

7.1.4.2　排肥量标定试验

在确定绞龙转一圈施肥量的基础上，为消除开始转速不稳定的影响，先进行3次10s的排肥试验，再进行3次15s的排肥试验，取差值5s的排肥量计算液压马达每转排肥量。结果表明，马达每转排肥量为0.0039m^3，且不同的液压马达转速对每转排肥量影响不大（表7-1）。

表7-1　排肥量标定试验

项目	液压马达转速 /（r/min）	5s 排肥量 /m^3	每转排肥量 /m^3
数值	17	0.0059	0.0042
	35	0.0103	0.0035
	70	0.0228	0.0039
平均值			0.0039

7.1.4.3　排肥控制性能试验

排肥控制性能试验过程中，需将肥箱装满肥料，以雷沃950拖拉机为动力，进行分层排肥试验，设置的上中下理论施肥量为6.5、15.0、30.0m^3/hm^2，行距为3m，作业结束后，每条肥带间隔2m取0.5m长度的样本，每条肥带取5次，共15个样本，计算相对误差和变异系数。结果表明各层实际排肥量的最大误差分别为7.88%、10.19%、7.59%，变异系数分别为7.69%、6.46%、6.67%，均在误差允许范围内，表明分层施用效果较好。图7-19是排肥控制性能试验。

7.1.4.4　分层回填性能试验

为了测试卸料口导流板的分层功能，将取样槽放于沟中，分别测量前、中、后回填绞龙的抛洒性能，通过取样槽表面取10个点测量土壤高度计算变异系数，根据由导流板落入沟中的土壤中心位置与沟右侧壁的距离计算分流作用的相对误差。结果表明，前、中、后的变异系数为16.98%、27.93%、43.42%，相对误差分别为10.08%、11.71%、10.22%，表明导流板明显起到了分层作用。图7-20是分层回填性能试验。

(a) 分层变量排肥装置样机　　(b) 排肥取样

图7-19　排肥控制性能试验

(a) 试验前准备　　(b) 试验样机　　(c) 试验后取样槽土壤分布

图7-20　分层回填性能试验

7.1.4.5　土肥混合性能试验

为了便于测定土壤与有机肥的混合效果，将有机肥染成蓝色，因为三个混合装置机理相同，故仅做了前层最短的混合回填部件试验。将混合后的土肥施入沟中后，在三个取样区域分别用环刀按照五点取样法取样，将样品平铺在盒中，通过图像处理技术计算每个样本中有机肥颗粒的比例，计算标准差，三个区域取平均。结果表明，实际试验标准差为17.03%，仿真中标准差为17.01%，相对误差仅0.11%，表明仿真结果准确，同时分层回填装置混合性能较好。图7-21是土壤混合性能试验。

7.1.4.6　整机试验

将分层排肥装置和混合回填装置进行组装，同时加上开沟刀盘进行整机试验。由金威盛130马力（1马力≈735W）拖拉机提供动力，开沟并将三层有机肥施入，作业结束后，取一段进行采样，将肥料挖出，测量施肥的深度和宽度，计算相对误差和变异系数。通过观察法，观察取出土肥混合物的横截面，评价排肥情况、土肥混合均匀度和分层质量。结果表明试验测得施肥的深度和宽度的相对误差为3.93%、5.97%，变异系数为4.55%、5.10%，表明深度和宽度的准确性和一致性较好。观察得到，3个深度的土壤均有有机肥，无断带，肥料由上到下逐层增多，有机肥在土壤中分布均匀，土肥混合较好，分层质量也较好，满足分层要求。图7-22为整机试验和作业效果。

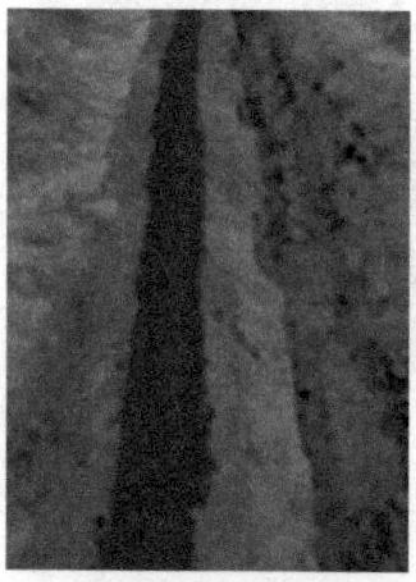
(a) 试验前准备

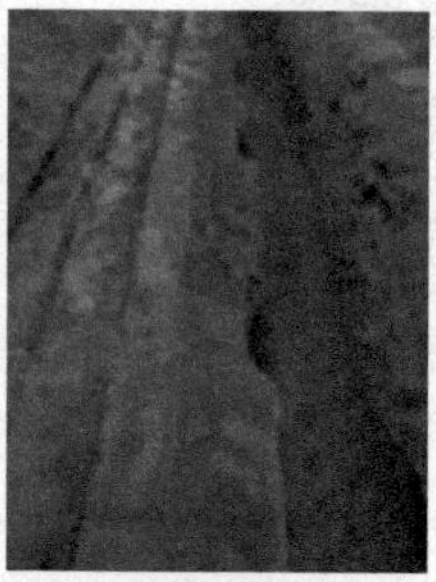
(b) 土壤混合回填沟中

(c) 试验后取样

(d) 土壤混合物图像获取装置

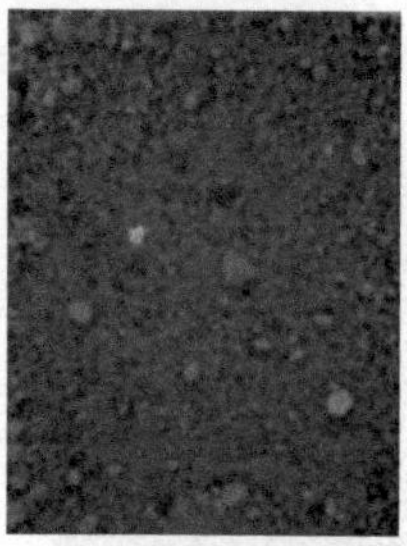
(e) 土肥混合物图像

图7-21 土壤混合性能试验

(a) 试验样机

(b) 作业后施肥沟横截面

图7-22 整机试验和作业效果

7.2　果树叶面肥精准施用技术与装备

7.2.1　果树叶面肥喷洒方法及现状

果树主要通过根系从土壤中吸取各种营养物质，所以土壤施肥是维系果树获取充足养分的重要手段，但是当果园遇到土壤干旱或酸碱度失衡、果树进入吸收营养爆发期但根系吸收营养的能力跟不上果树的营养需求、果树根部老化或受到破坏导致吸收能力变弱及果树生长密度过大或生长后期不方便进行根部追肥或土壤养分不足等情况时，则需要通过叶面施肥达到补肥的目的。

果树在生长期间进行叶面施肥，是土壤施肥的有效补充，叶面施肥具有针对性强、见效快、用量少、利用率高的特点，广泛应用于果园生产，是一种经济、实用的施肥措施，特别是通过叶面施肥为果树叶片表面添加微量元素，既可以提高果实产量，又可以改善果实品质。

国内传统的叶面肥喷洒机大多采用汽油机或直流电动机带动离心泵运转，泵吸取液体通过喷头把液体肥料喷洒到果树叶的表面。采用汽油机的叶面肥喷洒机主要通过控制离合器来控制喷洒或停喷，不适合频繁启动和停止。汽油机一般在作业结束前，叶面肥喷洒机维持运转，在不需要喷洒的地方，汽油机也持续运转，浪费能源，而且工作噪声大，现在用得越来越少。

采用直流电机的叶面肥喷洒机依靠蓄电池供电，运转噪声小，这种叶面肥喷洒机通过接通和切断电路来控制喷洒与否。采用控制出口阀门的开度来控制喷洒流量，由于水泵本身转速基本保持不变，其自身的供水能力不变，扬程特性也保持不变，但阀门开度变化导致管阻特性发生改变。采用直流电机的这种叶面肥喷洒机没有专门的控制系统，操作简单，但喷洒的流量和总量不易精确控制。采用调节调节阀门开度的办法来控制管道流量，主要改变了管路的特性曲线的位置，从而改变泵的工况点，以消耗能量为代价，泵的工作效率低，能量浪费大。

国外有一些叶面肥喷洒机做得比较成熟，有专业控制箱，采用了微处理器控制喷洒作业，并可以设置不同的工作模式，一种是点动喷洒，一种是间歇性循环喷洒，并且可以调节时间，以确定周期中喷洒间隔之间的时间比，并加装了流量传感器，可以检测出一定时间内叶面肥喷洒机喷出的肥量。

7.2.2　果树叶面肥变量喷洒机

北京市农林科学院智能装备技术研究中心研发的一种叶面肥变量喷洒机，其采用 PWM（脉宽调制）技术来调节电机转速，在不改变管路系统特性的条件下，控制喷洒系统的施肥流量，实现根据实际需要对肥量的精确控制，实物图如图 7-23 所示。在管路系统特性不变条件下，通过改变水泵转速来改变供水能力和扬程特性。通过 PWM 调制技术控制调节水泵转速，促使水泵工况向高效区移动，从而改变管路压力大小，进而改变喷洒流量。

图 7-23　叶面肥变量喷洒机

该装备主要由直流电机、液态肥箱、手推车架、离心泵、胶管、过滤器、可调喷枪、吸液管、蓄电池以及控制系统等组成。其中控制系统由单片机、液晶显示器、固体继电器、指示灯、控制按钮及按键以及其他外围设备等组成，系统结构图如图 7-24 所示。

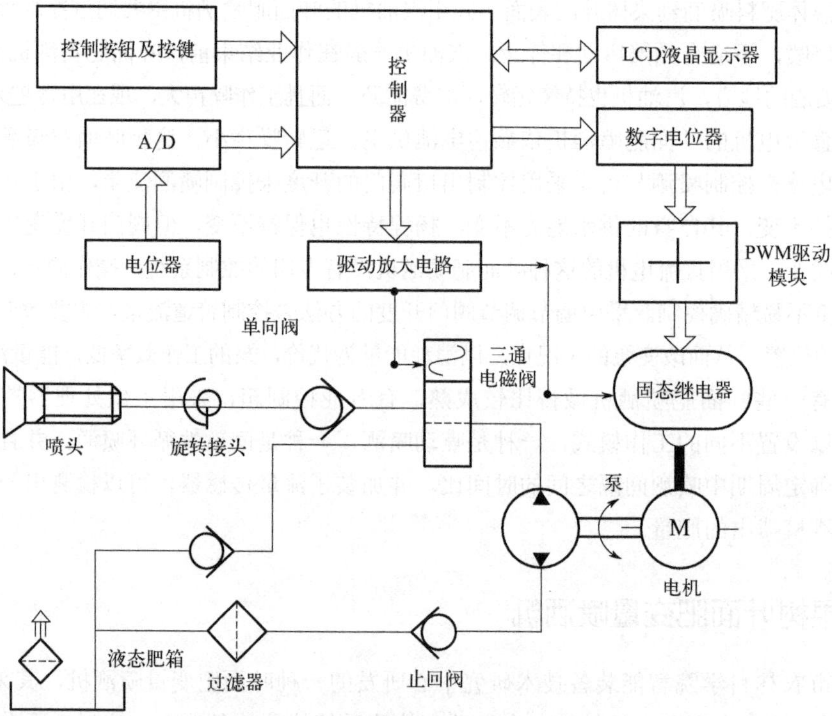

图 7-24　叶面肥喷洒机系统结构示意图

电机是该设备的动力单元，其直接与离心泵相连，带动离心泵运转。离心泵在旋转时产生负压，将液态肥箱内的液体吸入管道。在离心泵与液态肥箱之间的管道中加入过滤器，将里面的杂质过滤掉，避免其堵塞管道和喷头。经过离心泵的液态肥进入三通电磁阀入口，三通电磁阀的输出端一路通过单向阀连接到液态肥箱，另一路连接到喷洒管道。在正常情况下，电磁阀的输入端直接连接到液态肥箱，液体通过电磁阀后直接回到液态肥箱中。如果电磁阀此时被打开，液态肥通过另一通道进入喷头，使之喷出后呈雾状散开。

如果管道内液体回流，管道中就会产生空气柱，从而影响离心泵抽取液体，从而影响喷洒工作。如果管道中有空气，可以预先使电机运转，排掉管道中的空气，从而使液态肥充盈整个管道。为了防止电机停转后管道内液态肥回流，在进出泵的两侧管道加入了止回阀。

系统采用两个电位器来输入数据，一个是输入需要导通的时间，另一个是需要关闭的时间，当转动两个电位器的旋钮时，信号线的输出电压发生变化，电压信号在经过 A/D 芯片的模数转换后，转化为单片机可以接收的数据。单片机获取设置的数据后，将设定值显示到液晶屏上，操作者可以直观地观察数值变化。

数字电位器与 PWM 驱动模块共同组成电机的驱动电路，数字电位器接收单片机指令，将数字信号转化为模拟参考电压，并输出给 PWM 驱动模块。驱动模块根据参考电压大小，改变驱动晶闸管的导通占空比，从而改变输出等效电压大小。随着等效电压变化，泵的转速发生改变。

控制系统有两种工作模式，分别为间歇性喷洒模式和手动喷洒模式，二者通过模式按钮切换。

系统处于手动喷洒模式时，将不考虑行驶速度以及管道压力大小，通过继电器立即闭合负载电路，系统开始进行点动控制喷洒作业。

系统处于间歇性循环喷洒模式时，叶面肥喷洒机在一段时间内喷洒，一段时间内停止。在这一模式下，用户需要先输入喷洒工作时间和间歇（等待）时间，系统通过两个电位器作为输入单元，单片机通过 A/D 转换获取需要设定的数字量。单片机根据设定的时间，循环控制继电器的导通和闭合，从而控制叶面肥喷洒机周期性地工作和停止。

7.2.3 叶面肥精准喷施技术与装备

7.2.3.1 风送喷施技术

多数果树的叶子正面蜡质层比较厚，比如梨树和桃树，叶子正面蜡质层的厚度是叶子背面的 4 倍左右，其迟滞了叶子对叶面肥的吸收；而果树叶子背面的气孔要比正面多，叶面肥喷洒到叶子背面，果树会快速吸收，另外果树中上部的茎秆也是适宜的喷洒部位。传统的喷施装备没有风助系统，大多数叶面肥只能沉积到叶片的正面，而叶片背面的叶面肥十分稀少，导致叶面肥利用率较低，浪费严重。风送喷施技术是解决这一问题的有效方法，一方面可以促进叶面肥雾化，另一方面可以将雾滴吹得更远。

液态肥雾滴在果树上的沉积分布主要受风机风量的影响，而果园叶面肥喷洒机的风量主要由风速来决定。北京市农林科学院智能装备技术研究中心研发了一种果园风送喷洒机，该喷洒机的风机采用了大流量高压混流式风叶设计，其出风口采用了导流槽设计，出口风速大于 25m/s，可以为雾滴提供高速助力气流，风助系统如图 7-25 所示。

果园风送喷洒机动力由拖拉机尾部输出轴（PTO）提供，喷洒机利用液力先将液态肥雾化，然后靠风机产生的高速气流使雾滴进一步雾化并输送到靶标上。携带有细小雾滴的气流驱动叶片翻动，使叶面的正、反面都能附着雾滴，极大提高雾滴的穿透率。采用风送喷施技术不仅使果树上喷施的液态肥量比用喷枪喷施大为减少，还提高了液态肥在靶标上的覆盖密度和均匀度。

图 7-25　叶面肥喷洒机风助系统

7.2.3.2　靶标精准探测技术

施肥是果园生产管理中的重要环节，单棵果树是最小的施肥作业单元，果树的树冠大小和分布位置，是衡量果树施肥投入量多少的重要依据。无靶标喷施造成的靶标以外大量液态肥沉积是果园叶面肥利用率低的主要原因之一，对靶喷施技术是减少叶面肥浪费的有效手段，其关键技术是靶标探测技术，目前主要的靶标探测技术为靶标光谱探测技术、超声靶标探测技术以及激光靶标探测技术。

（1）靶标光谱探测技术　靶标光谱探测基于红外光漫反射探测原理，采用红外发光器发射红外光，通过果树靶标叶面反射，远距离聚光，光敏元件接收反射光，经过自然光降噪和电路处理，将检测到的靶标信息转换为电压信号。在红外探测光路上增加了凸透镜和颜色传感器，以及对红外发射进行不同编码的调制等其他辅助方法来提高红外靶标探测的性能，减少其他信号的干扰，增加红外探测的距离和精度。图 7-26 为采用红外传感进行靶标探测的叶面肥喷洒机。

采用红外靶标探测技术易受环境条件影响，靶标信息量获取单一，难以满足精准喷施的要求。

（2）超声靶标探测技术　超声靶标探测主要利用超声波回波原理，通过分布在不同高度位置的超声波传感器在移动中对靶标冠层边缘进行距离扫描测量，根据靶标冠层的距离扫描值绘制出靶标冠层的直径及外形轮廓信息，其探测模型如图 7-27 所示。

图 7-26　基于红外感应的叶面肥喷洒机

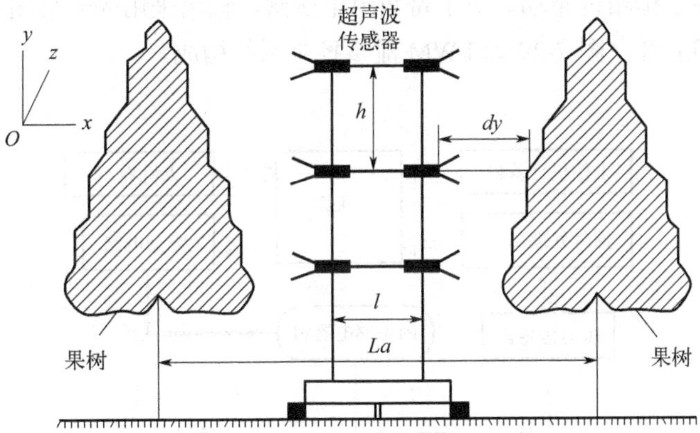

图 7-27　超声靶标探测模型

实际作业过程中，为提高探测精度，采用前置的若干超声波传感器组成探测列阵，信号经过滤波以及转换电路，传输给控制器集中处理，结合拖拉机作业状态，实现了对果树树冠的动态体积测量。超声靶标探测技术依赖于传感器本身的精度和传感器的数量，基于定点位置和有限点探测，对于不同的果树靶标，需要重新校验。

（3）激光靶标探测技术　激光靶标探测采用连续波相位式激光测距扫描，根据波段的频率对激光束进行幅度调制并测定调制光往返测线所产生的相位延迟和调制光的波长，换算探测距离。采用旋镜技术实现在线二维扫描，结合拖拉机的运动状态，能够快速地进行非破坏性获取靶标的三维结构，包括几何形状、大小、高度、截面等信息，获得的数字化靶标 3D 结构模型与真正的靶标有着良好的一致性。激光靶标探测模型如图 7-28 所示。

激光传感器适于远距离工作，激光束的方向性极好，抗干扰。采用激光扫描进行靶标探测，较红外探测以及超声靶标探测具有更大探测距离和更高探测精度，但是成本比较高。

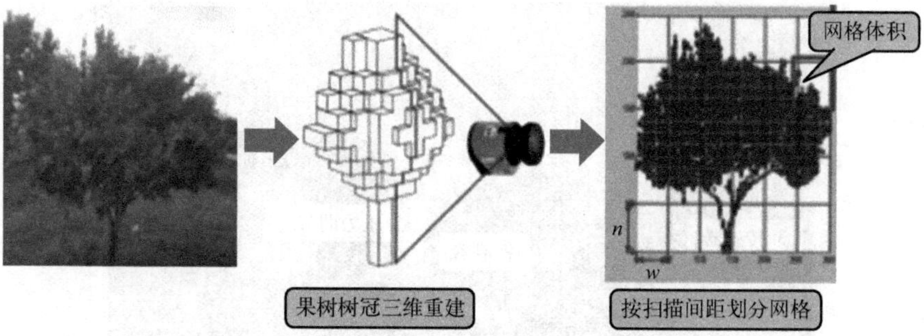

图 7-28　激光靶标探测模型

7.2.3.3　变量喷施技术

变量控制主要采用脉宽调制（PWM）技术，控制系统通过驱动电路实现对电磁阀的独立控制，通过改变驱动模块的频率与占空比来调节单个喷头的流量，从而实现变量施肥。在系统运行时，为避免所有电磁阀驱动 PWM 波的相位的一致性，造成同时开启的驱动电流过大，系统控制采用了错相位驱动。对于奇数组电磁阀，输出采用先开后闭；对于偶数组电磁阀，输出采用先闭后开。图 7-29 为 PWM 流量控制系统构成。

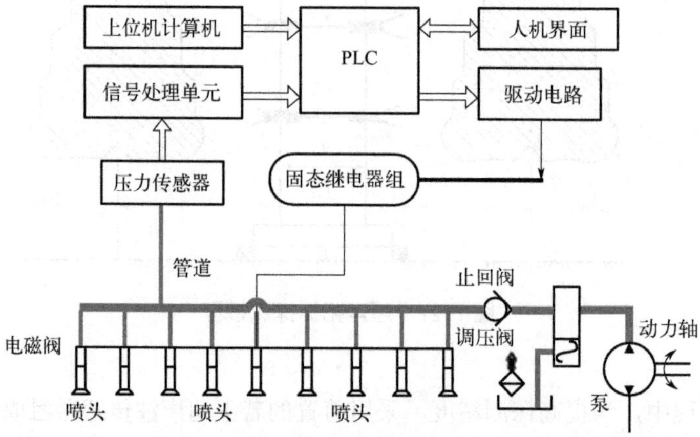

图 7-29　PWM 流量控制系统结构示意图

7.2.3.4　叶面肥精准喷施装备

轮式果园对靶施肥机通过小型拖拉机的三点连接机构悬挂牵引，其隔膜泵与拖拉机的动力输出轴相连，泵运转后将肥液注入管道并为肥液加压，管道中的压力调节阀可以调节喷洒压力。施肥机利用液力先将肥液雾化，然后靠风机产生的气流使雾滴进一步雾化并输送到靶标上。携带有细小雾滴的气流驱动叶片翻动，使叶面的正、反面均能附着液体肥。施肥机的控制系统采用红外传感器精确探测果树靶标位置并记录靶标的位置；通过传感器实时测定机械的作业速度，计算施肥机的行驶距离；系统不停地将喷头位置与靶标位置进行对比，当喷头的位置到达靶标位置时，控制电磁阀打开以进行喷洒作业，无靶标时停止施肥，实现自动对靶施肥。施肥机设计具有手动控制，不采用控制装置也可进行施肥作业。

图 7-30 为轮式果园对靶施肥机，与国内同类产品相比，该机器融入了红外探测技术，实现了对靶施肥，并可以结合拖拉机的行驶速度调节施肥量，不仅使果树上喷施的肥液量比用喷枪喷施大为减少，还提高了肥液在靶标上的覆盖密度和均匀度，有效提高肥液的利用率，同时降低操作人员的劳动强度，改善了工作条件。

图 7-30　轮式果园对靶施肥机

与国外同类产品相比，该机器采用了风送喷药技术，可扩大叶面肥的喷洒范围；控制系统采用了通用电子元器件设计，可以大幅降低生产成本。

设备主要技术参数：

喷施压力：0.7 ～ 1.2MPa。

喷施宽度：≥ 10m。

液泵流量：≥ 30L/min。

对靶靶标探测方式：双向独立探测。

风助喷洒风速：≥ 21m/s。

机具外形长度：≤ 2.7m。

肥箱容积：1200L。

系统过滤：3 级过滤。

7.3　果树水肥一体化技术与装备

水肥一体化技术也称为灌溉施肥技术，是将灌溉与施肥融为一体的农业新技术，是精准施肥与灌溉相结合的产物。但是由于其对于设施设备、技术条件与资金投入有一定的要求，因此在国内主要用于果树、蔬菜等高附加值经济作物。其中果树的水肥一体化技术是借助压力系统（或地形自然落差），按土壤养分含量和果树需肥规律和特点，将可溶性固体或液体肥料配兑成的肥液与灌溉水一起相融后，通过管道和滴喷头形成滴喷灌，均匀、定时、定量地浸润果树根系，满足果树生长需要。该技术具有“水肥均衡、省工省时、节水省肥、减轻病害、控温调湿、增加产量、改善品质、效益显著”等特点，是未来果园高标准、高质量、绿色发展的重要组成部分。本节将主要从果树水肥一体化与普通田间应用的差异特点，从设施设备、使用要点、施肥决策等指标方法，以及几种典型果树体系的应用案例进行介绍。

7.3.1 果树水肥一体化的系统基本组成、分类与特点

果树的水肥一体化技术系统组成与常规技术类似，主要是以微灌系统为主。微灌就是利用专门的灌水设备（滴头、微喷头、渗灌管和微管等），将有压水流变成细小的水流或水滴，湿润作物根部附近土壤的灌水方法。因其灌水器的流量小而称之为微灌，主要包括滴灌、微喷灌、脉冲微喷灌、渗灌等。目前生产实践中应用广泛且具有比较完整理论体系的主要是滴灌和微喷灌技术。

7.3.1.1 微灌系统的组成

微灌系统主要由水源工程、首部枢纽工程、输配水管网、灌水器四部分组成。

（1）水源工程　在生产中可能的水源有河流水、湖泊水、水库水、塘堰水、沟渠水、泉水、井水、水窖水等，只要水质符合要求，均可作为微灌的水源，但这些水源经常不能被微灌工程直接利用，或流量不能满足微灌用水量要求，此时需要根据具体情况修建一些相应的引水、蓄水或提水工程，统称为水源工程。

（2）首部枢纽工程　首部枢纽是整个微灌系统的驱动、检测和控制中枢，主要由水泵及动力机、过滤器等水质净化设备、施肥装置、控制阀门、进排气阀、压力表、流量计等设备组成。其作用是从水源中取水经加压过滤后输送到输水管网中，并通过压力表、流量计等测量设备监测系统运行情况。

（3）输配水管网　输配水管网的作用是将首部枢纽处理过的水按照要求输送分配到每个灌水单元和灌水器。包括干管、支管和毛管三级管道。毛管是微灌系统末级管道，其上安装或连接灌水器。

（4）灌水器　灌水器是微灌系统中最关键的部件，是直接向作物灌水的设备，其作用是消减压力，将水流变为水滴、细流或喷洒状施入土壤，主要有滴头、滴灌带、微喷头、渗灌滴头、渗灌管等。微灌系统的灌水器大多数用塑料注塑成型。

7.3.1.2 微灌系统的分类

（1）根据输配水管道是否移动及毛管在田间的布置方式，可以将微灌系统分为地面固定式微灌系统、地下固定式微灌系统、移动式微灌系统和间歇式微灌系统 4 种形式。

① 地面固定式微灌系统。毛管布置在地面，干管、支管埋入地下，在整个灌水季节首

部枢纽固定不动，毛管和灌水器也不移动的系统称为地面固定式微灌系统。这种系统主要用于灌水次数频繁、行距较宽、经济价值较高的果园。地面固定式微灌系统一般使用流量为4 ～ 8L/h 的单出水口滴头或流量为 2 ～ 8L/h 的多出水口滴头，也可以用微喷头。这种系统的优点是安装、拆卸、清洗毛管和灌水器比较方便，易于管理和维修，便于检查土壤湿润和测量滴头流量变化的情况，也易于实现自动化。缺点是毛管和灌水器容易损坏和老化，还会影响到其他农事作业，设备的利用率也较低。在丘陵山区，地面坡度陡、地形复杂的地区一般安装固定式微灌系统。

② 地下固定式微灌系统。近年来，随着微灌技术的改进和提高，微灌的堵塞现象减少，采用了将毛管和灌水器（主要是使用滴头）或渗灌管全部埋入地下的系统。与地面固定式系统相比，地下微灌系统的优点是免除了毛管在作物种植和收获前后安装和拆卸的工作，不影响其他农事作业，延长了设备的使用寿命。缺点是不能检查土壤湿润和灌水器堵塞情况，设备利用率低，一次投资较高。

③ 移动式微灌系统。按移动毛管的方式不同，移动式微灌系统可分为机械移动和手工移动两种。与固定式微灌系统相比，移动式微灌系统节省了大量毛管和滴头或微喷头，从而降低了微灌工程的投资，缺点是需要较多劳动力。

④ 间歇式微灌系统，又称脉冲式微灌系统。工作方式是系统每隔一定时间灌水一次，灌水器的流量比普通灌水器的流量大 4 ～ 10 倍。间歇式微灌系统使用的灌水器孔口较大，减少了堵塞，而且间隔灌水避免了地面径流的产生和深层渗漏损失。缺点是灌水器制造工艺要求较高。

（2）根据灌水器的不同，可将微灌系统分为微喷灌、滴灌、涌泉灌溉和渗灌 4 种形式。

① 微喷灌是通过低压管道将有压水流输送到田间，再通过直接安装在毛管上或与毛管连接的微喷头或微喷带将灌溉水喷洒在土壤表面的一种灌溉方式。灌水时水流以较大的流速由微喷头喷出，在空气阻力的作用下粉碎成细小的水滴降落在地面或作物叶面，其雾化程度比喷灌要大，流量介于喷灌与滴灌之间。我国应用微喷灌的历史较短，主要灌溉对象是果树、蔬菜、花卉和草坪，在温室育苗及木耳、蘑菇等菌类种植中也适合采用微喷灌技术。实践表明，微喷灌技术在果树灌溉中，具有其他灌溉方式所不具备的优点，其雾化程度高，灌水速率小，综合效益显著。

② 滴灌由于滴头流量小，水分缓慢渗入土壤，因而在滴灌条件下，除紧靠滴头下面的土壤水分处于饱和状态外，其他部位均处于非饱和状态，土壤水分主要借助毛管张力作用入渗和扩散，若灌水时间控制得好，基本没有下渗损失，而且滴灌时土壤表面湿润面积小，有效减少了蒸发损失，节水效果非常明显。可采用滴灌进行灌溉的作物种类很多，如葡萄、桃、梨、香蕉、苹果、草莓、板栗、柑橘、荔枝、龙眼等果树。滴灌技术发展到现在，已不仅仅是一种高效灌水技术，它与其他施肥、覆膜等农技措施相结合，已成为一种现代化的综合栽培技术。

③ 涌泉灌溉是通过安装在毛管上的涌水器形成的小股水流，以涌泉方式湿润作物附近土壤的一种灌水形式，也称为小管出流灌溉。涌泉灌溉的流量比滴灌和微喷灌大，一般都超过土壤的入渗速度。为了防止产生地面径流，需要在涌水器附近挖一小水坑或渗水沟以分散水流。涌泉灌溉尤其适合于果园和植树造林林木的灌溉。

④ 渗灌技术是继喷灌、滴灌之后的又一种节水灌溉技术。渗灌是一种地下微灌形式，是在低压条件下，通过埋于作物根系活动层的灌水器（微孔渗灌管），根据作物的生长需水量定时定量地向土壤中渗水供给作物。渗灌系统全部采用管道输水，灌溉水是通过渗灌管直接供给作物根部，地表及作物叶面均保持干燥，作物棵间蒸发减至最小，计划湿润层土壤含水率均低于饱和含水率，因此，渗灌技术水的利用率是目前所有灌溉技术中最高的。渗灌主要适用于地下水较深、地下水及土壤含盐量较低、灌溉水质较好、湿润土层透水性适中的地区。

渗灌技术的优点在于：地表不见水、土壤不板结、土壤透气性好、改善生态环境、节约肥料、系统投资低等。统计资料表明，渗灌水的田间利用率可达95%，渗灌比漫灌节水75%、比喷灌节水25%。但缺点是毛管容易堵塞，且易受植物根系的影响。植物根系具有很强的穿透力，尤其是植物根系具有趋水性，即根系的生长会朝水分条件较好的方向伸展，因而随着时间的延续，植物根系会在渗灌毛管附近更密集，且有些植物根系会钻进渗灌管的毛细孔内破坏毛管。在地下害虫猖獗的地区，害虫（如金龟子、天牛等）会咬破毛管，导致大面积漏水，最后使系统无法运行。渗灌技术在我国部分地区的应用已体现出它的优势，具有较好推广应用价值，但在技术上还有很多方面需要研究与探索。

7.3.1.3 微灌系统的各自优点与局限性

微灌系统中，最常用的两种就是滴灌和微喷灌，而两种方式各有其优点与应用的局限性。

（1）滴灌系统的优点与局限性　滴灌是指按照作物需求，将具有一定压力的水过滤后经过管网和滴灌带（滴头）以水滴的形式缓慢而均匀地滴入植物根部附近土壤的一种灌水技术。滴灌适用于黏土、砂壤土、轻壤土等，也适用于各种复杂地形。

相对于地面灌溉和喷灌，滴灌具有以下优点。①提高水分利用效率。滴灌可根据作物的需要精确地进行灌溉，一般比地面灌溉节约用水30%～50%，有些作物可达80%左右，比喷灌省水10%～20%。②提高肥料利用率。滴灌系统可以在灌水的同时进行施肥，而且可根据作物的需肥规律与土壤养分状况进行精确施肥和平衡施肥，同时滴灌施肥能够直接将肥液输送至作物主要根系活动层范围内，作物吸收养分快又不产生淋洗损失，减少对地下水的污染。因此滴灌系统不仅能够提高作物产量，而且可以大大减少施肥量，提高肥效。③易于实现自动化。滴灌系统比其他任何灌溉系统更便于实现自动化控制。滴灌在经济价值高的经济作物区或劳动力紧张的地区实现自动化，提高设备利用率，大大节省劳动力，减少操作管理费用，同时可更有效地控制灌溉、施肥数量，减少水肥浪费。④节省能源，减少投资。滴灌系统为低压灌水系统，不需要太高的压力，比喷灌更易实现自压灌溉，而且滴灌系统流量小，降低了泵站的能耗，减少了运行费用。另外，滴灌系统采用的管道管径也较喷灌和微喷灌小，要求工作压力低，管道投资相对较低。⑤对地形适应能力强。由于滴灌毛管比较柔软，而且滴头有较长的流道或压力补偿装置，对压力变化的灵敏性较小，可以安装在有一定坡度的坡地上，微小地形起伏不会影响其灌水的均匀性，特别适用于山丘坡地等地形条件较复杂的地区。⑥可开发边际水土资源。沙漠、戈壁、盐碱地、荒山荒丘等均可以利用滴灌技术进行种植业开发，滴灌系统也可以利用经处理的污水和微咸水灌溉。⑦可与覆膜结合，提高栽培标准化。覆膜栽培有提高地温、减少杂草生长、防止地表盐分累积、减少病害等诸多优点。但覆膜后灌溉和施肥问题无法合理解决，滴灌是解决这一问题的最佳方法。膜下滴灌已成为一些地区一些作物的标准栽培方法，已得到大面积推广。

但滴灌也存在以下局限性：①滴头堵塞。滴灌在使用过程中如管理不当，极易引起滴头的堵塞，滴头堵塞主要是由悬浮物（沙和淤泥）、不溶解盐（主要是碳酸盐）、铁锈、其他氧化物和有机物（微生物）引起。滴头堵塞主要影响灌水的均匀性，堵塞严重时可使整个系统报废。但只要系统规划设计合理，正确使用过滤器，就可以大大减少或避免由于堵塞对系统的危害。②盐分积累。在干旱地区采用含盐量较高的水灌溉时，盐分会在滴头湿润区域周边产生积累。这些盐分易于被淋洗到作物根系区域，当种子在高浓度盐分区域发芽时，会带来不良后果。但在我国南方地区，因降雨量大，对土壤盐分的淋洗效果良好，能有效阻止高浓度盐分积累区的形成。③影响作物根系分布。对于多年生果树来说，少灌、勤灌的灌水方式会导致树木根系分布变浅，在风力较大的地区可能产生拔根危害。④投资相对较高。与地面灌溉相比，滴灌一次性投资和运行费用相对较高，其投资与作物种植密度、种植自动化程度有关，作物种植密度越大，则投资越高；反之，越小。自动化控制增加了投资，但可降低运行管理费用，选用时要根据实际情况而定。

（2）微喷灌系统的优点与局限性　微喷灌也称微型喷洒灌溉，简称微喷，是指利用折射式、辐射式或旋转式微型喷头将水喷洒在作物叶面或作物根系的一种灌水技术。微喷灌与地面灌溉相比，不仅具有很多优点，而且在某些方面还有喷灌和滴灌不及之处。

微喷灌具有以下优点：①水分利用效率高，增产效果好。微喷灌也属于局部灌溉，因而实际灌溉面积要小于地面灌溉，减少了灌水量，同时微喷灌具有较大的灌水均匀度，不会造成局部的渗漏损失，且灌水量和灌水深度容易控制，可根据作物不同生长时期需求规律和土壤含水量状况适时灌水，提高水分利用效率，管理较好的微喷灌系统比喷灌系统用水可减少20%～30%。微喷灌还可以在灌水过程中进行喷施可溶性化肥、叶面肥和农药，具有显著的增产作用，尤其对一些对温度和湿度有特殊要求的作物增产效果更明显。②灵活性大，使用方便。微喷灌的喷灌强度由单喷头控制，不受邻近喷头的影响，相邻的两微喷头间喷洒水量不相互叠加，这样可以在果树不同生长阶段通过更换喷嘴来改变喷洒直径和喷灌强度，以满足果树生长需水量。微喷头可移动性强，根据条件的变化可随时调整其工作位置，如树上、行间或株间等，在有些情况下微喷灌系统还可以与滴灌系统相互转化。③节省能源，减少投资。微喷头也属于低压灌溉，设计工作压力一般在150～200kPa之间，同时微喷灌系统流量要比喷灌小，因而对加压设施的要求要比喷灌小得多，可节省大量能源，发展自压灌溉对地势高差也比喷灌小。同时由于设计工作压力低，系统流量小，又可减少各级管道的管径，降低管材压力，使系统的总投资大大下降。④调节田间小气候，易于自动化。由于微喷灌水滴雾化程度大，可有效增加近地面空气湿度，在炎热天气可有效降低田间温度，甚至还可将微喷头移至树冠上，以防止霜冻灾害等。另外，还可以容易实现自动化，节约劳力。

同样，微喷灌也存在一定的局限性：①对水质要求较高。水中的悬浮物等容易造成微喷头的堵塞，因而要求对灌溉水进行过滤。②田间微喷灌易受杂草、作物茎秆的阻挡而影响喷洒质量。③灌水均匀度受风影响较大。在大于3级风的情况下，微喷水滴容易被风吹走，灌水均匀度降低，一般不宜进行灌水。因而微喷头的安装高度在满足灌水要求的情况下要尽可能低一些，以减少风对喷洒的影响。④在作物未封行前，微喷灌结合喷肥会造成杂草大量生长。

7.3.2 果树水肥一体化系统中施肥设备类型

根据果园的场地条件、经费预算与施肥要求等，其施肥配肥系统各不相同，常见的果园水肥一体化施肥设备与技术有：压差施肥罐、文丘里施肥器、泵吸肥法、泵注肥法、自压重力施肥法、施肥机等。

7.3.2.1 压差施肥罐

（1）基本原理　压差式施肥罐，由两根细管（旁通管）与主管道相接，在主管道上两根细管接点之间设置一个节制阀（球阀或闸阀）以产生一个较小的压力差（1 ～ 2m 水压），使一部分水流流入施肥罐，进水管直达罐底，水溶解罐中肥料后，肥料溶液由另一根细管进入主管道，将肥料带至作物根区。肥料罐是用抗腐蚀的陶瓷衬底或镀锌铸铁、不锈钢或纤维玻璃做成，以确保经得住系统的工作压力和抗肥料腐蚀，在低压滴灌系统中，由于压力低（约 10m 水压），也可用塑料罐。固体可溶肥料在肥料罐中逐渐溶解，液体肥料则与水快速混合。随着灌溉进行，肥料不断被带走，肥料溶液不断被稀释，最后肥料里的固体肥料都流走了。肥料罐常做成 10 ～ 300L 的规格。一般温室果树大棚小面积地块用体积小的施肥罐，露地果树轮灌区面积较大的地块用体积大的施肥罐。

（2）优缺点　压差施肥罐的优点：设备成本低，操作简单，维护方便；适合施用液体肥料和水溶性固体肥料，施肥时不需要加动力；设备体积小，占地少。压差施肥罐的缺点：为定量施肥方式，施肥过程中的肥液浓度不均一；易受水压变化的影响；存在一定的水头损失，移动性差，不适宜用于自动化作业；锈蚀严重，耐用性差；由于罐口小，加入肥料不方便，特别是轮灌区面积大时，每次的肥料用量大，而罐的体积有限，需要多次倒肥，降低了工作效率。

（3）适用范围　压差施肥罐适用于包括温室果树大棚、露地果树种植等多种形式的水肥一体化灌溉施肥系统。对于不同压力范围的系统，应选用不同材质的施肥罐。因施肥罐材质不同，其耐压能力不同。

7.3.2.2 文丘里施肥器

（1）基本原理　水流通过一个由大渐小然后由小渐大的管道时（文丘里管喉部），水流经狭窄部分时流速加大，压力下降，使前后形成压力差，当喉部有更小管径的入口时，形成负压，将肥料溶液从一敞口肥料罐通过小管径细管吸取上来。文丘里施肥器即根据这一原理制成。文丘里施肥器用抗腐蚀材料制作，如塑料和不锈钢，现绝大部分为塑料制造。文丘里施肥器的注入速度取决于产生负压的大小（即所损耗的压力）。损耗的压力受施肥器类型和操作条件的影响，损耗量为原始压力的 10% ～ 75%。由于文丘里施肥器会造成较大的压力损耗，通常安装时加装一个小型增压泵。一般厂家均会告知产品的压力损耗，设计时根据相关参数配置加装增压泵或不加泵。

文丘里施肥器可安装于主管路上（串联安装）或者作为管路的旁通件安装（并联安装）。在温室里，作为旁通件安装的施肥器，其水流由一个辅助水泵加压。

（2）主要类型　①简单型。这种类型结构简单，只有射流收缩段，无附件，因水头损失过大，一般不宜采用。②改进型。灌溉管网内的压力变化可能会干扰施肥过程的正常运行或引起事故。为防止这些情况发生，在单段射流管的基础上，增设单向阀和真空破坏阀。当产生抽吸作用的压力过小或进口压力过低时，水会从主管道流进储肥罐以致产生溢流。在抽吸管前安装一个单向阀，或在管道上装一球阀均可解决这一问题。当文丘里施肥器的吸入室为负压时，单向阀的阀芯在吸力作用下关闭，防止水从吸入口流出。当敞口肥料桶安放在田块首部时，罐内肥液可能在灌溉结束时因出现负压而被吸入主管，再流至田间最低处，不但浪费肥料，而且可能烧伤作物。在管路中安装真空破坏阀，无论系统何处出现局部真空都能及时补进空气。有些制造厂提供各种规格的文丘里喉部，可按所需肥料溶液的数量进行调换，使肥料溶液吸入速率稳定在要求的水平上。③两段式。国外研制了改进的两段式结构，使吸肥时的水头损失只有入口处压力的12%～15%，克服了文丘里施肥器的基本缺陷，获得了广泛的应用。不足之处是流量相应降低了。

（3）优缺点　文丘里施肥器的优点：设备成本低，维护费用低；施肥过程可维持均一的肥液浓度，施肥过程无需外部动力；设备重量轻，便于移动和用于自动化系统；施肥时肥料罐为敞开环境，便于观察施肥进程。文丘里施肥器的缺点：施肥时系统水头压力损失大，为补偿水头损失，系统中要求较高的压力；施肥过程中的压力波动变化大，为使系统获得稳压，需配备增压泵；不能直接使用固体肥料，需把固体肥料溶解后施用。

（4）适用范围　文丘里施肥器因其出流量较小，主要适用于小面积种植场所，如温室大棚种植或小规模果园。

（5）安装方法　在大多数情况下，文丘里施肥器安装在旁通管上（并联安装），这样只需部分流量经过射流段。当然，主管道内必须产生与射流管内相等的压力降。这种旁通运行可使用较小（较便宜）的文丘里施肥器，而且便于移动。当不加肥时，系统也工作正常。当施肥面积很小且不考虑压力损耗时，也可用串联安装。在旁通管上安装的文丘里施肥器，常采用旁通调压阀产生压差。调压阀的水头损失足以分配压力。如果肥液在主管过滤器之后流入主管，抽吸的肥水要单独过滤。常在吸肥口包一块100～120目的尼龙网或不锈钢网，或在肥液输送管的末端安装一个耐腐蚀的过滤器，筛网规格为120目。有的产品出厂时已在管末端连接好不锈钢网。输送管末端结构应便于检查，必要时可进行清洗。肥液罐（或桶）应低于射流管，以防止肥液在不需要时自压流入系统。并联安装方法可保持出口端的恒压，适合于水流稳定的情况。当进口处压力较高时，在旁通管入口端可安装一个小的调压阀，这样在两端都有安全措施。因文丘里施肥器对运行时的压力波动很敏感，应安装压力表进行监控。一般在首部系统都会安装多个压力表。节制阀两端的压力表可测定节制阀两端的压力差。一些更高级的施肥器本身即配有压力表供监测运行压力。

7.3.2.3　重力自压式施肥法

（1）基本原理　在应用重力滴灌或微喷灌的场合，可以采用重力自压式施肥法。在南方丘陵山地果园，通常引用高处的山泉水或将山脚水源泵至高处的蓄水池。通常在水池旁边高于水池液面处建立一个敞口式混肥池，池大小在0.5～5.0m^3，可以是方形或圆形，方便搅拌溶解肥料即可。池底安装肥液流出的管道，出口处安装PVC球阀，此管道与蓄水池出水管连接。池内用 20 ～ 30cm 长的大管径（如直径 75mm 或 90mmPVC 管）。管入口用 100～120 目尼龙网包扎。为扩大肥料的过流面积，通常在管上钻一系列的孔，用尼龙网包扎。

（2）优缺点　重力自压式施肥法的优点：设备技术要求低，成本相对较低，施肥过程无需外部动力，覆盖一般覆盖范围较大，且施肥浓度较为均匀。重力自压式施肥法的缺点：修建蓄水混肥池有一定的工程量，水需要利用水泵定期抽取到蓄水池，且需要人力将肥料运到山顶，有一定人工费用支出。

（3）适用范围　我国华南、西南、中南等地有大面积的丘陵山地果园，非常适合采用重力自压灌溉。很多山地果园在山顶最高处建有蓄水池，果园一般采用拖管淋灌或滴灌。此时采用重力自压施肥非常方便做到水肥结合。在华南地区的柑橘园、荔枝园、龙眼园，有相当数量的果农采用重力自压施肥。

7.3.2.4　泵吸肥法

泵吸肥法是利用离心泵直接将肥料溶液吸入灌溉系统，适合于几十公顷以内面积的施肥。为防止肥料溶液倒流入水池而污染水源，可在吸水管上安装逆止阀。通常在吸肥管的入口包上 100 ～ 120 目滤网（不锈钢或尼龙），防止杂质进入管道。该法的优点是不需外加动力，结构简单，操作方便，可用敞口容器盛肥料溶液。施肥时通过调节肥液管上阀门，可以控制施肥速度，精确调节施肥浓度。缺点是施肥时要有人照看，当肥液快施用完时应立即关闭吸肥管上的阀门，否则会吸入空气，影响泵的运行。

7.3.2.5　泵注肥法

泵注肥法是利用加压泵将肥料溶液注入有压管道，通常泵产生的压力必须要大于输水管的水压，否则肥料注不进去。对用深井泵或潜水泵抽水直接灌溉的地区，泵注肥法是最佳选择。泵施肥法施肥速度可以调节，施肥浓度均匀，操作方便，不消耗系统压力。不足是要单独配置施肥泵。对施肥不频繁地区，普通清水泵可以使用，施完肥后用清水清洗，一般不生锈。但对于频繁施肥的地区，建议用耐腐蚀的化工泵。

7.3.2.6　注射泵

在无土栽培技术应用普遍的国家（如荷兰、以色列等），注射泵的应用很普遍，有满足各种用户需要的产品。注射泵是一种精确施肥设备，可控制肥料用量或施肥时间，在集中施肥和进行复杂控制的同时还具有易于移动，不给灌溉系统带来水头损失，运行费较低等特点。但注射泵装置复杂，与其他施肥设备相比价格昂贵，肥料必须溶解后使用，有时需要外部动力。

这种泵以水压为运行动力，因此在田间只要有灌溉供水管道就可以运行。一般的工作压力最小值是 0.3MPa。流量取决于泵的规格。同一规格的泵，水压也会影响流量，但可调节。此类泵一般为自动控制，泵上安有脉冲传感器，将活塞或隔膜的运动转变为电信号来控制吸肥量。灌溉中断时注肥立即停止，停止施肥时泵会排出一部分驱动水。由于此类泵主要用于大棚温室中的无土栽培，一般安置在系统首部，但也可以移动。目前常用的类型有隔膜泵、柱塞泵等。

（1）隔膜泵　这种泵有两个膜部件，一个安装在上面，一个安装在下面，之间通过一根竖直杠杆连接。一个膜部件是营养液槽，另一个是灌溉水槽。灌溉水同时进入到两个部件中较低的槽，产生向上运动。运动结束时分流阀将肥料吸入口关闭并将注射进水口打开，膜下两个较低槽中的水被射出。向下运动结束时，分流阀关闭出水口并打开进水口，再向上运动。当上方的膜下降时，开始吸取肥料溶液；而当向上运动时，则将肥料溶液注入灌溉系统中。隔膜泵比活塞注射泵昂贵，但是它的运动部件较少而且组成部分与腐蚀性肥料溶液接触的面积较小。隔膜泵的流量为 3 ～ 1200L/h，工作压力为 0.14 ～ 0.8MPa。肥料溶液注入量与排水量之比为 1∶2。由一个计量阀和脉冲转换器组成的阀对泵进行调控，主要调控预设进水量与灌溉水流量的比例。可采用水力驱动的计量器来进行按比例加肥灌溉。在泵上安装电子微断流器将电脉冲转化为信息传到灌溉控制器来实现自动控制，隔膜泵的材料通常采用不锈钢和塑料。

（2）柱塞泵　柱塞泵利用加压灌溉水来驱动活塞。它所排放的水量是注入肥料溶液的 3 倍。泵外形为圆柱体并含有一个双向活塞和一个使用交流电的小电机，泵从肥料罐中吸取肥料溶液并将它注入灌溉系统中。泵启动时有一个阀门将空气从系统中排出，并防止供水中断时肥料溶液虹吸到主管。柱塞泵的流量为 1 ～ 250L/h，工作压力为 0.15 ～ 0.80MPa。可用流量调节器来调节泵的施肥量或在驱动泵的供水管里安装水计量阀来调节。与注射器相连的脉冲传感器可将脉冲转化为电信号，将信号传送给溶液注入量控制器。然后控制器据此调整灌溉水与注入溶液的比例。在国内使用较多的为法国 DOSATRON、美国 DOSMATIC 以及以色列 TEFEN 的施肥泵，均有多种型号，肥水稀释比例从几百至几千倍不等。

7.3.3　主要果树水肥一体化系统的田间布置与操作方法

7.3.3.1　山地微蓄水肥一体化田间布置

与大田作物相比，果树水肥一体化的一大特点就是很多果树都是在非平原地区栽种，因此水肥一体化系统可以依据山势特点进行设计。山地微蓄水肥一体化技术就是利用山区自然地势高差获得输水压力，对地势相对较低的田块进行微灌，即将“微型蓄水池”和“微型滴灌”组合成“微蓄微灌”。其方法是：在田块上坡（即地势较高处）建造一定容积的蓄水池，利用自然地势高差产生水压，以塑料输水管把水输送到下部田块，通过安装在田间的出水均匀性良好的滴灌管，把水均匀准确地输送到植株根部，形成自流灌溉。这种方式不需要电源和水泵等动力的配置，适合山区、半山区以及丘陵地带的果园灌溉。

山地水肥一体化技术的使用，每年每亩可以节约用工 15 个以上，果树增产 15% 以上，畸形果下降 8% 左右。水肥一体化技术可以使肥料全部进入土壤耕作层中，减少了肥料浪费、流失及表面挥发，能节肥 15% 以上。山地水肥一体化技术首部设备主要由引水池、沉沙池、引水管、蓄水池、总阀门、过滤器以及排气阀等组成。这种首部设备设置简单、安全可靠，如果过滤器性能良好，在施肥过程中基本不需要护理。引水池、沉沙池起到初步过滤水源、蓄水的作用，将水源中的泥沙、枝叶等进行拦截。引水管是将水源中的水引到蓄水池的管道，引水管埋在地下 0.3 ～ 0.4m 为宜，防止冻裂和人为破坏。如果管路超过 1km，且途中有起伏坡地，需要在起伏高处设置排气阀，防止气阻。

蓄水池与灌溉地的落差应在 10 ～ 15m，蓄水池大小根据水源大小、需灌溉面积确定，一般以 50 ～ $120m^3$ 为宜。蓄水池建造质量要求较高，最好采用钢筋混凝土结构，池体应深埋地下，露出地面部分以不超过池体的 1/3 为宜。建池时，预装清洗阀、出水阀和溢水口，特别注意要在建造蓄水池的同时安装，使其与水池连成一体，不能在事后打孔安装，否则容易漏水。顶部加盖留维修口，以确保安全。

过滤器安装在出水阀处，最好同时安装两套为一组的过滤器，方便清洗。施肥池也可以用施肥桶代替，容积约 1 ～ $2m^3$，连接出水管。在实践中，有两种施肥方式适合山地水肥一体化技术。一是直接施肥。在肥量和供水量确定的情况下，可以根据水池蓄水量，按照施肥浓度加入易于溶解的肥料。肥料需要事先在小桶中搅拌至充分溶解，滤除残渣，倒入蓄水池中再均匀混合，灌溉时打开各处阀门，肥液直接流到作物根部。在施肥完成后，用清水充入管道 15min 左右，把灌水器及管道内的剩余肥液冲洗干净，防止肥液结晶堵塞滴头。二是压差施肥。在稍高于蓄水池最高液面处，放置施肥桶，用施肥管连接出水管，并将施肥口开在过滤器的前面，使肥液经过过滤器去杂质，灌溉时打开出水管总阀，再打开施肥阀，让饱和肥液与灌溉水在管道内混合均匀后经各级管网输送到作物区，施肥完成后用清水冲管即可。

山地灌溉管网适合选用聚乙烯（PE）管，主管从蓄水池沿坡而下铺设，高差每隔 20 ～ 30m 安装减压消能池，消能池内安装浮球阀。埋地 0.3m 以下，支管垂直于坡面露出地面，安装阀门，阀门用阀门井保护。各级支管依照设计要求铺设，关键是滴灌管的铺设需要以等高线方向铺设，使出水量更加均匀。而终端滴灌或喷灌头的安装要依据果树的栽培株距、行距以及水肥需求来设计。通常的滴孔距离为 15、20、30、40cm。同时需要考虑使用单条滴灌带首端与末端滴管出水量均相同且前后误差在 10% 之内的产品，并依此确定合适的毛管长度。

7.3.3.2 主要施肥设备的田间操作方法

施肥是伴随灌溉同时进行的，施肥操作在灌溉进行 20 ～ 30min 后开始，并确保在灌溉结束前 20min 以上的时间内结束，这样可以保证对灌溉系统的冲洗和尽可能地减少化学物质对灌水器的堵塞。施肥操作前要按照施肥方案将肥料准备好，对于溶解性差的肥料可先将肥料溶解在水中。不同的施肥装置在操作细节上有所不同。

（1）文丘里施肥器　虽然文丘里施肥器可以按比例施肥，在整个施肥过程中保持一定浓度供应，但在制定施肥计划时仍然按施肥数量计算。比如一个轮灌区需要多少肥料要事先计算好。如用液体肥料，则将所需的液体肥料加到储肥罐（或桶）中。如用固体肥料，则先将肥料溶解配成母液，再加入储肥罐，或直接在储肥罐中配制母液。当一个轮灌区施完肥后，再安排下一个轮灌区。

当需要连续施肥时，对每一轮灌区先计算好施肥量。在确定施肥速度恒定的前提下，可以通过记录施肥时间或观察施肥桶内壁上的刻度来为每一轮灌区定量。对于有辅助加压泵的施肥器，在了解每个轮灌区施肥量（肥料母液体积）的前提下，安装一个定时器来控制加压泵的运行时间。在自动灌溉系统中，可通过控制器控制不同轮灌区的施肥时间。当整个施肥可在当天完成时，可以统一施肥后再统一冲洗管道，否则必须将施过肥的管道当日冲洗。冲洗的时间要求同旁通罐施肥法。

（2）重力自压式施肥法　施肥时先计算好每个轮灌区需要的肥料总量，倒入混肥池，加水溶解，或溶解好直接倒入。打开主管道的阀门，开始灌溉。然后打开混肥池的管道，肥液即被主管道的水流稀释带入灌溉系统。通过调节球阀的开关位置，可以控制施肥速度。当蓄水池的液位变化不大时（丘陵山地果园许多情况下一边灌溉一边抽水至蓄水池），施肥的速度可以相当稳定，保持恒定养分浓度。如采用滴灌施肥，施肥结束后需继续灌溉一段时间，冲洗管道。如拖管淋水肥则无此必要。通常混肥池用水泥建造，坚固耐用，造价低。也可直接用塑料桶作混肥池用。有些用户直接将肥料倒入蓄水池，灌溉时将整池水放干净。由于蓄水池通常体积很大，要彻底放干水很不容易，会残留一些肥液在池中。加上池壁清洗困难，也有养分附着。当重新蓄水时，极易滋生藻类、青苔等低等植物，堵塞过滤设备。应用重力自压式灌溉施肥，当采用滴灌时，一定要将混肥池和蓄水池分开，二者不可共用。

静水微重力自压施肥法曾被国外某些公司在我国农村提倡推广，其做法是在棚中心部位将储水罐架高 80 ～ 100cm，将肥料放入敞开的储水罐溶解，肥液经过罐中的筛网过滤器过滤后靠水的重力滴入土壤。在山东省中部，某些农户利用在棚内山墙一侧修建水池替代储水罐，肥料溶于池中，池的下端设有出水口，利用水重力法灌溉施肥。这种方法水压很小，仅适合面积小于 300m^2 且纵向长度小于 40m 的大棚采用，面积更大则很难保证出水均匀。

利用自重力施肥由于水压很小（通常在 3m 以内），用常规的过滤方式（如叠片过滤器或筛网过滤器）由于过滤器的堵水作用，往往使灌溉施肥过程无法进行。张承林等在重力滴灌系统中进行改良解决过滤问题。在蓄水池内出水口处连接一段 1 ～ 1.5m 长的 PVC 管，管径为 90mm 或 110mm。在管上钻直径 30 ～ 40mm 的圆孔，圆孔数量越多越好，将 120 目的尼龙网缝制成管径大小的管状，一端开口，直接套在管上，开口端扎紧。用此方法大大地增加了进水面积，虽然尼龙网也照样堵水，但由于进水面积增加，总的出流量也增加。泥肥池内也用同样方法解决过滤问题。当尼龙网变脏时，更换一个新网或洗净后再用。经几年的生产应用，该方法效果很好。由于尼龙网成本低廉，容易购买，用户容易接受和采用。

（3）泵吸肥法　根据轮灌区的面积或果树的株数计算施肥量，然后倒入施肥池。开动水泵，放水溶解肥料。打开出肥口处开关，肥料被吸入主管道。通常面积较大的灌区吸肥管用 50 ～ 70mm 的 PVC 管，方便调节施肥速度。一些农户施肥管管径太小（25mm 或 32mm），当需要加速施肥时，由于管径太小无法实现。对较大面积的灌区（如 500 亩以上），可以在肥池或肥桶上画刻度。一次性将当次的肥料溶解好，然后通过刻度分配到每个轮灌区。假设一个轮灌区需要一个刻度单位的肥料，当肥料溶液到达一个刻度时，立即关闭施肥开关，继续灌溉并冲洗管道。冲洗完后打开下一个轮灌区，打开施肥池开关，等到达第二个刻度单位时表示第二轮灌区施肥结束，依次进行操作。采用这种办法可以提高大型灌区的施肥工作效率，减轻劳动强度。

在北方一些井灌区水温较低，肥料溶解慢。一些肥料即使在较高水温下溶解也慢（如硫酸钾）。这时在肥池内安装搅拌设备可显著加快肥料的溶解，一般搅拌设备由减速机（功率 1.5 ～ 3.0kW）、搅拌桨和固定支架组成。搅拌桨通常要用 304 不锈钢制造。

（4）泵注肥法　南方地区的果园，通常都有打药机。许多果农利用打药机作注肥泵用。具体做法是：在泵房外侧建一个砖水泥结构的施肥池，一般 3 ～ 4m^3，通常高 1m，长宽均 2m。以不漏水为质量要求。池底最好安装一个排水阀门，方便清洗排走肥料池的杂质。施肥池内侧最好用油漆画好刻度，以 0.5m^3 为一格。安装一个吸肥泵将池中溶解好的肥料注入输水管。吸肥泵通常用旋涡自吸泵，扬程须高于灌溉系统设计的最大扬程，通常的参数为：电源 220V 或 380V，0.75 ～ 1.1kW，扬程 50m，流量 3 ～ 5m^3/h。这种施肥方法肥料有没有施完看得见；施肥速度方便调节。它适合用于时针式喷灌机、喷水带、卷盘喷灌机等灌溉系统。它克服了压差施肥罐的所有缺点。特别是使用地下水的情况下，由于水温低（9 ～ 10℃），肥料溶解慢，可以提前放水升温，自动搅拌溶解肥料。通常减速搅拌机的电机功率为 1.5kW。搅拌装置用不生锈材料做成倒 T 形。

（5）自动灌溉施肥机　一些施肥设备不但能按恒定浓度施肥，还可自动吸取几种营养母液，按一定比例配成完全营养液。在施肥过程中，可以自动监测营养液的电导率和 pH，实现真正的精准施肥。由于该类施肥设备的复杂性和精确性，一般称之为施肥机。在对养分浓度有严格要求的花卉、优质蔬菜等作物的温室栽培中，应用施肥机能够将水与营养物质在混合器中充分混合而配制成作物生长所需的营养液，然后根据用户设定的灌溉施肥程序通过灌溉系统适时适量地供给作物，保证作物生长的需要，做到精准施肥并实现施肥自动化。

（6）移动式灌溉施肥机　移动式灌溉施肥机针对小面积果园以及设有电力供应的单机块而研发，主要由汽油泵、施肥罐、过滤器和手推车组成，可与田间的灌溉施肥管道相连使用，移动方便、迅速。当用户需要进行田间灌溉施肥时，可以用机车将灌溉施肥机拉到田间，与田间管道相连，轮流对不同的田块进行灌溉施肥。移动式灌溉施肥机可以代替泵房固定式首部系统，成本低廉，便于推广，能够满足小面积田块灌溉施肥系统的要求。目前，移动式灌溉施肥机的主管道有 2 寸和 3 寸两种规格，每台移动式灌溉施肥机可承担 50 ～ 100 亩面积的施肥任务。

7.3.4 果树水肥一体化技术的施肥方案制定

水肥一体化技术施肥制度包括确定作物全生育期的总施肥量、每次施肥量及养分配比、施肥时期、肥料品种等。决定施肥制度的因素主要包括土壤养分含量、作物的需肥特性、作物目标产量、肥料利用率、施肥方式等。灌溉施肥制度拟定中主要采用目标产量法，即根据获得目标产量需要消耗的养分和各生育阶段养分吸收量来确定养分供应量。由于影响施肥制度的因素本身就很复杂，特别是肥料利用率很难获得准确的数据，因此，应尽可能地收集多年多点微灌施肥条件下肥料利用率数据，以提高施肥方案拟定的科学性。

7.3.4.1 土壤养分检测

对于生长在土壤中的作物，土壤测试是确定肥料需求的必要手段。土壤分析应阐明土壤中某种营养元素的含量对要种植的某种具体作物而言是充足还是缺乏。土壤本身含有各种养分，通过先前施用化肥或有机肥也会有养分残留。但是土壤中的养分只有一小部分能被植物吸收利用，即对作物有效。氮主要存在于有机物中，并且只有被微生物分解形成硝态氮和铵态氮才能被作物吸收利用。土壤中的磷只有一小部分是速效磷，但土壤磷库会释放磷以维持土壤溶液的磷浓度。土壤中只有交换性钾和存在于溶液中的钾才能被作物吸收利用，但是随着有效钾不断被吸收，它与固定态钾之间的动态平衡被打破，钾会被转化释放到土壤溶液。测出土壤的营养元素总含量并不能说明它们对作物的有效性。现已有只浸提出潜在有效养分的分析方法，这些方法广泛应用于土壤分析实验室，分析数据可以可靠地估测养分的有效性。

不同元素和不同土壤的浸提方法也不同，一些方法用弱酸或弱碱作浸提剂，一些则使用离子交换树脂，以模拟根对养分的吸收。阳离子有效性（如钾离子）通常都是测定浸提的可交换性部分。在用分析数据进行诊断之前，必须要用田间试验中作物对养分的反应结果来校正分析数据。确定一种作物对养分的需要量时，必须将作物对养分的总需求量减去土壤所含的有效养分含量。另外，灌溉施肥中使用的水溶性养分，特别是磷肥，在土壤中会发生反应而使有效性降低，对于用土壤种植的作物，施肥时必须考虑到这一点。例如磷肥的施用量通常比作物实际需要的量大，从而满足作物的吸收。土壤和生长基质测试应包含另外两个参数：电导率（EC）和 pH。土壤和生长基质中水浸提物的电导率可以反映可溶性盐分含量。施肥后没有被作物吸收或没有淋失的那部分养分及灌溉水本身会造成盐分累积，盐分浓度增加会使根际环境的渗透压升高，根系对水分和养分的吸收减少，从而造成减产。一些离子过量会对作物有毒害作用，并会对土壤结构产生副作用。土壤和生长基质浸提物的 pH 反映了土壤和生长基质的酸碱度。大多数作物在 pH 接近中性时长势最好。一些肥料具有酸化作用，如施用铵化合物会因氧化成硝态氮而使酸度增加。当灌溉水含有过量钠离子时，土壤会碱化。

国外已发布了标准取样程序。通常用土钻从土面下 0 ～ 20cm 和 20 ～ 40cm 两个土层采取有代表性的土样。对于深根作物，取样土层应为 0 ～ 30cm 和 30 ～ 60cm ；对于碱化土壤最好在地面 60cm 下取样。需调查取样地块的土壤均匀度，若表层土壤的颜色、倾斜度和耕作历史不同，可将田块划为几小块来取样，每块均匀田地（或每小块田）和土层一般取 30 ～ 40 个点。然后将这些样品充分混合，取大概 1kg 土样带到实验室分析。生长期间的取样需在灌溉前进行，除去表层 5cm 的土样，取样深度至 15 ～ 20cm。其他的步骤与上面所述的相同。

7.3.4.2 植物养分检测

大田作物上测土施肥和效应函数法都是产前定肥，而多年生果树常因气候等条件变化而引起树体营养状况的变化，不宜采用测土施肥等方法，而植株测试可以解决这一问题。植株测试一般分为两类：全量分析与组织速测。全量分析同时测定已结合在植物组织中的元素以及还留在植物汁液中的可溶性组分的元素，组织速测用来测定尚未被植物同化的留在植物汁液中的可溶性成分，实际上它代表的是已进入植物而尚未到达被利用部位的途中含量。应用植株测试可以达到以下目的：对已察觉的症状进行诊断或证实诊断；检出潜伏缺素期；研究植物生长过程中营养动态和规律；研究作物品种的营养特点，作为施肥的依据；应用于推荐施肥。

（1）植株测试的方法

① 植株测试的方法。按测试方法分类有化学分析法、生物化学法、酶学方法、物理方法等。

化学分析法是最常用、最有效的植株测试方法，按分析技术的不同，又将其分为植株常规分析和组织速测。植株常规分析多采用干样品，组织测定指分析新鲜植物组织汁液或浸出液中活性离子的浓度。前一方法是评价植物营养的主要技术，后者具有简便、快速的特点，宜于田间直接应用。

生物化学法是测定植株中某种生化物质来表征植株营养状况的方法，如用淀粉 / 碘作为氮的营养诊断法。

酶学方法：作物体内某些酶的活性与某些营养元素的多少有密切关系，根据这种酶活性的变化，即可判断某种营养元素的丰缺。

物理方法：如叶色诊断，叶片颜色→叶绿素→氮。

② 测定部位。一般来说，植株不同部位的养分浓度之间及其与全株养分浓度间是有一定关系的。然而，同种器官不同部位的养分浓度也有很大差异，而且不同养分之间这种差异是不一致的。叶、根中氮浓度对氮素供应的变化更敏感一些，因此可作为敏感指标。

如果树常以叶片作为测定部位，主要果树的叶片采集可参考表 7-2。

表7-2 主要果树叶片样品的采集

树种	取样部位	取样时间	取样数量和方法
苹果、梨、杏、李、樱桃	树冠外围中部新梢的中位叶（带叶柄）	盛花后 7 ～ 12 周或结果树新梢顶芽形成后 4 周	在 6 ～ 30 亩的果园，可用对角线法至少在 25 棵树上取样，也可以在第 5 到第 10 株上取样。去树冠外围东西南北 4 个方向的叶，每株 4 ～ 8 片，混合样不少于 100 片叶
桃	同苹果	盛花期 12 ～ 14 周	同苹果
葡萄	取果穗上面第一节上成熟叶（带叶柄）	盛花期后 4 ～ 8 周，花期结束前	在一个果园随机固定若干取样点，取 80 ～ 100 片叶
柑橘	春梢营养枝从顶端往下第 3 片叶（带叶柄）	叶龄为 4 ～ 7 个月的叶片	同苹果

（2）植株测试中的指标确定

① 诊断指标的表示方法：主要有临界值、养分比值、相对产量、DRIS 法、指数法等。

养分比值：由于营养元素之间的相互影响，往往一种元素浓度的变化常引起其他元素的改变。因此，用养分的比值作为诊断指标，要比用一种元素的临界值能更好地反映养分的丰缺关系。

DRIS 法：即诊断施肥综合系统。DRIS 法基于养分平衡的原理，用叶片诊断技术，综合考虑营养元素之间的平衡情况和影响作物产量的诸因素，研究土壤、植株与环境条件的相互关系，以及它们与产量的关系。

指数法：先进行大量叶片分析，记载其产量结果和可能影响产量的各种参数，将材料分为高产组（B）和低产组（A），将叶片分析结果以N%、P%、K%、N/P、N/K、K/P、NP、NK、PK等多种形式表示，计算各形式的平均值、标准差（*SD*）、变异系数（*CV*）、方差（*S*）及两种方差比（S_A/S_B），选择保持最高方差比的形式作为诊断的表示形式。对N、P、K的诊断，一般多用N/P、N/K、K/P的表示形式。该法在多种作物上有较高的准确性，不受采样时间、部位、株龄和品种的影响，优于临界值法，但它只指出作物对某种养分的需求程度，而未确定施肥数量。

② 确定诊断指标的方法。诊断指标应在通过生产试验获得大量试验数据的情况下才确定。通常采用以下方法。

大田调查诊断：在一个地区选代表性地块，在播前或生育期进行化学诊断，并结合当地经验，搜集各种数据，统计整理，从中找出不同条件下产量、养分等变化的规律，划分成不同等级作为诊断标准。

田间校验：即养分丰缺指标的划分研究。利用田间多点试验，找出养分测定值与相对产量之间的曲线，一般把指标划分为“高、中、低、极低”四级。田间校验的优点是能全面反映当地的自然条件，把影响养分供应量的诸因素都表现在分级指标中，所得指标准确性高，但需时间及重复。田间试验分短期、长期两种，短期多为一年试验，一般设施与不施某养分两个处理，要求多个试验点的重复，根据相对产量划分等级，由于年限短，不能反映肥料的叠加效应。因此，短期田间试验结果只能决定是否需要施肥，而不能确定施肥量。长期田间试验可为确定养分用量提供数据，一个点上相同肥料及用量的多年试验，可得测试值与产量相关性数据，为确定施肥量作基础。

对比法：在品种、土壤类型相同条件下，选正常、不正常的健壮植株，多点测土壤植物养分含量。将正常和不正常的健壮植株土壤、植株养分进行对比，确定诊断指标。诊断指标的确定应是营养诊断、大田生产和肥料试验三者结合，并进行多次诊断找出规律。任何诊断指标都是在一定生产条件下取得的。外地的指标只能作参考，不可生搬硬套。引用时要经过产地生产实践的检验，才可使用。

③ 应用诊断指标应注意的问题。作物种类与品种特性：不同作物、同一作物不同品种，同一品种不同生育时期对养分的需求和临界浓度不同，应用指标时应考虑。在有些情况下，养分含量高，生长量或产量并不一定高。营养元素间的相互关系。一是拮抗作用，例如Ca^{2+}与Mg^{2+}; 二是协助作用，例如Ca^{2+}、Mg^{2+}、Al^{3+}能促进K^{+}、NH_4^{+}等的吸收。因此，应用某种元素的诊断指标时，不仅要了解该养分的相对量，也要了解有关元素的相互关系。诊断的技术条件要求一致。采样分析等应和拟定指标时一致，应有可比性，否则指标就无应用价值。指标应随生产水平和技术措施的改变而不断修正。

总之，既要应用诊断指标施肥，又不要孤立地应用指标，必须因地制宜，根据具体情况灵活运用指标，从而使诊断指标更具实用价值，使诊断技术逐步完善。

7.3.4.3　施肥方案的制定

施肥方案必须明确施肥量、肥料种类、肥料的使用时期。施肥量的确定要受到植物产量水平、土壤供肥量、肥料利用率、当地气候、土壤条件及栽培技术等因素的综合影响。确定施肥量的方法也很多，如养分平衡法、田间试验法等。这里仅以养分平衡法为例介绍施肥量的确定方法。

（1）施肥量确定　根据作物目标产量需肥量与土壤供肥量之差估算目标产量的施肥量，通过施肥补充土壤供应不足的那部分养分。养分平衡法涉及目标产量、作物需肥量、土壤供肥量、肥料利用率和肥料中有效养分含量五大参数。

① 目标产量。目标产量可采用平均单产法来确定。平均单产法是利用施肥区前 3 年平均单产和年递增率为基础确定目标产量。一般果树的递增率以 15% 为宜。

② 作物需肥量。通过对正常成熟的农作物全株养分的化学分析，测定各种作物 100kg 经济产量所需养分量，即可获得作物需肥量。如果没有试验条件，常见果树平均 100kg 经济产量吸收的养分量也可参考表 7-3 进行确定。

表7-3　不同果树形成100kg经济产量所需养分

果树名称	收获物	从土壤中吸收的 N、P_2O_5、K_2O 的量 /kg		
		N	P_2O_5	K_2O
苹果	果实	0.30 ～ 0.34	0.08 ～ 0.11	0.21 ～ 0.32
梨	果实	0.4 ～ 0.6	0.1 ～ 0.25	0.4 ～ 0.6
桃	果实	0.4 ～ 1.0	0.2 ～ 0.5	0.6 ～ 1.0
枣	果实	1.5	1.0	1.3
葡萄	果实	0.75	0.42	0.83
猕猴桃	果实	1.31	0.65	1.50
板栗	果实	1.47	0.70	1.25
杏	果实	0.53	0.23	0.41
核桃	果实	1.46	0.19	0.47
李子	果实	0.15 ～ 0.18	0.02 ～ 0.03	0.3 ～ 0.76
石榴	果实	0.3 ～ 0.6	0.1 ～ 0.3	0.3 ～ 0.7
樱桃	果实	1.04	0.14	1.37
柑橘	果实	0.12 ～ 0.19	0.02 ～ 0.03	0.17 ～ 0.26
脐橙	果实	0.45	0.23	0.34
荔枝	果实	1.36 ～ 1.89	0.32 ～ 0.49	2.08 ～ 2.52
龙眼	果实	1.3	0.4	1.1
杧果	果实	0.17	0.02	0.20
枇杷	果实	0.11	0.04	0.32
菠萝	果实	0.38 ～ 0.88	0.11 ～ 0.19	0.74 ～ 1.72
香蕉	果实	0.95 ～ 2.15	0.45 ～ 0.6	2.12 ～ 2.25

③ 土壤供肥量。土壤供肥量可以通过测定基础产量、土壤有效养分校正系数两种方法估算。

通过基础产量估算：不施养分区作物所吸收的养分量作为土壤供肥量。

通过土壤有效养分校正系数估算：将土壤有效养分测定值乘以校正系数，以表达土壤“真实”供肥量。该系数称为土壤有效养分校正系数。

④ 肥料利用率。一般通过差减法来计算：利用施肥区作物吸收的养分量减去不施肥区农作物吸收的养分量，其差值视为肥料供应的养分量，再除以所用肥料养分量就是肥料利用率。

⑤ 肥料养分含量。供施肥料包括无机肥料和有机肥料。无机肥料、商品有机肥料含量按其标明量，不明养分含量的有机肥料，其养分含量可参照当地不同类型有机肥养分平均含量获得。

（2）施肥时期的确定 掌握作物的营养特性是实现合理施肥的最重要依据之一。不同的作物种类其营养特性是不同的，即便是同一种作物在不同的生育时期其营养特性也是各异的。只有了解作物在不同生育时期对营养条件的需求特性，才能根据不同的作物及其不同的时期，有效地应用施肥手段调节营养条件，达到提高产量、改善品质和保护环境的目的。作物的一生要经历许多不同的生长发育阶段，在这些阶段中，除前期种子营养阶段和后期根部停止吸收养分的阶段外，其他阶段都要通过根系或叶等其他器官从土壤中或介质中吸收养分，作物从环境中吸收养分的整个时期叫作物的营养期。作物不同生育阶段从环境中吸收营养元素的种类、数量和比例等都有不同要求的时期叫作物的阶段营养期。作物对养分的要求虽有其阶段性和关键时期，但决不能忘记作物吸收养分的连续性。任何一种植物，除了营养临界期和最大效率期外，在各个生育阶段中适当供给足够的养分都是必需的。

7.3.5 果树水肥一体化技术应用案例

在我国，越来越多的农场采用水肥一体化技术，在香蕉、番茄、火龙果、猕猴桃等果蔬上应用最为广泛。传统的香蕉种植由于其落后的灌溉施肥方式，需要耗费大量水资源、人力、时间、化肥和农药，使香蕉生产的成本高、产出低，产量和品质远远不能满足现代需求。水肥一体化技术的应用，不仅满足了香蕉“大水大肥”的需求，极大地提高了香蕉灌溉施肥的工作效率和水肥的管理水平，还显著提升了香蕉的产量和品质，水肥一体化管理设备也逐渐成为香蕉种植的重要基本设备。

受种植成本、经济效益、人员配备等因素影响，不同种植基地对水肥一体化设备的选择有所区别，整体上以基础设备为主，智能化设备相对较少。本节以广西金穗农业集团香蕉基地、广西捷佳润公司香蕉基地为例，分别对水肥一体化技术的基础设备和智能设备进行简介和效益分析。

二者蕉园均采用“有机肥 + 水肥 + 干肥”的种植模式。全生育期养分供给以水肥为主，执行35～40次。有机肥作为底肥，在一代蕉种植前施入土壤，干肥主要为钙镁磷肥和尿素，分别用于土壤酸性改良和弱小苗追肥。

7.3.5.1 系统组成与关键部件设计

（1）金穗基地系统 广西金穗农业集团基础水肥一体化系统主要由水源、首部系统、施肥系统、输配水管网系统、无线阀门控制器等组成，采用压力补偿控制系统，根据地形地块特征划分轮灌组区域。

① 水源系统：水库、水井、江河、湖泊可作为水源，但水质必须要符合灌溉要求。由于当地水源杂质较多，且香蕉种植需水量较大，多修建引水、蓄水以及提水工程，同时配合输配电系统，构建完善的水源系统。以金穗集团为例，种植基地普遍抽取地下水和河水作为灌溉用水。30hm^2 及以上蕉园均配置具有反冲洗装置的水源系统，能提供 200m^3/h 及以上水量，满足水肥及灌溉需求。

② 首部枢纽系统：水泵以及流量压力监测设备、过滤器、施肥设备与压力保护装置是系统的主要组成部分。该系统发挥着重要的监控与调控作用，是整个系统的调控中心。在以金穗为例的基础水肥一体化系统中，多由专业人员提前设置好各项参数，日常使用中由基地管理员对压力阀、过滤器等进行定期检查和上报信息，便于及时维修，常规系统使用年限为 15 ～ 20 年。基地水肥员配肥完成后仅需按下启动按钮或者轮换组转换按钮，即可完成日常水肥供给。

③ 施肥系统：包括混合肥料溶液系统以及灌溉系统。

混合肥料系统主要由混肥池、水肥池、搅拌器、过滤器等组成。基地管理员按照集团技术部拟定水肥方案，按需放入不同肥料原料，经混肥池搅拌均匀后，抽滤至水肥池中。水肥池较混肥池高约 30cm，二者间采用 120 ～ 150 目尼龙布过滤，每 3 个月更换一次。水肥池中肥料进入灌溉系统前安装专业过滤设备，喷灌要求 80 ～ 100 目过滤，微喷要求 100 ～ 120 目过滤，滴灌要求 120 ～ 200 目过滤。图 7-31 是混肥池。

图 7-31 混肥池

灌溉系统主要包括灌溉泵、控制器以及田间灌溉网、稳压阀、灌溉电磁阀等，保证不同地块肥料稳定施入，每 1.5 ～ 2hm^2 面积配置一套稳压阀和电磁阀，轮灌组面积根据水源系统供给量确定。

④ 输配水管网系统：主要包括干管、支管以及毛管，PVC 管材是干管的主要材料，PE 管是支管的主要材料。依照流量分级配置管径，当前应用的毛管多是边缝迷宫式滴灌带以及

内镶式滴灌带，并运用铁制构件的大口径阀门，干管以及分支管首部设置进水口闸阀，球阀设置于支管与辅管进水口部位。输配水管网把首部经过处理的水向灌水器以及灌水单元输送。毛管为微灌系统末一级管道，主要作为滴灌管。滴灌带水量根据土壤性质选择，金穗集团基地普遍为壤土，多选用 1.6L/h 流速滴灌带，孔距根据香蕉种植密度选择。滴带厚度依据水压及预期使用年限选择，一般甘蔗地滴带 1 年更换，香蕉基地 3 ～ 5 年更换，柑橘基地 6 ～ 8 年更换。图 7-32 是地头主管、支管、毛管示意图及田间实物图。

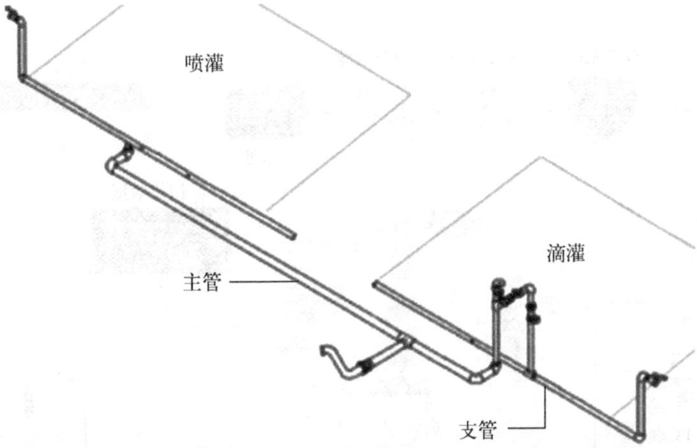

(a) 示意图

(b) 田间实物图

图 7-32　地头主管、支管、毛管示意图及田间实物图

⑤ 无线阀门控制器：对田间工作站指令进行接收并实施。无线阀门控制器直接连接管网上的电磁阀，接收田间工作站指令之后，调控电磁阀开闭，并采集田间信息，将信息上传到田间工作站。多个电磁阀均可由一个阀门控制器进行控制。田间灌溉过程中电磁阀是重要的控制阀门，根据田间节水灌溉设计轮灌组，对电磁阀进行划分，并对其安装位置与个数进行确定。

（2）捷佳润基地系统　捷佳润智能水肥一体化系统主要由水源、首部系统、田间控制器和传感器、田间管网和喷灌设备、远程作物长势监测系统、云气象土壤墒情系统、大数据云平台、智能控制系统等构成。与金穗基础水肥一体化系统相比，主要增加了实时监测功能、远程控制功能及数据实时看板等，实现智能化、可视化。

通过安装在地里的监测设备，监测土壤、气象、作物长势、浇水、施肥等数据，将这些数据通过地里的传感器实时上传到大数据云平台，技术专家将数据转化为作物的营养模型并匹配相应的施肥方案，香蕉种植户就可以通过智能控制系统经手机、电脑等客户端对香蕉生产的水肥进行一键控制。图 7-33 是智能喷灌系统拓扑图。

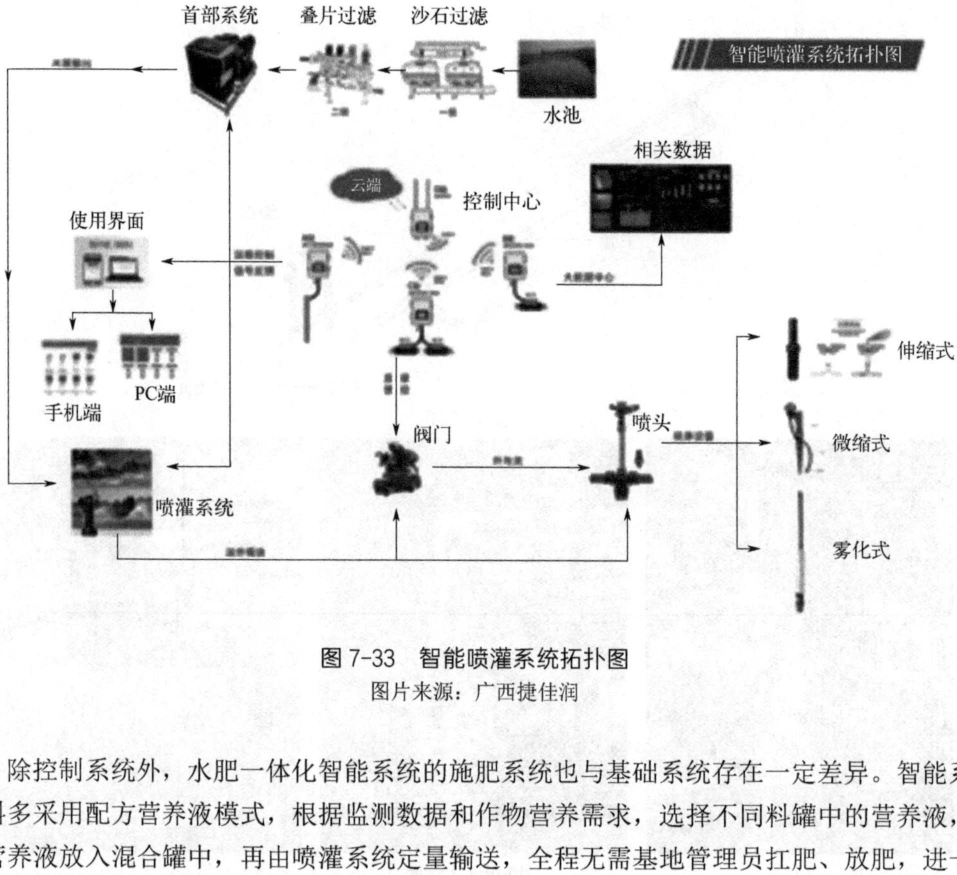

图 7-33　智能喷灌系统拓扑图

图片来源：广西捷佳润

除控制系统外，水肥一体化智能系统的施肥系统也与基础系统存在一定差异。智能系统肥料多采用配方营养液模式，根据监测数据和作物营养需求，选择不同料罐中的营养液，不同营养液放入混合罐中，再由喷灌系统定量输送，全程无需基地管理员扛肥、放肥，进一步降低劳动需求。

7.3.5.2　施肥决策模型与控制系统设计

基础水肥一体化系统，由集团技术部人员，根据土壤健康状况、香蕉生长发育及养分吸收特性，于每年年初拟定全年水肥方案，基地配备专职水肥员定期定量施用至田间。智能水肥一体化系统，由公司技术人员在施肥系统中设置不同营养液参数，并配制相应营养液，可根据实时监测数据进行不同营养液混配。施肥时可远程控制或由基地管理人员进行开关控制。但二者均需要在春季开始前，安排人员施用有机肥 15 ～ 30t/hm^2 和少量干肥进行酸性土壤改良。

7.3.5.3　施肥机性能验证试验与田间应用效果

相对于常规施肥，水肥一体化技术应用均能实现节水、节肥、省工、增产效果，且能显著提高香蕉生长整齐度及蕉果品质，具体数据结果如下。

金穗农业集团示范区相比对照区氮、钾投入量分别降低 25.2 % 和 23.2 %，总化肥成本降低 41.0%，有效降低了养分的淋洗量，提高了养分利用效率。同时示范区果实品质显著高于对照区，每公顷利润增加 14.04 万元，收益率较对照区高 133.0%。

捷佳润示范区选用 2.5L/h 滴带，滴头间距 70cm，滴灌的时期为 2 ～ 5 月每月 10 次，6 ～ 9 月每月 8 次，具体看天气情况而定，营养生长期、花芽分化-孕蕾期、果实发育成熟期，由捷佳润提供促苗肥 6 号 220g/ 株、花果肥 2 号 735g/ 株、花果肥 1 号 1220g/ 株、品质肥 1 号 385g/ 株、花果肥 8 号 260g/ 株。相较于传统浇灌对照区，节省肥料 20.30%，香蕉增产 10% ～ 12%，香蕉生长整齐度显著高于对照区。但水肥一体化设备整体价格偏高，一般建议 $10hm^2$ 以上蕉园选择配备。智能水肥一体化设备也存在传感器所监测收集到的数值与实际情况有一定偏差的情况。环境信息和水肥模型的协调等问题成为限制其发展的重要因素。

参考文献

[1] 陈小彬．水肥一体化技术在设施农业中的应用调查 [D]．福州：福建农林大学，2014.
[2] 李宝深．滴灌蕉园养分综合管理技术研究与应用 [D]．北京：中国农业大学，2015.
[3] 潘敏睿，马军，王杰，等．水肥一体化技术发展概述 [J]．中国农机化学报，2021, 41(8): 6-12.
[4] 倪福乐，张艺楠，冯斗．智能水肥一体化在香蕉生产管理中存在的问题与对策研究 [J]．农村经济与科技，2020, 31(1): 55-56.
[5] 宋志伟，邓忠．果树水肥一体化实用技术 [M], 北京：化学工业出版社，2017.
[6] 张承林，邓兰生．水肥一体化技术 [M], 北京：中国农业出版社，2012.
[7] 赵吉红．水肥一体化技术应用中存在的问题及解决对策 [D]．咸阳：西北农林科技大学，2015.
[8] 宗哲英，王帅，王海超，等．水肥一体化技术在设施农业中的研究与建议 [J]．内蒙古农业大学学报（自然科学版），2020, 41(1): 97-100.

中国肥料研究与应用全书

Books of Fertilizer Research and Application in China

FERTILIZER

第8章

养分管理农机农艺融合技术

养分供应规律与作物对养分需求相匹配，是实现作物高产的重要保证。施肥机械可以大大提高施肥作业效率，但必须符合高产栽培农艺要求。然而机械也有一定的局限性，有可能达不到某些高产栽培技术的要求，这时，就要改变农艺措施，使农机农艺配合协调统一，最终达到最佳的高产高效目标。本章以东北春玉米及华北冬小麦-夏玉米为例，介绍了农机农艺融合技术在作物高产高效种植中的重要性。

8.1 东北春玉米养分管理存在问题及农机农艺融合解决方案

8.1.1 养分管理现状及存在问题

东北是我国重要的春玉米产区，分布于黑龙江、吉林、辽宁及内蒙古东部地区。除了东北西部及内蒙古东部地区外，在其他大部分地区，玉米生育期间不进行灌溉。为节省人工，这些地区的施肥基本上采用“一炮轰”方式，尤其是对于那些免耕的田块。也就是说，施肥在播种的同时进行，在播种机上配备施肥设备，在播种的同时，将全部肥料也一次性施入。在这种方式下，氮肥后期损失的可能性增加，因此，为防止后期养分供应不足，农民超量施肥现象较严重。随着玉米产量水平提高，总肥料需要量也增加，大量肥料一次性施入，如果施用位置不当，很容易导致“烧苗”现象。农民也通过加入缓释氮肥的方法以减少施氮量，但增加了成本。

在生产条件较好、农民科学素质较高的合作社以及黑龙江农垦系统的农场，仍然采用“基肥 + 追肥”或者“种肥 + 追肥”的模式进行养分管理。在这种方式下，追肥机械的性能十分重要。目前的追肥机械可以将肥料进行侧深施，不足之处是，追肥机械的地隙较低，因而追肥时间偏早，只能在幼苗期进行追肥，难以满足玉米中后期生长的需要。

在东北西部及内蒙古东部地区，降雨量不能满足玉米正常生长需要，生育期间需要进行灌溉。为节省水资源，当前国家主要推广浅埋滴灌技术进行节水灌溉。因此，目前主流的养分管理技术是采用水肥一体化，通过滴灌管将水溶性肥料输入到根部土壤。在这种技术条件下，水溶肥的质量和价格是决定养分管理策略的关键因素。

8.1.2 养分管理解决方案

（1）种肥 / 基肥机械化施肥技术　对于采用“一炮轰”施肥技术的雨养春玉米地区，关键是要通过施肥部件将化肥合理地施入距种子一定距离的位置。目前的主流德邦大为和康达玉米免耕播种机（图 8-1），通常配备两个施肥口，一个施肥口将肥料与种子的出口同步，使肥料与种子混合，称之为种肥（农民也称口肥）。种肥种类和用量很重要，必须对种子安全，主要种肥的种类是磷二铵或磷一铵，用量不超过 50kg/hm²，也可以添加微量元素、菌肥等，它起到一个促苗早发的作用。另一个施肥口在种子的侧向方，用于施用剩余的全部肥料（复混肥），也就是传统上的“基肥”。对于这部分肥料，施肥的位置很重要，一定要与种子保持相对较远的位置，以防“烧苗”。借鉴美国启动肥的技术，基肥通常施在距离种子的横向及纵向距离约 5 ～ 8cm 地方，这样施肥深度基本上不超过地表下 10cm。

图 8-1　德邦大为免耕播种施肥机

对于传统的整地起垄种植田块，也可以在整地的同时，将基肥均匀混施入土壤，在播种时只施入种肥，这样可以避免在播种过程中添加肥料，从而大大提高播种的作业效率。

（2）高地隙追肥机及追肥技术　玉米高产栽培理论要求“氮肥后移”，也就是将追肥推迟到拔节-大喇叭口期进行，以满足玉米生长后期氮肥需求，并减少损失风险，提高氮肥利用率。然而当前我国玉米追肥机械的地隙普遍较低，只能在幼苗期进行作业，无法满足这种农艺要求。解决的方案是提高追肥机械地隙，并配备相应的拖拉机，实现在玉米株高达到≤ 1m 的情况下进行追肥作业，将追肥时间从 6 片可见叶推迟到 10 ～ 12 片可见叶（拔节开始）（图 8-2）。除了提高肥料的利用率，维持玉米生长后期养分需求外，这一技术改进还可以延长机械追肥作业的窗口期，以免遇到连续阴雨天气机械无法进地的情况，延误施肥作业。追肥器应该较少地扰动土壤和根系，可以采用圆盘式开沟器。施肥深度 5 ～ 16cm，距离玉米行 15cm 左右，以防伤根。随着液体肥料产品的应用，追肥机械上应配备液体肥施用装置。中国农业大学引进美国 Yetter 公司的 2995 型圆盘式开沟追肥器，研制出了 2FZ2995-4 型高地隙玉米追肥机（图 8-3），地隙高度增加到 70cm，使适宜追肥作业时间持续到玉米 12 片可见叶期（株高不超过 120cm）。该机械具有单体仿形、开沟、施肥、覆土、镇压等功能，追肥位置在玉米垄侧 20cm 左右，施肥深度 7 ～ 10cm。

图 8-2　普通追肥机（左）与高地隙追肥机（右）

图 8-3　中国农业大学研制的圆盘开沟追肥机及作业效果

（3）浅埋滴灌水肥一体化技术　在东北白城和内蒙古东部（通辽）等干旱地区，光热资源丰富，玉米满足水分要求后具有巨大的增产潜力。传统上农民采用大水漫灌的方式，水分利用效率低。为达到节水的需求，同时解决施肥问题，滴灌施肥是最佳选择。然而，普通的滴灌施肥方法把滴灌带放置在土壤表面，受大风影响，滴灌带容易移动。为解决该问题，目前发展了浅埋滴灌水肥一体化技术。该技术要求在玉米播种机上加装滴灌带装置（图 8-4、图 8-5），在玉米播种的同时，将滴灌带铺设于两行玉米之间，一条滴灌带可以同时完成两行玉米的水肥供应（图 8-4）。玉米可以是均匀垄行距，也可以是宽窄行距，按宽窄行方式种植时，通常行距按 40cm + 80cm，或 40cm + 90cm 模式配置，此时，滴灌带要铺设于窄行的中间（图 8-5、图 8-6）。

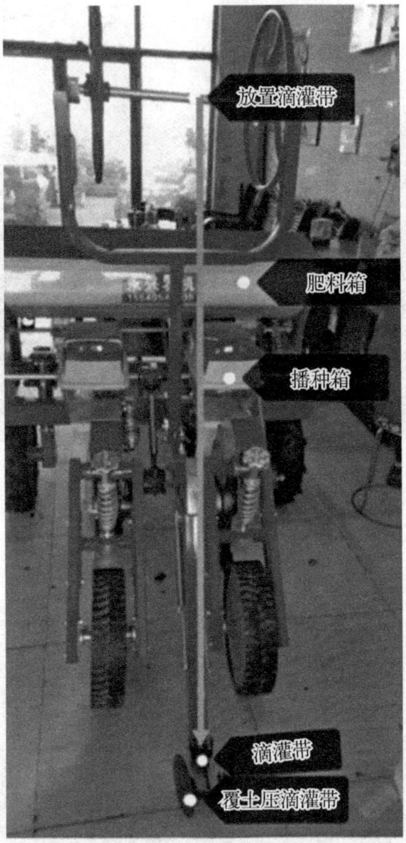

图 8-4　玉米播种机上的浅埋滴灌带装置

图 8-5　宽窄行种植模式下，玉米播种同时进行浅埋滴灌带铺设

采用浅埋滴灌水肥一体化技术，磷钾肥和一部分氮肥可以作为基肥，在播种时直接施入土壤。生育期间，氮肥则通过滴灌施肥的方式进行追施。玉米收获后，滴灌带由专门的机械回收（图 **8-7**）。

图 8-6　浅埋滴灌田间场景

图 8-7　滴灌带回收机械

8.2　华北冬小麦-夏玉米复种体系的养分管理存在问题及农机农艺融合解决方案

8.2.1　养分管理现状及存在问题

冬小麦-夏玉米复种是华北地区粮食生产的主要种植模式。在该种植模式下，热量资源紧张，水资源总量不足，尤其是小麦季节的水资源不足，而且小麦播种期和玉米播种期干旱频繁，推迟出苗期，一方面导致越冬前小麦长势弱，另一方面导致玉米收获期推迟，籽粒含水率不能降低到机械化收获要求。

在这种条件下，冬小麦-夏玉米体系的要统筹考虑养分管理与水分管理的机械化，甚至要考虑小麦-玉米养分管理的一体化。目前小麦中，基肥通常在播前整地时通过撒肥机撒入，然后通过旋耕机械与土壤混合，播种时不再施肥，这一技术已比较成熟。越冬后，小麦通常需要追肥 1 ～ 2 次，当前追肥仍然以人工或机械化撒肥为主，然后是大水漫灌（图 8-8），缺少高效的养分管理与水分管理技术手段。虽然有喷灌及滴灌水肥一体化的报道，但是由于成本问题，应用不普遍。小麦开沟追肥机也有研究，但生产实际中应用不多。小麦行距通常只有≤ 15cm，开沟追肥容易损伤麦苗，对于高产麦田，农艺要求氮肥后移到拔节期（分蘖两极分化）开始后进行，以控制分蘖和减轻倒伏，这个时候，开沟施肥对麦苗损害更大。利用液体肥注射追肥机是另一种选择，但通常只能在返青期进行。同时，注射施肥要求机械技术含量高，目前国内技术尚不成熟。

图 8-8　华北地区农户传统的冬小麦追肥（左）和浇水（右）方式

在玉米季，养分管理通常采用与东北春玉米相同的方法，即播种机配备施肥装置，播种时，将肥料一次性施入土壤。但夏季高温多雨，这样很容易造成氮素淋洗损失。

8.2.2　养分管理解决方案

（1）冬小麦-夏玉米“四密一稀”浅埋滴灌水肥一体化技术　该技术模式是将均匀行距种植的冬小麦修改为按“四密一稀”方式种植，每 4 行小麦种在一起形成一个条带，条带内小麦的行距缩小为 10cm，整个小麦条带的宽度为 30cm。小麦条带之间预留 30cm 的空带，将来用于种植夏玉米（图 8-9）。在这种模式下，冬小麦的平均行距是 15cm，夏玉米行距为 60cm。

在小麦播种机上加装滴灌带铺设装置，形成播种与浅埋滴灌铺设一体化机械（图 8-9）。利用这种机械，在小麦播种的同时，将滴灌带铺设到 4 行小麦的中间，并覆土 1 ～ 3cm，以固定滴灌带，进行水肥一体化管理。在春季，还可以同时进行水、肥、药一体化管理。冬小麦收获时，滴灌带保留在土中不动，留给夏玉米进行水肥一体化管理。此时，滴灌带位于两行玉米的中间。夏玉米收获后，利用滴灌带回收机械将滴灌带从土中取出回收。

(a) 小麦种植

(b) 玉米种植

(c) 播种与浅埋滴灌铺设一体化机械

(d) 滴灌带铺设

图 8-9　冬小麦-夏玉米“四密一稀”浅埋滴灌水肥一体化技术体系

（2）冬小麦-夏玉米条带种植微喷水肥一体化　微喷技术容易操作，不需要特殊的机械，而且成本投入相对较低，因此是水肥一体化管理的另一种选择。为了减少对麦苗的损害，小麦依然以条带种植为佳，每隔几行小麦预留一个空行，如“四密一稀”种植模式。在小麦、玉米播种后，铺设微喷管道，每个微喷带喷幅为4个小麦苗带或4行玉米（图8-10）。冬小麦、夏玉米抢时播种后，立即喷水保全苗。冬小麦和夏玉米生育期间，根据土壤墒情和作物长势监测结果，适时喷水、喷肥、喷药。

图8-10　冬小麦微喷水肥一体化

8.3　养分管理农机农艺融合技术发展方向

我国地域辽阔，生态条件多样，包括地形、土壤、降水、积温等条件的多样性，因此，要求不同种植与耕作模式与此相适应，养分管理技术也要与此相匹配。同时，化肥工业的发展、化肥新品种的出现、社会经济的发展都会影响养分管理技术的变革，这就对施肥机械化产生相应的要求。农机与农艺分属两个学科，农艺研究集中在如何提高产量，常常忽视农机作业的可行性；面对多种多样的养分管理技术，农机需要研发不同作业要求的机械，这对农机的制造和推广应用造成一定困难。一方面，农机研究人员应该与农民用户紧密协作，观察农机与农艺的适应性，寻求最佳解决方案。另一方面，农艺研究人员在研发新技术时，除了保证作物产量外，也要将农机作业可行性、农机作业效率作为目标之一，为农机装备提供农艺学参数和理论依据，二者配合，才能充分发挥机械化作业的优势。

参考文献

[1] 郝展宏，叶松林，蔡东玉，等. 冬小麦-夏玉米周年“四密一稀”浅埋滴灌水肥药一体化绿色生产技术[J]. 中国农学通报，2024, 40(29): 58-64.

[2] 米国华，霍跃文，曾爱军，等. 作物养分管理的农机农艺结合技术研究进展[J]. 中国农业科学，2022, 55(21): 4211-4224.

[3] 李可可，陈腊，米国华，等. 减施氮磷条件下微生物肥料对东北黑土区玉米生长和产量的影响[J]. 玉米科学，2021, 29(4): 144-154.

[4] 王玉娜，米国华. 北方春玉米施肥现状及节肥潜力[J]. 玉米科学，2021, 29(3): 151-158.

[5] 米国华，伍大利，陈延玲，等. 东北玉米化肥减施增效技术途径探讨[J]. 中国农业科学，2018, 51(14): 2758-2770.

中国肥料研究与应用全书

Books of Fertilizer Research and Application in China

FERTILIZER

第9章

施肥社会化服务典型模式

9.1 多功能智能配肥机

9.1.1 结构设计与工作原理

目前市场上化肥主要有颗粒肥、粉状肥、液态肥，在施肥时，受土壤的结构和营养成分等因素的影响，不同的土地，施肥的形态也各不相同。然而，目前市场上的配肥设备比较单一，一款配肥机只能配置一种形态的肥。因此，对于配肥站而言，配置不同种类的肥料就需要配备多种设备才能满足需求。另外，配置多种配肥设备还需要有足够的场地，而且投入成本比较大，给使用者带来了较大的经济压力。

针对该问题，秦皇岛三农现代化机械设备有限公司研制出一种多功能的配肥设备，包含配料单元、固态肥料搅拌包装单元、液态肥料配料包装单元，支架上设置有滑道，提升机构在支架上滑动。根据需求，将配料单元中的原料输送给固态肥料搅拌包装单元或液态肥料配料包装单元，一机多用，解决了无法采用一种机型配肥设备配置多形态肥的问题，同时大大降低使用者的投入成本。

该多功能智能配肥机主要包含机架、上料装置、原料仓、计量秤、输送皮带、搅拌装置、提升装置、小剂量成品料仓和小剂量夹袋装置等组成部分（图 9-1）。原料仓固定在机架的内部，计量秤设置在原料仓的下端，且位于输送皮带上，搅拌装置设置在输送皮带出料端的下端，搅拌装置的出料口与提升装置的入料口相连，小剂量成品料仓设置在提升装置出料口下端，小剂量夹袋装置设置在小剂量成品料仓的下面。另外，还包括吨包投料装置、分料器和吨包包装装置等。吨包投料装置设置在上料装置料口的上端，吨包包装装置设置在机架的旁边，分料器设置在提升装置的出料口处，可根据需要自由选择小剂量袋装、散装还是吨包。

图 9-1 多功能智能配肥机

工作原理为：原料经上料机构输送到输送机构上，输送机构上设置计量装置，原料在输送机构上进行称重。当每一种原料按预设的目标值计量完毕后，上料机构停止给料，输送机构将原料运至提升机构的料仓内。当原料需要固态包装时，提升装置会将原料输送至搅拌装置内，进行搅拌，当达到预设搅拌时间时，搅拌停止，搅拌装置下端开口，肥料落入包装机构中，进行包装。包装时，首先大给料螺旋杆启动进行给料，通过夹袋机上的传感器计量重量。当物料接近预先设计的目标值时，大给料螺旋杆停止给料，小给料螺旋杆进行慢投料。当到达预先设计的目标值时，小给料螺旋杆停止给料，袋装物料在夹袋升降气缸的作用下缓缓落入下面的封口输送机上，夹袋气缸松开，完成一个计量过程。

9.1.2　配肥系统

随着互联网技术的不断发展，配肥系统也跟随工业互联网的发展步入了一个全新的时代。秦皇岛三农现代化机械设备有限公司生产的配肥系统是由配肥机械部分、称重部分、PLC（programmable logic controller）为中心的自动控制部分、工业计算机为中心的数据管理部分组成。机械部分为配肥执行机构，根据不同的生产工艺配置不同的设备，以实现配肥的目的。称重部分为配制肥料的重量反馈部件，一般由一套或多套称量系统组成，每套称量系统由若干称重传感器和一块称重仪表组成，传感器负责将重量信号转换为电信号，仪表负责将电信号转换为数字信号，并根据配料设定的配方及其他控制数据控制配料过程的进行，为配肥系统的核心部件。PLC一般负责系统外围设备的联动，一般的称重配料仪表的控制功能是比较单一的，不能完成诸如上料、包装等外围动作，这些自动功能由PLC协调完成。

计算机部分为配肥系统的管理中心，主要负责配方输入，与仪表和PLC通信作为参数设置的人机接口，并将配肥设备的数据及状态通过图形化显示，直观地展示给用户，同时保存配肥及设备运行的历史数据，通过数据查询窗口查询出需要的数据供用户分析使用。下面主要介绍计算机配肥系统的各个功能。

（1）本地功能　配方管理：在配肥开始前，首先需要设置配肥需要的配方，配方在管理画面输入，并核对传送到配料仪表。配方的来源一般是用户的管理人员或者工艺技术人员。设置的配方不仅需要考虑肥料的各种元素含量等技术指标，还要考虑配肥设备运行能力，超过配肥能力的配方会造成设备故障或无法进行正常工作。然后检查配方无误后将配方下传到称重仪表，下传正确后就可以进行准备工作了。为避免重复输入历史配方，系统具备配方保存功能，点击相关按钮就可以保存、调出需要的配方。

控制参数设置：外围设备是由PLC系统控制的，在开始工作前，需要设置相关的控制参数。

设备监控：本系统提供了图形化的设备监控功能，并能够以动画形式呈现设备的动作过程及状态，提供给用户良好的视觉感受，并能够在画面上进行一般的控制操作。

数据查询：系统在运行过程中，会将运行的配料及包装数据保存，以作为历史数据查询，为用户的生产提供参考。数据查询功能提供了丰富灵活的数据查询方式供用户根据需求选择，并可以方便地导出数据供用户自行处理。

用户管理功能：根据设置的不同权限，不同权限登录的用户将拥有不同的操作权限，便于用户进行管理。比如，操作员具有控制配料的权限，管理员则具有配方管理及数据管理权限。

其他还包括根据用户需求的定制功能；配方计算功能，即根据用户提供的原料元素含量及配料的需求含量，初步计算配方，并允许用户根据情况进行微调，方便地计算出配料需要的配方；标签打印功能，即根据用户的产品及其他信息，打印需要的包装标签；用户数据接口功能，即根据用户需求开发各种数据接口，与用户的系统进行配方、生产任务及生产数据的数据交换，完全融入用户的生产管理系统。

（2）远程控制功能　除以上本地功能外，还可以通过网络让用户可以轻松控制远端设备的生产情况，下达生产任务，监控生产过程等。

主要功能：配肥机根据订单生产，每次开始生产前必须从管理服务器上读取订单，才可以开始工作。配肥机每完成一个订单的配料，自动将配肥结果上传到用户指定的服务器。如果网络发生问题，配肥机将本批次的配肥信息保存在本地，待网络恢复后再上传到服务器，该功能的实现需要服务端发送接收回执。远程服务器可以在一个订单的执行期间停止该订单的生产，并远程删除本地已经保存的订单；也可以继续本订单的生产，但不能中断一个单次配料的进程。配肥机可以一次读取多个订单保存在本机用于生产，以便在网络中断的情况下继续生产，直到所有订单完成。配肥机上传配肥机运行状态，如开机状态、关机状态、配料状态等。用户使用以上功能需要具备的条件：配肥机部署的场所必须有稳定的网络连接；客户必须具备可靠的网络服务器、订单管理系统软件以及附属的数据管理系统；提供配肥机可以访问的数据接口，以便配肥机能够和订单管理系统交换数据。一般情况下，订单管理系统不在数据服务上运行。

订单管理系统功能：配方管理，用户手工输入、编辑配方数据，供生成订单时读取；配肥站管理，可以添加、删除配肥站，以便生成订单时将订单数据分配到指定的配肥站；用户管理，可以设定各个配肥站的登录人员以及订单管理系统的登录人员，并关联权限，非授权人员不能进行相关操作；订单生成，授权订单管理人员可以根据销售情况，生成订单数据发送到服务器，供配肥站读取，订单包括配肥机编号、配方数据、任务数量、包装规格、订单唯一编号生成时间等信息；数据管理，可以对订单的完成情况、各个配肥站的配肥数据及配肥机运行状态进行查询，可以对历史数据进行导出、删除等操作。

数据服务器功能：位于用户管理地址或租用的云服务器，用户自行提供固定不变的公网IP或可解析的域名。数据服务器用于存储系统产生的各种数据。数据服务器提供可供客户端访问的安全可靠的数据接口，供用户与配肥机及订单管理客户端交换数据。另外，还为用户提供手机端管理，在授权用户的手机上，可以检索配肥数据，下达订单等。

9.2 云端智能配肥服务平台

9.2.1 平台研发背景

肥料工业化生产标准满足不了测土配方施肥个性化、订单化等需求，智能配肥设备也不能满足农时供肥集中化、配方技术专业化、生产管理标准化等要求，同时智能配肥服务的订单小且分散导致运营成本高，这种肥料工业化生产、销售和智能配肥服务业务均为垂直运营，平台化服务难以复制。

为推动肥料产业转型升级，江苏诺丽慧农农业科技有限公司（以下简称诺丽）自主研发了云端智能配肥服务平台，该平台集成云端下单、在线配方、智能产供、售后追溯、生产远程控制、订单与配方数字化管理、移动交易云服务等若干系统，以移动互联网、物联网、大数据技术为依托，与国家测土配方施肥数据管理平台、第三方平台、各级农业技术推广部门及肥料生产、供应、服务企业无缝对接，做到“统一测配、线上定制、就地配送、全程监管”，实现了配方智能化和生产智能化，有效推动肥料工业生产从高投入、高能耗、高排放向低投入、低能耗、低排放转型升级。

9.2.2 平台主要功能与特点

（1）多系统与平台无缝对接　基于诺丽开发的农业社会化服务云农田系统、云监测系统、云配方系统、云智造系统、肥料移动交易管理终端系统等，通过平台分别与县域测土配方施肥专家系统、肥料生产管理系统、智能配供服务系统、农田环境-作物生长综合监测系统等无缝对接，把肥料生产设备、配供服务企业与土壤、作物、农户等智能化地连接起来，配方肥订单与加工“上云”，软硬件虚实互通，实现人机互联、工厂内云与工厂外云互联、虚拟生产与实体生产互联（图9-2）。

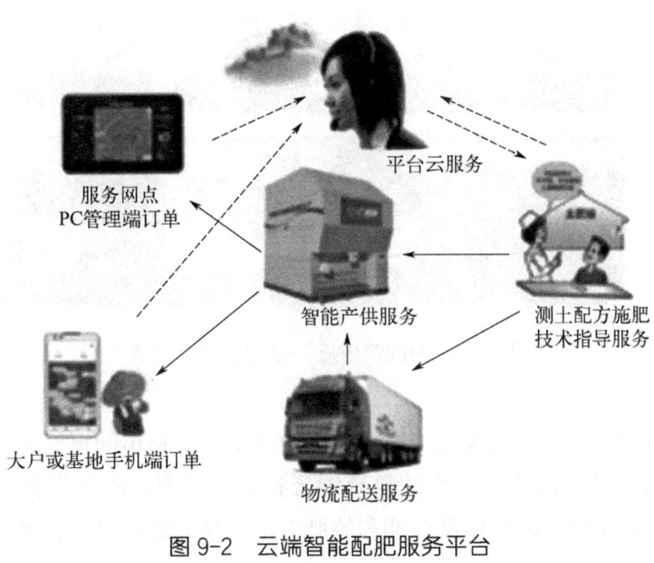

图9-2　云端智能配肥服务平台

（2）破解“超大规模、私人定制”供需两难的关键问题　基于诺丽“掌上工厂”移动交易管理终端软硬件系统，开展“合作社 + 联社 + 平台”需-产-供社会化服务，合作社“需”肥订单通过手机APP、微信、移动管理终端PDA、PC端进行个性化配方确认与交易，合作社联社对订单审核、分单，工厂订单接收，设备机具智能执行精准生“产”与及时配“供”，不仅能满足规模化订单需求，也能满足个性化小订单需求，做到系列肥料配方即订即收即配即供，破解“超大规模、私人定制”供需两难关键问题。

（3）肥料质量全程监管与可追溯　需-产-供各环节信息形成“云交易”电子档案，合作社联社、合作社与农户实时查询订单的接收、生产、配送、验收进展，监管部门能够监管每个订单原料构成、配方肥养分含量以及定制农户、作物和田块等信息，做到肥料从定制、加工到流通服务质量与产品质量全程网上监管与可追溯。

9.3 “测配产供施”全程云服务模式

围绕“测土配方施肥”主推技术，构建“政-研-推-产-服-用”多方参与的“一主多元”服务体系，贯通“土壤-作物-配方-企业-农户”各环节，形成农企合作、产需对接的“测配产供施”全程云服务模式（图9-3），推动肥料产业数字化。

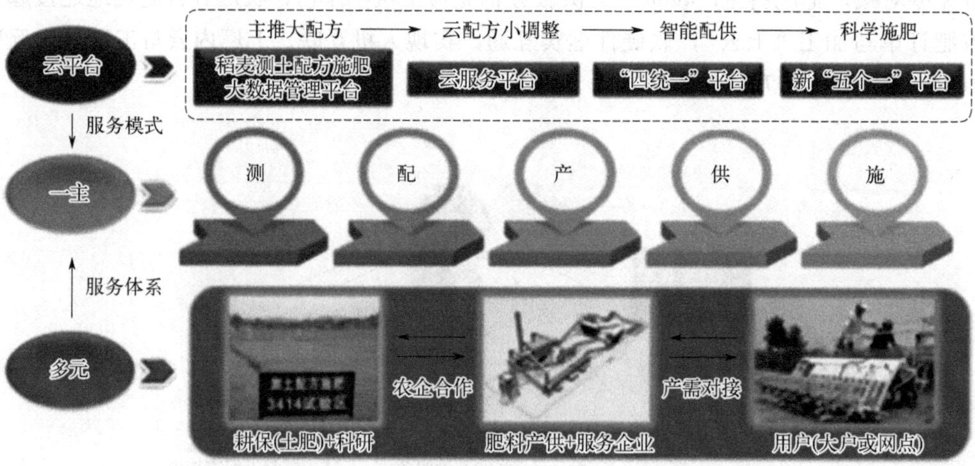

图9-3 “测配产供施”全程云服务模式

测：测土是制定肥料配方的重要依据。以土壤测试和肥料田间试验为基础，通过开展田间试验，建立不同施肥分区主要作物的氮磷钾肥料效应模型，确定作物合理施肥品种和数量，基肥、追肥分配比例，最佳施肥时期和施肥方法，建立施肥指标体系，为配方设计和施肥指导提供依据。

配：区域肥料配方一般以县为单位设计，施肥指导单元肥料配方要做到科学性、实用性的统一，应该突出个性化，还要兼顾企业生产供应的可行性，应用相应的数学方法（如聚类分析）将大量的配方综合形成县域主要作物的几个主推大配方。根据县域主要土壤类型关键指标监测结果和主要作物品种目标产量，在大配方基础上，结合有机及中微量元素养分合理配施，进行个性化小配方调整，并建立“大配方、小调整”的肥料配方数据库。

产：建立以耕地土壤肥力等级与作物全程养分监测为先导，作物绿色生产需求为驱动的云端智能配肥服务平台，农户与肥料供应厂商应用微信、手机 APP、移动终端 PDA、PC 端等在平台上进行规范操作，基于“云配方”“云交易”“云智造”系统，引导企业按方生产，指导农户按方使用，实现信息到户 / 企业、技术到田，有效解决应用区域农民与肥料供应厂商组织化程度不高、施肥技术不到位、肥料个性化定制、精准化生产等难题。

供：建立配方肥供需交易平台和信息渠道，帮助厂家、供应商和农户建立对应关系，为农户购买配方肥和合作社 / 网点精准服务提供便利，方便企业开展测土配方施肥社会化服务以及后续技术服务、使用效果跟踪管理。通过肥料智能配供服务系统，农业技术推广部门发布技术指导方案和政策，开展统测、统配、统供、统补“四统一”服务，实现配方施肥农企合作、产需对接和智能配供。

施：开展测土配方施肥新“五个一”社会化服务，“五个一”即一张土壤养分测试表、一张施肥建议卡、一份施肥记录档案、一份肥料质量检验报告和一张遥感产量跟踪测产图。帮助种植大户或合作社 / 网点实现施肥记录档案简便化记录和查看，进行年度施肥和产量比较，不断优化施肥方案，通过综合利用农业遥感技术，实现地块产量预估，提供营养诊断，为获得高产提供补肥预案，引导农户按方科学施肥，扩大技术入户率、到位率、覆盖率。

积极开展科学施肥全程云服务，为肥料生产、供应企业提供“需-产-供”智能化技术升级，为种植大户、终端服务组织提供农作物营养套餐筛选推荐，以及优化施肥、高效施肥等提供精准指导服务，为农技推广部门相关技术培训、数据统计、示范宣传等提供智能化管理服务，通过政府购买服务的方式，调动社会力量参与测土配方施肥和化肥减量增效技术的推广，是对公益性农技服务的有益补充，利用少量资金取得较大社会效益和生态效益，做到了“测-配-产-供-施”过程中耕保（土肥）部门、肥料产供企业、用户（种植大户或服务网点）三位一体联动调控及全程追溯，推动测土配方“真测、真配、真推”、肥料企业“真产、真供、真服”和农户“真懂、真购、真用”，促进测土配方施肥技术进村入户、应用到田，推动测土配方施肥工作向信息化、智能化进一步发展。

参考文献

[1] 农业农村部农村合作经济指导司. 全国农业社会化服务典型案例（2020 年）[M]. 北京：中国农业出版社，2020.
[2] 农业农村部农村合作经济指导司. 全国农业社会化服务典型案例（2023 年）[M]. 北京：中国农业出版社，2023.